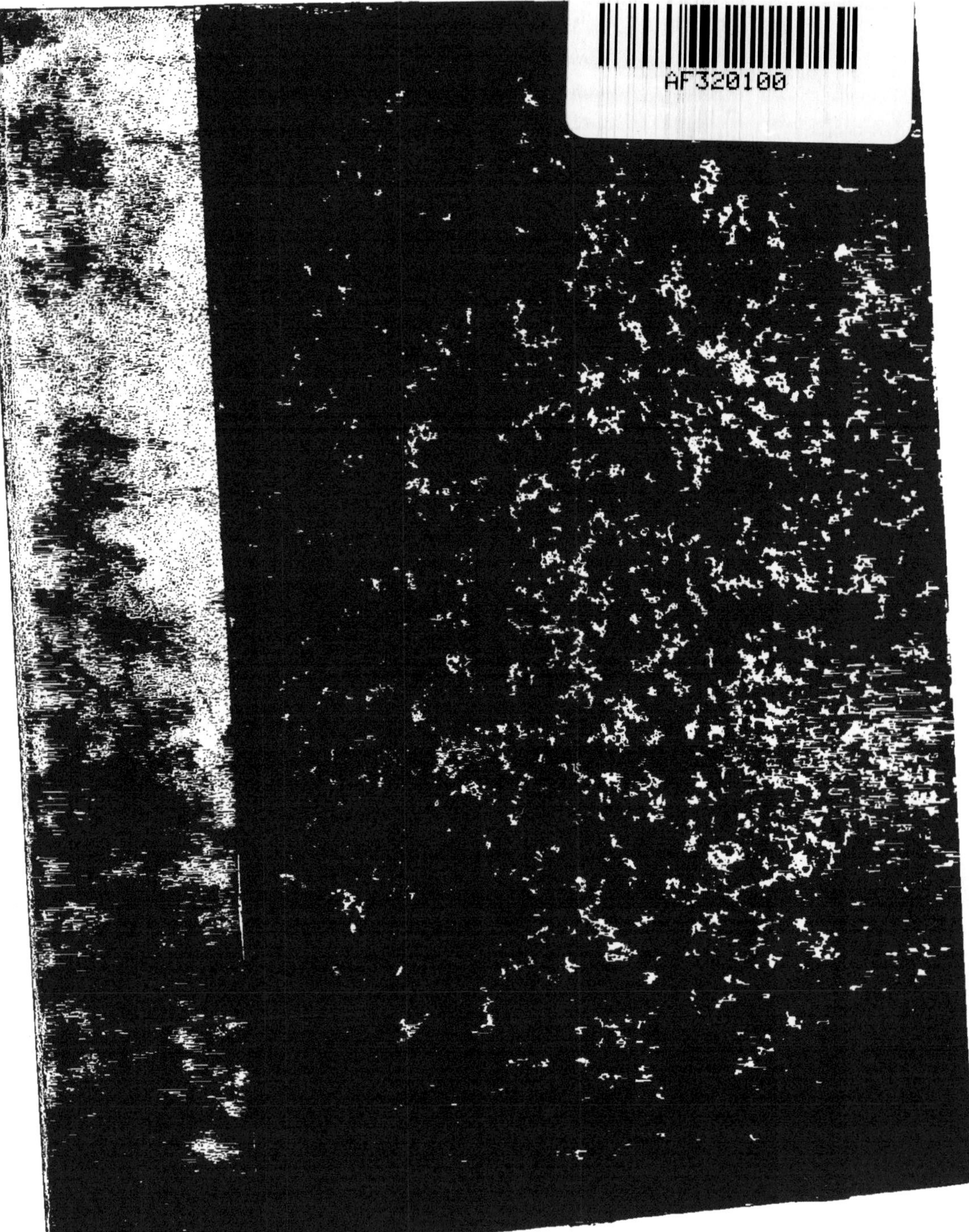

Manuscrip 35 (H)

MINISTÈRE DES TRAVAUX PUBLICS

ÉTUDES

DES

GITES MINÉRAUX

DE LA FRANCE

PUBLIÉES SOUS LES AUSPICES DE M. LE MINISTRE DES TRAVAUX PUBLICS
PAR LE SERVICE DES TOPOGRAPHIES SOUTERRAINES

BASSIN HOUILLER DE VALENCIENNES

PARTIE COMPRISE DANS LE DÉPARTEMENT DU NORD

PAR

A. OLRY

INGÉNIEUR EN CHEF DES MINES

TEXTE

PARIS

IMPRIMERIE QUANTIN

7, RUE SAINT-BENOIT

1886

Prix
52
francs

BASSIN HOUILLER DE VALENCIENNES

MINISTÈRE DES TRAVAUX PUBLICS

ÉTUDES

DES

GITES MINÉRAUX

DE LA FRANCE

PUBLIÉES SOUS LES AUSPICES DE M. LE MINISTRE DES TRAVAUX PUBLICS
PAR LE SERVICE DES TOPOGRAPHIES SOUTERRAINES

BASSIN HOUILLER DE VALENCIENNES

PARTIE COMPRISE DANS LE DÉPARTEMENT DU NORD

PAR

A. OLRY

INGÉNIEUR EN CHEF DES MINES

TEXTE

PARIS

IMPRIMERIE QUANTIN

7, RUE SAINT-BENOIT

1886

AVANT-PROPOS.

La topographie souterraine du bassin houiller de Valenciennes a été, en 1867, l'objet d'un important mémoire de M. Dormoy, ingénieur en chef des mines.

A cette époque, la lumière n'était pas encore complètement faite sur la nature des accidents qui ont donné au bassin sa forme actuelle ; de grandes étendues n'avaient pas été explorées ; le faisceau demi-gras d'Anzin n'était pas reconnu entre Saint-Waast et Abscon ; les travaux des compagnies d'Aniche et de l'Escarpelle, aux environs et à l'ouest de Douai, commençaient à peine, et les concessions récemment instituées dans le Pas-de-Calais ne donnaient qu'une extraction insignifiante. Maintenant, la situation est complètement changée ; la production a doublé dans les mines du département du Nord et dépasse ordinairement 3,500,000 tonnes ; les exploitations du Pas-de-Calais ont pris un développement prodigieux et donnent plus de 6 millions de tonnes ; c'est donc 10 millions de tonnes environ, c'est-à-dire presque la moitié de la production houillère de la France, que fournissent les mines de la région du Nord. Dans ces conditions, M. l'inspecteur général Jacquot, directeur du service des topographies souterraines, a jugé qu'il était indispensable de reprendre, en la complétant, l'étude précédemment faite par M. Dormoy, et de présenter un nouveau travail topographique en rapport avec l'état d'avancement des travaux souterrains.

Nous avons été chargé de cette mission pour la partie du bassin située dans le département du Nord ; les mines du Pas-de-Calais donneront lieu prochainement à une description spéciale, qui a été confiée à M. l'ingénieur des mines Soubeiran.

L'atlas topographique joint au présent mémoire a été dessiné avec habileté par M. le garde-mines Devaux. Il comprend d'abord une carte d'ensemble au $\frac{1}{80,000}$, sur laquelle ont été tracés les affleurements des veines au tourtia, dans les régions où elles ont été exploitées. Le terrain houiller n'ayant qu'un faible relief, les contours ainsi obtenus diffèrent peu de ce que serait une coupe horizontale du bassin au voisinage de sa surface de contact avec les terrains supérieurs. La même carte indique la situation de tous les puits et sondages connus, ainsi que la nature et la profondeur des terrains qu'ils ont rencontrés. En marge, se trouvent quatre coupes verticales et transversales du bassin à la même échelle. Dans ces coupes, comme dans toutes celles qui figurent dans les autres planches de l'atlas et dans le texte, le nord a été placé à droite, et le sud à gauche de la feuille.

Les huit planches suivantes donnent, à l'échelle du $\frac{1}{10,000}$, le détail des travaux. Pour chaque étage d'exploitation, on a représenté en plan les voies de fond des diverses veines ; ces voies étant à peu près de niveau, on a ainsi obtenu de véritables coupes horizontales des faisceaux exploités. Dans le but de les distinguer les unes des autres, on a attribué une teinte spéciale à chaque tranche de 100 mètres d'épaisseur comptée à partir du niveau du sol. Enfin, lorsque dans l'une des tranches on a été amené à représenter plusieurs étages, on a employé des traits différents pour chacun d'eux. Les affleurements au tourtia ont également été tracés sur ces feuilles, auxquelles on a joint de nombreuses coupes verticales. On y a aussi reporté les limites du bassin, les galeries à travers bancs, bowettes et recoupages, et les tracés des accidents les plus importants, en distinguant toujours les niveaux d'exploitation par les couleurs correspondantes.

On voit, d'après cela, qu'on s'est borné à extraire des plans de mines les principales indications qu'ils fournissent sur l'allure des gisements ; en fait, il sera facile à toute personne ayant quelque expérience des plans souterrains de se rendre compte, à l'examen des planches II à IX, des ondulations

et des plissements qu'on observe presque partout dans la formation houillère. Ce mode de représentation, le seul admissible pour un bassin où on
exploite un grand nombre de veines minces, rapprochées les unes des
autres, a en outre l'avantage de ne laisser que très peu de place à l'hypothèse. Celle-ci n'intervient que pour le tracé de quelques grands accidents, et pour celui des limites du bassin, qui ne sont encore qu'imparfaitement connues; à cela près, tous les contours dessinés sont réels, et il
sera facile de les compléter et de les mettre à jour, au fur et à mesure de
l'avancement des travaux. Dès à présent, la surface occupée par les exploitations souterraines est considérable; il faut remarquer en effet que, dans
les dix-huit dernières années, on a extrait des mines du département du
Nord autant de charbon qu'avant 1867. Toutefois, il existe encore des régions assez étendues qui sont restées vierges ; c'est une réserve dans laquelle
viendront puiser nos successeurs.

Au lieu de diviser, comme on le fait ordinairement, la superficie
houillère en carrés ou en rectangles contigus les uns aux autres, et
correspondant à un nombre égal de feuilles, nous avons préféré représenter, sans liaison apparente, les principaux groupes de travaux : ce
système permet d'envisager d'un seul coup d'œil l'ensemble d'une région
exploitée et dispense d'en chercher les fragments dans des planches
différentes. La carte au $\frac{1}{80,000}$ indique d'ailleurs les parties qui sont comprises dans les feuilles au $\frac{1}{10,000}$. Sur celles-ci, nous avons reporté les sondages compris dans leur cadre, en donnant pour chacun d'eux les renseignements les plus utiles à connaître. Les profondeurs indiquées, soit pour
les puits, soit pour les sondages, ont toujours été données à partir du niveau
du sol, ainsi qu'on le fait dans les mines; nous avions eu, d'abord la pensée
de compter les profondeurs à partir d'un plan horizontal situé au niveau de
la mer, mais les cotes ainsi obtenues pour les divers étages auraient été
assez différentes de celles qui figurent sur les plans des compagnies. Cette
circonstance était de nature à amener des confusions et à rendre plus labo-
rieuse la lecture du texte; nous avons donc préféré conserver les cotes à
partir du sol ; mais, toutes les fois que nous l'avons pu, nous avons indiqué

les altitudes des puits et sondages, en les comptant : pour les sondages, à partir du niveau du sol, et pour les puits, à partir de la recette inférieure ou recette à eau, ce qui permettra, au besoin, de faire les corrections correspondantes.

Il convient d'ajouter que, dans un pays plat comme le Nord, il est moins nécessaire qu'ailleurs d'avoir recours à un plan de comparaison unique.

La planche X renferme une série de coupes verticales, indiquant la succession des accidents qui ont donné au bassin la structure que l'on observe au voisinage de la frontière belge.

Dans la planche XI, nous avons représenté, avec de grands détails, le contact du terrain houiller et du terrain permien que l'on a rencontré aux fosses de Roucourt et Saint-René.

Enfin, la planche XII fait connaître, par un certain nombre de coupes, la nature et l'épaisseur des bancs qui composent le terrain houiller, dans les principaux faisceaux exploités.

Nous avons été amené, dans la rédaction du mémoire qui va suivre, à renvoyer fréquemment le lecteur aux diverses planches de l'atlas.

CHAPITRE PREMIER.

LIMITES ET STRUCTURE GÉNÉRALE DU BASSIN HOUILLER DE VALENCIENNES.

Le bassin houiller de Valenciennes est un des anneaux de la grande chaîne carbonifère qui s'étend depuis la Westphalie jusque dans le Pas-de-Calais, en passant par Liège, Namur, Charleroi, Mons, Valenciennes, Douai et Lens.

Dans ce chapitre, nous nous proposons de définir les limites et l'étendue superficielle de la partie de cette bande houillère située dans le département du Nord ; nous entrerons, en outre, dans des considérations générales sur l'ensemble des phénomènes géologiques qui lui ont donné sa structure actuelle ; pour cela, nous serons amené à tenir compte, non seulement des faits observés dans la portion du bassin que nous étudions spécialement, mais encore de ceux qui ont été constatés sur ses prolongements dans le Pas-de-Calais et en Belgique.

1. — LIMITES DU TERRAIN HOUILLER.

Le terrain houiller n'affleure, dans le département du Nord, que sur un espace de très faible étendue, situé dans la forêt de Bonsecours, à 250 mètres environ de la frontière belge. Partout ailleurs, il est recouvert par des formations d'âge beaucoup plus récent, auxquelles on a donné le nom général de *morts-terrains*.

Les morts-terrains, en dissimulant l'existence du bassin houiller du nord de la France, ont eu pour effet de retarder de plusieurs siècles sa mise en exploitation de la rendre plus difficile, et de ralentir son développement. C'est ainsi que la houille, ·dont la découverte dans le Hainaut belge remonte aux époques les plus reculées, n'a été trouvée à Fresnes qu'en 1720, à Anzin qu'en 1734, et à Aniche qu'en 1778 ; le prolongement du bassin à l'ouest de la concession d'Aniche n'a été reconnu qu'en 1847.

Les travaux de recherche et d'exploitation, par sondages ou par puits, exécutés sur les bords du bassin, ont été assez nombreux pour qu'il soit possible aujourd'hui d'en définir presque exactement les limites.

La ligne qui le délimite au nord (pl. I) entre une première fois en France près de Bonsecours, coupe ensuite à plusieurs reprises la frontière de Belgique, et pénètre définitivement sur le territoire français un peu au nord d'un sondage (A′) exécuté, en 1841, par la compagnie de Bruille, à peu de distance de la concession de Château-l'Abbaye, et qui a recoupé le terrain houiller inférieur à 31 mètres de profondeur.

Au delà de ce sondage, la limite nord du bassin s'infléchit vers le sud, laissant à l'est l'ancienne fosse de Flines, et plusieurs sondages en terrain houiller exécutés par la compagnie de Vicoigne ; elle revient ensuite vers l'ouest, en décrivant une sorte d'arc de cercle ayant pour centre le clocher de Lecelles. Au sud-est de Saint-Amand, elle passe à peu de distance d'un sondage, dit du Mont des Bruyères (compagnie de Vervins), qui a recoupé, en 1838, le terrain houiller inférieur à 89 mètres du sol.

Plus à l'ouest, elle se dirige vers le clocher de Brillon, un peu au midi duquel un sondage de la compagnie de Saint-Hubert a reconnu, d'après M. Lorieux, des grès et des schistes noirs appartenant à la partie inférieure du terrain houiller ; au delà de Brillon, elle se continue encore dans la direction de l'ouest, puis elle s'infléchit vers le sud. Dans cette région, elle laisse au nord les deux sondages des Trois-Pucelles, situés à l'est de Bouvignies, et qui ont rencontré, au niveau de 138 mètres, des schistes et des bancs siliceux très durs que l'on peut rapporter au calcaire carbonifère ; elle laisse également à l'est le groupe des sondages houillers et de la fosse de Marchiennes, dans laquelle deux veines de houille ont été autrefois exploitées jusqu'en 1850.

A l'ouest de Marchiennes, le calcaire carbonifère s'avance dans le terrain houiller, sous la forme d'une sorte de promontoire dont l'existence est démontrée par ce fait, que le sondage de Vred, de la compagnie parisienne (1839), a successivement rencontré, à partir du niveau de 134 mètres, des argiles schisteuses formant la base du terrain houiller, quelques bancs de phtanite, et enfin le calcaire carbonifère. La limite nord du bassin se trouve ainsi rejetée vers le clocher de Vred. De là, elle remonte dans la direction du nord-ouest, qu'elle conserve jusqu'à la limite occidentale de la concession de l'Escarpelle. Il est facile de la tracer assez exactement, en remarquant que le sondage de Flines-lès-Raches a traversé, à partir du niveau de 164 mètres, des bancs de calcaire et de schistes intercalés; que le sondage de Montécouvé (1856), de la compagnie douaisienne, situé près de la route de Douai à Lille, a atteint à 155 mètres le terrain houiller sans houille; qu'enfin le sondage de Moncheaux (1855), de la compagnie de l'Escarpelle, est entré à la profondeur de 186 mètres dans le calcaire carbonifère.

Il est encore plus facile de tracer la limite méridionale du bassin que sa limite nord, car c'est vers le sud que se trouve la zone renfermant les charbons les plus gazeux, et c'est surtout de ce côté que se sont portés les efforts de compagnies de recherches.

Dans l'angle de la concession de Crespin situé au nord du chemin de fer de Valenciennes à Mons, plusieurs sondages sont tombés sur le calcaire et doivent naturellement être regardés comme situés en dehors du bassin; il convient toutefois de ne pas faire remonter sa limite jusqu'au clocher de Crespin, car un sondage exécuté en Belgique en 1875 et 1876, sur le territoire d'Hensies, à l'est dudit clocher, a trouvé le terrain houiller à la profondeur de 294 mètres. De Crespin, la limite du bassin se dirige vers le clocher d'Onnaing; le sondage de la gare d'Onnaing, situé sur cette commune, un peu au nord du chemin de fer, a atteint le terrain houiller sous 2 mètres de calcaire; d'autre part, la fosse d'Onnaing, située à peu de distance de la route de Valenciennes à Mons, a pénétré dans le calcaire à 173 mètres, mais un forage exécuté au fond de cette fosse a trouvé le terrain houiller à 422 mètres; c'est donc un peu au nord de cette fosse et du

sondage de la gare que vient passer la limite méridionale du bassin. Un autre point de cette limite est défini par la bowette sud du niveau de 137 mètres de la fosse Petit qui, d'après M. Lorieux, est entrée, à 140 mètres du puits, dans un terrain noir, écailleux, sans apparence de stratification, et paraissant appartenir aux couches inférieures de la formation houillère.

La fosse du Postillon, creusée au sud-ouest de Valenciennes, a d'abord rencontré le grès rouge. M. Clère ajoute qu'une galerie de 80 mètres de longueur, poussée vers le nord à la profondeur de 74 mètres, a traversé des bancs de calcaire bleu. Il faut donc reporter la limite du bassin au nord de cette fosse; elle n'en saurait d'ailleurs être éloignée, car, dans la direction du sud-ouest, elle doit passer au sud du sondage du Paradis, exécuté en 1819, à peu de distance du clocher de Saint-Léger, et qui a trouvé le terrain houiller à la profondeur de 34 mètres.

Entre la fosse Petit et celle du Postillon, les anciennes cartes indiquent un rebroussement de la limite du bassin à l'intérieur de la ville de Valenciennes. Un sondage, établi sur la place Verte, avait en effet trouvé, au-dessous du tourtia, des argiles bleues à reflets rougeâtres, que l'on avait prises pour du terrain dévonien. M. Gosselet a récemment reconnu que cette argile appartient à l'étage du gault; que, dès lors, le sondage de la place Verte ne doit plus être considéré comme négatif; il n'existe donc plus de raison pour conserver le rebroussement en question.

Au delà de Saint-Léger, la limite méridionale du terrain houiller continue à se diriger vers le sud-ouest; elle passe à peu de distance du clocher d'Haulchin et vient délimiter les travaux de la concession de Douchy. Une bowette creusée au midi de la fosse Désirée, au niveau de 125 mètres, et dont le tracé exact n'est plus connu, est encore restée en terrain houiller à 800 mètres du puits.

A l'intérieur de la concession de Douchy, la limite du bassin change de direction et s'infléchit vers le nord-ouest. On peut la tracer très exactement à son entrée dans la concession d'Azincourt. En effet, à la fosse Saint-Auguste, les terrains négatifs ont été atteints à 598 mètres du puits, au niveau de 210 mètres; les mêmes terrains ont été retrouvés à la fosse

BASSIN HOUILLER DU PAS-DE-CALAIS.

Echelle de $\frac{1}{240.000}$

Fig. 3.

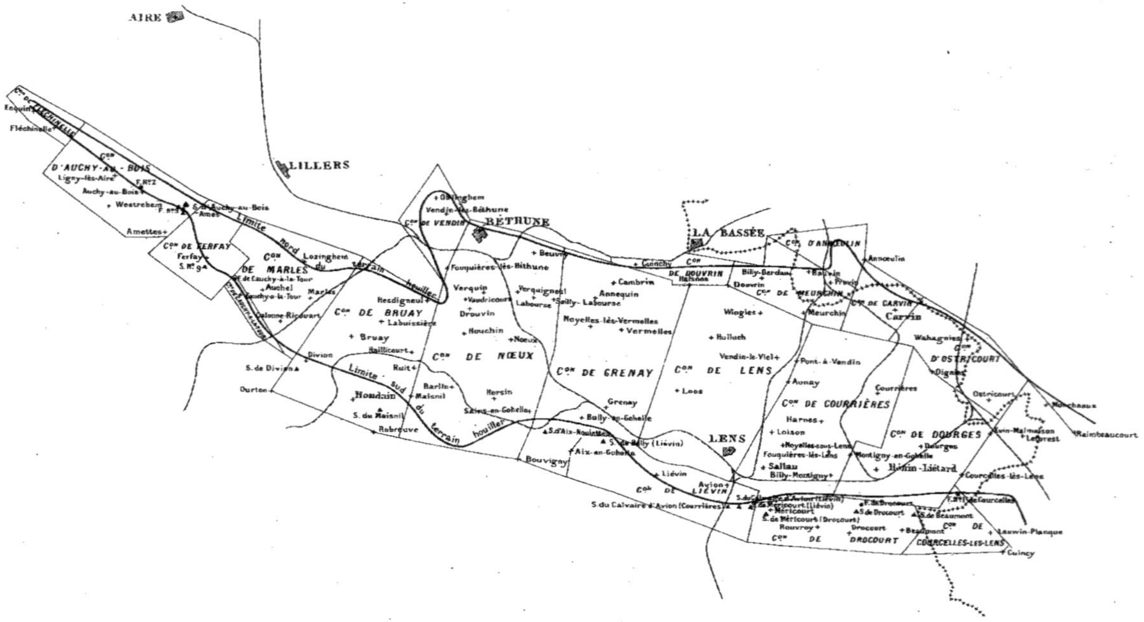

Gravé chez L. Wuhrer, 4 Rue de l'Abbé de l'Epée.

Imp. Lemercier et Cie.

Sainte-Marie, à 312 mètres du puits, par une bowette de l'étage de 176 mètres. Enfin, la fosse d'Etrœungt a rencontré successivement, le calcaire à la profondeur de 142 mètres, et le terrain houiller à celle de 190 mètres, ce qui indique que son emplacement est très rapproché de l'affleurement de la formation houillère sous les morts-terrains.

La fosse d'Etrœungt se trouve au sommet d'une pointe de calcaire qui divise en deux parties le terrain houiller d'Azincourt. A l'ouest de cette fosse, la limite du bassin décrit une courbe ayant sa convexité vers le sud, et qui entoure le champ d'exploitation de la fosse Saint-Roch. Au midi de cette dernière, le terrain houiller n'a été exploré que jusqu'à une distance de 267 mètres, à l'étage de 205 mètres ; mais un sondage, placé à 1,000 mètres environ au sud du puits, a rencontré, à la profondeur de 155 mètres, des terrains qui ne ressemblent pas aux grès et aux schistes houillers. La limite du bassin passe donc au nord de ce sondage ; elle remonte ensuite vers le nord-ouest, en laissant à sa droite la fosse d'Erchin et le sondage de Roucourt, de la compagnie d'Aniche, qui a trouvé en 1874, à 165 mètres du sol, le terrain houiller bien caractérisé.

Pendant longtemps, on a regardé comme houiller le sondage Saint-Ruffin, entrepris en 1861 par la société Mathieu, au sud du clocher de Monchecourt, et celui de Gœulzin (1860), de la société Legrand, situé à l'est du clocher de cette commune. On croyait qu'ils avaient atteint les schistes houillers, le premier à la profondeur de 132 mètres, le second à celle de 150 mètres, et, par suite, on attribuait à la formation houillère un grand développement du côté de ces deux sondages, tout en la laissant au nord de la fosse de Cantin (1839), de la société du Nord et de l'Aisne, qui a trouvé le terrain dévonien au niveau de 165 mètres. On a reconnu, depuis, que les schistes de Saint-Ruffin et de Gœulzin présentaient une teinte verdâtre qui ne permettait pas de les confondre avec ceux du terrain houiller ; il convient donc de restreindre l'étendue du bassin et de faire passer sa limite méridionale à une moindre distance au sud-ouest des exploitations du groupe de Douai, de la compagnie d'Aniche.

Depuis la fosse d'Erchin jusqu'à Flers, la limite méridionale du bassin est dirigée vers le nord-ouest; elle est définie, au delà de Douai, par le sondage de la porte d'Esquerchin, de la compagnie du couchant d'Aniche (1866), qui a rencontré le calcaire à 251 mètres, et par celui du Moulin, de la compagnie de l'Escarpelle (1854), qui a trouvé le même terrain à 157 mètres. A partir de ce dernier, elle prend une direction sensiblement est-ouest, et elle entre dans le département du Pas-de-Calais, un peu au nord de la fosse de la compagnie de Courcelles-lès-Lens, qui a successivement atteint le calcaire à la profondeur de 138 mètres, et le terrain houiller à celle de 242 mètres.

Étendue superficielle du terrain houiller.

Les limites que nous venons de définir comprennent une étendue superficielle de 52,653 hectares dans le département du Nord; la largeur du bassin varie de 5^{km} 1/2 à 16 kilomètres. Il présente trois étranglements, l'un entre Valenciennes et Saint-Amand, le second entre Emerchicourt et Vred, le troisième entre Flers et Moncheaux : c'est à ce dernier que la bande houillère présente la plus faible largeur, 5^{km} 1/2. Elle s'épanouit au contraire entre Onnaing et Flines-lès-Mortagne, ainsi qu'entre Douchy et Bousignies, au point de présenter les largeurs de 16 et de 15 kilomètres. La largeur moyenne est de 12 kilomètres.

Depuis la frontière belge jusque vers le milieu de la concession d'Aniche, l'axe du bassin se dirige du N.-E. vers le S.-O.; à partir de là, sa direction change brusquement, et il remonte vers le N.-O. Il faut attribuer à cette particularité le long intervalle qui s'est écoulé entre la découverte du gisement houiller d'Aniche et celle du prolongement du bassin au delà de Douai. En effet, de 1780 à 1852, c'est-à-dire pendant 72 ans, la compagnie d'Aniche s'est bornée à exploiter la partie orientale de sa concession, sans se préoccuper de la région voisine de Douai. Les explorateurs qui recherchaient le prolongement du bassin dans le Pas-de-Calais, obligés d'entreprendre leurs travaux au delà de la vaste zone concédée, mais non explorée, comprise entre Masny et Douai, et trompés par le changement de direction dont nous venons de parler, se sont longtemps épuisés en efforts infructueux dans la direction d'Arras. C'est seulement en 1847 que la compagnie de l'Escarpelle, ayant exécuté quelques sondages heureux aux environs de Douai, c'est-à-dire au nord du prolongement supposé du bassin de Valenciennes, obtint la concession qui a servi de point de départ à la découverte du bassin du Pas-de-Calais. La compagnie d'Aniche a ensuite profité des renseignements fournis par la compagnie de l'Escarpelle, en ouvrant ses premières fosses du groupe de Douai.

En dehors du bassin de Valenciennes, on remarque un petit massif de terrain houiller près de Quiévrechain, sur la frontière belge. Son existence a été reconnue par divers sondages exécutés dans la concession de Crespin; l'un d'eux, dit sondage du Bureau, commencé en 1851, interrompu en 1853, repris ensuite et terminé en 1859, a trouvé les schistes et grès dévoniens bariolés à la profondeur de 149 mètres; à celle de 285 mètres, il est entré dans le terrain houiller, où on l'a poursuivi jusqu'au niveau de 450 mètres, en recoupant plusieurs veines de houille; un autre sondage, appelé sondage de la Chapelle de Quiévrechain, exécuté en 1875 et 1876, a atteint successivement les schistes dévoniens à 180 mètres, le calcaire à 198 mètres, et le terrain houiller à 232 mètres; il a été abandonné à la profondeur de 275 mètres, par suite d'un accident, sans avoir rencontré la houille; enfin, un troisième forage, exécuté en 1877 près du moulin de Quiévrechain, à environ 50 mètres de la frontière belge, est tombé directement sur le terrain houiller à 167 mètres; il y a recoupé successivement plusieurs veines de charbon et n'a été abandonné qu'à la profondeur de 586 mètres.

Nous ferons connaître plus tard l'importance de ce gisement houiller, qui n'est en contact avec les morts-terrains que sur une très faible étendue, et qui est recouvert, soit par le calcaire, soit par le terrain dévonien. Nous aurons à expliquer la façon dont il se relie avec le bassin principal; pour le moment, nous nous bornerons à faire remarquer qu'il constitue le prolongement, sur le territoire français, de la bande houillère connue en Belgique sous le nom de bassin de Dour.

Sur les cartes topographiques, on délimite ordinairement le bassin houiller de Valenciennes, au nord et au sud, par des lignes à courbures continues. En réalité, cette représentation n'est pas exacte, et il est probable, au contraire, que les bords du bassin, disloqués par les convulsions géologiques

Représentation
des
limites du bassin.

postérieures à sa formation, ont été brusquement brisés en un grand nombre de points, et sont loin de présenter la continuité qu'on leur attribue fictivement. Malheureusement, les assises extrêmes du terrain houiller ne sont pas assez bien connues pour qu'on puisse en tracer les contours d'une manière rigoureusement exacte, et dans l'impossibilité d'en indiquer toutes les sinuosités, toutes les saillies, tous les rentrants, nous avons dû, comme d'habitude, nous en tenir à des moyennes qui sont représentées sur la carte au $\frac{1}{80,000}$ (pl. I) par des lignes à courbures continues.

Étendue des territoires concédés. — Les concessions qui dépendent du bassin houiller du Nord sont au nombre de vingt et appartiennent à neuf compagnies. Leurs limites sont indiquées à la planche I. Le tableau ci-dessous fait connaître leurs noms, ceux des compagnies qui les possèdent, ainsi que la surface et la production de chacune d'elles en 1883 et 1884. Il est à remarquer que, pour la compagnie d'Anzin, les résultats de l'exercice 1884 ont été faussés par une grève qui a sévi dans presque toutes ses exploitations.

CONCESSIONS.	COMPAGNIES.	ÉTENDUE de chaque concession.	PRODUCTION.	
			1883.	1884.
		Hectares.	Tonnes.	Tonnes.
Anzin.	Anzin.	11.851	1.421.187	1.162.859
Denain.		1.343	»	»
Raismes.		4.819	146.531	102.349
Saint-Saulve.		2.200	176.191	135.843
Fresnes.		2.073	»	»
Vieux-Condé.		3.996	438.566	396.334
Odomez.		316	»	»
Hasnon.		1.488	»	»
Aniche.	Aniche.	11.850	675.035	621.541
Escarpelle.	Escarpelle.	4.721	428.003	442.722
Douchy.	Douchy.	3.419	243.342	255.697
Vicoigne.	Vicoigne.	1.320	132.452	131.532
Bruille.		403	»	»
Château-l'Abbaye		916	»	»
Azincourt.	Azincourt.	2.182	54.514	66.681
Escaupont.	Thivencelles et Fresnes-midi.	110	32.747	39.812
Thivencelles.		981	40.499	45.047
Saint-Aybert.		455	»	»
Crespin.	Crespin.	2.842	»	1.100
Marly.	Marly.	3.313	»	»
Totaux.		60.598	3.789.067	3.401.517

Les concessions de l'Escarpelle, Courcelles-lès-Lens, Dourges, Ostricourt, Carvin, Annœulin et Meurchin s'étendent à la fois sur le Nord et le Pas-de-Calais; la première a été considérée comme appartenant exclusivement au département du Nord, dans lequel elle a presque tous ses sièges d'exploitation; les autres n'y ont pas, ou presque pas de travaux, et on les a rattachées, pour ce motif, au département du Pas-de-Calais.

La superficie concédée, calculée de cette manière, est de 60,598 hectares; elle comprend 46,353 hectares d'affleurement houiller et 14,245 hectares situés en dehors. Si on compare le premier de ces deux chiffres avec l'étendue totale comprise entre les limites du bassin, on reconnaît qu'il existe 6,300 hectares de terrain houiller non concédé. Cette surface est située presque tout entière sur le bord septentrional du bassin, c'est-à-dire dans une région qui, comme nous le verrons, est pauvre, difficilement exploitable, et condamnée à rester indéfiniment improductive.

II. — STRUCTURE GÉNÉRALE DU BASSIN HOUILLER.

La présence des morts-terrains sur le bassin houiller du nord de la France a beaucoup retardé, ainsi que nous l'avons déjà dit, la mise en exploitation de certaines de ses parties; elle a également rendu plus difficiles les recherches ayant pour but de déterminer sa structure générale. Les anomalies que cette structure présente ont été signalées depuis longtemps, et on peut les résumer comme il suit : dissemblance des terrains anciens qui encaissent le terrain houiller au nord et au sud; différence dans la nature des charbons appartenant aux veines les plus septentrionales et les plus méridionales; dissymétrie complète du bassin par rapport à son axe.

Ces diverses circonstances ne sont pas spéciales à la partie du bassin située en France; on les remarque aussi en Belgique, où le terrain houiller se présente en affleurement, et où son allure est plus facile à étudier. C'est surtout par des recherches faites en Belgique sur les terrains en affleurement, que l'on est parvenu à expliquer d'une manière satisfaisante la configuration générale du bassin houiller et des terrains antérieurs à sa formation.

Le terrain dévonien du nord de la France et de la Belgique s'est déposé en stratification discordante sur les roches siluriennes, sous la forme de deux bassins séparés par une crête, que l'on a appelée *crête du Condros*. Elle se montre à découvert, en Belgique, entre Hermalle-sous-Huy et la vallée d'Acoz, et correspond, dans le Pas-de-Calais, à un certain nombre d'affleurements de grès rouge dévonien (Saint-Nazaire, Rebreuve, Pernes, Bailleul-lès-Pernes, Febvin, Fléchin, etc.), alignés suivant une direction générale E.-O., et qui ont été ramenés au jour par des phénomènes géologiques ultérieurs. Le bassin septentrional est souvent appelé *bassin de Namur* ou *de Valenciennes*, et le bassin méridional *bassin de Dinant*.

Les assises dévoniennes situées sur les deux flancs de la crête silurienne du Condros diffèrent comme composition et comme puissance. Tandis qu'au sud, le dévonien inférieur est représenté par des bancs de schistes, de psammites, de quartzites et de poudingues, d'une épaisseur de plusieurs centaines de mètres, il n'existe pas au nord, d'après M. Gosselet, de dépôts plus anciens que ceux de l'âge du calcaire de Givet, qui appartient au dévonien moyen. D'après cela, la mer n'aurait envahi le bassin du nord qu'après avoir formé dans celui du sud les puissants dépôts du dévonien inférieur. Au début de cet envahissement, la crête du Condros a dû encore séparer les deux portions de la mer correspondant aux deux bassins : ce qui semble le prouver, c'est qu'à ce moment, les caractères pétrographiques et paléontologiques des dépôts étaient loin d'être les mêmes sur les deux versants. Plus tard, au contraire, à l'époque de la formation des psammites du Condros et du calcaire carbonifère, les sédiments acquirent plus de ressemblance; on peut en conclure que les deux bras de mer s'étaient alors réunis par-dessus la crête du Condros, ce qui devait entraîner une uniformité plus complète dans la nature aussi bien que dans l'importance des dépôts.

A la fin de la période houillère, une forte poussée venant du sud a refoulé vers le nord le bassin de Dinant contre celui de Namur ou de Valenciennes. Ce dernier s'est ainsi replié sur lui-même : ses assises septentrionales, solidement appuyées contre les flancs siluriens du plateau du Brabant, et moins directement soumises à l'influence de la pression, ont résisté, ou du moins n'ont subi qu'un faible déplacement, tandis que les bancs méridionaux se sont redressés et renversés sur eux-mêmes, de manière à donner au bassin la forme d'un U incliné et plongeant vers le sud.

Si les terrains avaient présenté une plasticité suffisante, ce changement de forme aurait pu s'effectuer sans fracture; il n'en a pas été ainsi, et une ligne de déchirement s'est produite au-dessus de la crête du Condros, en donnant naissance à une faille immense que l'on suit depuis Liège jusqu'à Marquise. Découverte d'abord par Dumont (1832), dans la province de Liège, elle fut appelée par lui *faille eifflienne*. Dans le Hainaut, on l'appelle *faille dévonienne*. Nous lui donnerons le nom plus simple et plus général de *grande faille du midi*. Élie de Beaumont a le premier soupçonné son existence dans le département du Nord. Il s'exprime de la manière suivante, dans le tome Ier de l'*Explication de la carte géologique de la France* : « La jonction de la bande houillère et de la bande rouge méridionale ne se montre pas au jour; elle est recouverte par des terrains morts, et on ne peut voir par quelle série de couches se fait le passage de l'une à l'autre, ni dans quel sens les couches plongent près de la ligne de jonction : *peut-être les deux séries sont-elles séparées l'une de l'autre par une grande faille.* » Après lui, M. Dormoy admit que le bassin houiller du Nord est délimité au sud par une faille. Mais l'allure de ce grand accident et son prolongement jusque dans le Boulonnais n'ont été véritablement déterminés que par les remarquables travaux de M. Gosselet, basés sur les résultats obtenus dans les recherches de mines entreprises au midi du bassin houiller.

La grande faille du midi plonge partout vers le sud, avec une inclinaison variable. En direction, elle est à peu près parallèle à la limite méridionale du bassin houiller; parfois elle y pénètre, ailleurs elle s'en éloigne; elle a pour effet de mettre les terrains silurien et dévonien inférieur du bassin méridional en contact avec le terrain houiller, le calcaire carbonifère, le dévonien supérieur ou le dévonien moyen du bassin septentrional.

Par suite de cette disposition, on trouve parfois le terrain houiller immédiatement au-dessous du dévonien inférieur : cette circonstance se présente surtout en Belgique. On la remarque aux environs de Liège, à Ougrée, dans plusieurs charbonnages du bassin de Dour, etc. En ces divers points, les roches dévoniennes reposent en allure normale sur le terrain houiller, qui est lui-même en allure renversée.

Failles secondaires.

En France, le contact immédiat du dévonien inférieur avec le terrain houiller n'a été observé jusqu'à présent qu'à Quiévrechain, et au sondage du Maisnil, de la compagnie de Bruay. Ailleurs, la grande faille paraît située à une certaine distance au midi du bassin, et celui-ci semble borné sur une grande longueur, notamment dans le département du Pas-de-Calais, par une ou plusieurs failles secondaires, à peu près parallèles à la faille principale, et plongeant comme elle vers le midi. Entre la grande faille et celles qui limitent le bassin, se trouvent des bancs renversés de dévonien supérieur, de calcaire carbonifère, et peut-être même de terrain houiller inférieur assimilable au *Penney-stone* des Anglais, et qualifié par M. Gosselet de *zone à productus carbonarius*. Un sondage pratiqué à grande profondeur, au midi de la grande faille, pourrait donc rencontrer successivement le dévonien inférieur en allure normale, le dévonien supérieur, le calcaire carbonifère et le houiller inférieur renversés, et enfin le terrain houiller proprement dit, également renversé. Il arrive d'ailleurs, le plus généralement, à cause du peu de distance de la limite du bassin à la grande faille, et de la faible inclinaison de celle-ci, qu'on ne trouve en-dessous d'elle qu'un ou deux des étages ci-dessus indiqués. Pour expliquer cette conformation, M. Gosselet suppose que les roches dévoniennes du bassin de Dinant ont poussé devant elles des lambeaux arrachés des bords du bassin septentrional (fig. 1). On peut encore faire une autre hypothèse et

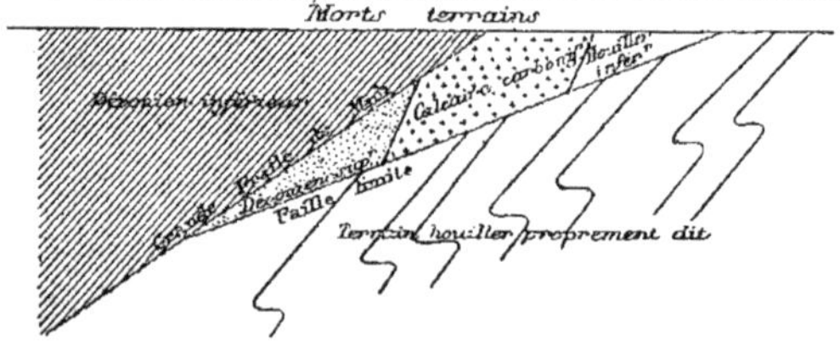

admettre, avec M. Breton, que le refoulement du bassin du midi sur celui
du nord a eu pour effet de replier les terrains sous la forme d'un double U
renversé, et de les rompre en même
temps suivant deux lignes à peu
près parallèles, correspondant l'une
à la grande faille, l'autre à la faille
limite (fig. 2).

Dans le Pas-de-Calais, la surface
de séparation du terrain houiller et
des terrains plus anciens a été atteinte sur plusieurs points (fig. 3).

En 1862, une bowette de la fosse
de Cauchy à la Tour, creusée à l'étage

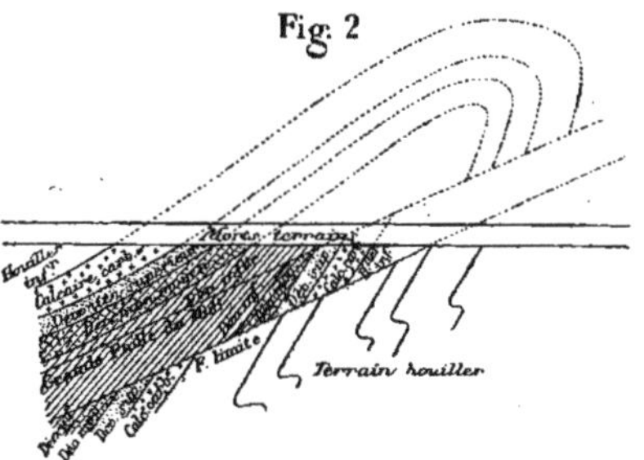

Travaux de recherche
au
midi du bassin
dans le
département
du Pas-de-Calais.

de 219 mètres, rencontra le calcaire carbonifère à une distance de 174 mètres
au sud-ouest du puits. Une voie de fond, ouverte au même niveau dans
la veine n° 4, atteignit également le calcaire. Les reconnaissances opé-
rées démontrèrent que ce terrain avait un pendage de 30° vers le sud-
ouest, qu'il était en stratification discordante avec le terrain houiller, et
qu'il en était séparé par une faille de 20° d'inclinaison.

En 1872, les compagnies de Liévin et de Courrières entreprirent chacune un sondage près du calvaire d'Avion; celui de la compagnie de Liévin
ne recoupa qu'une très faible épaisseur de terrain ancien, avant d'entrer
dans le terrain houiller proprement dit; mais celui de la compagnie de
Courrières traversa auparavant 18 mètres de schistes bleus calcareux appartenant, soit au calcaire carbonifère, soit au terrain houiller inférieur.

Vers la même époque (1873), la fosse de Courcelles-lès-Lens atteignait
le terrain houiller par une bowette ouverte au niveau de 208 mètres,
suivant la direction N. 26° O. Le puits était entré, à la profondeur de
138 mètres, dans un calcaire carbonifère renversé en couches inclinées de
30° vers le sud; à une distance de 45 mètres, la bowette pénétra subitement
dans le terrain houiller, après avoir traversé une faille de 1^m,20 d'ouverture,
remplie d'un amas de roches broyées : schistes et grès houillers, houille et

calcaire carbonifère. Une descenderie exécutée dans cette faille permit de constater exactement sa direction, qui était sensiblement celle de l'est à l'ouest, et son pendage moyen, qui était d'environ 30° vers le sud. Le puits, approfondi ensuite, rencontra le terrain houiller à la profondeur de 242 mètres, après avoir traversé la même faille.

Pendant la même année 1873, trois sondages, exécutés à l'est de la concession d'Auchy-au-Bois, démontrèrent le recouvrement du terrain houiller par les terrains anciens. Le plus septentrional entra à 146 mètres dans la formation houillère. Le second, placé un peu plus au sud-ouest, atteignit, à 148 mètres de profondeur, un schiste noir à phtanites incliné de 30°. Enfin, le plus méridional traversa, à partir du niveau de 131 mètres, 39 mètres de schistes et grès dévoniens, après quoi il entra dans un calcaire dolomitique plongeant également de 30° vers le sud.

Un peu plus tard, la compagnie de Liévin ouvrit sur la commune de Bully, au midi de la concession de Grenay, un sondage qui découvrit, en 1875, le terrain houiller à 310 mètres du sol, sous une épaisseur de 72 mètres de dévonien inférieur, et de 98 mètres de schistes très calcaires bleuâtres, légèrement micacés, avec empreintes de *productus*. Ce sondage était situé à 650 mètres au sud de l'affleurement présumé du bassin houiller sous le tourtia, et révélait un plongement de 30° à 35° de la faille limite; aussi cette découverte fit-elle à cette époque une grande sensation.

L'année suivante, en 1876, un sondage exécuté par la compagnie des mines de Béthune sur la commune d'Aix-Noulettes, au sud de la concession de Grenay, recoupa le terrain houiller à 407 mètres de profondeur, sous une masse de 263 mètres de terrains anciens, dont 108 mètres de grès schisteux bariolés qui paraissent appartenir au dévonien inférieur (schistes et psammites de Fooz), et 155 mètres de grès gris et bleus calcareux.

La même année, les deux sondages de Méricourt et de Drocourt, entrepris par la compagnie de Drocourt au midi des concessions de Courrières et de Dourges, découvrirent le terrain houiller, le premier à 441 mètres de profondeur, sous 103 mètres de dévonien inférieur et 188 mètres de schistes un peu gréseux bleuâtres, légèrement calcareux, renfermant des empreintes *d'orthis;* le second à 362 mètres, sous 233 mètres des mêmes schistes, qui paraissent encore se rattacher au calcaire carbonifère ou au houiller inférieur. Ces deux recherches étaient hardies, car le sondage de Méricourt était situé à 920 mètres, et celui de Drocourt à 950 mètres environ, au midi de l'affleurement du terrain houiller proprement dit sous le tourtia, accusant ainsi une inclinaison d'environ 17°,30' au premier, et 14° au second, pour la surface séparative de ce terrain et des terrains anciens de recouvrement.

Ces résultats inattendus engagèrent les compagnies, qui pouvaient encore espérer des extensions de concession vers le sud, à entreprendre de nouveaux travaux.

Dans la concession d'Auchy-au-Bois, les bowettes du midi de la fosse n° 2, niveaux de 248 mètres et de 270 mètres, continuèrent à rester en terrain houiller, après avoir dépassé en projection horizontale son affleurement sous les morts-terrains.

La fosse n° 3 de la même concession trouva sous le tourtia, à 146^m,50 de profondeur, 5^m,30 de schistes tendres, noirs, salissant les doigts, imprégnés de pyrite, mélangés avec des phtanites, et renfermant beaucoup de fossiles silicifiés, notamment le *Spirifer mosquensis,* l'*Orthis Michelini,* etc. ; puis une épaisseur de 3^m,60 de bancs calcaires inclinés de 33° au sud, présentant parfois des géodes pleines d'eau et tapissées de beaux cristaux de carbonate de chaux. Au niveau de 155^m,40, elle atteignit une faille inclinée au sud de 18° 1/2, dirigée du N.-O. au S.-E., en dessous de laquelle se trouvait le terrain houiller proprement dit.

A la même fosse, la bowette méridionale du niveau de 227 mètres rencontra le calcaire à 95 mètres seulement du puits.

Pendant l'année 1878, deux sondages atteignirent encore le terrain houiller sous les terrains anciens, savoir : celui de Méricourt, de la compagnie de Liévin, et celui de Beaumont, de la compagnie de Courcelles-lès-Lens. Le premier traversa successivement, avant d'atteindre le terrain houiller à 329 mètres, 78 mètres de schistes gris verdâtres dévoniens à nodules calcareux, et 110 mètres de schistes bleus calcareux renfermant des empreintes d'*orthis* et de *spirifer*, et analogues à ceux déjà rencontrés à plusieurs sondages. Le second ne trouva le terrain houiller, à 354 mètres du sol, que sous une épaisseur de 213 mètres de calcaire carbonifère assez fissuré.

En 1880, le sondage n° 9 de la compagnie de Ferfay, situé à 400 mètres au sud de la limite du bassin, atteignit le terrain houiller à 375 mètres de profondeur, sous 225 mètres de calcaire.

Dans le courant de l'année 1882, d'autres découvertes vinrent compléter les connaissances acquises sur le recouvrement du terrain houiller par les terrains anciens.

Citons d'abord la fosse de Drocourt qui, sortie des morts-terrains à la profondeur de 127 mètres, traversa 165 mètres de grès schisteux, quartzeux ou calcareux, et de calcaires divers, avant d'atteindre le terrain houiller. Ces grès et calcaires, plongeant de 35° vers le midi, étaient séparés de la formation houillère par une faille de même inclinaison, contre laquelle les bancs houillers venaient buter, avec une pente de 20° vers le sud.

La compagnie de Bruay, au sondage du Maisnil, ne trouva le terrain houiller qu'à la profondeur de 491 mètres, après avoir traversé une épaisseur de 376 mètres de grès bariolés, qui paraissent appartenir à l'étage gédinnien. Il semble qu'à ce sondage, il n'existe pas de lambeau de poussée à la limite du bassin, et que la grande faille soit en contact direct avec lui.

Enfin, le sondage de Division, de la même compagnie, recoupa successivement 68 mètres de morts-terrains, 212 mètres de bancs de grès mélangés de schistes de nuances diverses, et 82 mètres de calcaire. Il entra ensuite dans le terrain houiller, où il ne tarda pas à rencontrer quelques couches de houille.

Cette succession de faits démontre nettement que, dans le Pas-de-Calais, le terrain houiller est recouvert au midi, sous une inclinaison assez faible, et qui varie, suivant les points, de 14° à 35°, par le terrain dévonien, le calcaire carbonifère, et des grès ou schistes calcareux, généralement gris ou bleus, que l'on peut rattacher à l'étage du calcaire carbonifère ou à la zone à productus carbonarius de M. Gosselet. La figure 3 indique la position des fosses et sondages qui viennent d'être cités. La grande faille du midi paraît avoir été rencontrée à l'un des sondages d'Auchy-au-Bois, à ceux de Bully et de Méricourt, de la compagnie de Liévin, à celui d'Aix-Noulettes, de la compagnie de Béthune, à celui de Méricourt, de la compagnie de Drocourt, et à ceux de Divion et du Maisnil, de la compagnie de Bruay. A ce dernier, elle paraît en contact direct avec le terrain houiller proprement dit, mais à tous les autres, elle en est séparée par des lambeaux de poussée constitués, dans les parties où on les a traversés, par du calcaire carbonifère et des grès et schistes calcareux.

Autrefois, on considérait le terrain dévonien et le calcaire carbonifère comme négatifs, et les limites méridionales des concessions primitivement instituées ont été déterminées dans cette hypothèse, c'est-à-dire en suivant approximativement l'affleurement de la formation houillère sous le tourtia. La découverte dont nous venons de parler a eu pour effet de reculer à une distance de 2,000 à 3,000 mètres au sud de cet affleurement la limite des terrains concédés, ce qui s'est fait par l'institution de nouvelles concessions, ou par l'extension des anciennes. Cet agrandissement du territoire concédé présente une importance considérable, car la zone récemment reconnue sous les terrains anciens paraît très riche en veines de houille.

Dans le département du Nord, le midi du bassin n'a pas été exploré, durant ces dernières années, avec l'activité qui s'est manifestée dans le Pas-de-Calais. Cela tient à ce que la plupart des concessions existant depuis la frontière belge jusqu'à Douai s'étendent vers le sud à une grande distance de la limite du bassin sous les morts-terrains. C'est le cas des concessions d'Azincourt, Aniche, Douchy, Marly et Crespin; les explorations n'auraient donc pu être faites que par les compagnies concessionnaires; or, les trois premières avaient assez à faire de tirer parti de leurs gisements reconnus, et ce n'est que dans l'étendue des concessions de Marly et de Crespin que des recherches ont été entreprises par puits et sondages : nous ferons connaître plus loin leurs résultats.

Travaux de recherche au midi du bassin dans le département du Nord.

Du reste, nous ne croyons pas qu'il y ait lieu de regretter l'abstention partielle que nous venons de signaler. Nous allons faire voir, en effet, que les circonstances qui se présentent dans le Pas-de-Calais n'existent plus dans le Nord; que, sur sa limite méridionale, le bassin y est borné sur une grande longueur par une bande épaisse de terrain houiller stérile, et qu'en outre, il s'enfonce à pente raide sous les terrains anciens; que, par suite, son prolongement vers le sud n'a aucune importance.

Si, en partant de Douai (fig. 4), on suit la limite méridionale du bassin dans la direction de l'est, on reconnaît que le premier point où on l'ait atteinte est la fosse d'Etrœungt. La bowette sud du niveau de 257 mètres de la fosse Saint-René est, il est vrai, sortie du terrain houiller à environ 1,000 mètres du puits, mais elle n'a pas atteint les terrains négatifs, et elle est simplement entrée dans les terrains remaniés déjà rencontrés à la fosse de Roucourt, et qui appartiennent, soit au trias, soit au permien. La fosse d'Etrœungt est tombée, au niveau de 142 mètres, sur un calcaire carbonifère bleu pâle, veiné de blanc, assez semblable au calcaire de Tournai; elle a ensuite pénétré dans le terrain houiller à la profondeur de 190 mètres; une bowette poussée vers le nord a rencontré ce terrain au bout de quelques mètres : on y a même reconnu et exploré plusieurs veinules de houille. Bien qu'on ne possède plus guère, aujourd'hui, de renseignements sur les travaux exécutés à la fosse d'Etrœungt, on sait cependant que la surface de séparation du terrain houiller et du calcaire y était inclinée d'environ 60° vers le sud.

Le même calcaire a été atteint par une galerie dirigée vers le midi, au niveau de 176 mètres de la fosse Sainte-Marie, de la compagnie d'Azincourt. D'après les renseignements fournis par les archives de cette compagnie, la rencontre a eu lieu à 312 mètres du puits; les bancs de calcaire étaient inclinés de 53°, et paraissaient en stratification concordante avec le terrain houiller; on n'a pas remarqué de brouillage ni de faille à la séparation des deux terrains.

A la fosse Saint-Auguste, de la même compagnie, la bowette sud de l'étage de 210 mètres est sortie du terrain houiller à 598 mètres du puits, pour pénétrer dans des bancs de schistes noirs, calcareux, un peu verdâtres, séparés par des bancs de calcaire compact d'un bleu foncé. On a pratiqué dans ces terrains un avancement de $24^m,30$; on n'a remarqué ni

BASSIN HOUILLER DU NORD.

Echelle de $\frac{1}{240.000}$

Fig. 4.

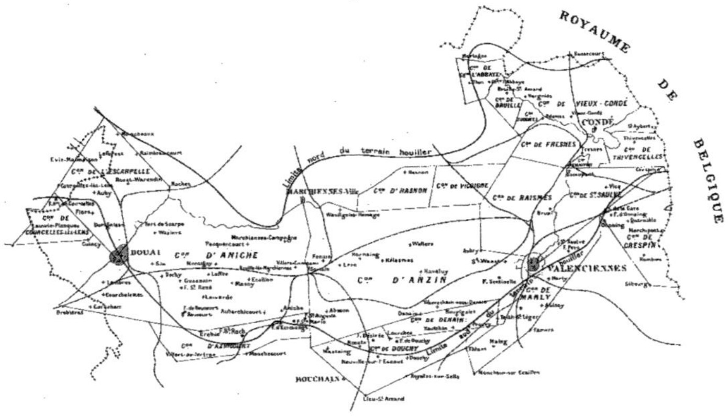

Gravé chez L. Wuhrer, 4 Rue de l'Abbé de l'Épée.

Imp. Lemercier et Cie.

cran ni faille entre le terrain houiller et les terrains négatifs ; dans le voisinage de la surface de séparation, la stratification était concordante des deux côtés, et correspondait à une inclinaison de 50°, pied au sud. M. l'abbé Boulay a recueilli dans les schistes noirs verdâtres de nombreux fossiles carbonifères.

Plus à l'est, il faut aller jusqu'à la fosse d'Onnaing pour trouver un point où la limite sud du bassin a été effectivement atteinte. Cette fosse a été établie sur le calcaire, mais un sondage exécuté au fond du puits a rencontré le terrain houiller à la profondeur de 422 mètres. Le sondage de la gare d'Onnaing, situé un peu au nord de la fosse, a, de son côté, atteint le terrain houiller sous 2 mètres seulement de calcaire.

On voit, d'après cela, qu'on n'a trouvé dans le département du Nord, au moins jusqu'aux environs de Valenciennes, aucune trace du système de failles qui, dans le Pas-de-Calais, a eu pour effet de ramener les terrains anciens en contact avec le terrain houiller, sous une inclinaison relativement faible. Il semble que le bassin y soit complet, et y affecte la forme générale d'U incliné, dont nous avons parlé précédemment, la branche méridionale de l'U présentant une pente vers le sud, que l'on peut évaluer à 50° ou 60°. Au midi, le terrain houiller est, comme au nord, en stratification normale ou transgressive avec le calcaire carbonifère ; il n'en est plus séparé par des failles, et la surface de séparation des deux terrains est assez voisine de la verticale pour que la zone de recouvrement du premier par le second puisse être regardée comme peu importante.

La limite méridionale du bassin, entre Monchecourt et Onnaing, est caractérisée par cette circonstance qu'on y trouve partout une large bande de terrain houiller stérile. Ainsi, à la fosse Saint-Roch, de la compagnie d'Azincourt, la dernière veine reconnue au sud est la veine Julienne ; au delà, on a traversé en bowette 200 mètres de terrains stériles, où on n'a recoupé que deux passées de 0^m,10 environ d'ouverture, et au delà desquels on n'a pas poursuivi l'exploration. La bowette nord de la fosse d'Etrœungt n'a rencontré que des veinules de charbon tout à fait inexploitables. A la fosse Sainte-Marie, de la compagnie d'Azincourt, sur les

250 mètres traversés entre la veine Louise et le calcaire; on n'a recoupé que trois ou quatre passées charbonneuses, dont la plus grande, que l'on a nommée veine Adolphe, n'a que $0^m,20$ à $0^m,30$ d'ouverture. A la fosse Saint-Auguste, de la même compagnie, la bowette du midi de l'étage de 210 mètres a traversé 448 mètres de terrain houiller, au delà de la veine Louise, avant d'atteindre le calcaire, et dans cet intervalle, elle n'a recoupé qu'une seule passée de quelques centimètres en escaillage. Les mêmes faits se reproduisent, avec plus de netteté encore, quand on s'éloigne davantage dans la direction de l'est. C'est ainsi que la bowette sud de l'étage de 125 mètres de la fosse Désirée, concession de Douchy, a été arrêtée à 800 mètres environ du puits, après n'avoir traversé que du terrain houiller stérile. La zone inexploitable présente à cet endroit une largeur d'autant plus grande, que la fosse Désirée se trouve elle-même située, à l'étage de 125 mètres, au midi du faisceau de Douchy. A la fosse de Douchy (n° 8), on a exploré, au midi de la veine Louise, dernière veine connue, une bande de 178 mètres de terrain houiller, où l'on n'a pas trouvé de houille. Dans la concession d'Anzin, on a constaté l'existence d'un puissant massif de terrain houiller stérile au sud de la fosse Sentinelle. Enfin, la bowette méridionale de la fosse Petit, concession de Marly, creusée au niveau de 137 mètres, n'a pas rencontré de veine de houille. A 140 mètres du puits, elle a pénétré, d'après M. Lorieux, dans un terrain noir, écailleux, ne présentant plus d'apparence de stratification; on l'y a poursuivie jusqu'à 200 mètres environ du puits. La bowette nord du même niveau a recoupé la première veine de houille à une distance de 480 mètres ; il existe donc, au midi de celle-ci, une zone stérile de plus de 680 mètres de puissance. Dans plusieurs publications relatives à la concession de Marly, on affirme que la galerie en travers bancs de l'étage de 137 mètres est entrée, à 356 mètres au sud du puits, dans des schistes bariolés appartenant au terrain dévonien inférieur (gédinnien). Nous croyons qu'il y a là une erreur ; cette rencontre de la limite sud du bassin n'est constatée nulle part dans les archives du bureau minéralogique de Valenciennes, et, d'un autre côté, nous avons eu récemment l'occasion d'apprendre de M. Boisseau, ingénieur des travaux, aujourd'hui décédé,

que la bowette sud a été arrêtée, parce que l'argent manquait, en plein terrain houiller parfaitement régulier, et incliné de 17° vers le midi. Dans tous les cas, ce qu'il faut surtout retenir, c'est qu'à la fosse Petit, comme à la fosse Sentinelle, comme aux concessions de Douchy et d'Azincourt, le bassin houiller présente, sur sa limite sud, une large bande de terrains stériles. Le fait d'avoir ou non recoupé la grande faille au midi de la fosse n'a en lui-même qu'une importance secondaire : c'est l'existence de cette zone stérile qu'il convient avant tout de constater. C'est elle que l'on a encore recoupée sous le calcaire carbonifère à la fosse d'Onnaing. Elle s'étend, d'après ce que nous venons de voir, depuis le méridien de Monchecourt jusqu'au voisinage de celui d'Onnaing, c'est-à-dire sur une longueur de 32 kilomètres, et constitue un véritable horizon géologique. Elle se développe surtout du côté de l'est, et, à partir de la concession de Douchy, elle paraît avoir une largeur, du nord au sud, d'environ un kilomètre.

L'existence de cette bande improductive est une seconde circonstance qui montre que des recherches sur la limite méridionale du bassin seraient infructueuses dans le département du Nord. Non seulement l'étendue du recouvrement du terrain houiller par les terrains anciens est faible, à cause de l'inclinaison de leur surface de séparation, mais encore la partie recouverte paraît complétement dépourvue de veines de houille, puisqu'elle appartient à la bande stérile dont nous venons de parler.

Au nord du bassin, on rencontre, entre le calcaire carbonifère et les premières couches de houille, des schistes noirs très siliceux, passant aux grès, et renfermant des bancs de phtanite noir, à cassure conchoïde ; il semble naturel d'admettre que cette assise est représentée, au midi, par les schistes argileux, noirs, finement feuilletés et doux au toucher, qui constituent la zone improductive reconnue depuis Monchecourt jusqu'au delà de Valenciennes, et qui forment, dans ces conditions, le bord méridional du bassin complet.

Cependant, l'opinion la plus accréditée est que, dans le Nord comme dans le Pas-de-Calais, le bassin houiller vient partout buter au midi contre une faille, au-dessous de laquelle il est recouvert par les terrains anciens.

On fait remarquer que les veines qui affleurent au nord devraient, après s'être repliées en fond de bateau, présenter un second affleurement au midi, de telle sorte que le bassin fût complètement symétrique par rapport à son axe, et on argue de cette absence de symétrie pour prétendre que le recouvrement des terrains anciens dissimule au midi une notable partie de la formation houillère. Cette objection ne saurait, à notre avis, prévaloir contre les faits. Or, aux fosses Sainte-Marie et Saint-Auguste, d'Azincourt, on n'a remarqué de faille, ni au contact du terrain houiller stérile avec la zone riche en houille, ni à la rencontre des schistes calcareux et du calcaire. Ces trois étages géologiques : terrain houiller proprement dit, terrain houiller inférieur et calcaire, paraissent se succéder naturellement, en stratification concordante ou transgressive, et rien n'autorise à prétendre que les deux derniers, ou l'un d'eux, appartiennent à un lambeau de poussée analogue à ceux dont l'existence est indiscutable dans le Pas-de-Calais. Ajoutons que l'on peut facilement expliquer, sans intervention de faille, le manque de symétrie du bassin, et l'absence vers son bord méridional des faisceaux maigres et demi-gras que l'on exploite au nord. Certains géologues pensent que les couches maigres du nord peuvent être regardées comme correspondant aux couches grasses du midi, c'est-à-dire qu'une même veine, maigre sur le versant nord du bassin, peut être grasse sur l'autre. Cette hypothèse est basée sur ce que certaines veines présentent, en des points relativement peu éloignés l'un de l'autre, des proportions de matières volatiles qui peuvent offrir des écarts de 3, 4 et même 5 0/0 ; mais on ne saurait dire si ces écarts peuvent s'accentuer, quand on se transporte du versant septentrional au versant méridional, au point d'amener le passage des charbons maigres aux demi-gras et aux gras. Il appartiendra à l'étude de la flore fossile de fixer les idées sur ce point, et d'indiquer dans quelles limites la teneur en matières volatiles doit être prise en considération, pour déterminer la hauteur des couches dans la série houillère. En tout cas, l'hypothèse que nous venons d'énoncer justifierait l'absence des charbons demi-gras et maigres sur le bord méridional du bassin, mais serait impuissante à expliquer le manque de symétrie qui existe dans sa constitution même. Pour arriver à ce résultat, il convient d'avoir recours à la théorie de la transgressivité, exposée par M. Potier. Si on se transporte de l'est vers l'ouest du bassin, on remarque que les bancs de terrain houiller stérile qui existent sur ses bords, au voisinage de la frontière belge, s'amincissent de plus en plus, en sorte que le calcaire finit par se trouver en contact presque immédiat avec le terrain riche en houille. On remarque de plus que, tandis que la zone des charbons maigres s'étend depuis la frontière jusqu'à Annœulin, et celle des charbons demi-gras depuis la même frontière jusqu'à Ferfay, la zone des charbons gras se continue jusqu'à l'extrémité occidentale du bassin, et celle des charbons à gaz ou flenus, qui commence dans la concession de Dourges, jusqu'à Auchy-au-Bois. Il y a donc stratification transgressive entre ces diverses zones et les terrains sous-jacents; en d'autres termes, le marécage houiller paraît avoir changé de place pendant la période de la formation houillère, et avoir subi un mouvement général de transport de l'est vers l'ouest. A l'époque où les assises de terrain houiller stérile du département du Nord se déposaient, et où la houille se formait depuis la frontière jusqu'à Annœulin, en donnant naissance aux couches maigres actuelles, la partie du bassin située au delà se trouvait hors du lac houiller; plus tard, la position des bords de ce lac s'est modifiée, et il s'est étendu dans la direction de l'ouest, où les couches demi-grasses se sont déposées directement sur le calcaire, et ainsi de suite. Si l'on admet que, simultanément, il y ait eu transgressivité dans la direction du nord au sud, comme le pense M. Potier, la dissymétrie du bassin par rapport à son axe se trouve expliquée d'une manière très simple, sans qu'il soit nécessaire de l'attribuer à l'existence d'une faille de refoulement, dissimulant une partie de la formation, et il paraît tout naturel que les charbons maigres soient en contact avec les terrains stériles du nord, les charbons gras se trouvant eux-mêmes appliqués contre les terrains stériles du sud.

Au delà du village d'Onnaing, près de Quiévrechain, se trouve, sous les morts-terrains, le petit affleurement qui constitue le prolongement, en France, du bassin de Dour. Il nous reste à indiquer de quelle façon cet

Prolongement du bassin de Dour sur le territoire français.

affleurement, et avec lui le bassin de Dour tout entier, se relie au bassin principal. Pour cela, il importe de se rendre compte de la nature et de l'âge des terrains anciens qui séparent les deux bassins.

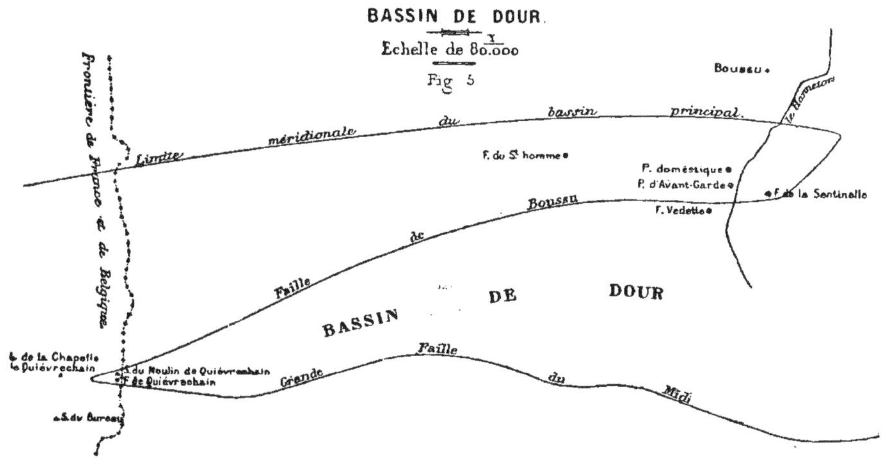

Dans le ravin du ruisseau du Hanneton (fig. 5), au sud de Boussu (Belgique), et dans les tranchées voisines du chemin de fer, on voit affleurer une masse rocheuse, constituée par des schistes, du poudingue et du calcaire bleu qui a été exploité comme pierre à bâtir et comme pierre à chaux ; ces roches paraissent appartenir à l'étage dévonien.

A 400 mètres à l'est de l'affleurement du ravin du Hanneton, le puits de la Sentinelle (fig. 6) a successivement traversé 21 mètres de terrains quaternaire et crétacé, et 15 mètres de calcaire bleu incliné au nord, avant de pénétrer dans le terrain houiller. Une bowette, dirigée vers le nord au niveau de 457 mètres, s'est avancée jusqu'à une distance de 760 mètres, sans rencontrer le calcaire bleu ; cette roche n'a pas non plus été atteinte par un sondage de 50 mètres de hauteur, pratiqué, à l'extrémité de cette galerie, dans des bancs houillers plongeant de 32° vers le nord. Il résulte

de là que la surface de séparation du calcaire et du terrain houiller présente, à la fosse de la Sentinelle, une faible inclinaison.

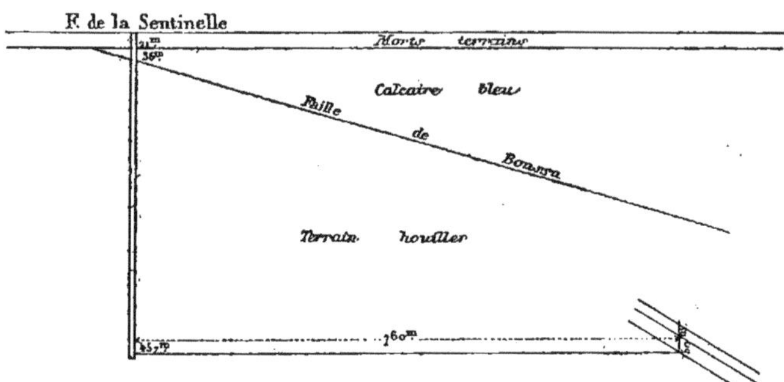

A la fosse Vedette, située à l'ouest de la précédente, les choses se sont
passées d'une toute autre manière. Le puits a pénétré directement dans le
terrain houiller (fig. 7), mais une bowette, dirigée vers le nord au niveau de 436 mètres, a atteint, à la distance de 660 mètres, un banc de calcaire compact, très résistant, à texture gra-nitoïde, traversé de nom-breuses veines blanches cristallines souvent accom-pagnées de pyrite. L'incli-naison de la surface de

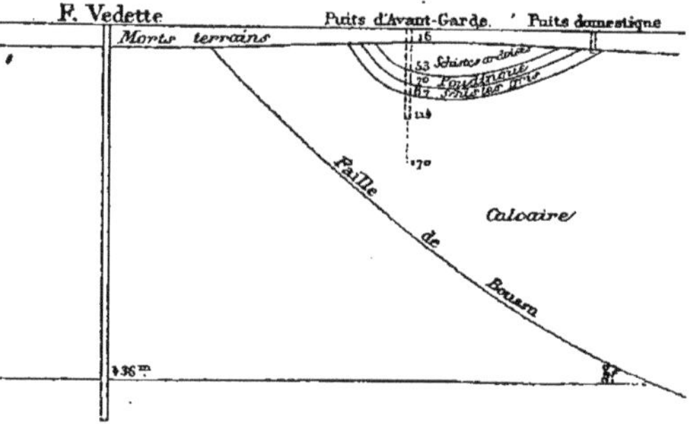

contact de ce calcaire avec le terrain houiller était de 22° vers le nord, et
on remarquait, entre les deux terrains, une passée charbonneuse et un
banc de 0ᵐ,15 à 0ᵐ,20 de calcaire peu résistant, plus ou moins schistoïde.

A 450 mètres au nord-est de la fosse Vedette, le puits d'Avant-garde a trouvé successivement, en dessous du terrain crétacé : 37 mètres d'un schiste bleu ardoisé, satiné, divisible en feuillets imparfaits; 17 mètres de poudingue, avec bancs de psammites intercalés, formé de galets de quartz, de quartzites et de grès gris, souvent volumineux, agglomérés par un ciment siliceux; 17 mètres de schiste gris un peu pailleté, souvent calcareux, avec bancs minces et noyaux de calcaire; enfin, 27 mètres de calcaire bleu, présentant quelques bancs de calschiste. Un sondage de reconnaissance, creusé au fond de ce puits, a été arrêté dans le même calcaire, à la profondeur de 170 mètres.

Un puits domestique ouvert en 1876, à 200 mètres environ au nord du puits d'Avant-garde, a rencontré, sous les terrains quaternaire et crétacé, des bancs de calcaire schisteux et de calschiste, correspondant au schiste gris indiqué ci-dessus, et renfermant de nombreux fossiles, parmi lesquels il faut citer le *Spirifer Verneuilli* et l'*Atrypa boloniensis;* seulement, ces bancs étaient inclinés au sud sous un angle de 25°, tandis que l'inclinaison des couches au puits d'Avant-garde était dirigée vers le nord.

Ces renseignements ont été complétés par ceux recueillis au puits du Saint-Homme, situé à une assez grande distance à l'ouest des précédents, et dont les travaux ont été attentivement suivis par le célèbre géologue belge Dumont. Les terrains traversés au Saint-Homme ont été les suivants : 34 mètres de terrains tertiaire et crétacé; 78 mètres de schistes noirs bleuâtres, légèrement pailletés, divisibles en feuillets imparfaits, avec bancs subordonnés de psammites; 34^m,50 de poudingue formé de galets inégaux de quartz, de quartzites, de grès gris ou de schistes noirs, agglomérés par un ciment siliceux ou psammitique; 25 mètres de schistes gris et psammites, avec noyaux et couches minces de calcaire; 11 mètres de calcaire gris bleuâtre foncé, compact, avec veines de calcaire blanc et de sidérose, et lits intercalés de schiste et de calschiste gris bleuâtre foncé. Les schistes noirs en contact avec le terrain crétacé étaient en stratification discordante avec le poudingue; les schistes gris et le calcaire situés au-dessous; ces schistes noirs plongeaient de 55° vers le sud, tandis que les bancs inférieurs étaient uniformément inclinés de 4° vers le nord. La surface de séparation était sensiblement parallèle à la stratification des schistes noirs. Il est facile d'ailleurs de reconnaître que les coupes des deux puits d'Avant-garde et du Saint-Homme présentent une certaine analogie.

MM. Cornet et Briart rapportent au terrain silurien les schistes satinés que ces deux puits ont recoupés immédiatement sous les morts-terrains. Ils classent dans le dévonien supérieur le poudingue et le calcaire sur lesquels ils reposent, ainsi que les schistes intercalés. De son côté, M. Gosselet rattache le poudingue à l'étage givetien (dévonien moyen), et le calcaire à l'étage frasnien (base du dévonien supérieur).

Dans tous les cas, il résulte de l'exposé qui précède que le massif intercalé entre le bassin de Dour et le bassin principal se compose de terrains anciens disposés en assises renversées. On voit de plus que le terrain houiller de Dour plonge sous ce massif, dont il est séparé par une surface d'inclinaison assez faible vers le nord. Comme ce bassin est borné au midi par la grande faille qui le recouvre sous un angle variant de 25° à 40°, on voit qu'il présente la forme d'un coin renversé, et que la largeur de la bande houillère, comptée horizontalement du nord au sud, augmente avec la profondeur à laquelle on la mesure.

Pour expliquer la disposition des terrains anciens renversés qui se trouvent au nord du bassin de Dour, M. Gosselet admet que, lors des plissements de l'ancien sol primaire et de la formation de la grande faille du midi, un lambeau détaché du bord méridional du bassin de Namur a été poussé vers le nord sur le terrain houiller, et s'est renversé à sa surface en faisant une rotation complète.

M. Arnould fait une hypothèse un peu différente de celle-là. Il croit qu'une forte poussée, venant du sud-ouest après le renversement des couches dévoniennes sur le carbonifère, a opéré un plissement de la forme d'un S retourné, les roches se trouvant dès lors disposées en bassin dans une position renversée; qu'ensuite, la poussée continuant à s'exercer énergiquement, une fracture s'est produite vers le bas de l'S, tandis qu'une autre fracture prenait naissance, au nord, dans le terrain houiller; qu'enfin, la masse comprise entre ces deux fractures s'est avancée en refoulant le terrain houiller, et en amenant vers le centre du bassin les terrains anciens en allure renversée.

De leur côté, MM. Cornet et Briart considèrent l'accident de Boussu comme étant la conséquence d'un ensemble de phénomènes géologiques qui se sont produits antérieurement à la grande faille du midi. D'après eux, les couches du bassin de Namur ont d'abord été refoulées en masse vers le nord, et ont formé une immense selle renversée, avec inclinaison générale au sud (pl. X); puis les terrains se sont rompus suivant une faille dite *faille de Boussu*, qui a coupé obliquement la selle. Cette faille constitue actuellement la surface limitative du groupe houiller de Dour, du côté du nord; on lui a trouvé au puits Vedette, ainsi que nous l'avons vu, une inclinaison de 22° vers le nord. Toute la partie septentrionale du bassin de Namur s'est renfoncée le long de cette faille, et dans ce renfoncement, ses diverses assises ont formé un pli synclinal qui explique comment les couches dévoniennes superposées au terrain houiller plongent d'un côté vers le nord, de l'autre côté vers le sud, affectant ainsi l'allure d'un véritable bassin; c'est ainsi, par exemple, qu'au puits d'Avant-garde, ces couches ont été trouvées avec pendage au nord, tandis qu'au puits domestique situé à une distance de 200 mètres vers le nord, elles plongeaient vers le sud. Ensuite, les mouvements du sol ont donné naissance à une seconde faille, située au nord de celle de Boussu, mais avec inclinaison dans le sens opposé. MM. Cornet et Briart pensent que cette seconde faille pourrait bien être le prolongement du grand accident connu à Anzin sous le nom de *cran de retour*, et dont nous parlerons plus loin. Elle a eu pour effet de relever d'une quantité considérable le versant septentrional du bassin, après quoi s'est produit le refoulement qui a donné naissance à la grande faille du midi, laquelle a amené les assises inférieures du bassin de Dinant en contact avec le terrain houiller du bassin de Namur, par un simple glissement opéré sans renversement des couches.

L'ingénieuse théorie de MM. Cornet et Briart explique les faits qui ont été observés aux environs de Quièvrechain, des deux côtés de la frontière.

On en déduit que le groupe houiller de Dour doit bien avoir la forme d'un coin renversé, borné au nord par la faille de Boussu, et au sud par la grande faille du midi, les veines de houille se trouvant, au contact de cette dernière, en allure renversée. A l'ouest du méridien de Dour, les lignes de contact de ces deux failles avec les morts-terrains se rapprochent de plus en plus, et elles viennent se rencontrer à peu de distance au couchant de Quiévrechain ; elles délimitent, en France, le petit massif isolé de terrain houiller dont nous avons précédemment signalé l'existence. En affleurement sous la formation crétacée, ce massif présente une forme triangulaire ; il a été atteint directement, à la profondeur de 167 mètres, par le sondage du Moulin de Quiévrechain ; le sondage du Bureau, situé au midi de la grande faille, n'y a pénétré qu'à 285 mètres du sol, après avoir traversé les schistes, psammites et quartzites du terrain dévonien inférieur du bassin de Dinant ; enfin, le sondage de la Chapelle de Quiévrechain, placé au nord de la faille de Boussu, ne l'a rencontré qu'après avoir traversé successivement le dévonien inférieur, et les calcaires gris bleu du dévonien supérieur qui constituent l'une des salbandes de la faille de Boussu. A ce dernier sondage (fig. 8), la faille de Boussu ne se prolonge plus jusqu'aux morts-terrains ; elle s'arrête à la grande faille. Quant au terrain houiller, il n'a plus d'affleurement, et il est limité à une arête supérieure qui n'est autre chose que l'intersection des deux failles, et qui s'enfonce de plus en plus, mais avec une faible pente, au fur et à mesure qu'on s'éloigne vers l'ouest.

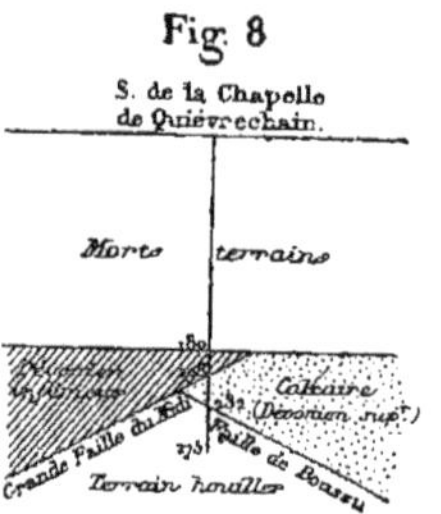

Si on prolonge, dans la direction du couchant, l'affleurement de la grande faille du midi sous les morts-terrains, tel qu'il est connu aux environs de Dour, il va passer à peu de distance d'un sondage entrepris en 1875 et 1876, par la compagnie de Marly, dans l'angle non concédé formé par les limites des concessions de Crespin et de Marly. Ce sondage a pénétré, à la profondeur de 155 mètres, dans le terrain dévonien constitué par des schistes rouges, des quartzites verts et des psammites qui appartiennent à la base de l'assise gédinnienne; à celle de 176 mètres, il est entré dans un calcaire gris, puis noir, que M. Gosselet croit être du calcaire carbonifère.

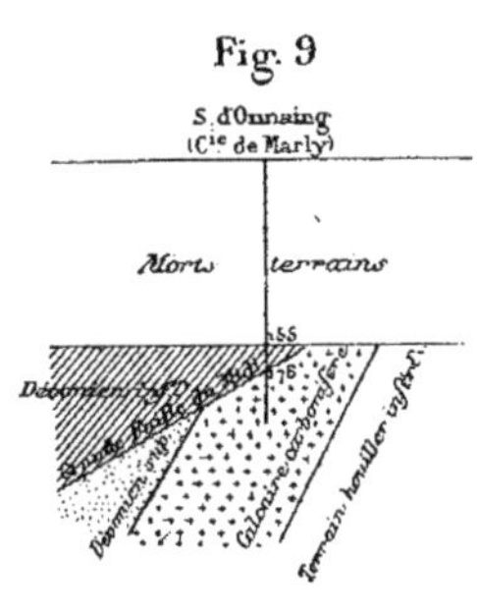

Il est probable que ce terrain est en place, et appartient à la bande qui limite au sud le bassin houiller complet (fig. 9). Il est recouvert par la grande faille, qui n'affecte pas le terrain houiller, situé plus au nord. La fosse d'Onnaing paraît avoir recoupé le même calcaire carbonifère, avec stratification inclinée de 87° vers le sud, et avoir atteint en dessous, à la profondeur de 422 mètres, les schistes noirs qui constituent la base du terrain houiller. Le sondage de la gare d'Onnaing a lui-même atteint les bancs houillers en dressant, au niveau de 207 mètres, sous 2 mètres seulement de calcaire.

Au nord de l'affleurement de la faille du midi, les sondages pratiqués dans la concession de Crespin ont presque tous rencontré le calcaire; au midi de cet affleurement, ils n'ont atteint que les schistes, psammites et quartzites du dévonien inférieur.

Les grands mouvements géologiques qui, au moment de l'époque primaire, ont donné au bassin houiller du nord de la France sa constitution actuelle, ont eu pour effet de produire des plissements qui ont considérablement modifié le relief du sol. De plus, les failles occasionnées par le refoulement du plateau de l'Ardenne sur celui du Brabant, dont l'effet a été d'amener les assises inférieures du terrain dévonien au niveau du terrain houiller, ont déterminé, au-dessus de la crête du Condros, une surélévation colossale. Malgré cela, on trouve aujourd'hui la surface des terrains primaires au même niveau, des deux côtés des failles qui les sillonnent; les parties relevées paraissent avoir été enlevées, et il semble que le sol primaire se soit égalisé par la disparition de toutes les masses qui faisaient saillie au-dessus d'une surface sensiblement horizontale. On voit, par exemple, des veines de houille repliées sur elles-mêmes, dont certaines parties man-

Ancien relief du sol houiller. Influence des érosions.

quent par suite de l'enlèvement des terrains encaissants (fig. 10). On ne
peut évidemment attribuer cette action destructive qu'aux agents atmosphériques. Les phénomènes d'érosion qui
ont eu lieu après l'époque primaire
ont dû avoir une influence d'autant
plus intense, que la plupart des roches
constituant les terrains silurien, dévonien et houiller, étaient à l'origine
d'une nature peu résistante. Ils ont
suffi à faire disparaître des montagnes
qui, d'après MM. Cornet et Briart, devaient présenter des reliefs de 5,000 à
6,000 mètres, c'est-à-dire dépasser la hauteur des Alpes actuelles. Le sol
primaire a pris alors l'aspect d'une vaste plaine qui, après avoir été longtemps exondée, a été recouverte par la mer à l'époque crétacée.

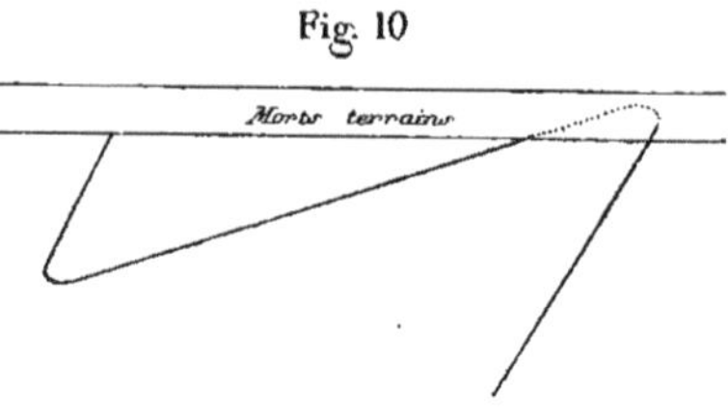

Les matières enlevées par les eaux ont été entraînées dans les lacs
et les mers, et ont à leur tour formé des sédiments. On ne retrouve que
peu de traces, dans le pays, des débris des roches primaires qui ont été
charriés par les eaux. Cependant, il convient de citer le conglomérat qui a
été rencontré sous le terrain crétacé à la fosse de Roucourt, de la concession
d'Aniche, et qui est formé de fragments de calcaire compact et de dolomie
carbonifère, mélangés de psammites, le tout empâté dans une masse argileuse rouge ou grise. La formation de ce conglomérat date, soit de l'époque
permienne, soit de l'époque triasique.

La surélévation principale s'étant produite par suite du glissement du
bassin de Dinant sur la grande faille du midi, il est clair que les érosions
ont dû beaucoup plus affecter les assises de ce bassin que celles du bassin
de Namur. Aussi, tandis que le terrain houiller déposé dans ce dernier a
subsisté en grande partie, celui du bassin de Dinant a été presque complètement enlevé. En Belgique, on n'en voit plus que quelques témoins dans
les replis du calcaire carbonifère; tels sont les petits bassins de Florenne,
d'Anhée, d'Assesse, de Bois, de Bende, de Modave, de Linchet et de Juslen-
ville. En France, on a reconnu l'existence de deux petits bassins de ce genre

à Aulnoye et à Taisnières; il y en a peut-être encore quelques-uns qui nous sont cachés par les morts-terrains. Dans les uns comme dans les autres, il n'a jamais été possible d'établir une exploitation régulière. Quant à la correspondance des terrains houillers qu'ils renferment avec ceux des divers étages reconnus dans le bassin principal, on n'a pu jusqu'à présent la déterminer exactement. M. Cornet pense, toutefois, que les taches houillères de Taisnières et d'Aulnoye sont contemporaines des formations les plus récentes du Pas-de-Calais. Cette hypothèse ne présente aucune singularité, *à priori*, car les raisons qui expliquent le dépôt des couches les plus récentes sur le calcaire carbonifère, dans le Pas-de-Calais, sont applicables aussi bien partout ailleurs.

Relief actuel du sol primaire.

Pour étudier l'allure de la surface du sol primaire au-dessous des morts-terrains, il ne suffit pas d'observer la profondeur à laquelle elle a été rencontrée dans les divers puits et sondages; il faut encore tenir compte du relief que présente le sol superficiel; en d'autres termes, il convient de rapporter les points où les terrains primaires ont été atteints à un plan de comparaison horizontal. C'est en opérant de cette manière que M. Potier a tracé sur la feuille de Douai, de la carte géologique détaillée de la France, les lignes de niveau indiquant les points où les terrains anciens seraient rencontrés au niveau de la mer, ou à 50, 100, 150 et 200 mètres au-dessous.

A son entrée en France, le bassin houiller présente à sa surface une large vallée, qui forme le prolongement de la dépression constatée dans le bassin de Mons, depuis Haine-Saint-Pierre jusqu'à la frontière. Cette vallée se termine à Valenciennes; à partir des environs de la fosse Bois-du-Roi, concession de Vieux-Condé, sa crête se dirige successivement vers Condé, Fresnes, Escaupont et Bruai, en se tenant à peu de distance du cours de l'Escaut, dans la direction du N.-E. au S.-O.; elle décrit ensuite un arc de cercle, pour prendre une direction sensiblement O.-E., traverse Saint-Saulve et passe à distance à peu près égale d'Onnaing et de Rombies; enfin, elle rejoint de nouveau la frontière vers Morchipont. Sa ligne de thalweg se confond sensiblement avec une ligne droite tirée du clocher de Saint-Saulve à celui de Vicq. Sa pente est assez rapide sur tout son pourtour;

ainsi, aux environs de Condé, on trouve le terrain houiller à 27 mètres du sol à la fosse de Vieux-Condé, tandis que sa profondeur est de 99 mètres au sondage Désaubois, situé à l'est de Condé, de 138 mètres à la fosse Pureur, de 171 mètres à la fosse Saint-Pierre, et de 207 mètres au sondage du Marais, placé un peu au midi de cette fosse. Dans toute cette région, le sol est à peu près horizontal; son altitude est d'environ 20 mètres. En regard de Fresnes, le terrain houiller est à 44 mètres du sol à la fosse Bonne-Part, à 98 mètres à la fosse Soult; à peu de distance de cette dernière, au sondage des Trois-Peupliers, situé vers l'angle sud-ouest de la concession d'Escaupont, il se trouve à 157 mètres. A proximité d'Onnaing, où l'altitude du sol est d'une trentaine de mètres, on trouve les cotes suivantes : 155 mètres au sondage d'Onnaing, de la compagnie de Marly; 173 mètres à la fosse d'Onnaing; 205 mètres au sondage de la gare; il ne faut pas s'éloigner bien loin au sud pour trouver des profondeurs inférieures à 100 mètres. Enfin, près de la frontière, du côté de Quiévrechain, il existe une série de sondages et de fosses, qui permet de se rendre exactement compte de l'allure de la vallée souterraine. Plusieurs de ses lignes de niveau remontent dans cette région vers Crespin, et redescendent ensuite sur Quiévrechain, en contournant le massif de calcaire situé au nord de la grande faille.

La vallée dont nous venons de parler affecte, non seulement le terrain houiller, mais encore les terrains anciens situés sur sa limite méridionale; elle doit s'enfoncer, aux environs de Vicq, à plus de 200 mètres au-dessous du niveau de la mer; les sondages pratiqués de ce côté n'ont jamais traversé la formation crétacée; mais, en Belgique, il y en a plusieurs qui ont atteint les terrains primaires à une profondeur voisine de 300 mètres: nous citerons en particulier le sondage d'Hensies, qui, à 1,300 mètres environ à l'est du clocher de Crespin, n'est arrivé au terrain houiller qu'à 294 mètres du sol.

En dehors de la vallée de Vicq, la surface du bassin houiller présente une pente générale très douce, dans le sens de l'est vers l'ouest. Cette pente est d'une grande régularité au nord du bassin. Ainsi, les puits et sondages pratiqués dans l'étendue des concessions de Château-l'Abbaye et de Bruille, où l'altitude moyenne est de 20 mètres, accusent une profondeur d'une quarantaine de mètres. A Vicoigne et à Hasnon, cette profondeur est d'environ 100 mètres; elle est de 130 mètres à Marchiennes, et de plus de 150 mètres à Raches, l'altitude du sol étant toujours sensiblement la même. La différence, d'une extrémité du département à l'autre, est de 120 mètres, ce qui correspond à une pente générale de $\frac{1}{350}$. La même loi se vérifie également dans le sud du bassin, quoique d'une façon un peu moins régulière. Dans les fosses du groupe d'Anzin, où l'altitude est en général de 50 à 60 mètres, on trouve des profondeurs de 60, 70 et 80 mètres; il en est de même aux fosses des groupes de Denain et de Lourches, mais, comme à ces dernières, l'altitude est en général inférieure à 40 mètres, il en résulte que la pente du terrain houiller vers l'ouest se continue à peu près parallèlement à celle du sol. Aux environs d'Aniche et dans la concession d'Azincourt, le terrain houiller se trouve aux profondeurs de 130, 140, 150 mètres et plus, l'altitude étant la même qu'à Denain; à la fosse Sainte-Marie, où l'altitude n'est que de 29 mètres, il est situé à 232 mètres du sol; il y a, à cet endroit, un abaissement considérable, mais tout à fait local, de la surface du bassin. Une circonstance analogue se présente à la fosse de Roucourt, qui, à une profondeur de plus de 200 mètres, se trouve encore dans le conglomérat triasique ou permien situé au-dessous du terrain crétacé, et au midi de la fosse Saint-René, dont la bowette sud de l'étage de 257 mètres a rencontré le même conglomérat. Plus loin, dans la direction de l'ouest, le terrain houiller se relève un peu; aux fosses Gayant et Bernicourt, il n'est plus qu'à 153 mètres du sol, ou à 125 mètres au-dessous du niveau de la mer; mais, à l'entrée de la concession de l'Escarpelle, il subit un nouveau renfoncement qui paraît correspondre à une vallée, dont le thalweg serait dirigé suivant une droite joignant le clocher de Férin à la fosse n° 3 de l'Escarpelle; sa profondeur à cette fosse est de 213 mètres, avec une altitude de 20 mètres; elle est de 232 mètres à la fosse n° 4, où l'altitude est de 26 mètres. La vallée en question est d'ailleurs étroite, car, à une faible distance, aux environs de Flers par exemple, le terrain houiller est revenu à son niveau normal.

On voit, en définitive, que sur la limite sud du bassin, on observe la même pente générale vers l'ouest que du côté du nord. Seulement, la variation de profondeur du terrain houiller ne se produit plus d'une manière aussi régulière, et on remarque, notamment, trois renfoncements, dont deux à l'intérieur de la concession d'Aniche, aux fosses de Roucourt et Sainte-Marie, le troisième aux environs de Dorignies, dans la concession de l'Escarpelle; les deux premiers paraissent être des accidents locaux, mais le troisième provient de l'existence d'une étroite vallée, ayant son axe dirigé du nord au sud, et qui se continue en dehors du bassin houiller jusqu'au delà du village de Férin.

<h3 style="text-align:center">III. — RÉSUMÉ.</h3>

On peut résumer en peu de mots l'ensemble des faits exposés dans ce chapitre. Le bassin houiller du Nord s'étend, de la frontière belge à la limite du département du Pas-de-Calais, sur une largeur moyenne de 12 kilomètres et une longueur de 45 kilomètres, correspondant à une superficie totale de 52,653 hectares. Sa direction générale est d'abord du N.-E. au S.-O.; puis, à l'intérieur de la concession d'Aniche, elle remonte vers le N.-O.; il est recouvert partout par les morts-terrains, sous lesquels il s'enfonce avec une pente moyenne de $\frac{1}{30}$ vers l'ouest; il a la forme d'une selle renversée, ayant ses deux versants inclinés vers le sud; cette forme provient de la poussée qui a rapproché le plateau de l'Ardenne de celui du Brabant, en donnant naissance à la grande faille du midi; mais cette faille ne paraît pas affecter le terrain houiller dans le département du Nord, au moins dans la partie comprise entre Monchecourt et Valenciennes. Là, le bassin est complet, et présente au sud une large bande de terrain houiller stérile. Du côté de l'ouest, vers le Pas-de-Calais, on n'a rencontré de faille, au midi du bassin, qu'à la fosse de Courcelles; encore cet accident ne paraît-il pas être la grande faille, qui doit se trouver à une plus grande distance au sud. Du côté de l'est, vers la Belgique, il est très douteux que l'on ait

Résumé.

atteint cette grande faille au midi de la fosse Petit, et on ne la voit apparaître qu'aux environs du clocher d'Onnaing, d'où elle se dirige vers Quiévrechain, pour former la limite méridionale du groupe houiller connu en Belgique sous le nom de bassin de Dour ; c'est dans cette région que se trouve le grand accident géologique de Boussu-Onnaing, dont nous avons donné une longue description, et qui a eu pour effet de renverser sur le bassin houiller un paquet de terrains anciens.

Dans les chapitres suivants, nous allons donner une description sommaire des morts-terrains qui recouvrent le bassin, ainsi que du terrain houiller lui-même, et des terrains de transition qui l'environnent ; puis, nous entrerons dans quelques détails sur la constitution du bassin houiller, sur la nature et la répartition des veines de houille qu'il renferme, et sur les principaux accidents qu'il présente.

CHAPITRE II.

MORTS-TERRAINS, TERRAIN HOUILLER
ET TERRAINS ANCIENS.

I. — MORTS-TERRAINS

On appelle *morts-terrains*, dans le bassin houiller de Valenciennes, l'ensemble des formations plus récentes par lesquelles ce bassin est recouvert. Leur caractère commun est de présenter des couches sensiblement horizontales, tandis que les terrains primaires sur lesquels ils reposent sont composés de couches inclinées et souvent repliées sur elles-mêmes.

Dans le fond des vallées, on trouve généralement, au-dessous du sol, des alluvions modernes d'eau douce, formées d'argiles et de sables très fins, avec couches de tourbe intercalées ; on y remarque de nombreux fossiles fluviatiles et lacustres. Les sables sont souvent mouvants et difficiles à maintenir ; les mineurs leur donnent alors le nom de *sables boulants*. Alluvions modernes.

Plus bas, on rencontre parfois une argile sableuse ou limon, que l'on exploite pour briques, et qui, en certains points, est superposée à une couche sableuse ou caillouteuse constituant un véritable gravier.

En dehors des vallées, les plaines sont ordinairement recouvertes par des formations meubles, d'âge plus ancien ; on y distingue des sables et graviers ne renfermant pas de débris organiques, et une argile sableuse ou limon, de nuance généralement jaunâtre.

Terrain tertiaire. Le terrain tertiaire n'est guère représenté que par son étage inférieur (landénien de Dumont). Il comprend des argiles plastiques, des grès à ciment siliceux, des sables blancs ou diversement colorés, et des marnes grises, souvent chargées de grains de silicate de fer. Ces marnes sont quelquefois d'une grande dureté ; aussi les mineurs leur donnent-ils le nom de *durs bancs ;* on les connaît encore sous le nom de *tuf* ou de *turc. Le banc qui se trouve immédiatement au-dessus du terrain crétacé est appelé *ciel de marne.*

Terrain crétacé. Dans le terrain crétacé du Nord, on peut, dit M. Du Souich, distinguer deux grandes divisions : à la partie supérieure, on rencontre des calcaires et des marnes plus ou moins argileuses ; puis, en dessous, viennent des roches argileuses et arénacées.

Premier groupe. Le premier groupe correspond en grande partie au système sénonien de Dumont. A la partie supérieure, il est constitué par une craie tendre, pure et blanche, appelée dans le pays *marne ;* on l'exploite comme pierre à chaux, et on s'en sert aussi pour produire l'acide carbonique nécessaire à la fabrication du sucre. Cette craie renferme peu de silex, elle est très fendillée ; la tête des bancs, connue sous le nom de *marnettes*, est souvent délitée et sujette à des affouillements. Au-dessous de la marne, on trouve parfois un banc de craie mélangée d'argile verdâtre, un peu plus consistant, quoique encore perméable aux eaux, c'est le *gris* des mineurs ; on rencontre également, en certains points, un banc à cassure grossière qu'on appelle *vert*, parce qu'il contient des grains verts de silicate de fer. Ce banc sert de passage à une couche de craie sableuse chargée de grains de glauconie, et renfermant aussi des petits rognons de phosphate de chaux. Elle fournit des pierres tendres, faciles à débiter, peu altérables à l'air, et qui, à cause de ces qualités, sont très employées dans les constructions : on l'appelle pour ce motif *bonne pierre*. Elle repose immédiatement sur une couche de craie blanche, tendre et pure, contenant de nombreux rognons de silex appelés *cornus*. Ces silex sont généralement répartis par zones horizontales ; quelquefois, ils sont si abondants qu'ils forment des bancs presque continus.

Dans les puits des environs de Valenciennes, ces diverses assises présentent les épaisseurs moyennes suivantes :

Marne.	6	mètres
Gris.	3	—
Vert.	1	—
Bonne pierre.	3	—
Cornus.	15 à 20	—

D'après M. Gosselet, les quatre premières couches correspondent à la craie à *micraster cor-anguinum* et à *micraster cor-testudinarium* ; la cinquième à la craie à *micraster breviporus*, qui fait déjà partie du turonien.

Le second groupe de M. Du Souich comprend toutes les autres assises du terrain crétacé.

Il faut d'abord citer la craie marneuse (turonien), dont l'épaisseur est de 16 à 18 mètres dans les puits des environs de Valenciennes, et qui est caractérisée par l'abondance de la *Terebratulina gracilis*. Elle ne renferme pas de silex, et elle est formée de couches alternatives de marne bleuâtre et de craie blanche argileuse. Les bancs de marne ont reçu le nom général de *bleus*, et ceux de craie argileuse celui de *petits bancs*. Le premier banc de marne s'appelle *premier bleu*, et le premier banc de craie argileuse *forte toise*, à cause de son épaisseur (2^m,60), qui est à peu près uniforme.

Au voisinage de la frontière belge, on trouve, à la base de la craie marneuse, des concrétions siliceuses, parfois disséminées dans la masse, parfois formant des lits d'une certaine épaisseur ; ces concrétions, auxquelles on donne le nom de *rabots*, alternent, soit avec des marnes grises glauconifères, soit avec de la craie sableuse également glauconifère.

Après la craie marneuse viennent des argiles marneuses généralement bleuâtres : ce sont les *dièves* des mineurs ; elles constituent la base du turonien, et renferment en abondance l'*Inoceramus labiatus*. Aux environs de Valenciennes, les dièves ont une épaisseur de 15 à 20 mètres ; mais parfois leur puissance est beaucoup plus considérable ; à Quarouble, elle est de 30 mètres ; elle est de 45 mètres à Quiévrechain, de 65 mètres à Onnaing ; elle atteint 100 mètres à Dorignies, etc. A leur partie inférieure, les dièves deviennent généralement plus calcaires, et prennent une teinte rougeâtre ; on les appelle alors *rouges-dièves*.

Les couches supérieures aux dièves sont toujours plus ou moins perméables aux eaux ; au contraire, les dièves sont absolument imperméables ; les eaux s'arrêtent donc à leur surface, qui constitue le fond d'une sorte de lac souterrain. Les travaux des mines sont ainsi garantis contre l'invasion des eaux supérieures qui, sans cela, ne manqueraient pas d'y pénétrer, soit par les affleurements des grès houillers fissurés, soit par les cassures résultant de l'exploitation elle-même. C'est à cause de la présence des dièves qu'un grand nombre de mines du Nord et du Pas-de-Calais sont complètement sèches, et qu'il est inutile d'y installer des machines d'épuisement, ou d'y réserver des massifs de garantie au contact des morts-terrains. Il n'y a lieu de prendre cette précaution que dans les cas spéciaux où il existe au-dessous des dièves des couches aquifères, ainsi que nous allons le voir.

Le plus ordinairement, on ne rencontre dans le département du Nord, entre les dièves et le terrain houiller, qu'un poudingue à ciment argilo-calcaire, d'un gris plus ou moins foncé, très glauconieux, et renfermant des cailloux roulés de phtanite, de calcaire, de grès houiller et dévonien. On a donné à cette assise le nom de *tourtia*. Elle correspond à la partie supérieure du cénomanien, et n'a en général qu'un ou deux mètres d'épaisseur. On y trouve souvent, en fait de fossiles, le *Belemnites plenus*, le *Pecten asper*, le *Nautilus elegans*, l'*Ammonites rothomagensis*, l'*Ostrea columba*, le *Cardium hillanum*, etc. Entre le tourtia et les terrains primaires, on rencontre parfois une couche d'argile noire pyriteuse, très chargée de lignites et de débris végétaux.

Cette couche peut être regardée comme représentant l'ancien sol (Gosselet).

Dans la région voisine de la Belgique, on remarque, en certains points, des bancs de calcaire dur coloré en jaune, et contenant des grains de quartz, de limonite et de glauconie, ainsi que des galets de roches primaires. Ce calcaire, auquel on a donné le nom de *tourtia de Tournai* ou *de Montigny-sur-Roc*, renferme de nombreux fossiles; on en a reconnu la présence à Macou, près de Condé.

En dessous du tourtia, on trouve parfois, notamment dans la vallée houillère de Vicq, un grès glauconifère appelé *meule*, souvent calcarifère, et renfermant de la silice soluble; ce terrain est analogue à la gaize; il a parfois une puissance considérable, qui atteint jusqu'à 180 mètres. On le connaît encore sous le nom de *grès vert*; il constitue ce qu'on appelle le torrent de Vicq. Il est très aquifère, et l'eau qu'il renferme est douce et possède souvent une pression considérable. Il est donc prudent, dans les travaux souterrains, de se garantir contre l'invasion des eaux du grès vert, en laissant intact contre lui un fort massif de terrain houiller. La meule appartient encore à l'étage cénomanien; elle renferme de nombreux fossiles; on y trouve parfois des sables et des marnes argileuses ou glauconieuses d'une épaisseur notable.

Le terrain houiller est presque partout recouvert, dans le département du Nord, par le tourtia ou le grès vert; aussi les mineurs ont-ils longtemps regardé la rencontre du tourtia comme un indice du voisinage du terrain houiller. On cite des sondages qui ont été arrêtés dans le tourtia, parce qu'on se croyait certain de la présence du terrain houiller au-dessous de lui : on commettait ainsi une erreur grossière, car il n'existe aucune relation entre les formations primaires et le tourtia, qui appartient à une époque géologique d'âge beaucoup plus récent.

Le *gault* (albien) n'existe qu'en quelques points sous le tourtia; il présente des couches argileuses noirâtres, pyriteuses; il convient de lui rapporter les argiles bleues à reflets rougeâtres qu'on a rencontrées dans le sondage de la place Verte, à Valenciennes, et qu'on a longtemps prises pour

du terrain dévonien. Le gault a également été atteint au sondage de Férin,
et aux puits de Roucourt, de la concession d'Aniche; là, il a une épaisseur
d'une quinzaine de mètres. On a encore signalé sa présence à Dorignies, et
au sondage de Monchecourt, placé à 1,000 mètres au sud de la fosse Saint-
Roch, concession d'Azincourt.

Torrent d'Anzin.

Enfin, on rencontre parfois, au-dessus du terrain houiller, un autre
dépôt, d'âge plus ancien que les précédents; il est formé de sables et de
graviers à gros grains de quartz, mélangés d'argiles de diverses nuances,
renfermant des paillettes de mica et remarquables par l'absence complète
de glauconie. Ce terrain renferme des débris de bois transformés en
lignite et parfois incrustés de marcassite, des cônes de pins et de sapins,
et de nombreux fossiles végétaux. Il a reçu de Dumont le nom d'*aachénien*,
parce qu'il le regardait comme contemporain des sables inférieurs d'Aix-
la-Chapelle; il est extrêmement aquifère, mouvant sous l'eau, et il a
occasionné pendant longtemps, de grandes difficultés au creusement des
puits de mines.

Dans le département du Nord, ce terrain existe entre Anzin et Denain :
il est connu sous le nom de *torrent d'Anzin*. Son affleurement sous le tourtia est délimité (fig. 11) par une courbe ovale passant à peu de distance
des clochers de Saint-Waast, Aubry, Oisy, Haulchin et Prouvy. Il a été rencontré aux fosses Dutemple, Réussite, Sentinelle, Bon-Air, Joseph Périer,
Ernestine, etc., de la compagnie d'Anzin. Au contraire, les fosses Bayard,
Mathilde, Turenne, Villars, Jean-Bart, l'Enclos, Saint-Charles, Lomprez et
Tinchon, se trouvent en dehors de son périmètre. Son étendue superficielle
est d'environ 2,450 hectares. Pour garantir les travaux souterrains contre
l'invasion des eaux du torrent, on a longtemps réservé contre lui des massifs de terrain houiller, dont la hauteur verticale était d'une quarantaine de
mètres; c'est ainsi qu'on a procédé à l'est de la fosse l'Enclos dans deux
veines, à la fosse Joseph Périer dans quatre veines, et au groupe des fosses
de Saint-Waast dans cinq veines.

Il y a un assez grand nombre d'années, la compagnie d'Anzin s'était proposé d'épuiser les eaux du torrent à l'aide de machines; on était alors moins

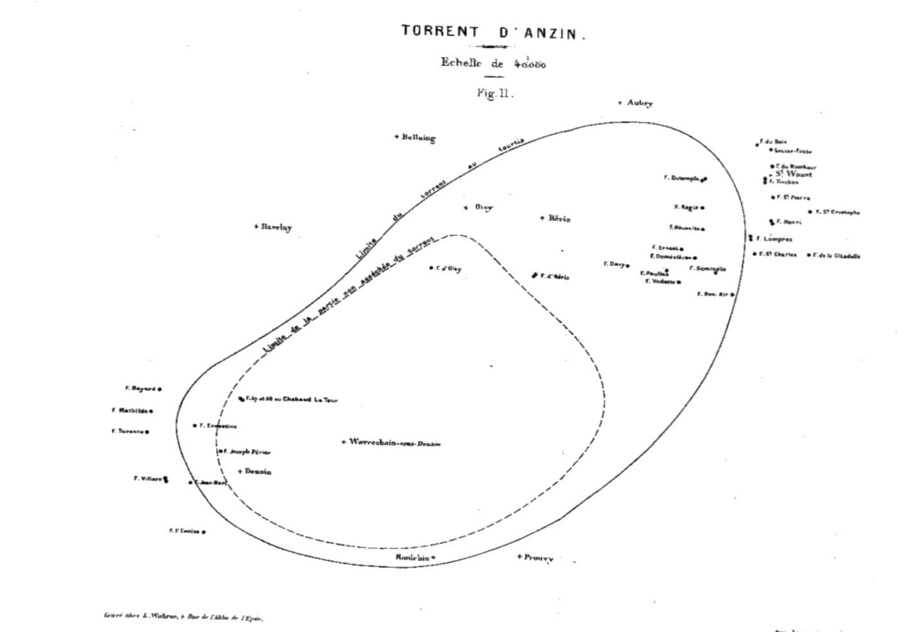

TORRENT D'ANZIN.
Echelle de 1/40.000
Fig. 11.
Limite du Torrent au Courtis
Limite de la partie non asséchée du torrent
+ Aubry
+ Bellaing
+ Haveluy
+ Oisy
+ Hérin
+ Wavrechain-sous-Denain
+ Denain
+ Haulchin
+ Prouvy
F. Dutemple
F. Regie
F. Réussite
F. Ernest
F. Deméstère
F. Davy
F. Pauline
F. Vedette
F. Séminglie
F. Bon-Air
F. d'Oisy
F. d'Hérin
F. du Bois
Grasse-fosse
F. du Bonheur
St Waast
F. Tinchon
F. St Pierre
F. St Christophe
F. Henri
F. Lompret
F. St Charles
F. de la Citadelle
F. Bayard
F. Mathilde
F. Turenne
F. Ernestine
F. Villars
F. Jean-Bart
F. Joseph Périer
F. 17 et 18 ou Chabaud La Tour
F. l'Enclos
Gravé chez L. Wuhrer, 9 Rue de l'Abbé de l'Épée.
Imp. Lemercier et Cie

bien outillé qu'aujourd'hui pour le creusement des puits; le mode de fonçage à niveau plein n'était pas encore connu, et la nappe du torrent constituait un sérieux obstacle à la traversée des morts-terrains, entre Anzin et Denain. Trois fosses furent spécialement affectées à ce travail : Bon-Air, Vedette et Chabaud La Tour. En outre, les fosses d'Hérin, Ernestine, Joseph Périer, l'Enclos, Lomprez et Dutemple, contribuèrent à cet asséchement, parce que les eaux du torrent pénétraient dans leurs travaux, malgré les massifs de protection réservés à l'affleurement du terrain houiller. Pendant une vingtaine d'années, de 1847 à 1867, on a ainsi tiré annuellement environ 800,000 mètres cubes d'eau; depuis 1867, cette quantité n'a été que de 300,000 mètres cubes, parce que les fosses Bon-Air, Vedette et Chabaud La Tour ont été mises en chômage, et que l'épuisement ne s'est plus continué que d'une manière indirecte par les fosses encore en exploitation.

En 1867, la zone occupée par les eaux était réduite à une superficie de 1,850 hectares; son étendue actuelle n'est plus que de 1,300 hectares, et le lac souterrain est compris tout entier entre les fosses d'Hérin et Ernestine, qui lui sont extérieures.

Dans la région asséchée, on a pu exploiter, après coup, les massifs de terrain houiller que l'on avait réservés : cela s'est fait aux fosses Tinchon, Demézières et Sentinelle, et on aurait généralisé cette mesure si le charbon avait été de meilleure qualité à l'affleurement des veines. A Demézières et à Sentinelle, on a poussé l'exploitation dans Grande et Moyenne veine jusqu'aux sables du torrent, qu'on a trouvés parfaitement secs.

L'épaisseur du torrent d'Anzin est en moyenne de 8 à 9 mètres; le point où il présente la plus grande puissance est situé à peu de distance au sud-est du clocher de Wavrechain; on peut évaluer la quantité d'eau que ce terrain renferme à environ 40 0/0 de son volume.

Cette eau est saline, ce qui est exceptionnel dans les terrains superposés à la formation houillère; M. Carnot en a analysé, au laboratoire de l'École des mines, deux échantillons recueillis derrière le cuvelage de la fosse Joseph

Périer, le premier à la profondeur de 69 mètres, le second à celle de 75 mètres. Ces analyses ont donné les résultats ci-dessous :

CORPS DOSÉS.	POIDS PAR LITRE.	
	N° 1.	N° 2.
Acide chlorhydrique	$4^g,3960$	$4^g,3436$
Acide sulfurique	3 ,4879	2 ,6434
Silice	0 ,0700	0 ,0650
Protoxyde de fer	0 ,2874	Traces.
Peroxyde de fer	0 ,4564	Traces.
Alumine	Traces.	Traces.
Chaux	0 ,6160	0 ,7392
Magnésie	0 ,3027	0 ,3315
Potasse	0 ,0633	0 ,0614
Soude	4 ,4691	4 ,3684
Matières organiques	0 ,0020	Traces.
Ensemble	$14^g,1508$	$12^g,5525$
Résidu fixe par litre	$13^g,0800$	$11^g,4900$

D'après ces résultats, M. Carnot a attribué à ces échantillons la composition hypothétique suivante :

SELS ET MATIÈRES CONTENUS DANS L'EAU.	POIDS PAR LITRE.	
	N° 1.	N° 2.
Sulfate de protoxyde de fer (FeO, SO³)	$0^g,6067$	Traces.
Sulfate de peroxyde de fer (Fe²O³, 3 SO³)	1 ,1410	Traces.
Sulfate d'alumine	Traces.	Traces.
Sulfate de chaux	1 ,4960	$1^g,7952$
Sulfate de magnésie	0 ,9081	0 ,9945
Sulfate de soude	1 ,7725	1 ,6408
Chlorure de sodium	6 ,9686	6 ,8870
Chlorure de potassium	0 ,1006	0 ,0976
Matières organiques	0 ,0020	Traces.
Silice	0 ,0700	0 ,0650
Ensemble	$13^g,0655$	$11^g,4801$

Il n'y a aucune relation entre les limites de la zone occupée par le torrent d'Anzin et le relief actuel du bassin houiller; le torrent se trouve en effet dans une région où les morts-terrains ne présentent pas une grande épaisseur. Son caractère essentiel est de constituer un lac souterrain qui n'est pas, ou presque pas alimenté, et qui pourra être asséché à la longue. Il est garanti contre les infiltrations superficielles par les dièves qui se trouvent au-dessus de lui. Les eaux salées qu'il contient, et qui proviennent peut-être de certaines fissures du terrain houiller, sont un vestige de l'ancienne mer, et il paraît résulter de leurs analyses qu'après l'époque houillère, la mer avait une composition analogue à celle qu'elle a aujourd'hui. Les différences constatées proviennent, soit de l'action prolongée des eaux fossiles sur les terrains qu'elles ont imbibés, soit de leur mélange avec des eaux douces superficielles, par suite de l'existence de fissures dans les couches compactes supérieures.

Jusque dans ces derniers temps, on n'avait trouvé nulle part le terrain jurassique, le trias ni le permien, entre la formation crétacée et le terrain houiller du département du Nord. On a toutefois rencontré récemment, à la fosse de Roucourt, sous le terrain crétacé, un conglomérat formé surtout de débris de calcaire compact, de dolomie carbonifère et de psammites du Condros. Ce conglomérat présente une grande dureté; on en a trouvé verticalement une hauteur d'une centaine de mètres, et on y a ouvert, dans la direction du N.-O., une galerie d'exploitation. L'étendue recouverte par ce dépôt paraît assez considérable, car c'est encore lui qu'on a atteint par la bowette sud de l'étage de 257 mètres de la fosse Saint-René. Il remplit vraisemblablement, à la surface du terrain houiller, une dépression dont la profondeur n'est pas encore connue; mais il paraît hors de doute que, dans l'avenir, on retrouvera le terrain houiller au-dessous de lui. Les blocs qui le composent sont d'un assez fort volume; ils présentent des arêtes saillantes, qui montrent que les eaux ne les ont pas charriés à de grandes distances; il est probable qu'ils ont été détachés des terrains anciens formant le bord méridional du bassin, à l'époque triasique ou à l'époque permienne.

Terrain jurassique,
trias,
terrain permien.

II. — TERRAIN HOUILLER.

Le terrain houiller du nord de la France correspond à l'étage houiller moyen de M. Grand'Eury.

Terrain houiller inférieur.

A sa base, il présente, dans le département du Nord et en Belgique, une zone stérile à laquelle Dumont a donné le nom de terrain houiller inférieur. Elle est de formation marine, et on l'a parfois rattachée au calcaire carbonifère. M. Gosselet l'a appelée *zone à productus carbonarius ;* elle paraît assimilable au *Penney-stone* des Anglais. Elle est formée, en général, de schistes noirs très siliceux, dans lesquels on trouve les premiers vestiges de plantes houillères. Ces schistes sont quelquefois imprégnés de silice, au point d'être transformés en phtanites dont l'espèce est schistoïde, ce qui les distingue de ceux qu'on trouve dans les calcaires. Parfois aussi, ces schistes sont chargés de pyrites et de matières sablonneuses ; on les appelle alors *ampélites,* et on s'en sert pour fabriquer de l'alun.

Au nord du bassin, on a souvent rencontré le terrain houiller inférieur, notamment au delà des exploitations de Vieux-Condé, dans les concessions de Bruille et de Château-l'Abbaye, ainsi que dans le bassin de Mons. Dans cette région, on y trouve quelques fossiles, parmi lesquels des coquilles assez nombreuses du genre *Posidonomya.* Quand on se rapproche du calcaire carbonifère, cette assise passe au grès, et présente des bancs de phtanites noirs dont la rencontre exclut toute probabilité d'atteindre la houille, et annonce le voisinage du calcaire.

Sur la limite septentrionale du bassin de Mons, on a remarqué la présence, dans les couches inférieures du terrain houiller, d'un grès à grains de phtanite noir ayant l'aspect d'un poudingue ; ce poudingue se retrouve sur la limite septentrionale du bassin belge, jusqu'à Liège.

Enfin, il importe de signaler, dans le terrain houiller inférieur du nord du bassin, des bancs de calcaire à crinoïdes, accompagnés de schistes pyriteux ou fossilifères, qui paraissent présenter une certaine continuité; on y rencontre les *Productus carbonarius, semireticulatus, Cora*, le *Spirifer crassus*, etc. A Auchy-au-Bois et à Carvin, les premières veines de houille existent au voisinage de ces couches riches en fossiles.

Au midi du bassin, le terrain houiller inférieur est représenté par la large bande stérile dont nous avons fait remarquer la présence entre Monchecourt et Onnaing; on y trouve également des bancs de calcaire. Il convient peut-être de lui rattacher les calcaires et schistes calcareux noirs verdâtres, rencontrés au midi de la concession d'Azincourt, ainsi que les grès et schistes calcareux gris ou bleus, qu'un grand nombre de sondages exécutés dans le Pas-de-Calais ont trouvés au-dessus du terrain houiller riche en houille. Ces assises peuvent appartenir au terrain houiller inférieur, ou à la partie la plus élevée du calcaire carbonifère.

Sur la limite septentrionale du bassin, le terrain houiller inférieur a été exploré depuis la frontière belge jusqu'à la concession d'Aniche, en passant par les concessions de Château-l'Abbaye, Bruille, Vicoigne et Hasnon. C'est également sur lui qu'ont été exécutés, vers l'année 1838, les travaux de recherche de Marchiennes, et, en 1876, ceux des environs de Raches et d'Anhiers. Nous avons donné assez de détails sur le développement qu'il présente au sud du bassin, pour qu'il soit inutile d'insister davantage sur ce point; il importe toutefois d'observer qu'il n'existe pas de continuité reconnue dans le terrain houiller inférieur des deux bords du bassin. On ne voit pas affleurer au sud les bancs qui existent au nord, et il semble qu'il existe, dans cet étage, la même dissymétrie que dans les couches houillères qui lui sont superposées.

Au-dessus du terrain houiller inférieur de Dumont, on trouve le terrain houiller proprement dit, qui se compose de veines de houille, séparées par des bancs plus ou moins puissants de schistes argileux nommés *rocs* par les mineurs, et de grès ou de psammites connus sous le nom de *querelles*. Ces schistes et grès alternent sans relation nettement déterminée, soit entre eux, soit avec les couches de houille qu'ils encaissent. Les uns

Terrain houiller proprement dit.

et les autres proviennent naturellement de la désagrégation des roches anciennes.

Schistes.

Les *schistes houillers* (rocs des mineurs) sont quelquefois compacts, mais, généralement, ils sont plus ou moins feuilletés ; leur cassure est terne et d'un aspect terreux ; ils sont assez tendres et se laissent d'ordinaire rayer par l'ongle. Leur pâte est souvent parsemée de paillettes très fines de mica ; ils sont d'un grain fin et doux au toucher ; leur couleur est tantôt grise, tantôt brunâtre, tantôt nettement noire ; leur teinte se fonce habituellement dans le voisinage des couches de houille. Parfois, il est assez difficile de distinguer les schistes houillers de certains schistes dévoniens qui présentent les mêmes caractères. A cet égard, M. Du Souich recommande d'examiner attentivement la teinte de l'échantillon, qui est celle de l'encre de Chine quand il s'agit d'un schiste houiller, et de l'encre ordinaire quand on a affaire à un schiste dévonien.

Grès.

Les *grès houillers* (querelles des mineurs) sont souvent psammitiques ; ils sont gris, et formés de grains fins de quartz blanc, gris ou noir, et de paillettes de mica blanc ou jaune, agglomérés par un ciment argileux. Parfois, ils sont grossiers et contiennent des galets qui les font passer au poudingue. Le quartz est toujours l'élément le plus abondant, surtout dans la partie la plus inférieure du bassin, où parfois les grès passent au quartz grenu. En Angleterre, certains grès houillers à gros grains servent à faire des meules de moulins : d'où leur nom de *millestone grit.* Ces grès se rencontrent généralement à la base de la formation.

On trouve toutes les roches intermédiaires entre les schistes et les grès, et on passe parfois des uns aux autres d'une manière insensible, les schistes se chargeant peu à peu de quartz et de mica, ou les grès se dépouillant de ces deux substances.

Épaisseur comparative des schistes et des grès.

La proportion de schistes et de grès varie peu d'une région à l'autre du bassin.

Aux environs de Mons, M. Arnould évalue l'épaisseur des schistes à 70 0/0 de l'épaisseur de la masse totale, et celle des grès à 27,77 0/0 ; il reste 2,23 0/0 pour la houille.

Dans les exploitations de la compagnie d'Anzin, on observe des proportions à peu près analogues. Le faisceau des charbons gras exploité aux fosses de Denain comprend 67 0/0 de schistes et 33 0/0 de grès. Dans le faisceau des charbons demi-gras de la fosse Thiers, ces proportions sont de 76 0/0 pour les schistes et de 24 0/0 pour les grès; mais, dans le faisceau des charbons maigres de la fosse Bonne-Part, on retombe à peu près sur les résultats du groupe de Denain.

Enfin, si on se transporte aux environs de Douai, et si on étudie les coupes de la compagnie d'Aniche, on reconnaît que les schistes y forment 68 0/0 environ de la masse totale, et les grès 32 0/0.

Il existe donc une uniformité à peu près complète dans les épaisseurs relatives des grès et des schistes; il semble seulement que les grès tendent à se développer en profondeur, et que leur grain devient de plus en plus fin, à mesure qu'on s'avance vers le nord.

Les observations faites permettent de croire que la dureté des grès houillers augmente avec la profondeur; toutefois, la différence est peu sensible. Ce point est assez difficile à constater, car les niveaux d'exploitation ayant une assez longue durée, qu'on peut évaluer en moyenne à une dizaine d'années, un même banc ne se trouve recoupé, dans un même plan vertical, qu'à des époques assez éloignées, ce qui rend les comparaisons incertaines; cependant, on pense généralement que l'effet utile des mines au rocher est moindre aujourd'hui qu'autrefois; pourtant, l'ouvrier est mieux outillé et se sert de poudres plus énergiques, l'enlèvement des déblais se fait mieux, etc.; il est vrai que, d'un autre côté, l'ouvrier semble avoir perdu un peu en habileté, et que la durée de ses postes est moindre; malgré cela, il y a lieu de penser que la dureté des bancs houillers augmente avec la profondeur.

Soumis aux agents atmosphériques, les grès et schistes houillers se désagrègent rapidement; il n'y a que certains grès qui résistent; on pourrait les utiliser, à la rigueur, pour la confection de petits pavés.

On appelle *toit* d'une veine de houille la couche qui la recouvre naturellement, et *mur* celle sur laquelle elle repose; les grès se rencontrent fréquemment à peu de distance au-dessus des veines; aussi considère-t-on leur rencontre dans les sondages comme un indice favorable du voisinage de la houille; parfois ils constituent le toit des couches; ce n'est que dans des cas plus rares qu'ils en forment le mur.

On rencontre, dans les grès et schistes houillers, des empreintes végétales qui reproduisent souvent, dans leurs plus minutieux détails, les parties des plantes auxquelles elles correspondent, ce qui montre qu'à l'origine, les matériaux constitutifs du bassin houiller avaient la consistance boueuse ou pâteuse. Dans certains cas, ces plantes ont été converties en houille; parfois elles ont été remplacées par d'autres substances. Cette flore est une végétation d'eau douce, car on tue les prèles, les lycopodes, les fougères actuelles, en les arrosant d'eau de mer.

Les empreintes sont d'autant plus nombreuses qu'on est plus voisin de la houille, bien que certaines veines en soient complètement dépourvues; on en trouve beaucoup moins dans les grès que dans les schistes; il n'y a même guère que dans les grès à grains fins qu'on en observe : ce sont alors, le plus ordinairement, des tiges et des troncs dépourvus de feuilles. Les empreintes de feuilles sont particulièrement abondantes dans les bancs de schiste situés au voisinage du toit des veines; elles sont en quelque sorte étalées entre ces bancs. On voit également, dans le toit, des tiges et des troncs aplatis parallèlement à la stratification; dans quelques cas cependant, les troncs occupent une position normale aux strates, la tête en haut; quand il en est ainsi, ils ont encore leur forme cylindrique. Dans certaines assises schisteuses superposées à des couches de grès, on observe autant d'empreintes que dans les toits de houille.

Caractères du toit et du mur.

Le toit et le mur des veines offrent des caractères particuliers de structure, qui permettent de les distinguer facilement. Le toit présente une roche feuilletée, noirâtre, micacée, renfermant des empreintes végétales bien entières et souvent parfaitement nettes; il se débite par tranches, et il est de moins en moins noir à mesure qu'on s'écarte de la veine; le mur, au contraire, possède une structure tout à fait irrégulière, et se brise par morceaux; il est plus pâle, plus compact, plus dur à travailler que le toit; on n'y trouve qu'accidentellement des empreintes bien conservées; sa masse est simplement mélangée de radicelles, de racines de stigmaria et de débris de tiges disposés dans tous les sens. Il en est ainsi sur une épaisseur qui est souvent de 0^m,80 à 1 mètre, et quelquefois plus; ce caractère s'applique aussi bien aux veinules minces qu'aux couches puissantes. La régularité du mur est d'ailleurs aussi grande, plus grande même, que celle de la couche de houille qui lui est superposée : il arrive quelquefois que celle-ci disparaît tandis que son mur subsiste, en sorte que les mineurs suivent toujours le banc de mur pour retrouver une veine qu'ils ont perdue.

A peu de distance du mur d'une veine, on trouve souvent un mince lit charbonneux qu'on appelle *voisin*.

Les différences d'aspect du toit et du mur permettent, le plus souvent, de reconnaître sans hésitation si les veines sont disposées en allure normale, c'est-à-dire dans une position peu différente de celle qu'elles occupaient à l'origine, ou si, au contraire, elles ont été affectées par des accidents géologiques, au point d'avoir été renversées au delà de la verticale. Dans ce dernier cas, on trouve au-dessus d'elles des roches présentant les caractères du mur, et inversement; quand il en est ainsi, on dit que les veines sont en *droit* ou en *dressant;* elles sont en *plat* ou en *plateure,* quand elles sont en allure normale. Toutefois, ces caractères peuvent être en défaut quand on a affaire à une couche en allure irrégulière, ou quand deux couches se succédant à peu de distance, le mur de l'une constitue le toit de l'autre.

Les schistes voisins des bancs de grès présentent parfois les caractères du toit et du mur, en sorte qu'on peut répartir les schistes en trois catégories : ceux qui ressemblent au toit auxquels les mineurs donnent le nom de *toit*, ceux qui ressemblent au mur, qui sont appelés *mur*, et enfin ceux qui n'offrent pas les caractères spéciaux des deux classes précédentes ; c'est à cette dernière catégorie que les mineurs attribuent plus spécialement le nom de *roc*.

Dans le tome IV de l'*Explication de la carte géologique de la France,* M. Zeiller a recherché à quelle hauteur il convient de placer le terrain houiller du Nord dans la série houillère. Il fait remarquer que, si l'on considère les deux bassins les plus importants de la France, ceux du Nord et de la

Hauteur
du terrain houiller
du Nord
dans la série générale
houillère.

Loire, et que l'on dresse le tableau des plantes appartenant à la flore de chacun d'eux, on forme deux séries qui, à côté d'un nombre assez considérable d'espèces propres à chacune d'elles, offrent un certain nombre de termes communs. Parmi les espèces communes à ces deux bassins, la plupart sont très répandues dans l'un, et ne se montrent qu'accidentellement dans l'autre. Celles qui sont les plus abondantes dans le Nord ne se montrent guère, dans la Loire, que dans les couches de Rive-de-Gier, ou les parties les plus profondes du système de Saint-Etienne ; inversement, les espèces les plus communes dans la Loire ne se trouvent que dans les couches les plus élevées du bassin du Nord. Cette observation des faits conduit à assimiler, ou tout au moins à relier d'une manière étroite la zone supérieure du bassin du Nord à la zone inférieure du bassin de la Loire; celle-ci est contemporaine de la précédente, ou du moins lui succède presque immédiatement dans l'ordre chronologique. Se plaçant dans cet ordre d'idées, et partageant à cet égard l'opinion de M. Grand'Eury, M. Zeiller n'hésite pas à affirmer que le terrain houiller du Nord est situé à la base du terrain houiller proprement dit. D'autre part, dans certains bassins de l'Europe, notamment en Bohême et en Silésie, la flore houillère apparaît comme la suite directe de celle du terrain anthracifère; on est donc amené à rattacher ce dernier au terrain houiller, et à le considérer comme étant son étage inférieur; le bassin du Nord se trouve alors placé au milieu de la série et constitue le terrain houiller moyen, le terrain anthracifère formant l'étage inférieur, et le bassin de la Loire se rapportant à l'étage supérieur.

Flore houillère. L'étude de la flore fossile du bassin du Nord est à peine assez avancée pour pouvoir servir de base à la détermination de subdivisions dans sa masse. L'ensemble du bassin paraît présenter une grande homogénéité, et il faut y regarder de près pour observer des différences sensibles dans la composition de la flore à ses divers niveaux.

Tout d'abord, un fait frappe l'observateur : c'est la constance de certains genres et de certaines espèces qui se retrouvent à toutes les hauteurs : il en est ainsi des calamites, notamment du *Calamites Suckowii*, qui existe partout en grande abondance.

Parmi les espèces qui se trouvent dans le même cas, M. l'abbé Boulay cite les suivantes : *Annularia radiata, Sphenopteris rotundifolia, Nevropteris orbicularis, Odontopteris britannica, Pecopteris nervosa, Lepidodendron Sternbergii, Lepidodendron aculeatum, Sigillaria Sillimani, Sigillaria tessellata, Stigmaria ficoides, Cordaites borassifolius.*

A côté de ces espèces uniformément répandues dans tout le bassin, il y en a d'autres qui sont spéciales à certains niveaux, ou qui paraissent y être particulièrement abondantes.

Dans la zone des charbons maigres, la moins riche en empreintes végétales, on trouve diverses espèces qui semblent presque spéciales à cette zone, et qui pourraient être regardées comme la caractérisant, si on les y trouvait en plus grande quantité, savoir : *Pecopteris pennæformis, Lepidodendron Rhodeanum, Lepidodendron pustulatum, Sigillaria conferta, Sigillaria Candollii.*

D'autres variétés, relativement abondantes dans cette zone, sont beaucoup moins répandues dans les autres, et peuvent encore être regardées comme plus particulières aux charbons maigres, notamment : *Sphenophyllum saxifragæfolium, Nevropteris heterophylla, Alethopteris lonchitica, Pecopteris Loshii, Lepidophloios laricinus, Ulodendron punctatum, Rhytidodendron minutifolium, Lycopodium Gutbieri, Sigillaria Volzii.*

La flore des charbons demi-gras est plus riche que celle des charbons maigres; elle présente, toutefois, une grande analogie avec cette dernière; on y rencontre peu d'espèces vraiment caractéristiques. Celles qui paraissent les plus spéciales à cette zone sont les suivantes : *Sphenopteris convexiloba, Sphenopteris Hœninghausi, Sphenopteris trichomanoides, Sphenopteris furcata, Sphenopteris Schillingsii, Alethopteris Dournaisii, Lonchopteris Rœhlii, Lonchopteris rugosa, Halonia tortuosa, Sigillaria mamillaris, Sigillaria elegans, Sigillaria piriformis, Sigillaria elliptica, Sigillaria scutellata, Sigillaria Græseri, Sigillaria lævigata, Sigillaria rugosa.*

Indépendamment de ces espèces, dont plusieurs passent dans la zone des charbons gras, on peut en citer quelques autres qui, très rares, il est vrai, n'ont guère été rencontrées que dans les charbons demi-gras, où elles constitueraient une flore caractéristique, si on en trouvait de plus nombreux échantillons. Nous citerons : *Sigillaria alveolaris, Sigillaria Polleriana, Calamocladus binervis.*

La zone des charbons gras présente une très grande richesse en empreintes végétales. On y voit se continuer presque toutes les plantes qui constituaient la végétation des niveaux inférieurs ; de plus, on y remarque des types nouveaux, très variés et abondants, parmi lesquels il faut citer : *Annularia sphenophylloides, Sphenophyllum emarginatum, Sphenophyllum Schlotheimii, Sphenopteris nummularia, Sphenopteris macilenta, Sphenopteris chœrophylloides, Sphenopteris tridactylites, Sphenopteris artemisiœfolia, Sphenopteris acutiloba, Sphenopteris formosa, Sphenopteris herbacea, Sphenopteris irregularis, Nevropteris gigantea, Nevropteris attenuata, Dictyopteris Brongniarti, Alethopteris valida, Alethopteris Serlii, Alethopteris Grandini, Sigillaria nudicaulis, Sigillaria polyploca, Sigillaria rimosa, Sigillaria latecostata, Trigonocarpus Nœggerathi.*

On voit, d'après cet exposé, que s'il est difficile, en l'état actuel des connaissances paléontologiques, d'établir des divisions nettes dans le terrain houiller du Nord d'après l'étude des végétaux fossiles, ce terrain présente néanmoins des caractères qui diffèrent, suivant le niveau auquel on l'envisage. Il ne faut pas compter que l'on puisse jamais distinguer d'une manière certaine les veines de houille par l'aspect de leur flore, et trouver dans l'examen des empreintes le moyen de les suivre à de grandes distances, et de les relier individuellement les unes aux autres en des points éloignés ; mais on peut se proposer de déterminer, dans une localité donnée, à quelle hauteur se trouve un gisement exploité dans la série houillère, et d'établir si ce gisement appartient à la base de la formation, à sa partie moyenne, ou à sa partie supérieure. C'est ainsi que, dans le bassin de la Grand-Combe, M. Zeiller a pu, à l'aide de considérations paléontologiques, indiquer l'âge relatif des faisceaux de Trescol et de Sainte-Barbe, et faire retrouver ce dernier par un sondage, au mur du précédent, sous une grande épaisseur de terrains stériles. Il paraît de même certain, maintenant, que les houilles grasses qui se sont déposées à l'extrémité occidentale du bassin du Pas-de-

Calais sur le calcaire carbonifère, correspondent aux termes les plus élevés de la série du département du Nord et de la Belgique; cette remarque, qui résulte de l'observation de faits matériels, vient à l'appui de la théorie de la transgressivité, dont nous avons parlé précédemment, théorie qui, lorsqu'on la généralise, permet d'expliquer de la manière la plus simple, et sans recourir à d'autres hypothèses, comment le bassin houiller a pu rester complet dans une partie du département du Nord, sans présenter de symétrie sur ses deux versants.

On peut encore tirer, des considérations qui précèdent, une autre conclusion, c'est que, d'une façon générale, on est autorisé à prendre pour ordre de superposition des faisceaux houillers, celui qui résulte de la proportion de matières volatiles de la houille qu'ils renferment. Cette variation dans la teneur en matières volatiles tient-elle à la chaleur centrale, à la nature des végétaux constitutifs de la houille, ou aux écarts de température de l'atmosphère pendant sa formation? On n'est pas d'accord à cet égard. Mais, ici encore, il faut se garder d'attribuer à la théorie une précision exagérée. On sait, en effet, qu'une veine de houille ne fournit pas toujours la même quantité de matières volatiles; les différences constatées à quelques kilomètres de distance se sont élevées parfois à 4 ou 5 0/0; d'autre part, si, dans une fosse d'extraction, on considère les veines exploitées au même niveau et suivant un même méridien, il peut arriver qu'elles ne se succèdent pas les unes aux autres d'après la quantité de matières volatiles de leurs charbons; en d'autres termes, une veine peut se trouver placée entre deux autres, toutes deux plus ou moins volatiles qu'elle, sans que toutefois les écarts soient considérables. Il en est de cela comme de la flore, qui varie parfois d'un point à un autre dans la même veine, ou d'une veine à une autre très voisine. Mais, de même que, malgré ces circonstances locales, l'étude de la flore permet de fixer la zone du bassin dans laquelle on se trouve, de même, la connaissance de la proportion de matières volatiles donne la certitude qu'on se trouve, soit à la base, soit au milieu, soit au sommet de la formation houillère. Cela résulte de ce que les différentes zones en lesquelles l'examen des empreintes végétales permet de

répartir le terrain houiller du Nord, correspondent précisément à des char
bons d'une volatilité différente, en sorte qu'on peut aussi bien déterminer l
hauteur à laquelle on se trouve dans le bassin par les caractères de la flore
que par ceux qui résultent de la volatilité plus ou moins grande des char
bons, puisque ces caractères se correspondent d'une manière complète

Sur la distribution des empreintes végétales dans les couches de houille
il est bon de présenter quelques observations.

Quelquefois, il arrive qu'une veine, d'abord riche en empreintes, s'ap
pauvrit progressivement et n'en renferme presque plus; ordinairement
cette raréfaction s'accuse de plus en plus, à mesure que les travaux
deviennent plus profonds; autrement dit, les parties des veines les plus
voisines de leurs affleurements sous le tourtia paraissent les plus riches.

Les calamites se rencontrent plus particulièrement dans les schistes
bitumineux auxquels les ouvriers donnent le nom d'escaillage, et qu
accompagnent les veines de houille. On trouve aussi, dans ces conditions,
de nombreuses empreintes de sigillaria et de lepidodendron; celles qui pro
viennent du mur sont généralement mal conservées et indéterminables.

Les fougères ne se voient guère que dans le toit, où elles existent par
fois à l'état d'empreintes d'une grande étendue, et parfaitement conservées.

Les stigmaria peuplent, au contraire, le mur de presque toutes les
couches. L'axe de la plante est, d'ordinaire, perpendiculaire à la stratifica
tion, tandis que les racines s'étendent dans tous les sens.

Enfin, M. l'abbé Boulay croit qu'il convient d'admettre l'existence de
florures locales, c'est-à-dire que, d'après lui, certaines plantes se seraient
fixées de préférence en des points déterminés du bassin, où elles se seraient
conservées pendant la formation d'une série plus ou moins considérable
de veines, tandis que d'autres espèces se seraient développées ailleurs dans
les mêmes conditions. D'après cela, il faudrait diviser le bassin en parties
ayant chacune une flore différente, et il deviendrait alors plus facile, en
se limitant à l'une d'elles, de reconnaître la continuité d'une veine par la
constance de sa flore. Les exemples cités à l'appui de cette thèse ne sont
pas assez nombreux, ni assez frappants, pour qu'on puisse l'admettre sans

vérification. Néanmoins, il y a là une indication à retenir, que des études ultérieures pourront peut-être confirmer.

Il existe très peu d'insectes dans le terrain houiller du Nord; en revanche, on y trouve un certain nombre de coquilles. Nous avons déjà signalé la présence de coquilles marines dans le terrain houiller stérile qui constitue les assises inférieures du bassin. On en rencontre également dans le terrain à houille. Elles sont surtout abondantes dans la zone des charbons maigres, comme à Carvin et à Annœulin, où on remarque le *Productus semireticulatus*, le *Productus Cora*, le *Productus costatus*, le *Spirifer crassus*, etc. On en voit aussi dans la zone des charbons gras; on y a surtout signalé le genre *Pileopsis*. *(Coquilles houillères.)*

A côté de ces espèces, on peut encore citer les *Anthracosia*, mollusques semblables aux *Unio*, qui indiquent des terrains d'eau douce.

La présence de fossiles marins dans les bancs houillers peut s'expliquer de plusieurs manières. On peut admettre que ces fossiles proviennent des terrains de sédiment d'origine marine d'âge plus ancien, qu'ils en ont été détachés, et qu'ils ont ensuite été amenés dans les eaux douces où se développait la formation houillère. Cette hypothèse est combattue par l'état de conservation des coquilles, dont les ornements sont souvent restés intacts, ce qui ne cadre guère avec un transport à distance. On peut encore supposer que, de temps à autre, la mer est venue envahir la région où se déposait la houille. Ce qui semble indiquer qu'il en a été ainsi, c'est que, bien qu'on ne trouve pas d'eaux salées dans les terrains carbonifères ou dévoniens, on en rencontre fréquemment dans le terrain houiller. *(Eaux salées du terrain houiller.)* M. Roger Laloy en a analysé un grand nombre d'échantillons, qui lui ont donné de 3 à 5 grammes de chlore par litre. La rencontre d'eaux de cette nature au voisinage de la nappe salée du torrent d'Anzin pourrait, à la rigueur, se justifier par l'existence de crevasses mettant le terrain houiller en relation avec cette nappe; mais, en d'autres points, où le torrent n'existe pas, on ne peut guère expliquer la présence d'eaux salées qu'en admettant qu'elles ont été enfermées dans le terrain houiller lui-même, absolument comme les eaux douces ou saumâtres qu'on y trouve en d'autres points.

M. Laloy pense que les eaux salées houillères ont été emmagasinées, à l'origine, dans les détritus organiques spongieux qui ont donné naissance à la houille, et que la pression des terrains supérieurs les a ensuite lancées dans les crevasses et les cavités qui se trouvaient dans leur voisinage. Il admet également que les eaux du torrent d'Anzin sont venues du terrain houiller par des fissures créées postérieurement à sa formation. Il fait remarquer, à l'appui de cette opinion, qu'il y a toujours une relation étroite entre la proportion de chlore de l'eau du torrent et celle de l'eau du terrain houiller qui se trouve au-dessous de lui.

Eaux sulfureuses chaudes. Au nord du bassin, et notamment dans les fosses et sondages des concessions de Vicoigne, de Bruille et de Château-l'Abbaye, on a souvent rencontré des eaux sulfureuses tièdes jaillissantes; elles proviennent, sans aucun doute, du calcaire carbonifère, ou tout au moins du terrain houiller inférieur qui lui est immédiatement superposé. Ces eaux se répandent à une plus ou moins grande distance vers le sud, en cheminant dans les fissures du terrain houiller. Elles semblent, en outre, former une sorte de nappe au contact des morts-terrains, et là, elles s'enrichissent peut-être en principes minéraux qu'elles empruntent aux pyrites et aux lignites pyriteux dont le tourtia est chargé. Enfin, elles arrivent jaillissantes jusqu'à la surface du sol, toutes les fois qu'elles parviennent à se frayer un passage au travers des morts-terrains, comme c'est le cas à l'établissement thermal de Saint-Amand, ou qu'on leur crée artificiellement une issue en allant les chercher par un trou de sonde. On voit, d'après cela, que ces eaux sulfureuses peuvent être rencontrées, soit à l'intérieur du terrain houiller, soit à sa surface. Dans les exploitations de Vicoigne, certaines galeries ont dû être arrêtées et serrementées, parce qu'elles avaient recoupé des crevasses qui en débitaient de grandes quantités. A la traversée des morts-terrains, ces eaux, en se mélangeant à la nappe douce et froide de la craie, s'appauvrissent en sels minéraux, en même temps que leur température s'abaisse à leurs points d'émergence. Cette température dépasse rarement 25°. Il existe encore de vieux sondages qui, ayant été mal bouchés, constituent de véritables sources thermales.

Signalons encore dans le terrain houiller des traces blanchâtres assez nombreuses, visibles dans certaines fissures et qui sont dues à des dépôts de chaux carbonatée. On les remarque surtout dans les terrains irréguliers et bouleversés. Parfois même, la chaux carbonatée y est cristallisée et constitue de véritables géodes; dans certains cas, on trouve des cristaux de cette substance jusque dans les veines de houille. On voit également, dans les fissures que présentent les terrains irréguliers, des enduits de *pholérite*, facilement reconnaissables parce qu'ils donnent au toucher l'impression du talc.

Le sulfate de baryte ne se remarque à l'état de cristaux, dans le terrain houiller, que dans des cas tout à fait exceptionnels.

Les veines de houille ne sont généralement pas formées d'un lit unique de charbon; elles sont, le plus souvent, divisées en plusieurs sillons par des lits de schiste ou d'argile tendre et pulvérulente, que l'on appelle *houage* ou *havrit*.

On voit aussi, dans un grand nombre de cas, au toit ou au mur des veines, ou dans leur masse même, un schiste bitumineux appelé *escaillage* ou *noireux*. Ce schiste est noir, luisant, à feuillets parallèles; il s'écrase parfois, sous la pression des doigts, en fragments écailleux. A première vue, on pourrait le prendre pour du charbon, mais quand on le broie, il donne une poussière grise, facile à distinguer de la poussière noire de la houille. L'escaillage fourni par les houilles grasses se brûle facilement : on l'emploie couramment comme charbon d'ouvriers. On ne voit jamais de sables ni de grès intercalés entre les sillons des couches de houille.

Enfin, on trouve souvent, au toit et au mur des veines, des bancs de schiste tendre plus ou moins charbonneux, avec ou sans lits minces de charbon intercalés, qui se détachent avec la veine dans le travail de l'abatage. On les connaît sous les noms de *faux-toit* et de *faux-mur*.

La substance étrangère la plus nuisible à la qualité des houilles du Nord est la *pyrite de fer ;* quelquefois, le combustible en est véritablement imprégné; elle est appliquée entre ses feuillets sous forme d'enduits brillants ou de lames très minces; ailleurs, cette substance se trouve en rognons d'un volume plus ou moins considérable.

Substances minérales rencontrées dans le terrain houiller.

Veines de houille.

Pyrite de fer.

On remarque encore, dans le toit et le mur des veines de houille, et aussi dans les lits de charbon, des rognons de *sidérose* ou *fer carbonaté lithoïde*, présentant une texture grenue et compacte, un aspect mat, et une couleur d'un gris noirâtre ou rougeâtre. Au feu, la matière rougit et devient attirable à l'aimant. Ces rognons sont disposés dans la houille et dans les terrains qui l'encaissent en couches ou bancs parfois continus. Ceux qu'on trouve dans les lits de charbon ou dans le toit des veines sont aplatis parallèlement à la stratification; ceux du mur sont de forme à peu près sphérique. Il y a des veines qui sont riches en rognons de fer carbonaté, mais leur richesse varie beaucoup d'un point à un autre; d'autres en sont presque complètement dépourvues.

Ces rognons, auxquels les mineurs donnent le nom de *clayas*, ont été exploités, à une époque assez éloignée, comme minerai de fer; on les extrayait en même temps que la houille; mais, bientôt, on a renoncé à en tirer parti, parce que leur extraction n'était pas rémunératrice, et les demandes en concession qui avaient été formées, à l'effet de joindre l'exploitation du minerai de fer à celle de la houille, sont restées sans suite.

Les dépôts de fer carbonaté lithoïde ont dû s'opérer assez rapidement, car on voit, en certains cas, une même plante traverser entièrement une couche de cette substance, ou se replier sur les deux faces d'un même rognon. Le carbonate de fer a d'ailleurs favorisé la bonne conservation des végétaux fossiles en agissant comme agent antiseptique; de plus, sa précipitation à l'état de particules de très faible volume a fourni des moulages de plantes d'une grande perfection.

Dans le bassin du Nord, les veines de houille sont nombreuses; en revanche, leur épaisseur est faible. Rarement elle dépasse 1 mètre, et jamais elle ne s'élève beaucoup au delà de cette limite; on va jusqu'à exploiter des veines de $0^m,35$: c'est le cas de Grande veine et de Petite veine du midi, dans certains travaux des environs de Saint-Waast. La moyenne d'ouverture est de $0^m,60$. Dans les exploitations de la Compagnie d'Anzin, cette moyenne est plus forte dans les charbons maigres que dans les demi-gras, et elle est plus élevée dans les demi-gras que dans les gras. On constate.

en outre, une augmentation notable d'épaisseur moyenne quand on se transporte de l'est vers l'ouest; dans le Pas-de-Calais, il n'est pas rare de trouver des veines dont l'épaisseur dépasse $1^m,50$, 2 mètres, et même $2^m,50$.

Cette circonstance, défavorable à l'exploitation, est souvent compensée par l'allure régulière des veines. Elles présentent une ouverture à peu près uniforme sur de grandes étendues, et conservent une épaisseur constante, même quand elles se replient presque complètement sur elles-mêmes, ce qui indique qu'elles ont pris naissance dans une période de calme.

On les suit parfois sur plusieurs kilomètres, sans qu'elles soient altérées dans leur allure par des accidents ou des rejets. En même temps, les veines ou nerfs de schiste qui les divisent en plusieurs sillons gardent, comme ces sillons eux-mêmes, une constance d'épaisseur et d'allure qui est très favorable à l'abatage et au triage de la houille, et permet d'obtenir des charbons relativement propres.

Cependant, il ne faudrait pas croire que partout les gisements houillers du Nord se montrent sous un aspect aussi avantageux. Le caractère de régularité dont nous venons de parler n'a rien d'absolu, et comporte de nombreuses exceptions; alors, les veines subissent des rejets plus ou moins considérables, par suite de cassures ou de failles qui affectent l'allure du terrain dans lequel elles se trouvent; ou bien elles se renflent, puis se rétrécissent, de manière à présenter des zones alternativement exploitables et improductives. Ces circonstances s'observent particulièrement au midi du bassin; il semble que, de ce côté, la poussée venant du sud ait eu pour conséquence de produire dans le terrain houiller une sorte d'écrasement général qui a occasionné cette allure irrégulière des veines, en même temps qu'elle a rendu plus friable le charbon qu'elles renferment. Un des exemples les plus remarquables à citer à ce sujet est celui du gisement d'Azincourt. Le groupe des fosses Saint-Edouard, Saint-Auguste et Sainte-Marie, paraît, comme nous le verrons plus loin, très riche en houille, mais le combustible y est réparti d'une façon inégale, et sous forme de lambeaux de veines absolument inexploitables. A la fosse Saint-Roch, qui se trouve dans des conditions meilleures, les veines sont assez bien réglées, mais elles fournissent un

charbon menu et friable ; elles subissent en outre, à chaque instant, des rétrécissements qui obligent à en abandonner momentanément l'exploitation
Les mêmes faits se remarquent au gisement de Courcelles-lès-Lens, qui vien
buter sur le calcaire par lequel il est recouvert, et ils seraient probablemen
tout à fait généraux, dans le département du Nord, si les exploitations les
plus méridionales n'avaient pas été garanties, jusqu'à un certain point, contre
les effets de la poussée venant du sud, par la bande épaisse de terrain
houiller stérile dont nous avons signalé l'existence au nord de la grande
faille. Cette bande, dont la puissance est considérable au midi des concessions de Douchy, de Denain et d'Anzin, a vraisemblablement protégé les
groupes houillers qui lui sont contigus.

Du reste, même dans les veines les plus régulières, on remarque toujours quelques changements qui affectent, soit leur ouverture totale, soit
l'épaisseur relative des sillons de charbon et des bancs schisteux intercalés ;
seulement, ces modifications, au lieu de se produire d'une manière brusque,
se font graduellement et sans secousse, en sorte que les différences dans
la composition des veines, insignifiantes en des points rapprochés, ne
deviennent appréciables qu'à de grandes distances. Il arrive même parfois
que des veines qui ont été à certaines fosses l'objet d'importants travaux
se rétrécissent ou se modifient peu à peu, de manière à devenir trop minces
ou trop pauvres à d'autres puits, pour y être encore exploitables. On dit
alors qu'elles se sont transformées en *passées*, ce mot désignant d'une façon
générale les veines inexploitables, celles qu'on est obligé de passer sans y
entreprendre de travaux d'exploitation, soit parce qu'elles sont trop
minces ou trop irrégulières, soit parce qu'elles donnent du charbon de
mauvaise qualité. On remarque aussi, dans certains faisceaux exploités en
des points éloignés, et qui se raccordent par leurs veines les plus caractéristiques, des veines qui n'existent que localement et disparaissent à certaines fosses, tandis que d'autres y prennent naissance.

Les changements dont nous venons de parler s'appliquent, non seulement aux veines de houille, mais encore aux bancs de grès et de schiste
qui les séparent. La puissance de ces bancs n'a rien de fixe ; elle se modifie

rapidement d'un point à un autre dans les terrains irréguliers, plus lentement dans ceux qui sont bien réglés. Les proportions relatives de grès et de
schistes que nous avons indiquées ne doivent donc être considérées que
comme des moyennes, qui ont été calculées d'après les coupes obtenues
dans les parties où les faisceaux présentent la plus grande régularité
d'allure.

Par suite de cette circonstance, les intervalles des veines sont loin
d'être constants : elles se rapprochent ou s'éloignent les unes des autres,
d'après les changements qui se produisent dans l'épaisseur des bancs
qui les séparent. Il y a des cas où deux veines, d'abord assez éloignées,
se rapprochent peu à peu, de manière à se réunir en une seule, ou tout au
moins à pouvoir être exploitées en même temps, comme une veine unique.
C'est le cas des veines Voisine et Carachaux, dans le faisceau de Saint-Waast,
de la compagnie d'Anzin. A plusieurs fosses, ces veines ne sont séparées que
par un lit schisteux de quelques centimètres d'épaisseur, tandis qu'à d'autres,
leur intervalle est de plus d'un mètre, ce qui oblige à exploiter Voisine
seule, et à négliger Carachaux qui est individuellement inexploitable. A la
fosse l'Enclos, l'intervalle de ces deux veines est de plusieurs mètres. La
même circonstance se présente, à Denain, sur la veine Edouard ; à peu de
distance au-dessus d'elle se trouve une autre veine appelée Petit Edouard,
qui n'en est parfois séparée que par une faible épaisseur de schiste, en sorte
qu'on peut les abattre toutes deux simultanément ; mais, plus généralement,
l'intervalle d'Edouard et de Petit Edouard est relativement considérable, et
on doit se borner à exploiter la première. Nous citerons encore les veines
Sorel et Hocquart, du faisceau d'Abscon, qui peuvent être exploitées ensemble du côté de l'est, parce que dans cette région, elles ne sont séparées
que par un mince filet de schiste, tandis que vers l'ouest, le lit schisteux se
développe jusqu'à atteindre $1^m,50$ à 2 mètres d'épaisseur. La veine Jumelles,
dans la concession de Douchy, est dans le même cas ; entre les deux sillons
de charbon qui la composent se trouve un banc schisteux dont l'épaisseur
est extrêmement variable. Ces exemples pourraient être multipliés.
M. Potier y voit un exemple de transgressivité des assises houillères les

unes par rapport aux autres, tandis que M. l'abbé Boulay y trouve une preuve de la mobilité du sol, pendant l'époque houillère.

Les houilles du Nord sont luisantes et ont l'aspect schisteux; elles sont rarement ternes et compactes. Elles ont une assez grande friabilité, ce qui est un inconvénient pour leur transport à de grandes distances; quand on les manipule fréquemment, ou quand on les laisse exposées à l'air, elles se transforment en poussier.

Classification des charbons au point de vue chimique.

Au point de vue de leurs propriétés chimiques et industrielles, on a l'habitude de les répartir en trois classes, savoir :

1° Les charbons maigres, qui, par la calcination, donnent de 6 à 12 0/0 de matières volatiles, et de 94 à 88 0/0 de carbone fixe, abstraction faite des cendres et de l'eau. Ces charbons sont difficiles à allumer et brûlent presque sans flamme, sans aucune agglutination; ils sont excellents pour la cuisson de la brique et de la chaux ; on s'en sert aussi avec avantage pour le chauffage domestique. On les appelle parfois charbons quart-gras, quand ils renferment plus de 10 0/0 de matières volatiles.

Comme les emplois de ces charbons sont assez limités, on les mélange souvent en proportions variables avec d'autres de nature différente. La compagnie d'Anzin, la plus riche en charbons maigres, a cherché la première à répandre ces mélanges dans l'industrie.

Les charbons maigres servent aussi à la fabrication des agglomérés : on les associe, pour cela, à des qualités plus riches en matières volatiles.

2° Les charbons demi-gras, qui, abstraction faite des cendres et de l'eau, fournissent à la calcination de 12 à 20 0/0 de matières volatiles, et de 88 à 80 0/0 de résidu fixe. Ces charbons s'allument encore difficilement; ils s'agglutinent déjà à la calcination, brûlent assez lentement, et donnent une chaleur très forte et assez uniforme, sans produire beaucoup de fumée. Ils conviennent pour le chauffage des chaudières à vapeur et des locomotives ; ils sont aussi recherchés pour le chauffage domestique. Ce sont les meilleurs dont on puisse se servir pour la fabrication des agglomérés.

3° Les charbons gras, qui donnent à la calcination de 20 à 34 ou 35 0/0 de matières volatiles, et de 80 à 66 ou 65 0/0 de carbone fixe, abstraction faite des cendres et de l'eau. Ils s'allument facilement et brûlent assez vite, en donnant une chaleur vive et soutenue. Les propriétés et les usages de ces charbons varient avec la proportion et la nature des matières volatiles qu'ils renferment.

Ceux qui se rapprochent le plus des charbons demi-gras donnent une flamme courte et fuligineuse ; ils gonflent sous l'action du feu, et s'agglomèrent en une espèce de masse pâteuse qui forme voûte. Cette propriété a pour effet de concentrer la chaleur produite, et fait rechercher cette variété pour la forge. Elle est également propre à la fabrication du coke et donne un coke dur et pesant, très estimé par la métallurgie. Les charbons gras les plus volatils brûlent en s'agglutinant avec une longue flamme. On les emploie dans les verreries, les brasseries et distilleries ; ils donnent un coke un peu léger, quoique encore d'un usage industriel, mais il est plus avantageux de les employer à la fabrication du gaz d'éclairage.

On conçoit, d'ailleurs, que des différences de 14 et 15 0/0 entre les termes extrêmes de cette classe se traduisent par des dissemblances notables dans les propriétés des charbons ; malgré cela, il est d'usage d'appeler du nom commun de charbons gras tous ceux qui renferment plus de 20 0/0 de matières volatiles : cela tient à ce que les charbons à gaz, qui forment le point le plus élevé de la série, sont assez rares dans le Nord ; on ne les rencontre que dans certaines fosses du groupe de Denain, où on les exploite dans les veines supérieures du faisceau, qui seront bientôt épuisées. Ailleurs, on ne trouve guère que des charbons renfermant moins de 28 0/0 de matières volatiles. Dans le Pas-de-Calais, au contraire, où les charbons à gaz sont très répandus, ils forment une classe spéciale connue sous le nom de *charbons flénus* ou *charbons à gaz*.

Mais, si on se limite au département du Nord, il convient de s'en tenir aux trois classes que nous venons de décrire, qui sont les seules connues du public ; elles correspondent approximativement aux catégories I, II et IV de la classification adoptée par le ministère des travaux publics, pour la statistique de l'exploitation des combustibles minéraux.

Les houilles du Nord ont un pouvoir calorifique élevé, surtout les demi-grasses et les maigres. Leur densité varie de 1,25 à 1,40; les maigres sont les plus lourdes. Les qualités les plus volatiles ont une nature bitumineuse qui tient à leur teneur relativement faible en oxygène.

**Clivages
de la houille.** Les veines de houille sont divisées par des joints ou clivages, appelés *limés* par les mineurs, qui font que le charbon se divise à l'abatage en fragments généralement prismatiques, d'un volume variable. Dans certaines régions du bassin, notamment dans les exploitations de la compagnie d'Anzin, on n'a observé aucune loi précise dans l'orientation de ces clivages. On leur trouve des directions différentes dans la même couche en des points très voisins, et du rapprochement des résultats trouvés sur un long chassage, on ne saurait déduire une moyenne ayant quelque signification. On a été quelquefois tenté, à Anzin, d'exploiter par tailles montantes, ou même par tailles obliques, afin d'avoir des fronts d'abatage parallèles aux clivages, et toujours on a dû, à cause du peu de continuité de leur direction, en revenir aux tailles chassantes, en recommandant toutefois aux ouvriers de diriger les fronts dans ces tailles, parallèlement aux joints du charbon. Dans la concession d'Aniche, on constate la même irrégularité dans l'orientation des clivages ; cependant, on y distingue des directions préférées : ainsi, dans les exploitations du groupe d'Aniche, les principaux clivages ont la direction même des veines ; c'est pour ce motif que, d'une façon générale, on a adopté, à ces fosses, le mode d'exploitation par tailles montantes, qui est plus favorable à l'utilisation des clivages dans le travail de l'abatage; dans les fosses du groupe de Douai, les plans de clivage se dirigent plus particulièrement de l'est à l'ouest. Cependant, dans certaines veines, comme De Chatenay, Dejardin, n° 7 de Notre-Dame, n° 3 de Dechy, l'orientation la plus ordinaire est celle du nord au sud. Aux fosses de Douchy, on trouve plus d'uniformité dans la disposition des clivages; la direction S.-O. 17° N.-E. a été fréquemment observée; en même temps, on a remarqué qu'ils font presque toujours un angle d'environ 30° avec le mur géologique de la veine. Partout ailleurs, les observations faites n'ont fourni aucun résultat d'ensemble présentant quelque intérêt.

Il résulte, en tout cas, de ce qui précède, que c'est seulement dans des cas exceptionnels, comme à Aniche, que la disposition des clivages joue un rôle dans le choix des méthodes d'exploitation.

En revanche, il y a lieu d'en tenir grand compte pour déterminer la façon dont une veine doit être travaillée. Sous ce rapport, l'expérience est le meilleur guide, et les ouvriers n'ont pas besoin de recevoir des instructions de leurs chefs, pour savoir bientôt comment il faut s'y prendre pour tirer le meilleur parti possible des clivages.

Si l'orientation des clivages varie d'une veine à une autre, ou même dans une veine donnée, on remarque toutefois que, dans chaque région, ils sont parallèles les uns aux autres; parfois, on observe dans une couche plusieurs systèmes de clivages ayant des directions et des inclinaisons différentes; il arrive aussi, dans certains cas, que des sillons d'une même veine sont affectés par des clivages différents. Quoi qu'il en soit, il est clair que la distance mutuelle des plans de clivage doit exercer une grande influence sur le volume moyen des fragments de charbon fournis par l'abatage. Quand ces plans sont éloignés, la veine se débite en blocs d'un gros volume, et fournit du charbon gailleteux; quand, au contraire, ils sont rapprochés, on n'obtient que des charbons menus. Sous ce rapport, on observe une grande variété de cas; tantôt, les joints du charbon sont très voisins, et distants de quelques centimètres seulement; tantôt, leur distance s'élève à 0^m,30, 0^m,50, 1 mètre, et même plus. Dans les parties où les veines ont été ployées, comprimées fortement, ou influencées par des accidents, toute trace de clivage disparaît, et on n'obtient plus qu'un charbon menu et friable.

Au point de vue des grosseurs, on répartit les charbons du Nord en plusieurs catégories, savoir :

Gros. — On appelle ainsi des blocs qu'on enlève à la main, ou qui sont retenus par des grilles formées de barreaux parallèles, espacés d'une vingtaine de centimètres.

Grosses gailleteries. — Ce sont les fragments qui, après enlèvement du gros, restent sur des grilles dont les barreaux sont distants de 0^m,06 à 0^m,08.

Petites gailleteries. — Cette variété n'est guère connue qu'à la compagnie d'Anzin; on l'obtient en faisant passer le résidu de la préparation des grosses gailleteries sur des grilles ayant des barreaux espacés de $0^m,02$ à $0^m,03$.

Tout-venants ou moyens. — On appelle ainsi les charbons tels qu'ils sortent de la fosse, le gros seul ayant été enlevé. Dans certaines mines, où les gailleteries existent en faible proportion, on enrichit les tout-venants en y ajoutant des gailleteries obtenues à part.

Criblés. — Ce sont les charbons que l'on obtient en éliminant des tout-venants tout ce qui peut passer au travers de grilles présentant des vides de dimensions variables, mais inférieures à quelques centimètres.

Fines. — Les fines servent surtout à la fabrication des cokes et des agglomérés. C'est la partie qui traverse les grilles servant à la préparation des criblés, ou même des gailleteries; dans ce dernier 'cas, elles renferment encore des fragments d'une certaine grosseur, et elles constituent une qualité qui trouve un emploi avantageux dans le chauffage des chaudières à vapeur.

Depuis quelques années, les compagnies d'Anzin, d'Aniche, de l'Escarpelle et d'Azincourt, ont installé des appareils de classement et des lavoirs à feldspath, du système Luhrig et Coppée. Elles obtiennent ainsi un plus grand nombre de qualités de charbons, caractérisées par la grosseur des fragments qui les composent. On leur donne, suivant la grosseur, les noms de *petits gailletins, têtes de moineaux, noisettes, braisettes, grains lavés, etc.*

Quantités de cendres.   Les charbons du Nord ne laissent rien à désirer sous le rapport de la propreté. Leurs cendres sont composées de silice, de chaux, d'alumine et d'oxyde de fer; elles renferment parfois de l'acide phosphorique, de l'acide sulfurique, de la potasse, de la soude, de la magnésie. Les analyses faites sur des échantillons de houille choisis en dehors des lits schisteux qui divisent les veines, donnent généralement une proportion de 1 à 4 0/0 de cendres. Rarement on arrive à 6 et 7 0/0. Cependant, il y a des cas où cette proportion atteint 12 et 15 0/0, mais alors, il s'agit de veines dont on ne tire que du charbon destiné au chauffage des ouvriers, ou à celui des chaudières à vapeur des mines elles-mêmes. Les veines de cette nature sont assez rares pour que le combustible qu'elles fournissent puisse être affecté exclusivement à des usages de ce genre.

Il faut remarquer cependant que les tout-venants du Nord ne présentent pas une propreté aussi remarquable que les chiffres ci-dessus indiqués pourraient le faire croire. Cela tient à ce que ces charbons renferment, non seulement les cendres qui sont intimement combinées au carbone dans la constitution même de la houille, mais encore celles qui proviennent des lits schisteux intercalés, et en général de toutes les impuretés dont la houille se charge avant d'arriver aux foyers sur lesquels on la brûle. On peut évaluer de 7 à 10 0/0 la proportion de cendres que l'on trouve habituellement dans les charbons du Nord de qualité ordinaire. Il faut s'estimer satisfait quand cette proportion descend au-dessous de 6 à 7 0/0 : on a alors affaire à des houilles exceptionnellement propres.

Quand on soumet ces mêmes tout-venants au lavage, on enlève une grande partie de leurs impuretés, et il n'y reste guère que les substances étrangères qui entrent dans la constitution intime du combustible. De cette façon, on obtient des charbons lavés à 3 ou 4 0/0 de cendres. Avec les appareils du système Luhrig et Coppée, on arrive à garantir des teneurs en cendres qui descendent jusqu'à 3 0/0.

Le grisou existe dans un assez grand nombre d'exploitations. Le faisceau de veines dans lequel il est le plus abondant est celui qui est exploité, aux environs de Saint-Waast, par les fosses Dutemple et Réussite, et qui va ensuite passer à la fosse d'Hérin, pour se diriger, du côté de l'ouest, vers les exploitations du midi de Denain. La fosse d'Hérin est regardée comme la plus dangereuse sous ce rapport. En dehors du faisceau dont nous venons de parler et de celui de Denain-Douchy, le grisou ne se manifeste que dans des cas accidentels, sauf aux fosses n°s 1 et 2 de l'Escarpelle : on n'en voit pas dans la zone des charbons maigres, ni dans celle des charbons gras et demi-gras d'Aniche. A Azincourt, on n'a observé sa présence que dans un petit nombre de circonstances, et presque toujours en faible quantité. Dans tous les cas, on n'a constaté nulle part de ces dégagements instantanés qui ont occasionné tant de catastrophes dans les mines grisou-

Grisou.

teuses de Belgique, d'Angleterre et d'Allemagne. L'accident le plus important de ce genre est celui qui s'est produit, le 9 février 1865, à la fosse Turenne, et qui a occasionné la mort de trente-neuf ouvriers.

Relativement à la répartition du grisou, on ne peut énoncer aucune règle précise. Ainsi, il existe en assez grande abondance, à la fosse Turenne, dans un faisceau de veines qui, à la fosse Renard, n'en renferme pas. Nous avons dit que dans le département du Nord, il n'y en a pas dans les charbons maigres ; le contraire arrive dans le Pas-de-Calais. La seule loi générale que l'on puisse regarder comme indiscutable est celle d'après laquelle la proportion de grisou augmente, sur une même verticale, avec la profondeur ; dans presque toutes les fosses, on a pu commencer l'exploitation en se servant de lampes ordinaires ; puis il a fallu adopter l'usage des lampes de sûreté ; il faut s'attendre à voir disparaître les lampes à feu nu, partout où on peut actuellement encore les employer sans danger. Il est à présumer que, durant la longue période pendant laquelle le terrain houiller a été à découvert, le grisou appartenant à la partie du bassin la plus voisine du sol a pu se dégager, quelle que fût la nature des charbons qu'elle renfermait, de sorte que ce sont maintenant les régions les plus profondes qui sont les plus riches en grisou. Il semble aussi que ce gaz se trouve en plus grande quantité dans les terrains bouleversés que dans ceux où l'allure des couches est régulière : cela tient, peut-être, à ce que les cassures du terrain rendent plus facile l'évacuation du gaz accumulé dans les niveaux inférieurs.

Lits calcaires intercalés dans le terrain houiller.

En dehors des bancs de grès et de schistes qui séparent les veines de charbon, on ne remarque que très rarement des couches d'une autre nature. Nous avons déjà parlé de quelques lits de calcaire que l'on trouve dans le terrain houiller, notamment dans la zone qui forme sa base. Ils proviennent sans doute d'un retour accidentel de la mer dans la région houillère, car on y trouve souvent en abondance des coquilles marines. A la fosse l'Enclos, la bowette sud de l'étage de 170 mètres a rencontré, à 542 mètres du puits, deux petits bancs de calcaire de $0^m,70$ d'épaisseur chacun. La même particularité s'est présentée dans la région d'Abscon : on y a découvert, entre les veines Sorel-Hocquart et Scipion, un banc de calcaire qui suit la stratification des terrains, et que l'on a trouvé successivement aux fosses la Pensée, Saint-Mark et Jennings, sur un développement d'environ 2,000 mètres. Ce lit calcaire a une épaisseur moyenne de $0^m,15$, et les mineurs le connaissent sous le nom de *dur banc*. Il est formé d'un calcaire gris bleuâtre, veiné de blanc, faisant feu sous l'outil, et il ne paraît pas assimilable aux deux bancs de l'Enclos.

Des bancs calcaires ont été également rencontrés aux fosses de la compagnie d'Azincourt, et aux fosses n°s 3 et 4 de l'Escarpelle.

Enfin, nous rappellerons qu'au niveau de 180 mètres de la fosse de Rœulx, la bowette nord a rencontré, à 300 mètres du puits, une couche irrégulière, en chapelet, composée d'un charbon sec au toucher, léger et brillant, qu'on a reconnu être du *cannel-coal*. Cette couche n'était pas exploitable, à cause de son irrégularité.

Couche
de cannel-coal.

III. — TERRAINS ANCIENS.

Le terrain silurien n'existe qu'à de grandes distances du bassin houiller de Valenciennes ; exceptionnellement, on en trouve un fragment détaché de la crête du Condros, qui est venu se renverser au centre de la formation houillère, à l'ouest de Mons et à l'est de la frontière belge, et appartient au massif de terrains anciens, intercalé entre le bassin de Dour et le bassin principal. Il consiste en des schistes satinés, noirs, bleuâtres, légèrement pailletés, avec bancs subordonnés de psammites. Les assises dévoniennes avec lesquelles il est en contact sont en stratification discordante avec lui, sans interposition de faille.

Terrain silurien.

Au midi du bassin, la poussée qui s'est produite vers le nord a fait remonter sur la grande faille des schistes et grès dévoniens appartenant à la partie la plus profonde du bassin de Dinant. Ces grès et schistes ont été rencontrés à de nombreux sondages, dans le département du Nord et dans celui du Pas-de-Calais. On y trouve déjà quelques restes végétaux. Les grès sont ordinairement micacés et divisibles en feuillets plus ou moins

Terrain dévonien
inférieur.

épais. Les schistes ont également une structure feuilletée suivant la stratification ; parfois, ils ont plusieurs directions de clivages, et se divisent en fragments ayant des formes géométriques régulières ; ils sont souvent pailletés de mica et se délitent à l'air, à cause de leur nature argileuse. Certains grès de cet étage ont une nature schisteuse qui en fait une sorte de grauwacke ; enfin, on trouve des blocs que des injections siliceuses ont transformés en quartzites.

M. Gosselet rattache les terrains situés au-dessus de la grande faille à la partie supérieure de l'étage gédinnien, et les appelle *schistes et psammites de Fooz* ; ils sont remarquables par leur bariolage, et présentent les teintes les plus variées, parmi lesquelles il semble que le rouge domine ; on n'a encore observé aucune loi dans la succession des nuances des divers bancs. Les fossiles y sont à peu près inconnus, ce qui tient sans doute à la nature ferrugineuse des eaux dans lesquelles ils se sont déposés.

Des nodules calcaires se remarquent quelquefois dans les schistes, accompagnés de matière argileuse.

Terrain dévonien moyen.

Les couches qui forment le remplissage du bassin de Namur constituent une série dont le terme inférieur est un poudingue ordinairement rouge, et rappelant, par son aspect, le poudingue de Burnot. Il est composé de petits galets de quartz et de quartzites, agglomérés par un ciment siliceux ou schisteux, et n'est pas fossilifère ; on ne le trouve pas en couche continue et uniforme. Il manque à certaines places et présente, aux endroits où il existe, une épaisseur variable ; il ne s'est donc déposé que dans les parties les plus basses du sol silurien. On le connaît sous le nom de *poudingue d'Horrues* ou de *Pairy-Bony*, et M. Gosselet le classe dans l'étage givetien (dévonien moyen), parce qu'on trouve au-dessus de lui, en certains points, un calcaire bleu foncé, dit *calcaire d'Alvaux*, dans lequel on a remarqué la présence du *strigocephalus Burtini*.

Le poudingue d'Horrues a été rencontré en Belgique, en allure renversée, immédiatement au-dessous des schistes siluriens, aux puits d'Avant-Garde et du Saint-Homme, situés au nord du bassin de Dour. Dans cette région, il est accompagné de schistes siliceux ou calcareux à *spirifer Ver-*

neuili que l'on peut rapporter, soit au givetien, soit au frasnien. Au midi du bassin de Valenciennes, le poudingue d'Horrues est recouvert par les terrains amenés par la grande faille du midi.

Au-dessus de lui se sont déposées les couches frasniennes (dévonien supérieur), qui sont le plus généralement formées par un calcaire bleu ou gris clair, avec des parties blanches et verdâtres. Ce calcaire est souvent parsemé de coquilles cristallisées qui se détachent en blanc dans sa masse; il est dur et compact, et fournit des marbres. On le connaît sous le nom de *calcaire d'Huy*. On le trouve renversé sur le terrain houiller au nord du bassin de Dour, et là, on l'exploite comme pierre à bâtir et comme pierre à chaux.

Le calcaire frasnien est surtout connu sur le rivage du Condros. Sur celui du Brabant, il est remplacé par des schistes, accompagnés de bancs de poudingue, de grès gris et de calcaire plus ou moins dolomitique. Il faut rapporter à ce niveau géologique le *grès de Mazy,* les *schistes* et la *dolomie de Bovesse*, et le *calcaire de Ferques*.

Enfin, la zone la plus élevée du dévonien supérieur est représentée, dans le bassin de Namur, par les *schistes et psammites famenniens* ou *du Condros*. Les schistes sont, d'habitude, gris bleuâtres ou violets, et contiennent des couches de fer oligiste qu'on exploite comme minerai de fer. Les psammites, qui sont souvent employés à faire des pavés, forment des bancs épais rougeâtres ou bigarrés. Dans le conglomérat de Roucourt, on remarque de nombreux fragments de psammites du Condros, avec *spirifer Verneuili*.

Le calcaire carbonifère du bassin de Namur est parfois grenu et chargé de magnésie; en d'autres cas, il est constitué par des petites lamelles cristallines provenant de débris d'encrines; sa couleur est généralement bleue, et il est quelquefois veiné de blanc; toutefois, certaines variétés que l'on emploie comme marbres sont homogènes, compactes, et de teintes allant du blanc au noir, en passant par les gris de diverses nuances.

Ce calcaire renferme des bancs de dolomie, reconnaissables à leur toucher rude et à leur aspect grenu. Il contient aussi des concrétions siliceuses, blondes ou noires, que l'on appelle *phtanite*.

On trouve fréquemment, subordonnés aux assises calcaires, des lits de grès bleus ou gris, de schistes verdâtres, gris, bleus ou noirs, et de calschistes. Les schistes sont presque toujours attaquables par les acides. Ce sont des schistes de cette nature que l'on a rencontrés à la fosse Saint-Auguste, d'Azincourt, et à un grand nombre de sondages du Pas-de-Calais. Peut-être convient-il déjà de les rattacher à la zone à *productus carbonarius* de M. Gosselet, c'est-à-dire à la région la plus inférieure du terrain houiller.

Il y a lieu de croire qu'au nord du bassin, le calcaire carbonifère renferme des bancs de schistes pyriteux; on peut ainsi expliquer, d'une manière très simple, l'existence de certaines sources sulfureuses chaudes, notamment de celles de l'établissement de Saint-Amand. Là, la nappe sulfureuse communique avec le sol superficiel par un réseau assez compliqué de fissures traversant la craie, en sorte qu'indépendamment des sources principales, on voit les eaux thermales arriver au jour sous la forme de suintements ou de bouillonnements, sur une assez grande surface. Les cases dans lesquelles on se place sont creusées jusqu'aux sables au travers desquels bouillonnent les filets sulfureux. On les remplit de terres argileuses qu'on prend dans le voisinage et qui, détrempées par l'eau sulfureuse, constituent les boues servant au traitement des malades.

D'une façon générale, le calcaire carbonifère est assez fissuré, et ses crevasses sont remplies d'eau. Elle jaillit quelquefois au-dessus du sol quand on l'atteint par des trous de sonde, et s'écoule à haute pression lorsqu'on la rencontre dans les travaux souterrains. Plusieurs puits ont été inondés et perdus par suite de l'invasion des eaux du calcaire; il est donc prudent de s'approcher de ce terrain avec les plus grandes précautions. En d'autres points, il présente des vides considérables; certains sondages y ont rencontré des cavités que les eaux de la craie ont mis plusieurs jours à remplir.

On trouve, dans le calcaire carbonifère, quelques lits minces de houille anthraciteuse d'une nature plus ou moins terreuse; il en existe également dans certaines assises du terrain dévonien.

CHAPITRE III.

CONSTITUTION DU BASSIN HOUILLER.
FAISCEAUX DE VEINES QU'IL RENFERME.
ACCIDENTS DONT IL EST AFFECTÉ.

Le bassin houiller du département du Nord est divisé en deux régions distinctes, entre Valenciennes et Somain, par un accident considérable qui est universellement connu sous le nom de *cran de retour*. Il consiste en une grande faille qu'on a traversée en plusieurs points, depuis la fosse du Marais, concession de Raismes, à l'est, jusqu'à la concession d'Aniche, à l'ouest, et qui, d'une façon générale, plonge vers le sud avec une pente assez raide. Son effet a été de produire un abaissement relatif de la partie méridionale du bassin par rapport à sa partie septentrionale; ce mouvement a eu pour conséquence de mettre en contact, suivant la faille, des terrains qui correspondent, dans l'ordre de superposition naturelle, à des niveaux différents. Les veines supérieures étant les plus volatiles, il arrive que, dans un même plan horizontal, on passe sans transition, quand on traverse le cran de retour du nord au sud, de charbons d'une certaine nature à d'autres beaucoup plus gazeux, et on conçoit que l'on puisse se rendre compte, par l'écart des proportions de matières volatiles observées de part et d'autre de l'accident, de l'importance de l'affaissement des terrains du sud, par rapport à ceux du nord, ou, ce qui revient au même, de l'exhaussement de ceux-ci, relativement aux premiers. Ce caractère, basé sur la relation qui existe entre la teneur d'une veine en matières volatiles et la place qu'elle occupe dans l'échelle de la stratification houillère, ne présente, bien entendu, que le degré de probabilité qu'il convient d'attacher à l'exactitude de cette relation même. Les conséquences qu'on peut en déduire sont les suivantes : dans le méridien de Denain, on constate une différence d'environ 15 0/0 entre les proportions de matières volatiles des charbons du nord du cran de retour et de ceux du sud, à la condition de s'éloigner suffisamment vers le midi, au delà d'une autre faille appelée *faille d'Abscon*, dont nous parlerons tout à l'heure. Cet écart n'est plus que d'environ 10 0/0 à la fosse Dutemple ; il se réduit encore vers la fosse Thiers, où il n'est plus guère que de 4 à 5 0/0. Il y a également décroissance du côté de la concession d'Aniche. D'après cela, l'affaissement occasionné par le cran de retour et la faille d'Abscon serait variable ; son maximum se trouverait vers Denain, où il atteindrait plus de 2,000 mètres ; il se réduirait à 1,200 mètres vers Dutemple, et s'atténuerait encore davantage à une plus grande distance à l'est, ainsi qu'à l'ouest. Il est possible que cet accident arrive à disparaître des deux côtés, par suite de cette diminution graduelle du rejet auquel il correspond ; il peut se faire aussi qu'au delà des fosses du groupe oriental de la concession d'Aniche, il aille se prolonger jusqu'à la limite méridionale du bassin, et que, dans la direction opposée, il se dirige vers l'accident de Quiévrechain, dans lequel il aurait joué un certain rôle. A cet égard, il règne encore une incertitude que des travaux de recherche ultérieurs pourront seuls dissiper pour le moment, on ne peut guère tracer le cran de retour, avec quelque exactitude, que depuis la fosse du Marais, à l'est, jusqu'à la concession d'Aniche, à l'ouest. Nous allons le suivre dans tout ce parcours, en faisant connaître sommairement l'allure qu'il présente aux divers points où on a pu l'examiner.

On l'a rencontré aux fosses du Marais, du Chaufour, Saint-Jean, concession de Raismes, Grosse-Fosse, Dutemple, Hveluy, Saint-Mark, la Pensée et Casimir Périer, concession d'Anzin, et probablement aussi à la fosse Belle-Vue, de la même concession.

A la fosse du Marais, il consiste en une cassure très nette, située en

affleurement à 280 mètres au nord du puits, et présente une inclinaison
d'environ 60° vers le sud.

A la fosse du Chaufour, il a été parfaitement reconnu à plusieurs
niveaux; là encore, il a l'aspect d'une cassure unique passant au tourtia à
environ 550 mètres au nord du puits, et inclinée de 60° au sud; son ouverture est de 5 à 6 centimètres, et dans cet intervalle, on trouve des terrains
broyés et des dièves remaniées.

On ne sait rien de précis sur l'allure qu'il présente à la fosse Saint-
Jean, mais on a pu l'observer très bien à Grosse-Fosse, où il passe à environ 380 mètres au nord du puits; il y consiste en une faille unique aussi
bien marquée qu'au Chaufour, et ayant à peu près la même inclinaison,
mais un peu plus ouverte; les deux lèvres de la cassure sont, à cet endroit,
séparées par un intervalle de 15 à 20 centimètres, rempli de schistes
broyés et de dièves.

A partir de la fosse Dutemple, le cran de retour a un aspect plus confus.
Au lieu de consister en une seule faille, il présente un ensemble de fissures
à peu près parallèles, parmi lesquelles il est difficile de distinguer celle
qui a produit l'effet principal. Cette irrégularité, ou, pour parler plus
exactement, cette confusion, ne fait que s'augmenter dans la direction de
l'ouest; en même temps, on constate, au midi, l'existence d'un autre accident
qui lui est contemporain ou postérieur, et que nous désignerons sous le
nom de *faille d'Abscon*. Dans le méridien même de la fosse Dutemple, le
cran de retour, c'est-à-dire la principale fissure qui lui correspond, passe à
environ 500 mètres au nord du puits, et a une inclinaison de 50° au sud; il
est plus plat qu'aux fosses de l'est; on y trouve encore des dièves et des
schistes broyés dont l'épaisseur est parfois de 0^m,30.

Si on continue à se diriger vers l'ouest, il faut aller jusqu'à la fosse
d'Haveluy pour trouver un autre point de rencontre du cran de retour; là
encore, il est accompagné de cassures parallèles qui nuisent à sa netteté;
il passe à 300 mètres au sud de la fosse, et ne plonge plus que de 40° vers
le sud. L'aplatissement déjà constaté à la fosse Dutemple continue à s'accentuer.

Vers le méridien des fosses Belle-Vue et Lambrecht, il règne une certaine incertitude sur le passage de cet accident. On ne l'a pas signalé au niveau de 120 mètres de la fosse Belle-Vue, mais il est à remarquer que les passées qui ont été rencontrées au nord du puits, et jusqu'à la distance de 250 mètres, avaient une inclinaison à peu près uniforme d'une cinquantaine de degrés vers le sud, tandis que les terrains traversés par la bowette à une plus grande distance, jusqu'à son extrémité située à 320 mètres du puits, ne plongeaient plus que de 20° dans la même direction. Cette différence de pente paraît devoir être rattachée au passage du cran de retour qui, dans cette hypothèse, se trouverait, dans la bowette, à environ 270 mètres du puits; l'irrégularité des terrains traversés aurait empêché de s'apercevoir de sa rencontre.

A la fosse Saint-Mark, le cran de retour passe, en affleurement, à environ 250 mètres au nord du puits, et plonge de 40° au sud, comme à Haveluy. Cette inclinaison se modifie un peu à la fosse la Pensée, où elle atteint 45°, et où l'accident passe à 260 mètres au nord du puits. Enfin, à la fosse Casimir Périer, sa trace au tourtia est située à 280 mètres environ au sud du puits, et son inclinaison est à peu près la même qu'à la Pensée; là, le cran de retour est très brouillé, et correspond plutôt à une zone de terrains bouleversés qu'à une cassure bien déterminée; c'est ainsi que le faisceau demi-gras de la fosse Casimir Périer, dont l'allure générale est extrêmement régulière, devient inexploitable à une certaine distance du cran. Les veines présentent des ondulations qui, tantôt les rapprochent, tantôt les éloignent de l'accident : celles qui en sont les plus voisines sont exploitables dans les régions où leurs tracés les ramènent à une distance suffisante au nord, mais elles cessent de l'être dès qu'elles se trouvent infléchies au sud, par suite de leurs changements de direction.

Si on réunit par un trait continu les divers points que nous venons de définir, on trouve que le cran de retour dessine à son affleurement au tourtia, depuis la fosse du Marais jusqu'à la concession d'Aniche, une ligne presque rectiligne, présentant toutefois une légère concavité vers le nord, et dirigée à peu près O. 15° S. Son plongement, qui est de 60° vers le midi aux fosses voisines d'Anzin et de Saint-Waast, diminue peu à peu quand on s'avance vers l'ouest ; il est de 50° à la fosse Dutemple, de 40° à Haveluy et à Saint-Mark ; puis il revient à 45° au voisinage de la limite d'Aniche. Du reste, ces chiffres ne doivent être regardés que comme des moyennes, car, en réalité, on remarque parfois des variations très sensibles dans l'inclinaison, en des points rapprochés. Cela tient à ce que la rupture des terrains s'est faite d'une manière différente dans les couches tendres et dans les couches plus dures. Généralement, le cran de retour ne traverse pas les bancs de querelles sous le même angle que les bancs de schiste ; plus les terrains sont durs, plus les lignes de rupture ont de tendance à se placer perpendiculairement à la stratification ; il en résulte, pour les cassures que l'on voit dans le terrain houiller, une sorte d'allure ondulée qui se remarque particulièrement dans le cran de retour.

Au midi de cet accident, il existe, à l'ouest de la fosse Dutemple, une bande de terrain qui est intéressante, en ce que la nature de ses charbons se distingue, non seulement de celle des charbons du nord, mais encore de celle des veines plus méridionales. Cette zone est délimitée au nord par le cran de retour, et au sud par un autre accident, moins important, mais qui tient cependant une grande place dans l'étude du bassin houiller de Valenciennes : c'est la faille d'Abscon. Il consiste en une grande ligne de rupture presque verticale, et plongeant de 80° environ au sud, que l'on connaît depuis la fosse Dutemple, à l'est, jusqu'à la fosse Saint-Mark, à l'ouest. Cet accident ne consiste pas, d'ordinaire, en une seule cassure, mais en plusieurs, et son passage est surtout accusé, de même que celui du cran de retour, par la différence de nature des charbons que l'on trouve sur chacun de ses côtés.

La faille d'Abscon paraît se détacher du cran de retour un peu à l'est de Dutemple ; on l'a traversée à cette fosse, où elle passe en affleurement à 300 mètres au sud de l'autre accident. A Haveluy, les bowettes des niveaux de 220 et de 304 mètres ont été poursuivies, au delà du cran de retour, sur une longueur de 600 mètres environ, dans des terrains bouleversés où on a trouvé des fragments de charbon gras et beaucoup de grisou ; il y a lieu de croire que le passage de la faille d'Abscon se fait dans cette zone irrégulière. Enfin, au midi de la fosse Saint-Mark, une longue bowette qui a été poussée au niveau de 248 mètres, jusqu'à plus de 1,000 mètres du puits, a également traversé, à son extrémité, des terrains broyés qui correspondent peut-être aussi au passage de la faille d'Abscon.

On voit, d'après ce qui précède, que cet accident n'est encore que vaguement connu ; son tracé ne peut pas être indiqué exactement, même aux fosses d'Haveluy et Saint-Mark, où on croit l'avoir rencontré, et si on est certain de son existence, c'est qu'on en a la preuve, comme on l'a indiqué plus haut, par la différence de nature des charbons situés dans les deux zones qu'il sépare. Au nord, dans les veines qui s'étendent depuis Grand et Petit Ferdinand jusqu'à Casimir, la proportion de matières volatiles n'est que d'environ 24 0/0, tandis qu'elle atteint 35 0/0 dans les exploitations supérieures du groupe de Denain. Il semble résulter de là que, dans l'ordre géologique, les veines de la zone comprise entre le cran de retour et la faille d'Abscon, zone que nous appellerons à l'avenir *région d'Abscon*, occupent une position inférieure à celle des veines que l'on exploite un peu plus au sud. Cette circonstance peut tenir, soit à ce que, dans l'affaissement relatif du midi du bassin par rapport au nord, le long du cran de retour, un bloc de terrain houiller se sera détaché de la partie méridionale, et sera resté en retard dans le mouvement général de descente

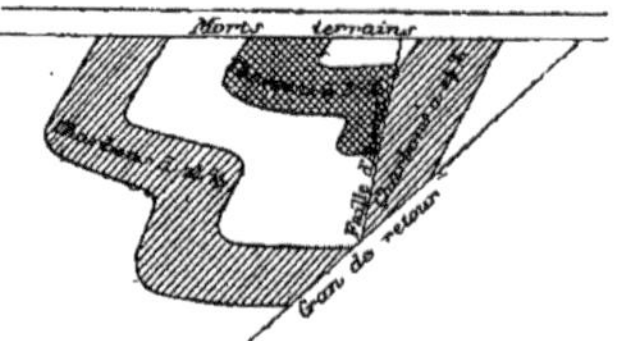

(fig. 12), soit à ce que, postérieurement à la formation du cran de retour, il se sera produit, au midi de cet accident, et presque parallèlement à lui, une nouvelle faille ayant occasionné un second mouvement de descente du bord méridional du bassin (fig. 13). Dans cette seconde hypothèse, il y aurait eu deux affaissements successifs : le premier, produit par le cran de retour, aurait amené les veines de la région d'Abscon, à 24 0/0 de matières volatiles, en contact avec les veines moins gazeuses exploitées, au nord de cet accident, à Saint-Mark et à Casimir Périer ; le second aurait été la conséquence de la production de la seconde faille qui, laissant en place la région d'Abscon, aurait affecté les terrains situés au sud, en brisant le cran de retour, ainsi que l'indique la figure 13.

Fig. 13

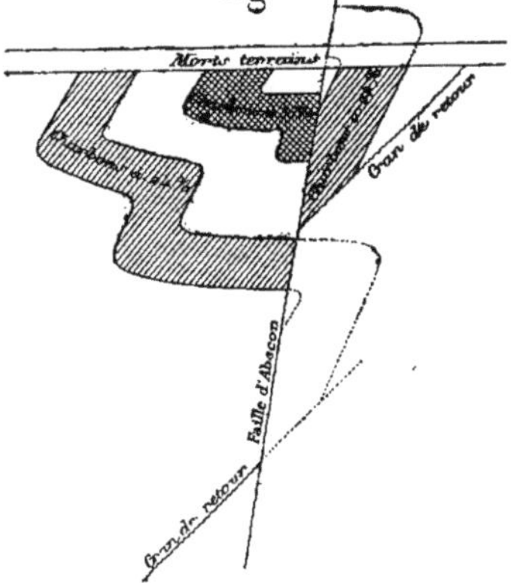

Division du terrain houiller du Nord en deux grandes régions. Répartition des veines en faisceaux.

En résumé, le cran de retour et ses prolongements éventuels vers l'est et l'ouest divisent le terrain houiller du Nord en deux grandes régions comprenant entre elles la bande relativement étroite, appelée région d'Abscon. Les considérations qui précédent démontrent d'ailleurs que l'épaisseur verticale du bassin houiller est plus forte au sud qu'au nord de ce grand accident.

Lorsqu'on part du bord septentrional du bassin pour se rapprocher de son centre, on rencontre en affleurement des veines dont la volatilité augmente graduellement; les premières ne renferment que 6 à 7 0/0 de matières volatiles, mais, peu à peu, on passe aux charbons demi-gras, puis aux charbons gras. Cette progression ne se fait pas d'une manière absolument régulière, et on trouve assez fréquemment des veines intercalées entre d'autres, d'une volatilité un peu différente en plus ou en moins. On remarque aussi quelquefois des écarts sensibles entre deux sillons d'une même veine, ou entre deux fragments prélevés dans un même bloc. Mais la loi ci-dessus énoncée se vérifie nettement quand on observe les veines par groupes, au lieu de les considérer isolément.

On a été amené par la force des choses à répartir les veines situées au nord du cran de retour en un certain nombre de *faisceaux*. Les charbons maigres en constituent deux, qui sont connus sous les noms de faisceaux de *Vieux-Condé* et de *Fresnes-midi*. Le premier est celui des fosses de Vieux-Condé, Fresnes et Vicoigne; il n'est séparé de la limite du bassin que par quelques veines, qui ont été reconnues dans les concessions de Château-l'Abbaye, Bruille et Hasnon. Le second est exploité dans la concession d'Escaupont. Ensuite vient le faisceau *demi-gras d'Anzin* qui, partant de la fosse Thiers, longe le cran de retour jusqu'à l'intérieur de la concession d'Aniche. Il décrit une sorte de courbe ayant sa convexité vers le sud. A la fosse Thiers, il est complet, et assez éloigné du cran de retour, mais bientôt il s'en rapproche et vient le cotoyer. A mesure qu'on s'avance vers l'ouest, on voit ses veines les plus méridionales s'interrompre à cet accident; il cesse alors d'être complet, et il n'en existe plus que les veines inférieures. Vers la fosse Thiers, l'intervalle compris entre le faisceau demi-gras et le cran de retour est, au contraire, occupé par un faisceau gras qui disparaît complètement du côté de l'ouest, parce qu'il vient buter contre la faille. Ce qui se passe dans la concession de Saint-Saulve paraît se reproduire à l'ouest, dans celle d'Aniche; on y exploite, aux environs de Douai, un faisceau de veines grasses qui semble s'interrompre, à l'est, contre le cran de retour,. en sorte qu'en se rapprochant de Somain, on ne trouve plus au nord de cet accident que les veines demi-grasses.

On voit, d'après cet exposé, que la région septentrionale du bassin houiller renferme plusieurs groupes de veines superposées, maigres à la base, demi-grasses au milieu, grasses à la partie supérieure. Tout cet ensemble dessine en affleurement une série de courbes concaves vers le

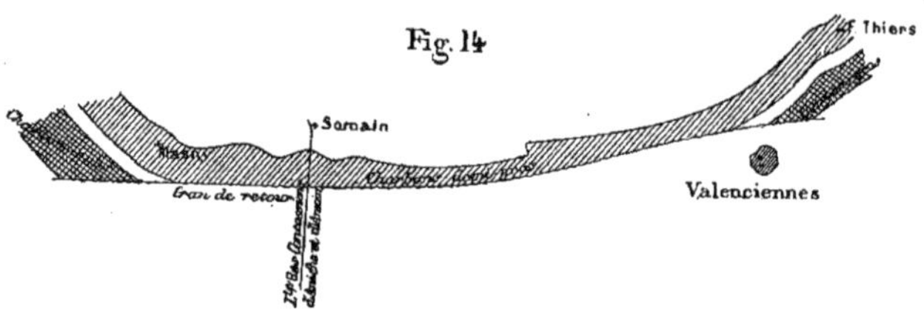

nord, que le cran de retour vient entamer (fig. 14). Cet accident fait ainsi complètement disparaître, entre les méridiens de Valenciennes et de Masny, la totalité du faisceau gras, et il supprime également, sur une partie de leur développement, les veines les plus méridionales du faisceau demi-gras.

Au sud du bassin, on ne trouve que des charbons gras dont la teneur en matières volatiles varie de 22 à 35 0/0; les veines les plus gazeuses sont situées au nord, et il faut descendre jusqu'à la limite méridionale pour trouver les charbons à 22 0/0. Ce sont toujours les veines les moins grasses qui existent vers les bords du bassin houiller; à mesure qu'on s'avance vers le centre, en partant, soit de la limite nord, soit de la limite sud, on voit la proportion de matières volatiles augmenter; le raccord devrait se faire quelque part vers le centre du bassin: c'est le cran de retour qui l'empêche de se produire.

Quant à la région d'Abscon, elle ne renferme que quelques veines grasses renversées, ayant une teneur en matières volatiles d'environ 24 0/0. Comme allure, elles diffèrent beaucoup des veines du nord qui forment des plateures ; comme nature, elles se distinguent plutôt des veines très gazeuses du sud. L'opinion la plus accréditée et la plus vraisemblable est que les couches exploitées au nord de la faille d'Abscon sont identiques à celles qui ont été recoupées en affleurement, au sud du bassin, par les fosses de Saint-Waast et de Lourches; elles ont à peu près la même teneur en matières volatiles, et présentent avec elles certains caractères de ressem-blance.

En dehors du cran de retour et de la faille d'Abscon, on connaît, dans le terrain houiller du Nord, un assez grand nombre d'accidents ou *crans*. Les uns consistent en failles ou cassures qui interrompent la continuité des faisceaux; nous en donnerons la description lorsque nous nous occuperons de l'étude des divers gisements. Tantôt les terrains situés au-dessus d'une cassure ont subi, en glissant sur elle, un mouvement de descente, tantôt ils ont été soumis à un effort de refoulement qui les a remontés par rapport à ceux du dessous ; les failles de ce dernier type sont désignées dans le pays sous le nom de *failles à l'envers*. Les autres accidents sont des brouillages d'une certaine épaisseur, qui correspondent à des froissements et à des déchirures produites dans la masse houillère. Ces déchirures sont quelquefois locales, et n'affectent qu'un petit nombre de veines ou une seule; ou bien elles s'étendent davantage, et leur influence se manifeste sur la totalité d'un

Accidents
qui existent
dans
le terrain houiller.

faisceau; il arrive, en certains cas, qu'elles présentent des contours capricieux, et que leurs traces sur des plans horizontaux ou verticaux donnent des courbes sinueuses. La compagnie d'Aniche a représenté sur un plan en relief quelques-uns de ces brouillages, observés dans la région de Douai; il y en a qui, par leurs changements d'allure d'un point à un autre, rappellent assez les plissements des veines de houille; non seulement leur direction se modifie, mais, après avoir présenté une inclinaison dans un sens, ils se redressent et prennent le plongement inverse, absolument comme les couches de charbon qui passent de l'allure normale à l'allure renversée. Cette étude, entreprise par la compagnie d'Aniche, a le grand avantage de montrer aux yeux le régime qu'affectent fréquemment les accidents rencontrés dans le terrain houiller, où les cassures nettes et les failles rectilignes et continues sont en définitive assez rares, probablement à cause de la nature pâteuse que ce terrain avait autrefois.

Les veines ayant été sujettes à se déchirer comme le ferait une étoffe, on s'explique facilement l'aspect de certains plans de mines, où des voies de niveau continues, tracées dans une veine, en comprennent d'autres qui sont

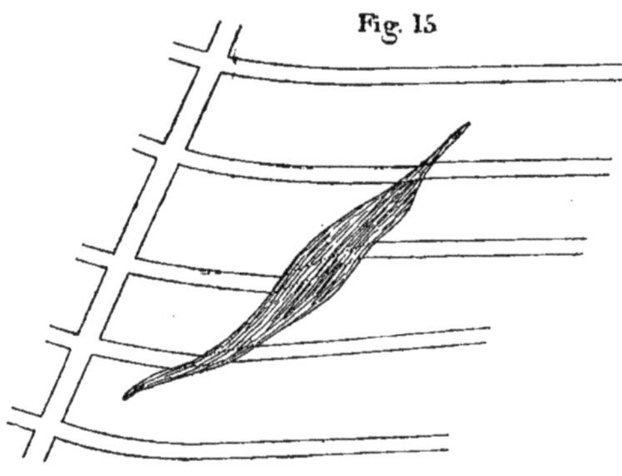

interrompues par un accident (fig. 15). Les premières ont été tracées hors de la déchirure, tandis que les autres en ont rencontré les bords, et ont dû traverser entre eux une zone de terrains brouillés. Parfois, les deux bords de la déchirure sont ramenés l'un sur l'autre; la veine se trouve alors superposée à elle-même et son épaisseur est doublée. Quand il en est ainsi, on dit qu'elle forme un *recoutelage*.

Les cassures qu'on remarque dans le terrain houiller ont des orien-

tations très différentes. Parmi celles qui se trouvent à l'est du méridien de
Somain, un assez grand nombre sont dirigées de l'E.-S.-E. à l'O.-N.-O.;
c'est le cas des crans d'Amaury, de Vicoigne, de Bleuse-Borne, d'Haveluy,
de la faille de Rœulx, etc. La faille de Rœulx fait un angle aigu avec le cran
de retour, et délimite peut-être la région d'Abscon, du côté de l'ouest. Dans
la partie orientale de la concession d'Aniche et dans celle de l'Escarpelle,
les accidents sont le plus généra-
lement orientés perpendiculairement, ou à peu près, à la direction
des veines.

Fig: 16

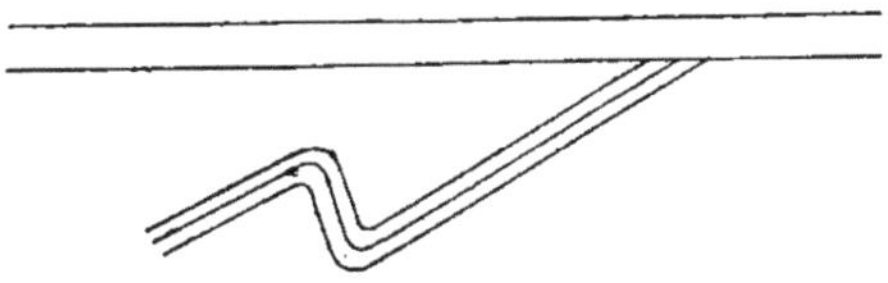

Allure générale
des terrains
au nord
et au sud
du cran de retour.

Au nord du cran de retour,
les terrains sont en allure normale, et ont une inclinaison générale vers le sud, qui varie ordi-
nairement de 25° à 45°. Toutefois, ils présentent un certain nombre de
plis qui les divisent en plusieurs branches, réunies par d'autres plus
petites et plongeant d'habitude vers le nord (fig. 16).

Il arrive, dans certains cas, que ces dernières sont presque verticales,
ou même en allure renver-
sée (fig. 17). Elles constituent alors de véritables
dressants.

Fig: 17

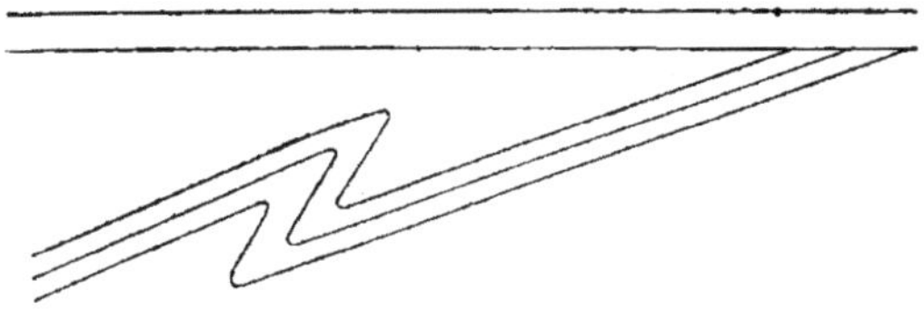

Dans les charbons gras
situés au sud du cran de
retour et de la faille d'Abscon, on observe une allure
tout autre. Les pressions auxquelles le bassin a été soumis du côté du midi
ont replié les veines en zigzag, et les ont divisées en branches alternativement en allure normale et en allure renversée (fig. 18). Les premières
sont les *plats* ou *plateures,* les autres les *droits* ou *dressants.* Chacune de ces
branches est séparée de celle qui la précède et de celle qui la suit par une
ligne de plissement que l'on nomme *crochon* ou *ligne d'ennoyage.*

12

Les pressions qui ont donné naissance aux lignes de plissement ont eu souvent pour effet de produire, par refoulement, un véritable déplacement du charbon des veines; ce sont généralement les droits qui se sont appauvris de cette manière; leur toit et leur mur, en se rapprochant, ont laminé en quelque sorte la houille, qui est venue s'accumuler aux ennoyages, et y former des amas auxquels on donne le nom de *crêtes* ou de *queues,* suivant que les angles auxquels ils correspondent ont leurs sommets tournés vers le haut ou vers le bas (fig. 19). Habituellement, la longueur de ces crêtes ou queues ne dépasse pas quelques mètres, mais parfois elle est beaucoup plus considérable. Dans la concession de Douchy, la veine Sophie présente, à la fosse de Douchy, une crête constituant un amas de 17 mètres de puissance.

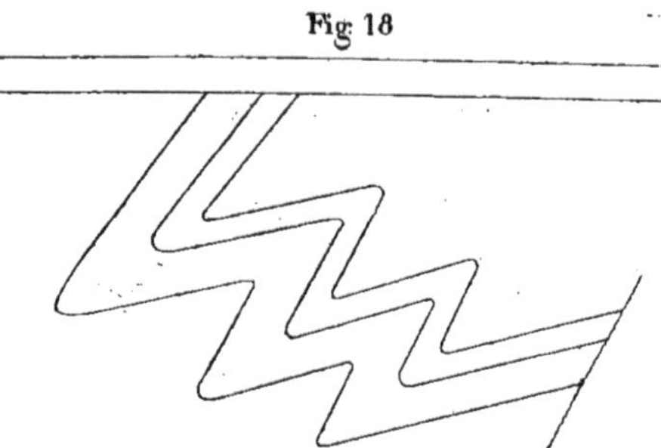

Fig. 18

Fig. 19

Les crêtes et les queues s'étendent à des distances des lignes d'ennoyage, qui se modifient d'un point à un autre; autrement dit, elles sont limitées par des arêtes sinueuses. En général, elles sont situées dans le prolongement des dressants, rarement dans celui des plats; il y en a qui présentent une allure ondulée, provenant de ce qu'elles ont des inclinaisons variables.

Il résulte de ces sortes d'épanchements charbonneux que les plissements des veines, au lieu de se faire toujours suivant une courbure continue, présentent parfois des angles aigus bien prononcés. Cette particularité a souvent occasionné des erreurs graves. Il peut arriver, en effet, qu'une voie de fond creusée dans un droit d'une veine aille s'égarer dans la crête ou la queue située à son extrémité, au lieu de s'infléchir pour revenir dans le plat. On croit alors avoir perdu la veine quand on a fini de traverser la crête; il est facile de se tromper de cette manière, lorsque les terrains sont irréguliers, et que les plissements coïncident avec des cassures ou des brouillages.

Les compressions subies par le terrain houiller ont eu aussi pour effet de déplacer le charbon de certaines veines, primitivement d'épaisseur constante, de manière à leur donner une allure en chapelet qui rend leur exploitation plus difficile et moins avantageuse. Il y a lieu, également, de leur attribuer l'existence des amas de charbon friable qu'on rencontre assez souvent dans les terrains irréguliers.

Les déformations subies par les bancs houillers donnent une preuve certaine de la plasticité qu'ils avaient à l'origine. Cependant, on trouve assez souvent aux ennoyages, particulièrement dans les grès, des cassures provenant de ce que les terrains étaient trop durs pour se plier facilement. Au nord du cran de retour, où les veines sont relevées vers leur aval-pendage par de petits plissements, ces cassures forment parfois le prolongement des dressants; il semble alors qu'il existe une faille dirigée suivant le dressant même; le toit et le mur se sont déplacés en glissant l'un sur l'autre, et en écrasant entre eux le charbon de la veine (fig. 20); on dit, dans ce cas, qu'on a affaire à un *droit brisé*.

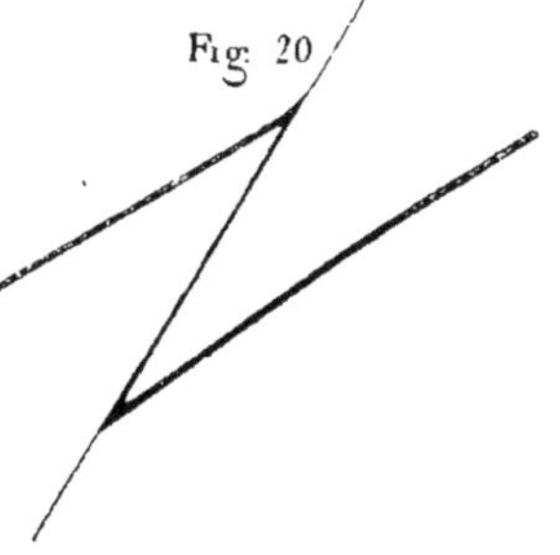

Au sud du cran de retour, quand un crochon présente une cassure dirigée suivant l'une des branches qui y aboutit, suivant le plat par exemple, il peut se faire que ce plat paraisse terminé par une crête, en raison du déplacement du droit, ainsi que l'indique la figure 21.

Les accidents qui rejettent les veines présentent aussi des caractères différents, suivant le degré de plasticité des terrains encaissants. Dans les terrains durs, ils ont l'apparence de cassures nettes; dans les autres, ils consistent plutôt en plis qui affectent les veines et les bancs entre lesquels elles sont comprises.

Puits naturels.　　On connaît, dans le bassin du Nord, quelques *puits naturels*. Ce sont de véritables puits de grandes dimensions, qui traversent obliquement ou normalement les stratifications houillères. Leur remplissage est formé de charbon, de grès et de schistes houillers, et aussi de débris provenant des morts-terrains : marne, dièves, tourtia, etc. ; on y trouve en outre de la pyrite de fer, du carbonate de chaux cristallisé et des eaux salées.

Il existe également des débris de terrain crétacé, notamment des dièves, dans certaines failles du terrain houiller, par exemple dans le crau de retour et la faille d'Hergnies.

CHAPITRE IV

CONCESSIONS DE BRUILLE ET DE CHATEAU-L'ABBAYE.

Ces deux concessions (pl. III), qui appartiennent maintenant à la compagnie de Vicoigne, sont depuis longtemps inexploitées. Elles sont situées dans le promontoire de terrain houiller qui s'avance à une assez grande distance vers le nord, entre Saint-Amand et Péruwelz. On y a exécuté autrefois de nombreux travaux, fosses et sondages, qui ont démontré jusqu'à l'évidence la stérilité presque complète de cette partie du bassin.

On n'y a découvert que quelques veines de charbon anthraciteux, situées au nord du faisceau maigre de Vieux-Condé, à l'allure duquel elles participent.

Dans la concession de Bruille, les travaux les plus importants ont été Concession de Bruille. entrepris vers 1833, par la compagnie de ce nom, dans l'angle formé par la rivière de l'Escaut et la limite de la concession d'Odomez. Trois fosses, auxquelles on a attribué les n°s 1, 2 et 3, ont été successivement creusées dans cette région. La première (n° 1), commencée en 1833, a atteint le ter- Fosse n° 1. rain houiller à la profondeur de 36 mètres, et a été continuée jusqu'à celle de 75 mètres; on y a trouvé une veine de charbon de 0^m,50 d'ouverture, qu'on a exploitée aux niveaux de 56 et de 72 mètres. Au couchant du puits, elle était orientée à peu près de l'ouest à l'est; mais, au levant, sa direction s'est rapidement infléchie vers le nord, pour revenir ensuite vers l'est à une certaine distance; elle a présenté partout un plongement d'environ 20°.

La fosse n° 2, établie en 1834, à 230 mètres environ au sud de la précédente, est entrée dans le terrain houiller au niveau de 37 mètres, et a été poursuivie jusqu'à celui de 92 mètres ; on y a exploité, à 72 et à 82 mètres, une veine de houille de $0^m,33$, qui a présenté à peu près la même allure que celle de la fosse n° 1.

Quant à la fosse n° 3, ouverte en 1836, à 320 mètres au nord-ouest de la fosse n° 1, elle est entrée dans le terrain houiller à la profondeur de 27 mètres, et y est restée jusqu'à celle de 112 mètres, sans rencontrer de charbon ; un sondage exécuté au fond de cette fosse, de 112 à 162 mètres, n'a également donné aucun résultat.

En résumé, les trois fosses de Bruille n'ont manifesté l'existence que de deux petites veines de houille. La qualité du charbon extrait laissait à désirer ; il était anthraciteux et sulfureux ; enfin, le gisement était irrégulier, et son exploitation, qui avait à supporter des frais d'épuisement considérables, ne pouvait être que ruineuse. Toutes ces considérations ont bientôt décidé la compagnie de Bruille à reporter ses efforts sur la concession de Château-l'Abbaye.

Il est facile de se rendre compte de la position qu'occupent les travaux de Bruille, par rapport à ceux du faisceau exploité à Vieux-Condé et à Hergnies. La veine la plus septentrionale de ce faisceau est la veine Saint-Pierre, dont l'affleurement au tourtia passe à 550 mètres environ au nord-ouest de la fosse Sophie. Pour reconnaître les terrains situés au delà de cette veine, la compagnie d'Anzin a exécuté, en 1858 et 1859, trois sondages situés, le premier à 560 mètres, le second à 760 mètres, le troisième

Fig. 22

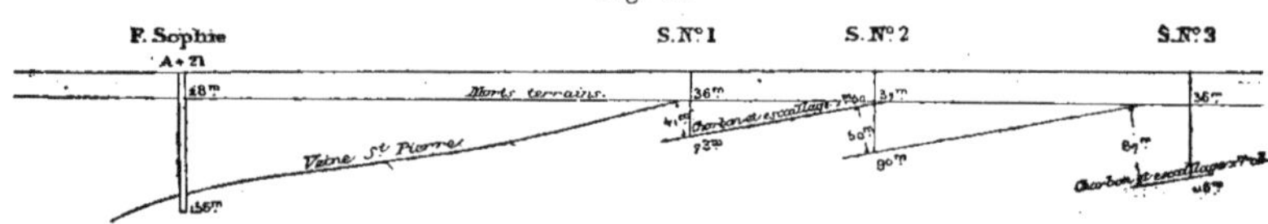

à 1,110 mètres de ladite fosse (fig. 22). Leurs profondeurs ont été calculées de manière à ce que, eu égard à l'inclinaison des terrains, l'exploration ne présentât, en quelque sorte, aucune lacune de l'un à l'autre. C'est ainsi que le sondage le plus rapproché de l'affleurement de la veine Saint-Pierre, a exploré une épaisseur de 41 mètres de terrains inférieurs à cette veine, comptée normalement à la stratification, pour une profondeur de 73 mètres ; le sondage suivant, de 90 mètres de profondeur, a traversé une nouvelle bande de 50 mètres de puissance ; enfin, le troisième a atteint le niveau de 116 mètres, et exploré 87 mètres de terrain houiller. La reconnaissance a donc porté sur un massif d'une épaisseur totale de 178 mètres, situé tout entier au mur de Saint-Pierre. Dans cet intervalle, on n'a recoupé, en dehors de quelques passées insignifiantes, que deux veines, savoir : l'une de 1 mètre en charbon et escaillage, située à 41 mètres au-dessous de Saint-Pierre, l'autre de 1^m,03 en charbon et escaillage, située à 137 mètres au-dessous de la précédente. Cette dernière doit venir affleurer à 340 mètres environ au nord-ouest du dernier sondage, c'est-à-dire à 900 mètres de l'affleurement de la dernière veine du faisceau de Vieux-Condé, ce qui correspond à peu près au passage du prolongement de la veine exploitée à la fosse n° 2 de Bruille. D'après cela, il y aurait peut-être lieu d'établir une assimilation entre cette dernière veine et celle du troisième sondage au nord-ouest de la fosse Sophie.

· Un peu à l'est de sa fosse n° 2, la compagnie de Bruille a exécuté, en 1840 et 1841, un sondage (U), qui est entré dans le terrain houiller au niveau de 33 mètres, et a été poursuivi jusqu'à 170 mètres ; il a trouvé, aux profondeurs de 76, 94 et 152 mètres, des veines et veinules de charbon qui paraissent situées sur le prolongement du gisement des fosses n°s 1 et 2.

Sondages exécutés dans la concession de Bruille et aux environs.

Dans la partie méridionale de la même concession, trois autres sondages (C. D. E.) ont trouvé le terrain houiller à 55, 52 et 46 mètres du sol ; ils y sont restés jusqu'à 72, 108 et 50 mètres, et n'ont recoupé qu'un petit filet de charbon de 0^m,02 ; le second a donné de l'eau jaillissante à la profondeur de 87 mètres ; le troisième a pareillement donné un peu d'eau jaillissante.

Si, dans cette région, on sort du périmètre de la concession de Bruille pour se tenir dans le massif de terrain houiller non concédé, borné par les limites des concessions d'Odomez, Fresnes, Raismes et Vicoigne, on remarque divers sondages, dont trois (H. P. M.), exécutés en 1837 et 1838 par la compagnie de Bruille, ont atteint le terrain houiller, mais non la houille. Ils sont presque contigus à la concession d'Odomez; sortis des morts-terrains aux profondeurs de 51, 54 et 50 mètres, ils ont été poursuivis jusqu'à celles de 66, 66 et 55 mètres. Le dernier a traversé des bancs assez chargés de quartz. Le premier a trouvé, au niveau de 66 mètres, de l'eau jaillissante très sulfureuse, qui avait la température de 24° Réaumur, et pouvait s'élever jusqu'à 3 mètres au-dessus du sol, au moyen d'un ajutage. Les mêmes circonstances se sont reproduites au sondage P. Citons encore un autre sondage de la compagnie du Bruille (F) (1837), situé à proximité de l'angle méridional de la concession, lequel a exploré, de 43 à 57 mètres, un terrain qui a donné de l'eau jaillissante, avec odeur d'hydrogène sulfuré. La compagnie de Bruille a atteint des sables qu'elle n'a pu traverser, à un autre sondage (N), situé au sud-est de Nivelles, tout près de la limite du bassin houiller (1837-1838); il est regrettable que ce sondage n'ait pu être poursuivi jusqu'à la base des morts-terrains, car il aurait fourni des renseignements précieux sur le tracé que suit, dans cette région, la surface de contact du terrain houiller avec le calcaire carbonifère.

Tout près de La Fontaine-Bouillon, la compagnie de Vicoigne a ouvert, en 1847, un sondage dit de la Drève de Raismes (n°1), qui a été poursuivi, dans le terrain houiller, de la profondeur de 62 mètres à celle de 85 mètres. Il n'a pas rencontré de charbon ; mais, au niveau de 76 mètres, il a donné une venue d'eau de 529 hectolitres à l'heure ; sa température était de 12° Réaumur, et au moyen d'un ajutage, on pouvait la faire monter jusqu'à 6 mètres du sol.

Dans l'angle des concessions de Vicoigne et de Raismes, on remarque trois autres sondages, qui viennent encore démontrer le peu de richesse du terrain houiller dans cette partie du bassin. L'un d'eux (Q), commencé en 1838 par la compagnie de Bruille, et continué en 1847 par celle de Vicoigne, a atteint le terrain houiller à 93 mètres, et l'a exploré jusqu'à 145 mètres ; on y a trouvé, à 113 et à 123 mètres, des traces de charbon, et à 144 mètres une veine de 0^m,50 d'ouverture, qui est peut-être le prolongement d'une de celles des fosses de Bruille. Les deux autres sondages (n⁰ˢ 9 et 8), entrepris par la compagnie de Vicoigne, de 1858 à 1860, au sud-ouest du précédent, ont donné des résultats encore plus médiocres : ils sont entrés dans le terrain houiller aux profondeurs respectives de 67 et 71 mètres ; le premier a été approfondi jusqu'à 181 mètres, et n'a recoupé qu'un petit filet de charbon ; le second a été arrêté à 147 mètres, sans avoir trouvé la moindre trace de houille.

Enfin, avant de quitter la zone dans laquelle nous nous trouvons, nous rappellerons que le sondage du Mont des Bruyères (n° 6), entrepris en 1838 par la compagnie de Vervins, à proximité de la bifurcation des lignes de Saint-Amand à Valenciennes et à Fresnes, est tombé sur le terrain houiller à 89 mètres, et l'a exploré jusqu'à 114 mètres ; il a recoupé des filets de charbon à 102 et à 106 mètres. Ce forage est important, parce qu'il donne l'un des points où le terrain houiller a été rencontré le plus au nord, aux environs de Saint-Amand. Non loin de là, un peu au sud-ouest de cette ville, le sondage de la Bruyère, exécuté en 1838 par la compagnie d'Hasnon, a trouvé le calcaire siliceux à la profondeur de 85 mètres. La limite septentrionale du bassin passe donc entre ce sondage et celui du Mont des Bruyères.

Si nous revenons dans la concession de Bruille, nous trouvons, dans son angle septentrional, trois sondages (B. K. L.), datant de 1837 et 1839, où la compagnie de Bruille a découvert le terrain houiller aux profondeurs respectives de 30, 38 et 38 mètres. Ce terrain a été traversé sans résultat, sur 40 mètres de hauteur au premier, 8 mètres au second, et 62 mètres au troisième.

Dans la concession de Château-l'Abbaye, la compagnie de Bruille a ouvert, en 1838, la fosse Pont-Péry. Elle a atteint le terrain houiller, sous un banc de calcaire de 2 mètres d'épaisseur, à la profondeur de 43 mètres, et a été continuée jusqu'à celle de 89 mètres. Au niveau de 72 mètres, on y a exploité une veine de 1ᵐ,10 d'ouverture, dont 0ᵐ,90 de charbon, en deux sillons, l'un de 0ᵐ,40 au toit, l'autre de 0ᵐ,50 au mur. On n'a chassé dans cette veine que vers le couchant, sous la direction N. 75° O. ; mais, à

Concession
de Château-l'Abbaye.
Fosse Pont-Péry.

300 mètres environ du puits, cette direction s'est infléchie vers le sud. Le pendage était uniformément de 8° vers le sud-ouest. Le sillon du toit donnait seul du charbon pur ; celui du mur renfermait une quantité considérable de pyrite. Ce charbon était éminemment anthraciteux, très dur et difficile à brûler. Malgré cela, l'exploitation de la veine de Pont-Péry a été continuée jusqu'en 1854, d'abord par la compagnie de Bruille, puis par celle de Vicoigne. Les travaux se sont étendus jusqu'au tourtia, mais ils étaient si ruineux, à cause de la mauvaise qualité des charbons extraits, de l'irrégularité du gisement, de la quantité d'eau à épuiser et des affaissements produits au jour, que l'abandon en fut autorisé, après enquête administrative, par décision de M. le Ministre des Travaux publics, en date du 3 mai 1854.

Le puits Pont-Péry, approfondi davantage, n'aurait pu trouver que du charbon plus sec encore ; cet approfondissement était d'ailleurs peu opportun et même dangereux, à cause de la proximité du calcaire carbonifère et des chances d'inondation résultant de ce voisinage.

D'après sa position géographique, la veine de la concession de Château-l'Abbaye paraît inférieure à celles de Bruille, c'est-à-dire située plus au nord ; cependant, leur intervalle, normalement à la stratification, ne doit pas être considérable, car les terrains s'aplatissent fort vers la limite du bassin houiller, en sorte que des couches peu éloignées ont leurs affleurements à une distance relativement grande.

Sondages exécutés dans la concession de Château-l'Abbaye et aux environs.

Plusieurs sondages ont été exécutés dans la concession de Château-l'Abbaye ; on n'en compte pas moins de onze qui ont été groupés à peu de distance de la fosse Pont-Péry et au voisinage de la frontière belge. Tous ont été entrepris par la compagnie de Bruille, de 1837 à 1844 ; ils ont atteint le terrain houiller à des profondeurs variant de 23 à 42 mètres ; les plus voisins du puits ont recoupé la veine qu'on y a exploitée ; les autres n'ont donné aucun résultat, et n'ont traversé que quelques filets charbonneux.

En dehors et au nord de la concession, on remarque encore, près de la frontière, un sondage de la compagnie de Bruille (1844) (A') qui a trouvé le terrain houiller à 31 mètres du sol, et le calcaire bleu à 37 mètres. Ce sondage a recoupé, à la base des morts-terrains, des sables qui ont donné des eaux jaillissantes. Plus à l'ouest, près du village de Flines, se trouve l'emplacement de l'ancienne fosse de ce nom, où le terrain houiller a été atteint, en 1749, à la profondeur de 38 mètres; un sondage exécuté plus récemment, à peu de distance de ladite fosse, a reconnu l'existence du même terrain, à la même profondeur.

Enfin, dans la partie occidentale de la concession de Château-l'Abbaye, à l'est et au sud-est du village de Thun, trois forages, dits du Carreau, de la ferme Locqueron et du Moulin, sont entrés dans le terrain houiller, aux profondeurs respectives de 53, 59 et 46 mètres.

La limite septentrionale du bassin est suffisamment déterminée par l'ensemble des travaux que nous venons de décrire. Il convient de la tracer au nord du sondage A′ de la concession de Bruille, qui a successivement atteint le terrain houiller et le calcaire, et au nord de la fosse et du sondage de Flines. A partir de là, elle s'infléchit brusquement au sud, pour passer à l'ouest des sondages de Thun; mais, plus loin, elle reprend sa direction vers l'ouest, de manière à venir passer entre le sondage de la Bruyère qui a rencontré le calcaire, et celui du Mont des Bruyères qui a encore atteint le terrain houiller.

Tracé de la limite nord du bassin dans la région de Château-l'Abbaye et Bruille.

Ce tracé laisse en dehors du bassin une partie de la concession de Château-l'Abbaye; en revanche, il existe, au nord et au sud de cette concession, des parties de terrain houiller non concédées, mais il résulte de l'exposé qui précède qu'elles ne sont pas concessibles. En effet, les nombreux travaux exécutés, soit à l'intérieur des concessions de Bruille et de Château-l'Abbaye, soit dans leur voisinage, n'y ont fait reconnaître que l'existence de quatre veines inférieures au faisceau de Vieux-Condé, savoir : celle de la fosse Pont-Péry, les deux des fosses de Bruille, et une quatrième, recoupée par l'un des sondages placés au nord-ouest de la fosse Sophie; encore est-il possible que les deux veines de Bruille n'en forment qu'une seule, qui aurait été rejetée par un accident ayant produit un renfonçage au nord, auquel cas il n'y aurait, en réalité, que trois veines distinctes; partout où des travaux ont été exécutés dans ces veines, ils ont donné des

Absence de valeur du terrain houiller non concédé.

résultats désastreux, à cause de l'irrégularité et de la pauvreté du gisement, de la mauvaise qualité des charbons extraits et de l'abondance des eaux résultant du voisinage du calcaire carbonifère. Des compagnies qui voudraient tenter de nouveaux essais d'exploitation dans cette région seraient vouées à une ruine certaine : l'administration a donc sagement agi en se refusant constamment à concéder la bande de terrain houiller encore disponible qui s'étend depuis la concession de Château-l'Abbaye jusqu'à celle de l'Escarpelle, le long des limites nord des concessions de Vicoigne, Hasnon, Anzin et Aniche : cette bande ne renferme que les prolongements des veines de Bruille et de Château-l'Abbaye, qui ont été exploités à la fosse de Marchiennes, et recoupés à de nombreux forages voisins de la Scarpe ; les veines du faisceau maigre de Vieux-Condé se développent à une plus grande distance au midi, à l'intérieur des concessions d'Anzin et d'Aniche.

Dans le même ordre d'idées, il n'est pas à désirer que les concessions de Bruille et de Château-l'Abbaye soient remises en activité. Le prix de vente de leurs charbons ne pourrait devenir supérieur à leur prix de revient que si une crise houillère venait à se produire ; mais, dans ce cas même, il serait inopportun d'y entreprendre des travaux, car les circonstances éphémères qui en auraient motivé l'exécution venant à disparaître, il faudrait nécessairement les abandonner, après y avoir inutilement enfoui des capitaux qui peuvent trouver un meilleur emploi dans d'autres parties du bassin.

CHAPITRE V.

CONCESSIONS DE VIEUX-CONDÉ, ODOMEZ ET FRESNES.

Ces trois concessions appartiennent à la compagnie d'Anzin. On y exploite un faisceau (pl. II) connu sous le nom de faisceau de Vieux-Condé, dont les charbons ont ordinairement de 9 à 11 0/0 de matières volatiles. L'allure de ce faisceau a été reconnue par un grand nombre de fosses, qui sont pour la plupart abandonnées. Il est à remarquer que c'est dans la concession de Fresnes, à la fosse Jeanne Colard, que la houille fut découverte pour la première fois dans le département du Nord, en 1720; les morts-terrains sont faciles à traverser dans cette partie du bassin; ils y sont peu aquifères, assez solides, et d'une épaisseur qui atteint rarement 50 mètres. On conçoit qu'en raison de ces circonstances, on ait pu atteindre le terrain houiller en un grand nombre de points, sans frais exagérés, malgré les faibles moyens d'épuisement dont on disposait au siècle dernier.

Les veines du faisceau de Vieux-Condé ont été exploitées, à l'origine, à des fosses assez éloignées les unes des autres, et on a été longtemps à en raccorder les travaux, ce qui fait qu'une même veine était connue à divers puits sous des noms différents. Peu à peu, les champs d'exploitation se sont rapprochés et ont été mis en communication; le gisement a été exploré sur une étendue de plus en plus grande, en sorte qu'on connaît maintenant, avec assez de précision, le tracé des veines et des accidents qui les affectent.

Les noms qui ont été attribués définitivement à ces veines sont les suivants, dans leur ordre de succession du nord au sud, ou, ce qui revient au même, de la base du faisceau à sa partie supérieure : *Saint-Pierre, Elisabeth, Six paumes, Petite veine, Quatorze pouces, Masse, Cinq paumes du nord, Veine à filons, Douze paumes, Huit paumes, Escaille, Neuf paumes, Petite veine du midi, Rapuroir, Saint-Joseph.* Nous indiquerons plus loin les noms qu'elles ont reçus dans les diverses régions exploitées, avant que l'étude du gisement ait permis de les raccorder et de les désigner partout de la même manière.

Ces veines se chargent de plus en plus de matières volatiles, à mesure qu'on se rapproche de la frontière belge. La proportion moyenne, qui est de 9 0/0 vers la fosse Amaury, est déjà de 11 0/0 à la fosse Général de Chabaud La Tour; à son entrée en Belgique aux fosses de Bernissart, le faisceau est assez gras pour fournir des charbons propres à la fabrication du coke.

Faisceau
de Fresnes-midi.

Au midi de Saint-Joseph, on a traversé, au niveau de 329 mètres de la fosse Bonne-Part, les premières veines d'un autre faisceau, appelé faisceau de Fresnes-midi; nous y reviendrons tout à l'heure.

Veines inférieures
au faisceau
de Vieux-Condé.

Au nord de Saint-Pierre, on ne connaît que les veines qui ont été recoupées par les sondages d'Hergnies, entrepris à proximité de la fosse Sophie, et celles qu'on a exploitées aux fosses de Bruille et de Château-l'Abbaye, ainsi que dans la concession de Wiers (Belgique), et au nord de celle de Blaton. Ces veines sont pauvres, peu nombreuses, et éloignées les unes des autres. Au cas même où elles seraient plus épaisses et moins espacées, leur exploitation resterait encore difficile et onéreuse, à cause de la grande abondance des eaux. On en trouve déjà beaucoup dans les veines inférieures du faisceau de Vieux-Condé, et notamment dans la veine Saint-Pierre, dont l'exploitation est parfois entravée pour ce motif.

Allure générale
du faisceau
de Vieux-Condé.

Ce faisceau dessine, dans les concessions de Vieux-Condé, Odomez et Fresnes, un grand pli dont la ville de Condé occupe le centre. Les veines présentent, d'après cela, une direction très variable d'un point à un autre; il existe, en outre, des plissements secondaires qui compliquent encore leur allure. Si on veut d'abord se rendre compte de l'allure générale du faisceau, on remarque qu'au voisinage de la frontière belge, les veines ont une direction générale de l'est à l'ouest; un peu avant d'arriver à la fosse

Trou-Martin, elles remontent au nord-ouest ; mais, au couchant de cette fosse, elles reprennent bientôt leur ancienne orientation, pour s'infléchir ensuite vers le sud, en décrivant une sorte d'arc de cercle : c'est ainsi qu'au voisinage de la fosse Amaury, elles sont dirigées du nord au sud ; ensuite, elles vont s'interrompre à un grand accident, dit faille ou cran d'Amaury, qui a la direction N. 80° O., avec inclinaison d'environ 80° au nord. Cet accident consiste en deux cassures parallèles, distantes de 100 à 120 mètres l'une de l'autre. Dans leur intervalle se trouvent des terrains brouillés, au milieu desquels on n'a pu que très accidentellement entreprendre une exploitation régulière. Chacune des cassures rejette en affleurement les veines du faisceau de 400 mètres environ de l'ouest à l'est, ce qui donne une déviation totale de 800 mètres pour l'accident tout entier. La faille d'Amaury correspond d'ailleurs à un renfonçage au nord : ainsi, dans le méridien de la fosse de Vieux-Condé, suivant lequel on l'a traversée par une bowette creusée au niveau de 345 mètres, on rencontre au nord du brouillage les mêmes veines qu'au sud ; s'il n'y avait pas eu d'affaissement des terrains vers le nord, on aurait trouvé, dans cette région, une zone géologiquement inférieure à celle du midi.

Le grand cran d'Amaury constitue l'accident de beaucoup le plus important du faisceau de Vieux-Condé. Les veines ont une allure toute différente des deux côtés de cette faille ; au nord, elles présentent des plats réguliers, dont l'inclinaison se modifie insensiblement d'un point à un autre. Au sud, au contraire, elles paraissent avoir été violemment comprimées contre la faille ; l'effort qui les a poussées de ce côté les a repliées plusieurs fois sur elles-mêmes, de manière à leur faire dessiner sur des plans horizontaux des traces sinueuses : ces plissements s'observent particulièrement à la fosse du Sarteau, située à environ 500 mètres de la faille ; on les retrouve également dans les travaux du midi de la fosse de Vieux-Condé, dans ceux de la fosse d'Outre-Wez, et au sud-est de la fosse Bonne-Part. Nous décrirons ces plissements quand nous étudierons à part les travaux des différentes fosses ; pour le moment, nous nous bornerons à faire remarquer que les veines se présentent presque toujours en allure normale; leurs sinuosités ont pour effet de faire varier leur direction et leur inclinaison, mais on y trouve rarement le toit et le mur inversés.

Au sud de la faille d'Amaury et dans son voisinage, la direction moyenne du faisceau est à peu près celle de la faille; mais, à une certaine distance, elle se modifie, en même temps que les plissements locaux dont nous venons de parler s'atténuent et disparaissent; les veines décrivent alors un nouvel arc de cercle ayant son centre situé vers le nord-ouest; à la fosse Bonne-Part, elles sont déjà orientées du nord-est au sud-ouest; et il paraît probable qu'elles continuent à s'infléchir au couchant, de manière à prendre une direction voisine de celle de l'est à l'ouest, à proximité des limites de la concession de Vicoigne.

Au couchant de la fosse Bonne-Part, comme au nord de la faille d'Amaury, les veines ont une allure en plat qui ne paraît pas se modifier en profondeur; il n'y a de différence avec la région du nord qu'en ce que l'inclinaison des terrains est moindre, ce qui fait que les veines sont situées à une plus grande distance en affleurement, bien que les intervalles qui les séparent normalement à la stratification restent à peu près les mêmes.

C'est par analogie qu'on a reconnu que les deux groupes de veines séparés par la faille d'Amaury constituent deux parties d'un même faisceau. On trouve, entre les couches situées des deux côtés de la faille et les terrains qui les encaissent, des ressemblances telles qu'on ne peut plus douter de leur identité, et qu'il a été possible de déterminer une correspondance certaine de veine à veine. Mais on a été longtemps à obtenir ce résultat; aussi les dénominations des couches ont-elles été longtemps différentes, à certaines fosses, de ce qu'elles sont aujourd'hui. Maintenant encore, on désigne sous des noms particuliers les veines exploitées à la fosse Général de Chabaud La Tour, qui est la plus orientale : il est probable, toutefois, que ces noms spéciaux disparaîtront, car les travaux de la fosse Général de Chabaud La Tour sont en communication avec ceux de la fosse Léonard, et il n'y a pas de raison pour qu'on exploite les mêmes veines, à l'une et à l'autre, sous des noms distincts.

En dehors de la faille d'Amaury, on ne connaît, dans le faisceau de Vieux-Condé, que des accidents d'une importance relativement faible.

Citons d'abord une crevasse appelée faille d'Hergnies, qui est située entre les travaux des fosses Trou-Martin et Saint-Jean, et ceux de la fosse d'Hergnies. Sa direction est N. 30° O., et elle paraît verticale; on ne l'a jamais traversée, et, par suite, son allure n'est pas bien connue; toutefois, les extrémités des voies de fond situées de part et d'autre de cet accident ne sont distantes, en certains points, que de 20 à 30 mètres. Le brouillage compris entre les lèvres de la crevasse a donc peu d'épaisseur; il paraît s'élargir vers le nord, et il est possible qu'à une certaine distance du faisceau de Vieux-Condé, il atteigne un grand développement. Si on suit l'affleurement d'une veine au tourtia, en se dirigeant de l'ouest vers l'est, on observe que, dans cette dernière direction, la faille d'Hergnies infléchit les terrains vers le sud-est. Cette faille est particulièrement intéressante en ce qu'on y trouve de nombreux débris de terrain crétacé.

La faille d'Hergnies change légèrement de direction à mesure qu'elle se rapproche de celle d'Amaury; à leur intersection, les traces horizontales de ces deux accidents ne font plus qu'un angle d'environ 30°. Dans le prolongement de la faille d'Hergnies au delà de celle d'Amaury, on trouve un autre cran qui a été reconnu par les travaux du couchant de la fosse de Vieux-Condé. Il consiste en une zone de terrains brouillés de près de 100 mètres de largeur, que l'on a traversée à cette fosse, dans la veine Neuf paumes, niveau 345 mètres, et dans la veine à filons, niveau de 407 mètres. Ce brouillage n'est peut-être que le prolongement du cran d'Hergnies qui, en ce cas, serait plus récent que celui d'Amaury. Il ne semble pas que les affleurements de ces deux accidents subissent à leur intersection une déviation notable, ce qui provient de ce que la faille d'Hergnies, quoique constituée par une crevasse bien caractérisée, altère peu la continuité des terrains, surtout dans la partie méridionale du faisceau.

Après avoir traversé les veines à filons et Neuf paumes, le cran du couchant de la fosse de Vieux-Condé subit un changement brusque de direction, de manière à venir passer au midi de cette fosse; là, il a une

14

orientation ouest-est, sans que son épaisseur se soit beaucoup modifiée. Dans cette nouvelle allure, le brouillage est connu sur un développement de près de 1,000 mètres; au levant de la fosse, on l'a atteint par un recoupage partant de Neuf paumes, et dirigé vers Saint-Joseph.

La faille d'Hergnies est le seul accident notable qui affecte le faisceau de Vieux-Condé, dans la région située au nord de la faille d'Amaury; on distingue encore, dans cette partie du faisceau, quelques crans que M. Dormoy, dans son ouvrage sur la topographie souterraine du bassin houiller de Valenciennes, a appelés failles de Laurent, de Trou-Martin, de Mon-Désir, de Sainte-Barbe et de Stanislas; nous y reviendrons quand nous aborderons l'étude spéciale des diverses fosses d'extraction; mais, dès à présent, nous devons constater que ces accidents n'ont aucune importance, consistent simplement en brouillages locaux, analogues à ceux que l'on rencontre dans toutes les exploitations, même les plus régulières, et n'ont pas pour effet d'altérer la continuité du faisceau.

Au sud de la grande faille d'Amaury, on ne connaît que quelques petits accidents situés dans le champ d'exploitation de la fosse Bonne-Part; nous en parlerons quand nous nous occuperons de cette fosse.

En résumé, le faisceau de Vieux-Condé est divisé en deux grandes parties par la faille d'Amaury; celle qui est située au nord est particulièrement connue sous le nom de région de Vieux-Condé et d'Hergnies; elle se subdivise elle-même en deux zones séparées par la faille d'Hergnies, et qu'on appelle région de Vieux-Condé et région d'Hergnies; la partie du sud est connue sous le nom de région du Sarteau et de Fresnes. Nous allons successivement passer en revue ces divers gisements.

I. — RÉGION DE VIEUX-CONDÉ ET D'HERGNIES.

Le tableau ci-dessous fait connaître la composition moyenne du faisceau de Vieux-Condé dans cette région.

Région de Vieux-Condé et d'Hergnies. Composition du faisceau.

COUPES DES VEINES. H. Houille. — T. Faux-toit. M. Faux-mur. S. Schiste. — E. Escaillage.	NATURE		DISTANCE MOYENNE de chaque veine à la suivante. (Normalement à la stratification.)	PROPORTION P. 0/0.			COULEUR des CENDRES.
	DU TOIT.	DU MUR.		MATIÈRES volatiles.	Carbone.	Cendres.	
St Pierre. (H.o.4o à o.5o)	Schiste.	Schiste.	21^m	9.80	88.40	1.80	»
Elisabeth. (T.o.24 — H.o.45)	Grès.	Schiste.	20^m	10.18	82.52	7.30	Gris sale.
Six paumes. (H.o.55)	Schiste.	Schiste.	16^m	12.30	86.37	1.33	»
Petite veine. (H.o.35 — E.o.25 — B.o.4o)	Schiste.	Schiste.	7^m	»	»	»	»
Quatorze pouces. (H.o.4o — B.o.9o)	Schiste.	Schiste.	23^m	»	»	»	»
Basse. (H.o.7o)	Grès.	Schiste.	10^m	7.80	90.40	1.80	»

COUPES DES VEINES. H. Houille. — T. Faux-toit. M. Faux-mur. S. Schiste. — E. Escaillage.	NATURE		DISTANCE MOYENNE de chaque veine à la suivante. (Normalement à la stratification.)	PROPORTION P. 0/0.			COULEUR des CENDRES.
	DU TOIT	DU MUR.		MATIÈRES vo'atiles.	COKE. Carbonc.	Cendres.	
Cinq paumes du nord. 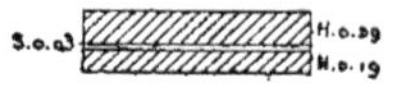	Schiste.	Schiste.	8^m	11.30	80.80	1.90	»
Veine à filons. 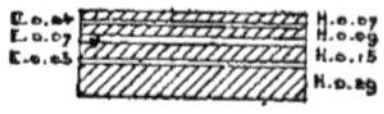	Schiste.	Schiste.	22^m	13.20	72.97	13.83	Gris.
Douze paumes. 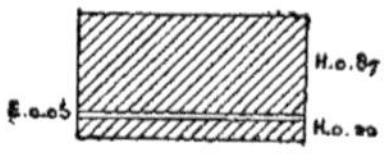	Schiste.	Schiste.	21^m	10.90	87.15	1.95	Gris rouge.
Huit paumes. 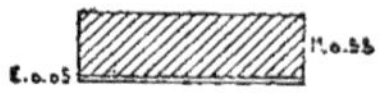	Schiste.	Schiste.	31^m	10.10	87.45	2.45	Gris blanc.
Escaille. 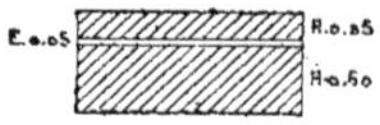	Schiste.	Schiste.	30^m	9.40	80.80	9.80	Gris blanc.
Neuf paumes. 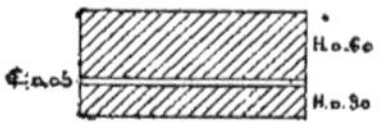	Schiste.	Schiste.	13^m	10.10	87.74	2.16	»
Petite veine du midi. 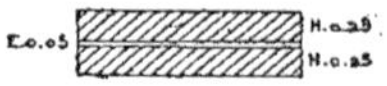	Schiste.	Schiste.	8^m	9.10	89.04	1.86	Gris rougeâtre.

COUPES DES VEINES. H. Houille. — T. Faux-toit. M. Faux-mur. S. Schiste. — E. Escaillage.	NATURE		DISTANCE MOYENNE de chaque veine à la suivante. (Normalement à la stratification.)	PROPORTION P. 0/0.			COULEUR des CENDRES.
	DU TOIT.	DU MUR.		MATIÈRES volatiles.	COKE. Carbone.	Cendres	
Rapuroir.	Schiste.	Schiste.	36ᵐ	»	»	»	»
Sᵗ Joseph.	Schiste.	Schiste.	»	9.40	89.12	1.48	Gris rosé.
Puaria. *(Passée.)*	»	»	»	»	»	»	»
Française. *(Passée.)*	»	»	»	»	»	»	»
Désirée. *(Passée.)*	»	»	»	»	»	»	»

Dans toute la région de Vieux-Condé et d'Hergnies, les veines présentent des plats réguliers, dont la direction et l'inclinaison se modifient par degrés insensibles. Depuis la fosse Général de Chabaud La Tour jusqu'à la faille d'Hergnies, la direction générale des terrains est celle de l'est à l'ouest, avec un peu de tendance à remonter au nord, et leur pendage se fait vers le sud ; au delà de cet accident, cette direction se modifie, ainsi que nous l'avons vu, jusqu'à devenir nord-sud ; en même temps, le sens de l'inclinaison varie peu à peu, et, contre la faille d'Amaury, les veines plongent vers l'est ; elles ont donc, entre cet accident et celui d'Hergnies, la forme d'une sorte d'entonnoir.

Dans le méridien de la fosse Général de Chabaud La Tour, l'inclinaison moyenne des terrains varie de 25° à 35° au sud ; elle tend ensuite à augmenter, quand on s'éloigne vers l'ouest. Bientôt, elle atteint 40° et même 45°; c'est cette dernière que l'on observe au voisinage de la faille d'Hergnies, dans les travaux de la fosse Trou-Martin. De l'autre côté de cette faille, les terrains s'aplatissent brusquement, et n'ont plus guère qu'une inclinaison d'une vingtaine de degrés. On remarque aussi que cet aplatissement se manifeste plus spécialement au voisinage du tourtia, et dans les veines les plus septentrionales. On se rend facilement compte de cette particularité en examinant une coupe menée par la fosse Sophie, normalement à la direction des terrains.

La région de Vieux-Condé et d'Hergnies est d'une régularité remarquable, surtout du côté du levant : c'est elle qui fournit aujourd'hui la totalité, pour ainsi dire, des charbons maigres extraits par la compagnie d'Anzin; nous verrons, en effet, que toutes les fosses situées dans la région du Sarteau et de Fresnes ont été successivement abandonnées; au sud de la faille d'Amaury, il n'existe, en activité, que des travaux insignifiants dans le voisinage de la fosse de Vieux-Condé, mais à ce puits même, presque toute l'extraction est fournie par les veines du nord, que l'on exploite au delà de la faille. Actuellement, on ne compte sur les charbons maigres que trois fosses en activité, savoir : Général de Chabaud La Tour, Léonard et Vieux-Condé. On y réalise un prix de revient des plus avantageux, ce qui tient à l'extrème régularité du faisceau et à l'épaisseur relativement grande des veines. Le gisement de Vieux-Condé constitue, avec celui des charbons demi-gras d'Abscon, la véritable richesse de la compagnie d'Anzin; le reste de ses exploitations est loin, à beaucoup près, d'avoir la même valeur. On conçoit, d'après cela, que la compagnie se soit toujours efforcée de développer la vente des houilles anthraciteuses, puisque ce sont celles qui lui procurent, même vendues à bas prix, les plus grands bénéfices. Actuellement, elle possède des moyens d'action qui lui permettraient, le cas échéant, d'en forcer beaucoup la production; elle n'est limitée que par les besoins de la vente. Ses trois fosses en activité pourraient donner une extraction journalière plus grande que celle qui leur est demandée; de plus, la compagnie tient en réserve les fosses Trou-Martin et Amaury, actuellement en chômage, mais qui pourraient être reprises presque immédiatement, si la consommation des charbons maigres venait à se développer. Toutefois, il convient d'ajouter que si la production annuelle du gisement dont nous nous occupons peut être augmentée, la prudence commande de le ménager, tant qu'on n'aura pas ouvert d'autres fosses, vers l'ouest, sur les charbons maigres, car, autrement, on épuiserait les ressources connues, en un petit nombre d'années.

La fosse Général de Chabaud La Tour est la plus rapprochée de la frontière belge; elle est située à environ 1,800 mètres au nord-est du clocher de la ville de Condé, et à 800 mètres à l'est de la route de Condé à Bonsecours. Elle a été entreprise en 1873, et la compagnie s'est proposé d'en faire une fosse à grande production; c'est pourquoi elle y a creusé trois puits qui ont atteint le terrain houiller à la profondeur de 61 mètres.

Fosse
Général
de Chabaud La Tour.

Les veines exploitées à cette fosse ont reçu des noms spéciaux; mais elles se confondent avec celles dont nous avons donné plus haut la liste. Le tableau ci-dessous fait connaître la correspondance qu'il y a lieu d'adopter, et au sujet de laquelle il n'existe plus maintenant aucun doute.

NOMS DÉSIGNANT UNE MÊME VEINE	
A LA FOSSE GÉNÉRAL DE CHABAUD LA TOUR.	AUX AUTRES FOSSES.
Julienne.	Masse.
Philippine.	Cinq paumes du nord.
Passée.	Veine à filons.
Suzanne.	Douze paumes.
Marie.	Huit paumes.
Jacqueline.	Escaille.
Edmond.	Neuf paumes.
Olympe.	Petite veine du midi.
Charles.	Rapuroir.
Philippe.	Saint-Joseph.

Les houilles de la fosse Général de Chabaud La Tour étant un peu plus volatiles que celles des autres fosses du faisceau de Vieux-Condé, on les appelle habituellement, à la compagnie d'Anzin, charbons quart gras.   —

Les puits sont tombés sur le terrain houiller entre les affleurements de Marie et de Jacqueline; on y a installé deux niveaux d'exploitation, à 150 et à 200 mètres. Actuellement, les chassages du levant sont déjà arrivés à 1,000 mètres environ de la fosse, et leurs extrémités ne sont plus qu'à 1,600 mètres de la frontière belge. Ceux du couchant sont en communication avec les travaux de la fosse Léonard, dans les veines Masse et Neuf paumes.

Dans cette région, les veines sont accidentellement dirigées du nord-est au sud-ouest, et leur inclinaison est d'une trentaine de degrés vers le sud-est. Au levant, elles forment une sorte de crochet qui les remonte un instant vers le nord, pour les faire redescendre un peu plus loin au sud-est, et leur donner ensuite une orientation définitive de l'ouest à l'est. Ces variations dans la direction n'ont pas pour effet de modifier l'inclinaison des terrains, qui reste presque constante. Vers le couchant, la direction des veines s'infléchit peu à peu, de manière à devenir est-ouest, avec tendance à remonter un peu au nord aux abords de la fosse Léonard.

Le gisement de la fosse Général de Chabaud La Tour est très beau et très régulier; les veines s'y développent sur de longs parcours, sans rejets ni rétrécissements. Malheureusement, la position même de la fosse la condamne à être mise en chômage dans un avenir assez rapproché, vingt ans au plus. Cela tient à ce que les puits ont été placés trop au nord; ils ont déjà recoupé les veines les plus septentrionales du faisceau de Vieux-Condé; on les approfondit actuellement jusqu'à 250 mètres; vers ce niveau, ils seront peu éloignés de la veine Saint-Pierre, qui est la dernière du faisceau; or cette veine donne beaucoup d'eau; par conséquent, il sera impossible de poursuivre l'approfondissement bien au delà de 250 mètres, et de pousser des bowettes vers le nord. L'exploitation sera donc forcément limitée en profondeur; les travaux ne pourront être étendus que du côté du midi. Quant aux chassages, ils ont déjà atteint leur longueur maximum; il faut donc admettre, comme nous le disions, qu'avec l'extraction actuelle, la tranche exploitable par la fosse Général de Chabaud La Tour sera complètement épuisée dans un petit nombre d'années. Il restera alors la ressource de creuser une nouvelle fosse vers le levant, plus rapprochée de la frontière belge, et peut-être même d'en ouvrir une seconde au sud-est des puits actuels, car le prolongement de la faille d'Amaury paraît se trouver à une distance assez grande pour qu'il soit opportun d'entreprendre ce travail.

Nous ferons encore remarquer que, bien que les veines du faisceau paraissent atteindre leur plus grande puissance du côté de l'est, il y a une exception en ce qui concerne Veine à filons, qui cesse d'être exploitable à la fosse Général de Chabaud La Tour, alors qu'elle l'est à presque toutes les autres.

Entre les fosses Général de Chabaud La Tour et Léonard, la compagnie de Fresnes-midi a creusé, en 1843, la fosse du Coq-hardi, qui a atteint le terrain houiller à la profondeur de 43 mètres; elle a été poussée jusqu'au niveau de 95 mètres, et elle aurait pu servir à exploiter le faisceau de Vieux-Condé, si le procès engagé entre les compagnies d'Anzin et de Fresnes-midi n'avait obligé cette dernière à abandonner ses travaux. *Ancienne fosse du Coq-hardi.*

C'est encore la même compagnie qui, en 1843, a ouvert la fosse Bois-du-Roi, au nord-est de la fosse Général de Chabaud La Tour, tout près de la frontière belge. Elle est entrée dans le terrain houiller à la profondeur de 48 mètres, et il y a lieu de croire qu'elle était placée sur la partie septentrionale du faisceau dont nous nous occupons, lequel, au levant des fosses de la compagnie d'Anzin, se dirige vers celles de Bernissart, avec le gisement desquelles il doit venir se raccorder. *Ancienne fosse Bois-du-Roi.*

A partir de la fosse Léonard et jusqu'au cran d'Amaury, le faisceau de Vieux-Condé a été exploité par un assez grand nombre de fosses. Avant de les passer en revue, nous signalerons quelques différences qui existent entre les noms attribués définitivement à certaines veines, et ceux qu'elles avaient reçus autrefois dans la région de Vieux-Condé et d'Hergnies. *Anciens noms des veines de la région de Vieux-Condé et d'Hergnies.*

Le tableau ci-contre fait connaître ces différences :

NOMS ANCIENS DES VEINES DE LA RÉGION DE VIEUX-CONDÉ ET D'HERGNIES.	NOMS ADOPTÉS DÉFINITIVEMENT.
Saint-Pierre	Saint-Pierre.
Elisabeth.	Elisabeth.
Six paumes.	Six paumes.
Pascal.	Petite veine.
Quatorze pouces	Quatorze pouces.
Masse.	Masse.
Cinq paumes du nord.	Cinq paumes du nord.
Veine à filons	Veine à filons.
Douze paumes.	Douze paumes.
Huit paumes.	Huit paumes.
Escaille	Escaille.
Neuf paumes.	Neuf paumes.
Cinq paumes du midi.	Petite veine du midi.
Saint-Louis.	Rapuroir.
Voisine.	Saint-Joseph.
Patience.	

Parmi ces veines, quelques-unes sont rarement exploitables, parce qu'elles ont une épaisseur relativement faible : telles sont Six paumes, Huit paumes et Petite veine du midi. D'autres subissent dans leur trajet des variations de composition qui les rendent exploitables à certaines fosses et inexploitables à d'autres. Par exemple, les veines Saint-Pierre et Elisabeth ont un assez bel aspect à Vieux-Condé et à Hergnies, tandis qu'elles ne sont qu'accidentellement exploitables dans la région de Fresnes ; en revanche, Petite veine n'est productive que dans cette région. Cinq paumes du nord et Escaille sont d'assez belles veines du côté de Vieux-Condé, et cessent d'être exploitables à Hergnies.

On voit d'après cela que, malgré la grande régularité du faisceau au nord de la faille d'Amaury, on y observe encore des différences sensibles dans l'épaisseur et la puissance productive des veines.

On remarque aussi certains changements dans les intervalles qui séparent deux veines successives. Ainsi, les veines appelées autrefois Voisine et Patience sont parfaitement distinctes dans les fosses d'Hergnies, et séparées par un banc stérile qui s'amincit de plus en plus vers le levant ; à une certaine distance, elles se réunissent, et, aux fosses Léonard et Général de Chabaud La Tour, elles ne forment plus qu'une seule veine, qui a reçu les noms de Saint-Joseph et de Philippe ; elle est alors exploitable, tandis qu'elle ne l'est plus quand elle est divisée en deux sillons éloignés l'un de l'autre. Ces deux sillons se réunissent également à la fosse du Sarteau.

La fosse Léonard est située à environ 1,650 mètres à l'ouest de la fosse Général de Chabaud La Tour ; elle a été commencée en 1785, et est entrée dans le terrain houiller à la profondeur de 28 mètres, entre les affleurements des veines Neuf paumes et Rapuroir. Elle ne possède que deux niveaux d'exploitation, situés à 103 et à 161 mètres, mais on vient de l'approfondir jusqu'à 218 mètres, pour créer un nouvel étage à 211 mètres. De même que la fosse Général de Chabaud La Tour, celle de Léonard est située trop au nord, et, par suite, il est impossible de la pousser à grande profondeur, parce qu'on rencontrerait bientôt les terrains aquifères de la base du faisceau. On exploite déjà l'aval-pendage des veines de Léonard par la fosse de Vieux-Condé, dont les travaux s'étendent au delà de la faille d'Amaury.

Cette faille a été traversée par la bowette nord de l'étage de 345 mètres de la fosse de Vieux-Condé, et par un recoupage situé au niveau de 282 mètres, et partant de la veine Douze paumes. De cette façon, les travaux pourront s'étendre à un niveau inférieur à celui du fond de la fosse Léonard, sans qu'il soit nécessaire de creuser un nouveau puits, et on continuera, de même, l'exploitation des veines du nord jusqu'à leur contact avec la faille d'Amaury, au moyen de nouvelles galeries partant de la fosse de Vieux-Condé, préalablement approfondie. On peut même dire que cette fosse n'a d'autre raison d'être que de permettre d'exploiter le terrain houiller situé au nord de la faille, car, au midi de cet accident, elle n'a trouvé, comme nous le verrons bientôt, que des terrains irréguliers et d'une exploitation peu avantageuse.

Dans le méridien de la fosse Léonard, les veines sont dirigées, à très peu près, de l'est à l'ouest ; elles sont inclinées de 25° à 35° vers le sud. On a exploité par défoncement, au niveau de 161 mètres, une tranche de 80 mètres de largeur, et c'est seulement au-dessous du niveau de 211 mètres que l'extraction se fait par la fosse de Vieux-Condé.

Faille
de Sainte-Barbe.

Au couchant de la fosse Léonard, on trouve un accident qui interrompt la continuité du faisceau, sans exercer d'influence sensible sur son allure; M. Dormoy lui a donné le nom de faille de Sainte-Barbe; il consiste plutôt en une série d'étranglements et de petites cassures qu'en une véritable faille. Sa direction générale est N. 25° O., et il plonge vers l'est avec une pente assez raide. Il laisse à l'est la fosse Léonard, et à l'ouest les fosses Sainte-Barbe et Marie-Louise.

Faille
de Stanislas.

Parallèlement à cet accident et un peu plus à l'ouest, on en trouve un autre tout à fait insignifiant, que M. Dormoy a appelé faille de Stanislas.

Anciennes fosses
creusées
aux environs
et à l'ouest
de la fosse
Léonard.

Le faisceau de Vieux-Condé a été exploité anciennement, aux environs et à l'ouest de la fosse Léonard et au nord du cran d'Amaury, par un grand nombre de puits, parmi lesquels nous citerons les suivants : Stanislas, l'Avocat, Balive, Sainte-Barbe, Marie-Louise, Mon-Désir, Trois-Arbres, Pied, Vieille-Machine, Neuve-Machine, Saint-Roch, Gros-Caillou, Saint-Thomas, Saint-Jean, Trou-Martin, Hergnies, Sophie, Laurent, Taffin et Amaury. Leurs travaux ont permis d'étudier avec beaucoup de précision l'allure du faisceau, que nous avons déjà décrite. Nous indiquerons maintenant les quelques accidents qu'on y a rencontrés, en dehors de ceux qui ont été précédemment cités.

Faille
de Mon-Désir.

On trouve d'abord, au couchant des fosses Sainte-Barbe et Marie-Louise, et au levant de la fosse Mon-Désir, un cran dirigé N. 40° O., qui rejette les terrains d'une quarantaine de mètres vers le nord, quand on se dirige de l'ouest vers l'est. Cet accident, qu'on peut appeler faille de Mon-Désir, plonge vers le nord-est, et son allure n'est pas encore parfaitement connue.

Faille
de Trou-Martin.

Entre les fosses Saint-Roch et du Gros-Caillou d'une part, Saint-Jean et Trou-Martin de l'autre, on a reconnu l'existence d'un autre cran, dit cran de Trou-Martin, orienté N. 30° O. et plongeant aussi vers le nord-est; on y a rencontré quelques fragments de dièves. Il produit un très léger rejetage des veines vers le sud, quand on le traverse de l'ouest à l'est.

Faille
de Laurent.

Enfin, citons un brouillage peu important que M. Dormoy a appelé faille de Laurent, et qui s'étend entre les fosses Amaury et Taffin, parallèlement à la faille d'Amaury. Cet accident ne produit, pour ainsi dire, aucune déviation dans la direction et le plongement des veines.

Si on envisage maintenant l'ensemble des crans qui affectent le faisceau de Vieux-Condé, dans la région que nous étudions, on voit qu'il n'y en a que deux de saillants : ceux d'Amaury et d'Hergnies ; le premier est dirigé N. 80° O. et plonge de 80° vers le nord ; le second est dirigé N. 30° O. et est sensiblement vertical. A ces grands accidents s'en rattachent quelques autres, auxquels on a attribué, à une certaine époque, une importance considérable, mais qui, en réalité, méritent à peine d'être cités. Ce sont ceux de Laurent, de Trou-Martin, de Mon-Désir, de Sainte-Barbe et de Stanislas. Le premier a la même allure que la faille d'Amaury ; tous les autres paraissent constituer, avec la faille d'Hergnies, un système de cassures ou de déchirures à peu près parallèles entre elles.

L'abandon définitif de toutes les fosses comprises entre Léonard et Trou-Martin s'imposait comme une conséquence naturelle de leur situation. Placées sur l'affleurement des veines, elles ont atteint à une profondeur assez restreinte, et d'autant plus faible qu'elles se trouvaient plus au nord, les dernières couches du faisceau de Vieux-Condé ; il était impossible, dès lors, de les approfondir davantage, à cause du danger résultant de l'abondance des eaux. Dans ces conditions, on s'est décidé à exploiter les parties les plus profondes du gisement et les plus rapprochées de la faille d'Amaury, par la fosse de Vieux-Condé. Cette dernière, en effet, peut être approfondie sans inconvénient, et ses galeries dirigées vers le nord atteindront, au delà de la faille, l'aval-pendage des veines à exploiter, à une distance d'autant moindre qu'on se trouvera à une plus grande profondeur. Toutefois, les travaux de la fosse de Vieux-Condé ne peuvent s'étendre indéfiniment, et il serait excessif de les pousser bien au delà de la fosse Trou-Martin. Il y aura donc peut-être lieu, plus tard, de prendre des mesures en vue d'exploiter la tranche inférieure que les fosses Trou-Martin et Amaury ne peuvent atteindre. Pour le moment, il serait prématuré d'exécuter ce travail, car il y a encore une certaine quantité de charbon à prendre au-dessus des niveaux de 345 mètres, le dernier de la fosse Trou-Martin, et de 232 mètres, le dernier de celle d'Amaury, et, de plus, celle-ci peut encore être approfondie. C'est à cause de cela que ces deux puits ont été mis en réserve, pour être repris, le cas échéant, si la vente des charbons maigres venait à se développer. Nous dirons encore quelques mots au sujet de chacun d'eux.

La fosse Trou-Martin, ouverte en 1803, se trouve à 1,650 mètres environ à l'ouest de la fosse Léonard; elle a atteint le terrain houiller au niveau de 38 mètres, au midi de la veine Neuf paumes, qui est la dernière exploitée dans la région d'Hergnies. Sa position vers le sud du faisceau a permis de lui donner une assez grande profondeur, d'autant plus que les veines y atteignent exceptionnellement l'inclinaison de 45°. Toutefois, l'accrochage de 345 mètres est situé sur la veine Saint-Pierre, et il serait d'autant plus imprudent de descendre davantage, que cette veine donne déjà, en ce point, une venue d'eau de 1,000 hectolitres par vingt-quatre heures. A cette fosse, les veines remontent vers le nord-ouest jusqu'à leur rencontre avec la faille d'Hergnies. Leur direction moyenne est N. 50° O., et leur pendage se fait vers le sud-ouest. Au levant, on trouve dans certaines veines des petits droits presque verticaux, mais qui disparaissent à une faible distance.

La fosse Amaury, qui a été commencée en 1834, se trouve à 1,500 mètres à l'ouest de Trou-Martin, entre les failles d'Hergnies et d'Amaury, et à une centaine de mètres seulement de cette dernière. Les morts-terrains y ont 39 mètres d'épaisseur, et le puits est entré dans le terrain houiller au sud-est de la veine Saint-Joseph, la plus méridionale du faisceau, ce qui est une circonstance favorable pour l'avenir de la fosse. Malheureusement, les terrains y sont très plats et inclinés seulement de 20° à 25°, en sorte que le dernier étage, situé à 232 mètres, se trouve déjà sur la veine Masse; la veine Saint-Pierre n'est pas à une grande profondeur. Cependant, il sera encore possible d'approfondir le puits, ce qui procurera des ressources d'autant plus importantes, que les veines étant peu inclinées, la richesse du terrain houiller, par mètre de hauteur verticale, se trouve notablement augmentée. Depuis la faille d'Hergnies jusqu'à celle d'Amaury, les veines décrivent, ainsi que nous l'avons indiqué plus haut, un quart de circonférence, et, contre la faille d'Amaury, leur direction est celle du nord au sud. On a pénétré dans cet accident, sans toutefois le traverser, et on y a même exploité un fragment de la veine Douze paumes, mais ce travail a été bientôt abandonné, à cause de l'irrégularité des terrains.

Toutes les fosses situées au nord de la faille d'Amaury et à l'est de celle d'Hergnies envoient leurs eaux à la fosse Neuve-Machine, sur laquelle est installée une ancienne machine d'extraction du système Newcomen. La profondeur du puits de Neuve-Machine, qui est de 370 mètres, est supérieure à celle de tous les travaux dont nous parlons, ce qui a permis la concentration de l'épuisement. La fosse de Vieux-Condé, au midi du cran d'Amaury, est elle-même en communication avec Neuve-Machine, par les galeries des étages de 282 et de 345 mètres qui traversent la faille, et, par suite, tous les travaux supérieurs à ce dernier niveau y déversent leurs eaux. Quant aux eaux du niveau de 407 mètres de la fosse de Vieux-Condé, on est obligé de les extraire directement par le puits, et il faut employer le même procédé dans les travaux situés à l'ouest de la faille d'Hergnies, qui sont complètement isolés du champ d'exploitation de la fosse Trou-Martin.

Dans la région d'Hergnies, les sondages du Champ de forêt, de Bruille et d'Odomez, ont atteint le terrain houiller à des profondeurs variant de 35 à 38 mètres.

   BASSIN HOUILLER DE VALENCIENNES.

II. — RÉGION DU SARTEAU ET DE FRESNES.

Le tableau ci-dessous donne la composition moyenne du faisceau dans cette région. La planche XII indique la nature et l'épaisseur des bancs intercalés entre les diverses veines.

COUPES DES VEINES. H. Houille. — T. Faux-toit. M. Faux-mur. S. Schiste. — E. Escaillage.	NATURE DU TOIT.	DU MUR.	DISTANCE MOYENNE de chaque veine à la suivante. (Normalement à la stratification.)	PROPORTION P. 0/0. MATIÈRES volatiles.	COKE. Carbone.	Cendres.	COULEUR des CENDRES.
S.t Pierre (Passée)	»	»	18^m	»	»	»	»
Elisabeth (Passée)		»	20^m	»	»	»	»
Six paumes 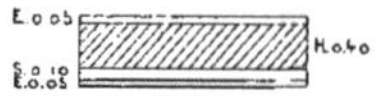	Schiste.	Schiste.	12^m	10.60	86.54	2.86	»
Petite veine. 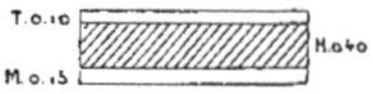	Schiste.	Schiste.	7^m	10.24	86.16	3.60	»
Quatorze pouces. 	Schiste.	Schiste.	16^m	10.00	88.20	1.80	Gris rouge.

COUPES DES VEINES. H. Houille. — T. Faux-toit. M. Faux-mur. S. Schiste. — E. Escaillage.	NATURE		DISTANCE MOYENNE de chaque veine à la suivante. (Normalement à la stratification.)	PROPORTION P. 0/0.			COULEUR des CENDRES.
	DU TOIT.	DU MUR.		MATIÈRES volatiles.	COKE. Carbone.	Cendres.	
Masse. T.o.o3 [figure] H.o.67	Grès.	Schiste.	12ᵐ	9.00	88.20	2.80	Gris rouge.
Cinq paumes du nord. *(Passée)*	Schiste.	Schiste.	10ᵐ	»	»	»	»
Veine à filons S.o.15 [figure] H.o.20 / H.o.60	Schiste.	Schiste.	23ᵐ	13.00	83.00	4.00	»
Douze paumes. [figure] H.o.55	Schiste.	Schiste.	16ᵐ	10.00	86.94	3.06	Gris rougeâtre.
Huit paumes. [figure] H.o.60	Schiste.	Schiste.	28ᵐ	10.20	87.50	2.30	»
Escaille. [figure] H.o.60	Schiste.	Schiste.	17ᵐ	10.00	86.00	4.00	»
Neuf paumes. [figure] H.o.50 / S.o.10 [figure] H.o.10	Schiste.	Schiste.	7ᵐ	8.80	84.80	6.40	Blanc.

COUPES DES VEINES H. Houille. — T. Faux-toit. M. Faux-mur. S. Schiste. — E. Escaillage.	NATURE		DISTANCE MOYENNE de chaque veine à la suivante. (Normalement à la stratification.)	PROPORTION P. 0/0.			COULEUR des CENDRES.
	DU TOIT.	DU MUR.		MATIÈRES volatiles.	COKE. Carbone.	Cendres.	
Petite veine du midi. H.o.30	Schiste.	Schiste.	24^m	»	»	2.50	Gris.
Rapuroir. E.o.10 H.o.60	Schiste.	Schiste.	27^m	8.60	88.93	2.47	Gris pâle.
St Joseph. H.o.45 S.o.25 E.o.05 H.o.15 S.o.05 H.o.15 H.o.10	Schiste.	Schiste.	32^m	7.60	89.26	3.14	Jaune très pâle.

Dans la région du Sarteau et de Fresnes, le faisceau de Vieux-Condé achève le pli dont nous avons parlé, et dont la ville de Condé occupe le centre ; mais ses veines présentent des ondulations secondaires qui en compliquent le tracé, surtout au voisinage de la faille d'Amaury. Quand on s'éloigne de cet accident, l'allure des terrains prend plus d'uniformité ; les plis qui les affectaient disparaissent, et on retrouve de grands plats, comme ceux qui sont connus dans la région de Vieux-Condé et d'Hergnies ; en même temps, la direction générale du faisceau décrit un arc de cercle en raison duquel les terrains se trouvent avoir, à l'ouest de la fosse Bonne-Part, une direction nettement accusée du nord-est au sud-ouest, presque perpendiculaire à celle de la grande faille d'Amaury.

Les plissements voisins de ce cran déterminent, dans les veines, des branches dont les inclinaisons sont différentes ; celles qui présentent le pendage normal sont appelées plats, et les autres droits; en général, le redressement n'a pas pour effet de renverser les droits au delà de la verticale; il n'y a d'exception à cette règle qu'à la fosse de Vieux-Condé. Partout ailleurs, les branches successives plongent dans des sens opposés, et le toit et le mur ne sont jamais inversés.

Le plus souvent, les droits ne sont pas exploitables; cela tient surtout à ce qu'ils fournissent un charbon terne, mélangé d'une assez grande proportion de schiste; en même temps, on observe dans les droits une plus grande irrégularité que dans les plats, mais c'est surtout la mauvaise qualité du charbon qu'on en extrait qui s'oppose à leur exploitation. Cependant, on a trouvé, à la fosse d'Outre-Wez, de grands droits dirigés N. 60° O., dans lesquels on a pu exécuter avec avantage des travaux importants.

Sur le trajet de la faille d'Amaury, on a anciennement creusé un assez grand nombre de puits qui ont atteint le terrain houiller brouillé. Nous citerons notamment la fosse Maison-Blanche, ouverte en 1774 par la compagnie de Mortagne, dans la concession de Bruille, la fosse Macho, de la même compagnie (1751), située dans la concession d'Odomez, enfin les fosses Huvelle, du Mitan ou du Milieu, et Gaspard, dont l'emplacement se trouve dans la concession de Vieux-Condé, au nord de la fosse de ce nom.

Anciennes fosses situées sur le trajet de la faille d'Amaury.

En dehors de ces fosses, les plus rapprochées au sud de la faille d'Amaury sont celles du Sarteau et de Vieux-Condé; la seconde seule est en exploitation. Quant à celle du Sarteau, qui a été ouverte en 1822, elle comprend deux puits, dont l'un est depuis longtemps serrementé; on vient de se décider à serrementer aussi le second.

Pour représenter d'une manière facilement compréhensible l'allure des veines à cette fosse, nous donnons d'autre part (fig. 23) un croquis des voies de niveau de la veine Neuf paumes. Des flèches indiquent le sens dans lequel plongent les diverses branches de la veine. Les plats sont orientés de l'est à l'ouest, et pendent au sud; les droits sont dirigés du sud-est au nord-ouest, et sont inclinés vers le nord-est; on ne compte pas moins de deux plats et de trois droits distincts : ils sont séparés par des lignes de plissement qui plongent vers l'est. Cette disposition se comprend facile-

Fosse du Sarteau.

ment au simple examen d'une coupe verticale de la fosse, menée du nord au sud.

La fosse du Sarteau est située sur la rive gauche de l'Escaut, à environ 500 mètres de la faille d'Amaury, et à 1,150 mètres au sud de la fosse Trou-

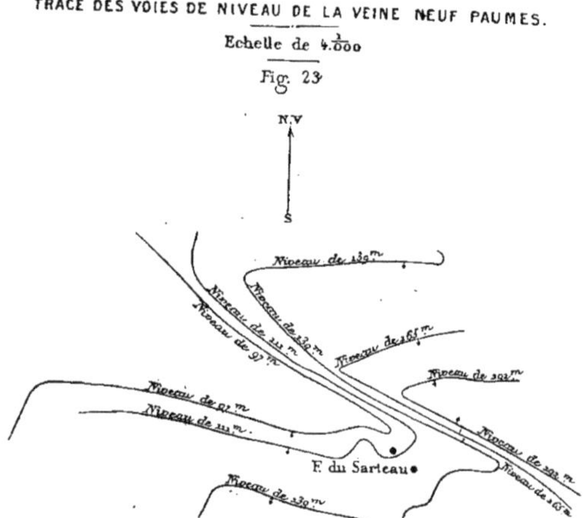

Martin; elle a trouvé le terrain houiller à la profondeur de 43 mètres, et son dernier accrochage est situé à celle de 219 mètres. On y a reconnu l'existence d'un certain nombre de veines, auxquelles on a donné des noms spéciaux, parce qu'on ignorait leur relation avec celles qu'on exploitait ailleurs. La correspondance des unes et des autres a été déterminée au moyen d'une galerie tracée dans une même veine, entre le niveau de 290 mètres de la fosse d'Outre-Wez, et celui de 219 mètres de la fosse du Sarteau; cette veine portait à la première le nom de Grande veine (nous verrons tout à l'heure qu'elle est identique à Masse), et à la seconde le nom de Veine n° 8; il a alors été facile de compléter la correspondance pour l'ensemble des deux gisements.

Dans le tableau ci-dessous, nous faisons connaître les noms attribués autrefois aux veines exploitées à la fosse du Sarteau, en regard de ceux qu'elles ont reçus à titre définitif :

Anciens noms
des
veines de la fosse
du Sarteau.

ANCIENS NOMS DES VEINES DE LA FOSSE DU SARTEAU.	NOMS DÉFINITIVEMENT ATTRIBUÉS A CES VEINES.
Veine n° 8.	Masse.
Veine n° 7.	Veine à filons.
Veine n° 6.	Douze paumes.
Veine n° 5.	Huit paumes.
Veine n° 4.	Escaille.
Veine du fond	Neuf paumes. / Petite veine du midi.
Veine du pied.	Rapuroir.
Saint-Joseph	Saint-Joseph.

La veine Cinq paumes du nord ne passe pas à la fosse du Sarteau; les veines Neuf paumes et Petite du midi s'y réunissent en une seule, qui a reçu le nom de Veine du fond.

La communication entre les fosses du Sarteau et d'Outre-Wez a été ouverte dans un plat de la veine Masse; cette veine a été trouvée belle et régulière sur tout le parcours de la galerie; malheureusement, il n'a pas été possible de l'exploiter dans cette région par la fosse d'Outre-Wez qui en était trop éloignée, ni par celle du Sarteau qui n'était pas assez profonde. On n'a d'ailleurs remarqué entre le Sarteau et Outre-Wez aucun accident altérant la continuité des terrains. Il serait donc inexact de prétendre que le gisement du Sarteau constitue un bloc isolé dans le bassin houiller; il se relie au contraire, tout naturellement, aux exploitations de la région de Fresnes.

Au nord, les veines du Sarteau vont buter contre le cran d'Amaury qui les interrompt brusquement, et qui n'a encore été traversé qu'à la fosse de Vieux-Condé.

Les travaux du Sarteau donnaient beaucoup d'eau, et l'exploitation des veines y était peu avantageuse, à cause de leur irrégularité; ces deux circonstances ont motivé l'abandon définitif de cette fosse. A une distance de 500 mètres vers le nord-ouest, le sondage des Longs-henry a pénétré dans le terrain houiller à la profondeur de 44 mètres.

Anciens noms
des
veines de la région
de Fresnes.

Avant d'aller plus loin, nous ferons connaître les noms qui ont été donnés autrefois aux veines exploitées dans la région de Fresnes, en les rapprochant de ceux qui leur ont été attribués définitivement. Ainsi que nous l'avons déjà dit, on est certain maintenant que le faisceau exploité à Fresnes n'est autre chose que le prolongement de celui de Vieux-Condé et d'Hergnies.

La concordance des couches s'établit de la manière suivante :

NOMS ANCIENS DES VEINES DE LA RÉGION DE FRESNES.	NOMS ADOPTÉS DÉFINITIVEMENT.
Petit Clausin	Saint-Pierre.
Grand Clausin	Elisabeth.
Nouvelle veine	Six paumes.
Petite veine	Petite veine.
Passée	Quatorze pouces.
Grande veine	Masse.
Passée	Cinq paumes du nord.
Toussaint	Veine à filons.
Petit Maugretout	Douze paumes.
Grand Maugretout	Huit paumes.
Pouilleuse	Escaille.
Comble	Neuf paumes.
Petite veine du midi	Petite veine du midi.
Rapuroir	Rapuroir.
Escaille	Saint-Joseph.

Fosse
de Vieux-Condé.

La fosse de Vieux-Condé a été ouverte, en 1854, à 300 mètres environ de la faille d'Amaury, et à 1,150 mètres à l'est de la fosse du Sarteau. Elle a atteint le terrain houiller à la profondeur de 27 mètres, au midi de l'affleurement du faisceau de Vieux-Condé. Nous avons vu qu'elle sert à exploiter le pied des veines des fosses Vieille-Machine et Léonard, au nord du cran d'Amaury; au sud de cet accident, elle a trouvé des terrains qui présentent une succession de plats et de droits, et dont l'allure ressemble beaucoup à celle des terrains du Sarteau, avec cette différence que les droits sont parfois renversés au delà de la verticale. Nous savons déjà que les travaux exécutés dans cette région sont interrompus au couchant et au midi par un grand brouillage, d'environ 100 mètres de largeur, situé sur le prolongement de la faille d'Hergnies. Ce brouillage a été traversé par la voie de fond de Neuf paumes, niveau de 345 mètres, et celle de Veine à filons, niveau de 407 mètres. Le sommet de l'exploitation de Neuf paumes, au delà de cet accident, est arrivé à une faible distance des travaux en droit du Sarteau. Il existe donc une communication presque complète entre les deux fosses, et on est certain qu'elles possèdent les mêmes veines, qui continuent de l'une à l'autre la succession de plissements précédemment observée. On n'y connaît pas les veines inférieures du faisceau, parce qu'elles vont buter à la faille d'Amaury, à l'ouest du Sarteau ; on ne les voit reparaître dans les travaux existants qu'en s'éloignant de cet accident, dans la direction du sud.

La fosse de Vieux-Condé a son dernier accrochage au niveau de 407 mètres ; il y aura intérêt à l'approfondir, tant que ses bowettes nord pourront exploiter la partie du faisceau située au delà du cran d'Amaury ; sa profondeur devra donc être, à peu de chose près, celle de l'intersection de la base du faisceau avec ledit accident.

Les fosses creusées dans la région proprement dite de Fresnes ont été très nombreuses ; nous citerons les suivantes : Clausin, Durfin ; Sainte-Anne, Saint-Joseph, d'Outre-Wez, Saint-Mathias, Long-Farva, des Quatre-Pagnons, Saint-Lambert, Joseph Routard, Mon-Désir, Jeanne Colard, Saint-Mathieu, Saint-Nicolas, Petites-Fosses, du Vivier, du Grand-Wez, Crève-Cœur, Dubois, Toussaint-Carlier, Saint-Louis, Saint-Rémy, Saint-Germain, des Rameaux, Brûlées, Saint-Pierre, Pierronne, Saint-Jean, Saint-Jacques, Bonne-Part ; nous ne parlons, bien entendu, que de celles qui ont été poussées jusqu'au terrain houiller. Elles ont toutes été successivement abandonnées ; la fosse Bonne-Part est restée seule en activité pendant longtemps, et c'est tout récemment qu'on s'est décidé à la mettre également en chômage, pour des motifs que nous indiquerons plus loin.

Anciennes fosses de la région de Fresnes.

Nous n'avons plus à revenir sur l'allure que présente le faisceau dans la région où on l'a exploré et exploité. Nous rappellerons seulement que l'on a trouvé à la fosse d'Outre-Wez de grands droits plongeant d'environ 45° vers le nord-est à l'affleurement, et s'aplatissant de plus en plus en profondeur. Ces droits appartiennent aux veines exploitées à la fosse de Vieux-Condé, au sud de la faille d'Amaury, et se raccordent avec les plats existant au midi de cette fosse, par une sorte de fond de bateau plus ou moins accidenté, dont l'allure n'est pas connue. Il existe également à Outre-Wez d'autres plats et d'autres droits moins importants. C'est l'un des plats situés au nord-ouest de la fosse qui a été relié avec les exploitations du Sarteau par une galerie établie dans la veine Masse.

Vers la fosse du Grand-Wez, le faisceau a déjà repris sa disposition normale en plat, qui n'est altérée que dans le voisinage du cran d'Amaury. Là, les veines ont dépassé la direction nord-sud, et commencent à s'infléchir vers le sud-ouest. Leur inclinaison est très faible et se maintient presque partout entre 10° et 15°. Dans les chassages du levant, on observe des allures normales en droit qui se rapprochent de celles qne l'on connaît à Outre-Wez.

Nous nous arrêterons quelques instants à la fosse Bonne-Part, parce que le faisceau y a été mieux étudié que partout ailleurs, et que son exploitation n'y a été que très récemment suspendue.

Cette fosse est située à 1,900 mètres environ au sud de la fosse de Vieux-Condé, près du chemin de fer d'Anzin à Péruwelz. Elle comprend deux puits qui sont entrés dans le terrain houiller, à la profondeur de 44 mètres, à 670 mètres au sud-est de l'affleurement de la veine Saint-Joseph. Si on mène par la fosse une coupe normale à la direction des veines, elle va passer à peu de distance des fosses des Rameaux et du Vivier; les terrains traversent cette coupe sous l'orientation générale N. 30° E., et présentent à sa rencontre une inclinaison moyenne de 12° à 15° vers l'est, qui tend à diminuer au voisinage du tourtia. Le dernier accrochage se trouve au niveau de 364 mètres, et on conçoit qu'en raison de la faible pente des veines, elles aient été exploitées sur une relevée considérable avant la rencontre des morts-terrains. Certains chassages ont été continués à grande distance; nous citerons notamment celui du levant de Neuf paumes, à l'étage de 329 mètres, qui a été poursuivi jusqu'à proximité de la limite des travaux d'Outre-Wez, et ceux du couchant de Masse et de Veine à filons, aux niveaux de 297 et de 329 mètres, dont les extrémités sont arrivées jusqu'à près de 2,000 mètres de la fosse. Ces galeries ont permis de se rendre compte, avec une grande exactitude, des variations d'allure que le faisceau présente dans la région de Fresnes; elles se développent suivant des contours presque circulaires ayant leur centre vers le nord-ouest, et elles montrent par quels changements successifs et graduels les veines passent de l'allure tourmentée qu'elles ont encore à Outre-Wez, à la disposition générale en grands plats que l'on observe du côté du couchant. Dans le méridien des fosses Saint-Rémy et Saint-Germain, la direction générale des terrains est O. 30° S., et elle paraît se conserver sans grande modification jusqu'à proximité de la concession de Vicoigne; en même temps, leur pente se fixe à environ 25° vers le sud.

Le champ d'exploitation de la fosse Bonne-Part ne présente qu'un petit nombre d'accidents dignes d'être cités. On y remarque seulement trois failles ou déchirures qui altèrent peu la continuité du faisceau. La plus méridionale, appelée par M. Dormoy *faille du midi de Fresnes,* affleure au tourtia suivant une ligne droite qui, partant de la fosse Saint-Germain, se dirige à peu près de l'est à l'ouest; cette faille est presque verticale. La plus septentrionale, à laquelle M. Dormoy a donné le nom de *faille de Bonne-Part,* affleure suivant une ligne ayant la même direction est-ouest, et située à 650 mètres environ au nord de l'affleurement de la faille du midi de Fresnes; son inclinaison est de 80° vers le nord. Enfin, la troisième dessine contre le tourtia, entre les deux précédentes, un arc de grand diamètre ayant sa concavité au sud et son extrémité orientale au voisinage de la fosse des Rameaux. Ces trois accidents ont pour effet de rejeter les terrains vers l'est, pour un observateur qui descend du nord vers le sud. Le rejet peut être évalué à 140 mètres pour le plus septentrional, à 50 mètres pour le suivant, et à 70 mètres pour le troisième : ils n'exercent donc qu'une faible influence sur l'allure générale du faisceau. En outre, leur effet s'atténue à mesure que l'on s'avance dans la direction du sud-est ; au voisinage du clocher de Fresnes, il est devenu complètement nul. Dans les veines du faisceau de Fresnes-midi, dont nous allons maintenant parler, et qui sont situées immédiatement au-dessus du faisceau de Vieux-Condé, on ne trouve aucune trace du prolongement de toutes ces failles.

Veines méridionales de Bonne-Part appartenant au faisceau de Fresnes-midi. Au niveau de 329 mètres de la fosse Bonne-Part, un recoupage partant de la voie de fond de Neuf paumes, et dirigé vers l'est, a traversé, au delà de la veine Saint-Joseph, une série de couches que l'on a appelées : *Dure veine, Camarou, Voisine, Quatre pieds, Saint-Crépin, Napoléon, Louvigny, Bussy.*

Leur composition moyenne est indiquée par le tableau suivant. La planche XII donne la coupe des terrains encaissant ces diverses veines.

COUPES DES VEINES. H. Houille. — T. Faux-toit. M. Faux-mur. S. Schiste. — E. Escaillage.	NATURE		DISTANCE MOYENNE de chaque veine à la suivante. (Normalement à la stratification.)	PROPORTION P. 0/0.			COULEUR des CENDRES.
	DU TOIT.	DU MUR.		MATIÈRES volatiles.	COKE. Carbone.	Cendres.	
Dure veine. 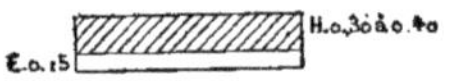 H.o.30 à 0.40 E.o.15	Grès.	Schiste.	76^m	»	»	»	»
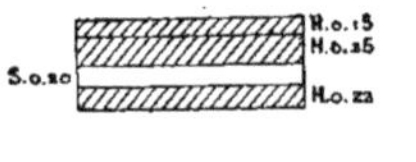 **Camarou.** H.o.15 H.o.15 S.o.20 H.o.22	Schiste.	Schiste.	20^m	10.39	86.51	3.10	»
Voisine. 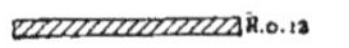 H.o.13	Schiste.	Schiste.	6^m	»	»	»	»

COUPES DES VEINES. H. Houille. — T. Faux-toit. M. Faux-mur. S. Schiste. — E. Escaillage.	NATURE		DISTANCE MOYENNE de chaque veine à la suivante. (Normalement à la stratification.)	PROPORTION P. 0/0.			COULEUR des CENDRES.
	DU TOIT.	DU MUR.		MATIÈRES volatiles.	COKE. Carbone.	Cendres.	
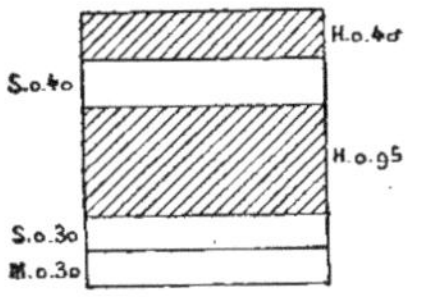 **Quatre pieds.** (S.o.4o, H.o.4ᵈ, H.o.95, S.o.3o, M.o.3o)	Schiste.	Schiste.	15ᵐ	11.26	85.62	3.12	»
Sᵗ Crépin (H.o.6o)	Schiste.	Schiste.	13ᵐ	»	»	»	»
Napoléon. (S.o.2o, H.o.5o, H.o.4o, E.o.o5, H.o.25)	Schiste.	Schiste.	11ᵐ	10.39	83.93	5.68	»
Louvigny. (H.o.5o à o.6o)	Schiste.	Schiste.	28ᵐ,50	11.18	87.10	1.72	»
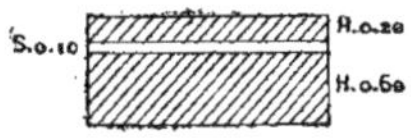 **Bussy.** (S.o.1o, H.o.2o, H.o.6o)	Schiste.	Schiste.	»	11.45	86.53	2.02	»

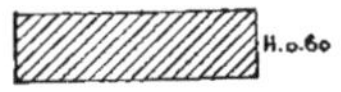

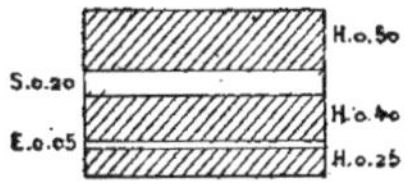

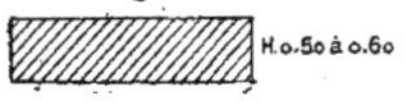

Dure veine, Voisine et Saint-Crépin, ont été trouvées inexploitables ;
dans les cinq autres, notamment dans Camarou et dans Louvigny, on a exécuté quelques travaux ; mais on les a bientôt suspendus, en même temps
qu'on arrêtait le creusement du recoupage de reconnaissance, à cause de
l'allure tourmentée des terrains qui, à cet endroit, présentent des crochets
assez semblables à ceux de la fosse du Sarteau. Leur direction générale dans

les plats est celle du nord-ouest au sud-est ; ils s'infléchissent ensuite vers le sud, puis vers le sud-ouest, parallèlement au faisceau de Vieux-Condé, avant de pénétrer dans la concession d'Escaupont.   ·

Le groupe de veines dont nous venons de parler constitue la partie inférieure d'un autre faisceau situé immédiatement au-dessus de celui de Vieux-Condé, et qu'on appelle faisceau de Fresnes·midi. Il est connu d'une façon beaucoup plus complète dans la concession d'Escaupont, où il présente des plats très réguliers que l'on exploite avec avantage. Saint-Joseph, qui est la dernière veine du faisceau de Vieux-Condé, et Dure veine, qui est la première de celui de Fresnes-midi, ne sont séparées que par un intervalle stérile de 32 mètres d'épaisseur, compté normalement à la stratification. Il existe, au contraire, un intervalle de 76 mètres entre Dure veine et Camarou, en sorte qu'il serait plus naturel de rattacher Dure veine au faisceau de Vieux-Condé, Camarou commençant celui de Fresnes-midi. En réalité, les deux faisceaux ne sont pas distincts, puisqu'ils se suivent sans que l'on observe entre eux une zone stérile plus épaisse que la distance ordinaire de deux veines consécutives. Cette continuité se remarque également dans la proportion de matières volatiles des charbons extraits, qui ne change pas brusquement d'un faisceau à l'autre. En général, les veines du groupe de Fresnes-midi sont un peu plus grasses que celles de Vieux-Condé, mais l'écart est peu sensible.

Si nous revenons maintenant au gisement de Bonne-Part, nous pouvons résumer son état en disant qu'il est peu régulier, et d'une exploitation difficile dans la partie la plus voisine du cran d'Amaury, c'est-à-dire de la fosse d'Outre-Wez ; qu'au contraire, il se présente sous un aspect satisfaisant du côté du couchant. Les veines du faisceau de Vieux-Condé ont, dans toute leur étendue, une puissance et une composition assez constantes, et il en est de même des bancs stériles qui les séparent ; cependant, on constate une tendance générale à l'amincissement dans la région de Fresnes ; c'est encore une circonstance défavorable à l'exploitation. Il est à remarquer, toutefois, que cette règle souffre des exceptions, puisque certaines couches, Petite veine par exemple, sont parfois exploitables à Fresnes, tandis qu'elles ne le sont pas à Vieux-Condé et à Hergnies.

Les motifs qui ont porté la compagnie d'Anzin à abandonner la fosse Bonne-Part sont assez nombreux. Les travaux s'étendaient sous le village de Fresnes, et y occasionnaient des affaissements qui obligeaient à payer aux propriétaires de la surface des indemnités considérables. De plus, on avait à extraire journellement 8,000 hectolitres d'eau, par une pompe montée sur l'un des puits ; cette eau provenait en grande partie des anciens puits très nombreux creusés dans la région de Fresnes, et dont plusieurs ont été fermés d'une manière incomplète. Enfin, le gisement n'était d'une exploitation réellement avantageuse qu'à une trop grande distance au couchant de la fosse.

La compagnie a donc pensé qu'il était plus sage de le rechercher par une nouvelle fosse, dite fosse La Grange, qu'elle est en train d'ouvrir dans la concession de Raismes, au voisinage de son angle commun avec les concessions de Fresnes, Escaupont et Saint-Saulve, et à 1,870 mètres de la fosse Thiers, sur une ligne partant de cette fosse et dirigée N. 30° O. Cette fosse servira à exploiter à la fois le faisceau de Vieux-Condé et celui de Fresnes-midi, et on se garantira du voisinage des travaux inondés de Bonne-Part, en réservant contre eux un massif vierge de 100 mètres d'épaisseur.

Le faisceau de Fresnes-midi se prolonge, parallèlement à celui de la fosse de Vieux-Condé, jusqu'au cran d'Amaury ; mais on a renoncé à l'exploiter au nord de la fosse Bonne-Part, à cause de l'irrégularité générale des terrains constatée par les travaux du nord d'Outre-Wez et par ceux du sud de la fosse de Vieux-Condé. Du moment qu'il n'est pas exploitable aux abords de la fosse Bonne-Part, où l'influence de l'accident d'Amaury est déjà très atténuée, il doit être impossible, à plus forte raison, d'en tirer un parti avantageux dans la région où l'on sait qu'il doit présenter des replis plus nombreux et une allure plus tourmentée.

Au nord de l'accident d'Amaury, le faisceau de Fresnes-midi est représenté par quelques passées qui ont été reconnues, un peu à l'est de Vieux-Condé, par les travaux de la fosse du Milieu ou du Mitan, établie en 1747 sur l'accident même. Ces passées, que l'on a appelées Puante, Française et

Désirée, ont été trouvées inexploitables ; Puante paraît correspondre à Dure veine, Française à Camarou, et Désirée à Voisine.

Enfin, au nord du faisceau de Vieux-Condé, on ne connaît que les veines de Bruille et de Château-l'Abbaye. Elles ont été rencontrées par les trois sondages du nord-ouest de la fosse Sophie, et par les fosses de Bruille et Pont-Péry : c'est également sur leur parcours qu'ont été creusées très anciennement un certain nombre de fosses, parmi lesquelles nous citerons la fosse Hurbin (1741-1743), où la houille a été découverte pour la première fois dans la concession de Vieux-Condé, et qui, après être entrée dans le terrain houiller à la profondeur de 30 mètres, n'y a trouvé que quelques passées inexploitables ; la fosse Capote, de la compagnie de Mortagne (1750-1776), et la fosse des Hayes (1766). Cette dernière est remarquable en ce qu'elle n'a traversé que 48 mètres de terrain houiller, de la profondeur de 32 mètres à celle de 80 mètres, après quoi elle a atteint le calcaire carbonifère.

Sondages
de la concession
de Fresnes.

Divers sondages ont été exécutés dans la partie sud-ouest de la concession de Fresnes et y sont tombés, soit sur l'affleurement du faisceau de Bruille, soit sur celui du faisceau de Vieux-Condé. Le plus septentrional est celui du Clair-Cerisier (1840), qui a été placé sur le territoire d'Escaupont, près de la drève d'Escaupont ; il a exploré le terrain houiller, de la profondeur de 62 mètres à celle de 112 mètres, et n'y a trouvé qu'une passée de $0^m,17$ d'ouverture.

Au sud-est de ce sondage, on en a entrepris trois autres, dont le plus ancien (1840), appelé sondage du Dérodage, a atteint le terrain houiller à la profondeur de 58 mètres, et a été poursuivi jusqu'à celle de 123 mètres ; dans cet intervalle, il a traversé huit passées de $0^m,15$, $0^m,25$, $0^m,28$, $0^m,23$, $0^m,16$, $0^m,18$, $0^m,12$, $0^m,20$, et une veine de $0^m,70$; le second, dit sondage de la Taille à Bouleaux (1841), situé un peu au nord-ouest du précédent, n'a trouvé aucune trace de houille, de la profondeur de 60 mètres à celle de 84 mètres ; quant au troisième, qui a reçu le nom de sondage de la Planquette, il a été placé à peu de distance au sud-est des deux autres (1840), et, depuis le niveau de 68 mètres auquel il a atteint le terrain houiller, jusqu'à celui de

112 mètres, il a traversé sept veines et passées de charbon, ayant les épaisseurs de $0^m,47$, $0^m,48$, $0^m,30$, $0^m,23$, $0^m,36$, $1^m,36$ et $0^m,28$, aux profondeurs respectives de 72, 76, 84, 86, 88, 95 et 103 mètres.

Nous citerons encore, pour mémoire, le sondage du Champ des Carniaux (1839), situé sur le territoire de Fresnes au sud-ouest de la fosse Saint-Germain, qui a atteint le terrain houiller à la profondeur de 70 mètres, mais qui, n'ayant été poursuivi que jusqu'à celle de 76 mètres, n'a pas rencontré la houille.

D'après leur position, comme d'après les résultats qu'ils ont obtenus, il paraît probable que le sondage du Clair-Cerisier se trouvait sur le faisceau de Bruille; ceux du Dérodage, de la Taille à Bouleaux et de la Planquette, sur le bord septentrional du faisceau de Vieux-Condé, et celui du Champ des Carniaux sur son bord méridional.

Dans tout ce qui précède, nous avons, bien entendu, laissé de côté les fosses assez nombreuses qui, dans les concessions que nous examinons, ont dû être abandonnées avant d'atteindre le terrain houiller.

Dans ces derniers temps, l'extraction a été poussée avec une grande activité dans le gisement de Vieux-Condé, et pourtant ses ressources ne sont pas indéfinies. Au nord de la faille d'Amaury, les veines du faisceau de Vieux-Condé sont interrompues par cet accident à une profondeur relativement faible, et comme elles ont été exploitées sur tout leur parcours au voisinage de l'affleurement, il ne reste plus guère à en prendre que les parties les plus voisines de la faille. Nous avons fait remarquer, toutefois, que deux fosses pourront être avantageusement établies, l'une à l'est, l'autre au sud-est de la fosse Général de Chabaud La Tour. Ces nouvelles fosses, de même que celles qui sont actuellement en activité ou en réserve, seront affectées exclusivement à l'exploitation des veines du faisceau de Vieux-Condé, car nous savons qu'il ne faut pas compter sur les veines de Bruille, et quant à celles du faisceau de Fresnes-midi, elles paraissent inexploitables dans la région de Vieux-Condé et d'Hergnies, d'après ce que l'on en sait jusqu'à présent; en admettant, d'ailleurs, qu'elles y fussent exploitables, elles sont si rapprochées de la faille d'Amaury, qu'elles seraient vite épuisées jusqu'au contact de cet accident.

Ces diverses considérations montrent que la région de Vieux-Condé et d'Hergnies, quoique renfermant encore des richesses minérales considérables, doit être ménagée, si l'on ne veut pas l'épuiser à bref délai. Cette situation est d'autant plus digne d'attention, qu'au midi du cran d'Amaury, les terrains présentent, jusqu'à la fosse Bonne-Part, une irrégularité qui s'oppose à leur exploitation. Cette allure tourmentée tient au voisinage de la faille qui est presque droite, puisqu'elle est inclinée de 80° vers le nord; on ne peut donc pas espérer une amélioration en profondeur; quant aux veines du faisceau de Fresnes-midi, elles n'ont pas été explorées au voisinage de la faille, mais comme elles ont été trouvées irrégulières et inexploitables à Bonne-Part, elles doivent l'être, à plus forte raison, au nord de cette fosse.

D'après cela, il faudra s'éloigner dans la direction du sud-ouest, pour continuer l'exploitation des charbons maigres; on sort ainsi de la concession de Fresnes pour entrer dans celle de Raismes, et c'est déjà dans cette dernière qu'a été fixé l'emplacement de la nouvelle fosse La Grange; il paraît heureusement choisi pour exploiter les deux faisceaux de Vieux-Condé et de Fresnes-midi.

Résumé. En résumé, l'exploitation des charbons maigres abandonnera bientôt les concessions de Vieux-Condé, Odomez et Fresnes, pour se réfugier dans celles de Raismes et d'Anzin. Les faisceaux de Vieux-Condé et de Fresnes-midi se prolongent au nord de ces deux dernières concessions, et si on en juge par ce qui se passe à Vicoigne où les veines, bien que plusieurs fois repliées sur elles-mêmes, présentent une allure régulière, on les trouvera dans des conditions favorables à une bonne exploitation. Les charbons maigres constituent, beaucoup plus que les demi-gras et les gras, la principale richesse de la compagnie d'Anzin, et quand la partie méridionale de ses concessions aura été épuisée, il lui restera, au nord du chemin de fer de Somain à Valenciennes, un vaste territoire dans lequel elle pourra continuer ses travaux pendant une longue série d'années.

En terminant ce chapitre, nous ferons remarquer que la partie des concessions de Fresnes et de Vieux-Condé, comprise entre les périmètres des concessions d'Escaupont et de Thivencelles, n'a encore été l'objet d'aucune exploration. Cette région renferme vraisemblablement une série de veines supérieures à celles du faisceau de Fresnes-midi, et rien n'indique qu'elle soit inexploitable. Il y a peut-être là une ressource pour l'avenir. Nous ferons connaître plus loin quelles sont les veines qui, dans l'ordre de la stratification, viennent immédiatement au-dessus de celles du faisceau de Fresnes-midi.

CHAPITRE VI.

CONCESSION D'ESCAUPONT.

La concession d'Escaupont (pl. 11), qui appartient à la compagnie de Thivencelles et Fresnes-midi, est de beaucoup la plus petite du bassin de Valenciennes. Son étendue n'est que de 110 hectares. Néanmoins, elle renferme un beau gisement de charbons maigres, ou plutôt quart gras, remarquable en certains points par sa régularité.

Les veines qu'on y connaît se succèdent dans l'ordre suivant, quand Veines reconnues. on va du nord au sud, ou, ce qui revient au même, de bas en haut : *Petite veine, Mathieu, Juliette, Boisset, Napoléon, Louvigny, Bussy, Sainte-Barbe, Jean de Dieu, Hamoir, Fleury, N° 9 ou Bouillez, N° 10, N° 11, N° 12, N° 13.*

Le tableau suivant fait connaître la composition moyenne de ce faisceau :

COUPES DES VEINES. H. Houille. — T. Faux-toit. M. Faux-mur. S. Schiste. — E. Escaillage.	NATURE DU TOIT.	NATURE DU MUR.	DISTANCE MOYENNE de chaque veine à la suivante. (Normalement à la stratification.)	PROPORTION P. 0/0. MATIÈRES volatiles.	COKE. Carbone.	COKE. Cendres.	COULEUR des CENDRES.
Petite veine.	Grès.	Schiste.	40ᵐ	»	»	»	»
Mathieu.	Schiste.	Schiste.	30ᵐ	10.84	85.31	3.85	Blanc.

COUPES DES VEINES.	NATURE		DISTANCE MOYENNE de chaque veine à la suivante. (Normalement à la stratification.)	PROPORTION P. 0/0.			COULEUR des CENDRES.
H. Houille. — T. Faux-toit. M. Faux-mur. S. Schiste. — E. Escaillage.	DU TOIT.	DU MUR.		MATIÈRES volatiles.	COKE. Carbone.	Cendres.	
Juliette. 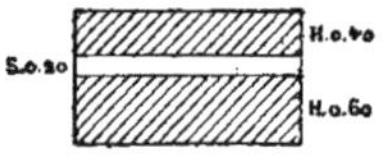	Schiste.	Schiste.	14^m	11.00	78.90	10.10	Gris.
Boisset. 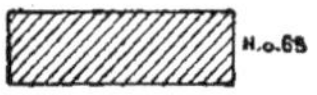	Schiste.	Schiste.	21^m	12.31	83.29	4.40	Blanc.
Napoléon. 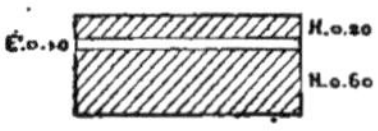	Schiste.	Schiste.	15^m	10.75	78.85	10.40	Blanc.
Louvigny. 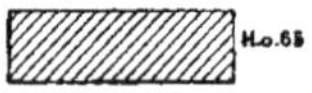	Schiste.	Schiste.	22^m	12.67	82.98	4.35	Blanc.
Bussy. 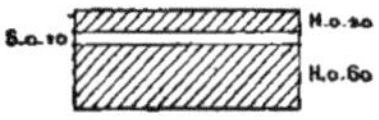	Schiste.	Schiste.	23^m	12.10	83.00	4.90	Gris.
Ste Barbe. 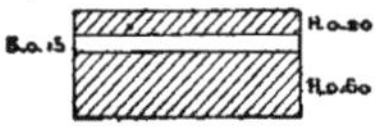	Schiste.	Schiste.	30^m	12.93	76.97	10.10	Gris.
Jean de Dieu. 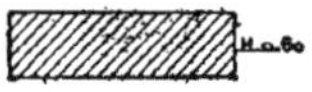	Schiste.	Schiste.	31^m	»	»	»	»

COUPES DES VEINES. H. Houille. — T. Faux-toit. M. Faux-mur. S. Schiste. — E. Escaillage.	NATURE		DISTANCE MOYENNE de chaque veine à la suivante. (Normalement à la stratification.)	PROPORTION P. 0/0.			COULEUR des CENDRES.
	DU TOIT.	DU MUR.		MATIÈRES volatiles.	COKE. Carbone.	Cendres.	
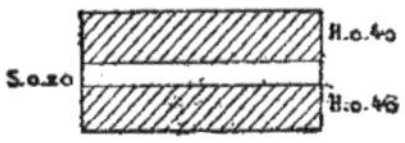 **Hamoir** S.o.20 H.o.40 H.o.46	Schiste.	Schiste.	35ᵐ	»	»	»	»
Fleury 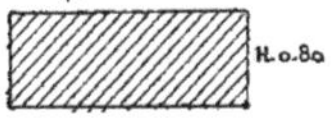 H.o.80	Schiste.	Schiste.	22ᵐ	»	»	»	»
N.º 9 ou Bouillez 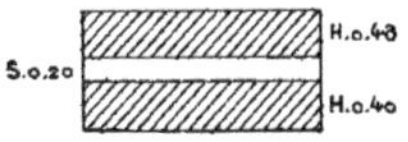 S.o.20 H.o.43 H.o.40	Schiste.	Schiste.	13ᵐ	»	»	»	»
N.º 10 ?	»	»	10ᵐ	»	»	»	»
N.º 11 ?	»	»	11ᵐ	»	»	»	»
N.º 12	»	»	50ᵐ	»	»	»	»
N.º 13 ?	»	»	»	»	»	»	»

Ces veines donnent une proportion de matières volatiles qui varie de
11 à 12, et même 13 0/0.

L'exploitation a principalement porté sur la partie du faisceau allant de
Mathieu à Sainte-Barbe. Petite veine n'a donné lieu qu'à des travaux très

restreints, et au midi de Sainte-Barbe, on n'a guère ouvert que quelques tailles dans Jean de Dieu et Veine n° 13.

Le fait le plus saillant à remarquer dans le faisceau de la concession d'Escaupont, c'est que le gisement paraît en général s'appauvrir en profondeur, par suite d'une diminution graduelle de l'épaisseur des veines. C'est ainsi que Juliette et Boisset, qui ont une très belle apparence dans les niveaux supérieurs, disparaissent complètement à une certaine distance de leurs affleurements : elles n'ont été rencontrées, ni à l'étage de 344 mètres de la fosse Soult, ni à celui de 293 mètres de la fosse n° 2. On a cru un instant, pour ce motif, qu'elles ne constituaient pas deux veines distinctes, et qu'elles devaient être regardées comme des lambeaux de Napoléon et de Louvigny; mais, outre qu'on ne connaît pas d'accident auquel on puisse attribuer un rejet aussi considérable de ces deux veines, la recherche faite au niveau de 329 mètres de la fosse Bonne-Part ne permet plus de douter de leur individualité, et de leur indépendance complète de Napoléon et de Louvigny. La veine Jean de Dieu a de même disparu à tous les niveaux inférieurs à celui de 171 mètres de la fosse Soult, en sorte que la bowette sud de l'étage de 250 mètres de cette fosse a recoupé Hamoir immédiatement après Sainte-Barbe.

Le faisceau de la concession d'Escaupont se raccorde parfaitement avec celui dont l'existence a été reconnue au sud-est de la fosse Bonne-Part; il existe entre l'un et l'autre une telle ressemblance que leur identité est incontestable; il convient de l'établir comme il suit.

Au nord de Petite veine, il existe à la fosse Soult deux passées, dont la plus septentrionale a été atteinte à l'extrémité d'une galerie servant de réservoir d'eau, dite albracq, creusée au niveau de 354 mètres; on l'a parfois appelée Petite veine, seconde du nom. Ces deux passées paraissent être les deux sillons de la veine Saint-Joseph, qui sont parfaitement distincts à Hergnies, où on les connaît sous les noms de Voisine et de Patience, et qui viennent se rejoindre à la fosse du Sarteau. On trouve ensuite les assimilations indiquées ci-contre :

NOMS ATTRIBUÉS A UNE MÊME VEINE.	
A LA FOSSE BONNE-PART.	DANS LA CONCESSION D'ESCAUPONT.
Dure veine.	Petite veine.
Camarou.	Mathieu.
Voisine.	Passée.
Quatre pieds.	Juliette.
Saint-Crépin.	Boisset.
Napoléon.	Napoléon.
Louvigny.	Louvigny.
Bussy.	Bussy.

La galerie de l'étage de 329 mètres de la fosse Bonne-Part ayant été arrêtée sur la veine Bussy, on voit que les travaux d'Escaupont s'étendent, du côté du midi, sur une zone de terrain houiller qui n'a pas encore été explorée dans l'étendue des concessions précédemment étudiées.

Le faisceau d'Escaupont a été appelé faisceau de Fresnes-midi, du nom de la compagnie à laquelle appartient la concession dans laquelle on l'exploite; nous avons vu qu'il suit immédiatement celui de Vieux-Condé, et qu'il n'en est séparé par aucun intervalle stérile digne d'être signalé; à proprement parler, la distinction qu'on a l'habitude de faire entre eux est de pure convention, et il serait plus rationnel de les regarder comme constituant un seul groupe de veines.

Nous savons qu'à la fosse Bonne-Part, les veines du faisceau de Fresnes-midi sont orientées du nord-ouest au sud-est, et présentent une irrégularité qui les rend inexploitables. Au voisinage de la concession d'Escaupont, elles décrivent en affleurement une sorte d'arc circulaire, en s'infléchissant d'abord au sud, puis au sud-ouest; elles pénètrent dans cette concession, par sa limite orientale, sous la direction O. 30° S., qu'elles conservent jusqu'à proximité du cours de l'Escaut; elles entrent ensuite dans la concession de Saint-Saulve, puis dans celle de Raismes, sous une orientation peu différente.

Les terrains d'Escaupont sont toujours en plat; leur inclinaison varie de 15° à 30° vers le midi, ou plus exactement vers le sud-est. Le plus géné-

Allure
des terrains
d'Escaupont.

ralement, les bancs s'aplatissent à mesure qu'on s'avance vers le sud, en sorte qu'une même veine fournit des quantités de charbon considérables, entre deux niveaux relativement rapprochés. Il en est ainsi, notamment, pour les veines Napoléon et Louvigny, entre l'étage de 284 mètres et celui de 344 mètres de la fosse Soult.

La grande régularité de ces terrains compense jusqu'à un certain point l'exiguité de la concession. Il existe toutefois une zone brouillée qui s'étend du puits Soult au puits n° 2, et qui se propage en profondeur; mais la partie située au sud de cette zone est fort belle, et ne présente que des rejets peu importants; elle fournit des charbons à flamme courte, assez durs et gailleteux, très recherchés pour le chauffage domestique, ainsi que pour la cuisson de la brique et de la chaux, et d'un prix de revient peu élevé. L'irrégularité des terrains ne reparaît qu'au midi de la concession, qui a été explorée jusqu'à sa limite sud par une galerie creusée au niveau de 250 mètres de la fosse Soult.

Torrent de Vicq. La concession d'Escaupont est située sur le bord de la dépression houillère qu'on appelle vallée de Vicq. Le terrain houiller, qui se trouve à 44 mètres du sol à la fosse Bonne-Part, est déjà situé à la profondeur de 98 mètres à la fosse Soult, et de 122 mètres à la fosse n° 2; il continue à s'enfoncer dans la direction du sud-est, vers le clocher de Vicq. En même temps, on voit se développer de plus en plus, au-dessus de lui, le grès glauconifère connu vulgairement sous le nom de grès vert. Il est très aquifère, parce que la couche de dièves qui garantit les exploitations du département du Nord contre les inondations s'amincit rapidement vers la frontière, et laisse arriver les eaux jusqu'au contact de la formation houillère. Il est donc prudent, toutes les fois que la présence du grès vert est constatée, de parer au danger résultant de son voisinage, en réservant contre lui un massif vierge de terrain houiller. Cette précaution n'a malheureusement pas été prise à la fosse Soult au début des travaux, parce qu'on ignorait alors la chute rapide de l'affleurement du bassin dans la direction du sud-est. Une bowette creusée vers le midi, au niveau de 171 mètres, s'est peu à peu approchée du grès vert, et a donné une quantité d'eau qui a rapidement augmenté. Un montage de reconnaissance exécuté à l'extrémité de cette galerie, c'est-à-dire à 230 mètres du puits, a ensuite permis de reconnaître l'existence du grès vert à une faible distance. Sa surface de contact avec le terrain houiller plonge d'environ 12° vers le sud-est. Actuellement encore, la proximité du grès vert constitue une charge pour l'exploitation d'Escaupont, car la venue d'eau journalière à épuiser est d'environ 3,000 hectolitres.

Deux fosses ont été ouvertes dans cette petite concession.

La plus ancienne porte le nom de fosse Soult; elle a été entreprise, en 1839, à environ 750 mètres au sud-est de la fosse Bonne-Part. Actuellement, son dernier niveau est à 344 mètres, et le fond du puits à 354 mètres. La limite nord de la concession se trouvant à environ 170 mètres du puits, les travaux s'étendent surtout vers le sud; mais la dernière veine réellement productive est Sainte-Barbe, et il ne faut guère compter sur celles qui lui sont supérieures. La bowette méridionale du niveau de 250 mètres a été prolongée jusqu'à la limite de la concession; celle de l'étage de 344 mètres a atteint la veine Sainte-Barbe à peu de distance de cette limite. Nous avons déjà vu que cette galerie n'a plus retrouvé les veines Juliette et Boisset, qui avaient été exploitées aux niveaux supérieurs.

La fosse n° 2 date de 1845; elle se trouve à environ 330 mètres au sud-ouest de la précédente; son dernier accrochage est situé à la profondeur de 293 mètres, et on a renoncé à l'approfondir davantage, parce que la fosse Soult peut suffire à exploiter la totalité du gisement d'Escaupont. L'allure des terrains se rapproche beaucoup de celle qu'ils présentent à la fosse Soult, mais les bowettes n'ont pas été poussées au delà de Sainte-Barbe.

La concession d'Escaupont, en raison de ses dimensions restreintes, n'est pas appelée à un grand avenir, mais elle est encore loin d'être épuisée. Toutefois, les veines du faisceau de Fresnes-midi y sont en grande parties déhouillées; en effet, Sainte-Barbe entre dans la concession de Saint-Saulve un peu au-dessous du niveau de 344 mètres de la fosse Soult; les veines Bussy, Louvigny et Napoléon, y pénètrent à leur tour un peu plus bas, et comme Boisset et Juliette disparaissent en profondeur, on voit que dans un délai rapproché, il ne restera plus rien à prendre dans la zone supérieure à la veine Mathieu ou Camarou. Mais il est à remarquer qu'au-dessous de cette veine se trouvent celles du faisceau de Vieux-Condé, que l'on atteindra à une profondeur abordable, et dont l'exploitation peut fort bien être avantageuse. Malgré cela, la concession d'Escaupont devrait être abandonnée à assez brève échéance, si on y développait les travaux outre mesure, et si on lui demandait une production supérieure à son extraction actuelle.

Sondages exécutés dans la région d'Escaupont. On n'a exécuté dans la région d'Escaupont qu'un très petit nombre de sondages sans intérêt, aucun d'eux n'ayant été poursuivi jusqu'au terrain houiller.

CHAPITRE VII.

CONCESSIONS DE THIVENCELLES ET DE SAINT-AYBERT.

Les deux concessions de Thivencelles et de Saint-Aybert (pl. II), qui appartiennent à la compagnie de Thivencelles et Fresnes-midi, n'ont été explorées que dans leur partie la plus voisine de la ville de Condé. Presque partout, le terrain houiller s'y trouve à une grande profondeur, et il n'y a guère que vers leur limite occidentale qu'il soit facilement accessible.

La fosse Pureur a été ouverte, en 1838, dans la concession de Saint-Aybert, près du canal de Mons à Condé, et à 1,700 mètres environ à l'est du clocher de cette dernière ville. Elle a atteint le grès-vert à la profondeur de 117 mètres, et l'a traversé sur une hauteur de 21 mètres, en sorte qu'elle est entrée dans le terrain houiller à 138 mètres du sol. Là, elle a recoupé successivement quatre veines, dirigées N. 35° E., et inclinées de 25° vers le S. E., savoir :

Fosse Pureur.

A 144 mètres.	Quinet, de 0^m,50 d'ouverture.	
155 —	Pureur, de 0^m,80 —	
172 —	Hugon.	
188 —	Veine à filons.	

Le puits a été arrêté à la profondeur de 200 mètres.

Au niveau de 188 mètres, on a creusé, vers le midi, une vingtaine de mètres de bowette, mais ce travail a été bientôt interrompu. Le puits avait été exécuté avec beaucoup de négligence et n'était pas vertical ; la solidité du cuvelage laissait à désirer ; le 7 janvier 1844, on était en train de le

réparer, quand une pompe volante rompit ses points d'attache et fut préci-
pitée au fond; à la suite de cet accident, la fosse Pureur fut définitivement
abandonnée, avant d'avoir fourni des renseignements précis sur la régularité
des terrains traversés. Toutefois, on la continua en 1859, par un sondage
qui fut poussé de la profondeur de 200 mètres à celle de 352 mètres. Dans
cet intervalle, il recoupa six veines ou veinules inférieures à la veine à
filons, savoir :

A 233 mètres, une veinule de 0^m,12 d'épaisseur.
259 — une veine de 1^m,10 —
279 — une veinule de 0^m,30 —
289 — — 0^m,22 —
306 — une veine de 0^m,97 —
349 — — 0^m,80 —

Sondage
Saint-Pierre.

La même année, un autre sondage, dit sondage Saint-Pierre, fut
entrepris à 480 mètres environ au sud de la fosse Pureur, dans la concession de Thivencelles; il traversa 40 mètres de grès vert, de la profondeur
de 140 mètres à celle de 180 mètres; puis il pénétra dans le terrain houiller,
où il rencontra successivement sept veines qui avaient les épaisseurs suivantes, comptées verticalement :

A 190 mètres. . . . . veine de 0^m,55
198 — . . . . — 0^m,40
226 — . . . . — 0^m,60
234 — . . . . — 0^m,90
256 — . . . . — 2^m,02
266 — . . . . — 1^m,15
297 — . . . . — 0^m,95

Ce sondage fut arrêté à la profondeur de 300 mètres.

Dans son voisinage, on avait commencé, en 1844, une fosse nommée
fosse Lenglé, qui avait été abandonnée, peu de temps après, dans les sables
boulants. Les résultats heureux des sondages Pureur et Saint-Pierre don-
nèrent l'idée de la continuer. Ainsi furent entrepris, en 1861, deux nouveaux puits, que l'on appela puits Saint-Pierre.

Fosse
Saint-Pierre.

Ils atteignirent le terrain houiller à la profondeur de 171 mètres, sous
33 mètres de grès vert; puis ils s'enfoncèrent dans des brouillages, où on

se décida à ouvrir des accrochages, aux niveaux de 278 et de 309 mètres. Au nord, les bowettes ne furent poussées qu'à une faible distance; vers le sud, on les poursuivit sur un développement de 800 mètres, mais on ne rencontra que des lambeaux de veines inexploitables, rejetées par de nombreux accidents. En général, les bancs étaient peu inclinés; à 600 mètres environ de la fosse, ils étaient presque plats; dans ces conditions, il était superflu de continuer l'exploration, puisque les galeries restaient toujours dans la même bande de terrain houiller; d'ailleurs, si on avait continué le creusement de la bowette sud de l'étage de 278 mètres, on n'aurait pas tardé à atteindre le grès vert qui, dans cette région, descend à une grande profondeur.

L'insuccès de la fosse Saint-Pierre doit être attribué à ce que, vers 1860, les sondages fournissaient encore des renseignements incomplets sur la régularité des terrains traversés. On ne savait pas bien découper et remonter des échantillons venant du fond, en sorte qu'on était simplement édifié sur le plus ou moins de richesse en houille de la zone explorée, sans l'être sur les chances d'une exploitation future. Il est à présumer que si, à cette époque, l'industrie des sondages avait eu la perfection qu'elle possède aujourd'hui, on aurait été mis en garde contre l'irrégularité des terrains recoupés à Saint-Pierre; peut-être aurait-on hésité à y ouvrir une fosse.

On se résigne difficilement à abandonner un travail dans lequel on a engagé des capitaux considérables; tel est probablement le motif pour lequel la compagnie, ayant pu augmenter son capital à la faveur de la crise houillère de 1873, résolut d'approfondir la fosse Saint-Pierre, au lieu d'en ouvrir une autre dans une partie inexplorée de ses vastes concessions. Les travaux, qui avaient été suspendus pendant plusieurs années, furent repris en 1876, et l'un des puits fut approfondi jusqu'au niveau de 430 mètres; en même temps, de nouveaux accrochages furent établis à 360 et à 420 mètres; les bowettes de ces deux étages ont encore traversé des terrains assez tourmentés; néanmoins, on constate une grande amélioration, surtout du côté du midi, par rapport à ce qui existe aux niveaux supérieurs.

Six veines et plusieurs passées ont été reconnues ou exploitées. Les veines ont reçu les noms suivants, dans leur ordre de succession de bas en haut : *Haubourdin, Lenglé, de Noue, Camberlin, Dubreucq, Révérony.*

Le tableau suivant en indique la composition moyenne.

COUPES DES VEINES. H. Houille. — T. Faux-toit. M. Faux-mur. S. Schiste. — E. Escaillage.	NATURE		DISTANCE MOYENNE de chaque veine à la suivante. (Normalement à la stratification.)	PROPORTION P. 0/0.			COULEUR des CENDRES.
	DU TOIT.	DU MUR.		MATIÈRES volatiles.	COKE. Carbone.	Cendres.	
Haubourdin. H.0.10 / H.0.10 / H 0.70	Schiste.	Schiste.	?	12.30	80.00	7.70	Jaune.
Lenglé T.0.10 / H.0.80	Schiste.	Schiste.	15ᵐ	12.45	77.95	9.60	Gris.
de Noue. S.0.08 / H.0.65 / H.0.23	Schiste.	Schiste.	10ᵐ	12.50	83.80	3.70	Marron.
Camberlin. T.0.10 / H.0.65 / R.0.10	Schiste.	Schiste.	70ᵐ	13.00	82.40	4.60	Rouge.
Dubreucq. T.0.08 / H.0.67	Schiste.	Grès.	34ᵐ	13.28	77.22	9.50	Gris.
Révérony. T.0.05 / H.0.65	Schiste.	Schiste.	»	13.45	82.49	4.06	Gris.

Leur allure est assez capricieuse, et elles présentent, en coupe verticale, une succession de plats séparés par des droits, qui les relèvent de manière à les faire rencontrer plusieurs fois par une même galerie horizontale. C'est ainsi que la veine Camberlin a été recoupée quatre fois, jusqu'à présent, par les bowettes du niveau de 420 mètres. Généralement, les plats ont, à la traversée des bowettes, l'orientation 0.30° S., mais quand on s'avance vers le couchant, ils tendent à prendre la direction E.-O. La disposition des droits n'est pas encore bien connue; on sait seulement qu'ils s'inclinent parfois au delà de la verticale, de manière à présenter l'allure renversée.

On a exploité, au sud de la fosse, un plat des veines Lenglé, de Noue et Camberlin, que l'on a suivi au couchant, entre les niveaux de 360 mètres et de 420 mètres, jusqu'à peu de distance de la limite de la concession de Thivencelles. Ces trois veines se développent bien parallèlement les unes aux autres, avec une inclinaison d'environ 25° vers le sud.

L'exploitation de Camberlin a rencontré, au levant, un brouillage sur lequel elle a été arrêtée.

Quant à la veine Haubourdin, on ne l'a encore exploitée qu'au nord de la fosse, à l'étage de 420 mètres; sa voie de fond est assez sinueuse; néanmoins, on l'a suivie par un montage de 150 mètres de longueur, sans remarquer de changement dans sa puissance; son inclinaison varie de 10° à 22° vers le sud ou vers l'est.

Dans le voisinage des fosses Pureur et Saint-Pierre, on a exécuté un certain nombre de sondages, dont nous allons dire quelques mots.

Le sondage Désaubois a été ouvert, en 1845, par la compagnie de Thivencelles, sur la rive droite du canal du Hongnau, dans la concession de Vieux-Condé, tout près de la limite de celle de Saint-Aybert; il a trouvé le terrain houiller à la profondeur de 99 mètres, sous 33 mètres de grès vert. A celle de 128 mètres, il a recoupé une veine de houille de $0^m,65$ d'ouverture, et à celle de 155 mètres, une autre veine de $1^m,33$; on l'a arrêté au niveau de 167 mètres.

Si on se rapproche du méridien des fosses Pureur et Saint-Pierre, on trouve, entre le canal du Hongnau et celui de Mons à Condé, un autre sondage que l'on connaît sous le nom de sondage de Condé; il est situé dans la concession de Saint-Aybert, et a été entrepris, en 1838, par la société condéenne. Il a traversé 31 mètres de grès vert avant d'arriver au terrain houiller, qu'il a atteint à la profondeur de 140 mètres; 3 mètres plus bas, il a trouvé une veine de $0^m,50$ de puissance, que l'on a appelée veine Clairon ou du Sondage.

Enfin, nous citerons un autre sondage, dit du Marais, qui a été exécuté, en 1839, par la compagnie de Thivencelles, à 350 mètres environ au sud de la fosse Saint-Pierre, non loin de la limite de la concession de Thivencelles et à son intérieur. Le terrain houiller n'y a été atteint qu'à la profondeur de 207 mètres, sous 49 mètres de grès vert; on y a recoupé, aux niveaux de 215 et de 231 mètres, deux veines de $0^m,40$ et $0^m,70$ d'ouverture, que l'on a nommées veine Bouchet et veine Lorieux.

La société de Thivencelles et la société condéenne ont encore entrepris d'autres sondages dans la région dont nous nous occupons, mais ils ont été arrêtés avant d'avoir atteint le terrain houiller.

Relation entre les veines de Thivencelles et de Saint-Aybert et celles du faisceau de Fresnes-midi.

A la fosse Saint-Pierre, comme à la fosse Pureur, les charbons extraits sont secs et donnent une flamme assez longue, en brûlant comme du bois. Ils sont friables et leur coke ne s'agglutine pas; on les recherche pour le chauffage des générateurs. Ils renferment une proportion de matières volatiles de 12 à 14 0/0; ils paraissent donc, comme nature, se rattacher au faisceau de Fresnes-midi, exploité dans la concession d'Escaupont; autant qu'on en peut juger par les relations qui semblent exister entre le gisement de Saint-Pierre et ceux qu'on exploite aux environs, les veines Haubourdin, Lenglé, de Noue, Camberlin, Dubreucq et Révérony, correspondraient aux veines les plus élevées de la concession d'Escaupont, c'est-à-dire à la partie du faisceau de Fresnes-midi située au-dessus de Bouillez ou Veine n° 9. Les veines de la fosse Pureur leur sont probablement supérieures, bien qu'ayant été rencontrées à une certaine distance au nord, ce qui provient de ce qu'elles ont été atteintes à une profondeur moindre, et de ce que les terrains ont une allure très plate et ondulée entre les deux fosses;

quant aux veines du sondage Pureur, il est possible qu'elles ne soient autre chose que Haubourdin, Lenglé, etc., prolongées. En tout cas, les veines Quinet, Pureur, Hugon, etc., correspondent probablement à celles qui ont été rencontrées par le sondage Saint-Pierre, et qui ont été exploitées avec si peu de succès, à cause de leur irrégularité, dans les étages supérieurs de la fosse de ce nom.

Les veines recoupées au voisinage des morts-terrains par les sondages Désaubois et de Condé se confondent sans doute avec quelques-unes de celles qui ont été atteintes à la fosse Pureur. Enfin, au sondage du Marais, on a dû trouver deux des veines recoupées par la bowette du midi de l'étage de 278 mètres de Saint-Pierre.

Quoi qu'il en soit, on voit que les travaux des concessions de Thivencelles et de Saint-Aybert démontrent l'existence d'un certain nombre de veines supérieures à celles du faisceau de Fresnes-midi, et il convient de remarquer que, de même que ce faisceau n'est séparé de celui de Vieux-Condé par aucun intervalle digne d'être signalé, de même il se continue vers le sud, ou plus exactement vers le sud-est, par une série de veines qui, dans l'ordre géologique, sont suivies par le faisceau demi-gras connu et exploité à la fosse Thiers. Il paraît clair, en effet, que les couches supérieures à Haubourdin, que l'on a explorées aux fosses Pureur et Saint-Pierre, sont peu éloignées de celles qui constituent le groupe le plus septentrional ou, ce qui revient au même, le plus inférieur de la fosse Thiers. L'idée de faisceaux nécessairement séparés par de larges zones stériles date de l'époque où l'on exploitait des groupes de veines différents par des puits éloignés les uns des autres; on croyait alors que ces groupes devaient toujours être nettement distincts et indépendants. Quand la connaissance du bassin a été plus complète, on s'est aperçu que, parfois, la série des veines qu'il renferme est continue, et ne présente pas de larges intervalles complètement dépourvus de houille. Il en est ainsi dans la région qui nous occupe : nous verrons plus loin qu'il n'en est pas partout de même.

Dans la direction du S.-O., le prolongement des veines méridionales du faisceau de Fresnes-midi, ou des veines qui leur sont immédiatement superposées, a été retrouvé à plusieurs sondages.

Nous citerons d'abord celui des Trois-Peupliers, situé dans la concession de Saint-Saulve, à peu de distance de son sommet commun avec celles d'Escaupont, de Fresnes et de Raismes. Il a été entrepris, en 1841, par la compagnie d'Anzin, et a atteint le terrain houiller à la profondeur de 157 mètres. De ce niveau à celui de 203 mètres, auquel il a été arrêté, il a rencontré trois veines de charbon maigre, aux profondeurs respectives de 161, 170 et 193 mètres. Ces veines sont peut-être le prolongement de celles qui sont connues à Thivencelles sous les noms de Haubourdin, Lenglé, etc., et qui appartiennent à la partie la plus élevée du faisceau de Fresnes-midi.

A une bien plus grande distance au S.-O., dans la concession de Raismes, et un peu à gauche de la route de Valenciennes à Raismes, la compagnie d'Anzin a exécuté, en 1842, un autre forage qui est connu sous le nom de sondage du Bosquet d'Aulnes. Il a été approfondi, en terrain houiller, du niveau de 80 mètres à celui de 200 mètres, et, dans cet intervalle, il a recoupé un assez grand nombre de veinules de charbon, ainsi qu'une veine de $1^m,70$ de hauteur verticale, qu'il a atteinte à la profondeur de $162^m,50$.

Un autre sondage, situé un peu au S.-E. du précédent, a été entrepris contre la route de Valenciennes à Raismes, en 1841. On l'a appelé sondage du Pot d'Etain ou de l'Usine. Le terrain houiller y a été atteint à la profondeur de 85 mètres, et y a été exploré jusqu'à celle de 278 mètres. Indépendamment de quelques passées sans importance, la sonde y a traversé, aux niveaux de 103, 105 et 214 mètres, trois veines de houille présentant des épaisseurs verticales de $0^m,50$, $2^m,40$ et $0^m,55$.

Ces veines, comme celles du sondage du Bosquet d'Aulnes, paraissent devoir être rattachées à la zone immédiatement supérieure au faisceau de Fresnes-midi; elles sont supérieures à celles du sondage des Trois-Peupliers, et, vers le N.-E., leurs prolongements vont passer aux fosses Pureur et Saint-Pierre.

Si maintenant on prolonge vers l'est le grand accident que nous avons appelé cran d'Amaury, on trouve qu'il va passer à peu de distance de la fosse Pureur. Or, nous savons que, dans le méridien du village de Fresnes, l'influence de cet accident se manifeste jusqu'à la fosse Bonne-Part, c'est-à-dire jusqu'à une distance d'environ 2,000 mètres au sud ; il ne faut donc pas s'étonner de l'irrégularité des terrains de la fosse Saint-Pierre. Comme il n'y a pas de raison pour que cette situation se modifie en profondeur, nous craignons fort, malgré l'amélioration dans l'allure des terrains observée au niveau de 420 mètres, surtout au sud de la veine Révérony, que cette fosse ne donne jamais de résultats complètement satisfaisants. Aussi croyons-nous qu'on eût été mieux inspiré, au moment où on en a repris les travaux, en 1876, de creuser une nouvelle fosse, en s'éloignant du cran d'Amaury vers le nord de la concession de Saint-Aybert, ou vers le sud de celle de Thivencelles. Dans l'une et l'autre de ces régions, on aurait recoupé, avec chance de succès, les veines de la fosse Thiers, qui dessinent en affleurement un pli pareil à celui que décrivent celles du faisceau de Vieux-Condé, et qui doivent présenter, au sud du cran d'Amaury, une succession de plats et de droits analogue à celle qui existe à la fosse du Sarteau et entre les fosses de Vieux-Condé et d'Outre-Wez.

Malheureusement, dès qu'on se dirige vers le centre de la concession de Thivencelles, on constate que le terrain houiller s'enfonce rapidement sous les morts-terrains, et qu'en même temps il est en contact avec une couche de grès vert aquifère. Cette double circonstance rend très dispendieux le creusement des puits d'extraction, et elle explique pourquoi, à cet endroit, on n'a jamais atteint le terrain houiller par puits ou par sondages. L'avaleresse Bruneau, creusée en 1839, par la compagnie de Thivencelles, a été arrêtée après avoir traversé plus de 100 mètres de craie ; au nord de cette fosse, un sondage entrepris par la même compagnie, en 1838, est resté dans le grès vert du niveau de 238 mètres à celui de 267 mètres, et a été abandonné dans ce terrain. En outre, il est difficile, quand on arrive au terrain houiller, de se garantir contre les eaux du grès vert, et c'est ainsi qu'à la fosse Saint-Pierre, dont les travaux sont cependant peu développés, on remonte chaque jour environ 2,500 hectolitres d'eau, bien que le grès vert soit cuvelé en fonte sur toute la hauteur de l'un des puits, et ne soit à nu dans l'autre que sur une hauteur de $1^m,20$. La nécessité d'un épuisement considérable, qui augmente naturellement quand les travaux s'étendent, constitue une circonstance défavorable et onéreuse pour l'exploitation.

Malgré cela, nous croyons qu'on sera amené un jour, par la force des choses, à se reporter vers la partie méridionale de la concession de Thivencelles, pour y exploiter les charbons demi-gras et gras de Thiers. En attendant, on pourra rechercher, avec chance de succès, les houilles demi-grasses dans la partie septentrionale de la concession de Saint-Aybert, où le grès vert paraît moins développé et le terrain houiller plus rapproché du sol, bien qu'aucun travail d'exploitation ne puisse fournir à cet égard d'indications précises.

CHAPITRE VIII.

CONCESSION DE VICOIGNE.

On exploite, dans la concession de Vicoigne (pl. III), un faisceau de Veines exploitées. veines anthraciteuses, qui donnent de 6 à 10 0/0 de matières volatiles et se succèdent dans l'ordre suivant, en commençant par la plus inférieure : *Veine du nord, Grande veine, Saint-Louis, Saint-Noël, Saint-Michel, Saint-Nicolas, Sainte-Désirée, Sainte-Barbe, Passée, Veine du midi, Ermites, Abbaye, Burny, Saint-Joseph, Sainte-Victoire, Saint-Charles.*

Le tableau ci-dessous en fait connaître la composition moyenne :

COUPES DES VEINES. H. Houille. — T. Faux-toit. M. Faux-mur. S. Schiste. — E. Escaillage.	NATURE		DISTANCE MOYENNE de chaque veine à la suivante. (Normalement à la stratification.)	PROPORTION P. 0/0.			COULEUR des CENDRES.
	DU TOIT.	DU MUR.		MATIÈRES volatiles.	COKE. Carbone.	Cendres.	
Veine du nord.	Schiste.	Schiste.	16ᵐ	6.30	91.54	2.16	»
Grande veine.	Schiste.	Schiste.	35ᵐ	6.30	89.22	4.48	Rouge.
S.ᵗ Louis.	Schiste.	Schiste.	18ᵐ	7.00	»	»	»

| COUPES DES VEINES.
H. Houille. — T. Faux-toit.
M. Faux-mur.
S. Schiste. — E. Escaillage. | NATURE | | DISTANCE MOYENNE de chaque veine à la suivante. (Normalement à la stratification.) | PROPORTION P. 0/0. | | | COULEUR des CENDRES. |
| | DU TOIT. | DU MUR. | | MATIÈRES volatiles. | COKE. | | |
					Carbone.	Cendres.	
St Noël. 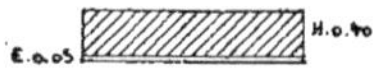 (E.o.o5 / H.o.4o)	Schiste.	Schiste.	10ᵐ	»	»	6.56	»
St Michel. 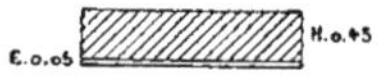 (E.o.o5 / H.o.45)	Schiste.	Schiste.	2ᵐ	»	»	»	»
St Nicolas. 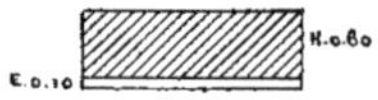 (E.o.10 / H.o.6o)	Schiste.	Escaillage.	27ᵐ	7.80	»	»	»
Ste Désirée. 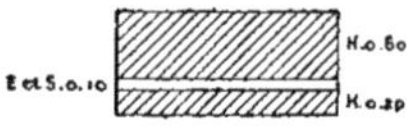 (E et S.o.10 / H.o.6o / H.o.2p)	Schiste.	Schiste.	42ᵐ	»	»	4.04	»
Ste Barbe. 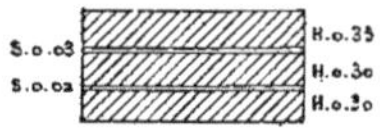 (S.o.o3 / S.o.o2 / H.o.35 / H.o.3o / H.o.2o)	Schiste.	Schiste.	9ᵐ	9.50	82.34	8.16	»
Passée. 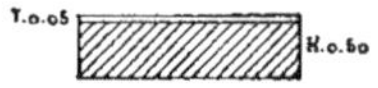 (T.o.o5 / H.o.6o)	Schiste.	Schiste.	13ᵐ	»	»	2.00	Rouge.
Veine du midi. 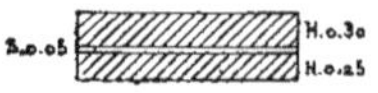 (S.o.o5 / H.o.3o / H.o.25)	Schiste.	Schiste.	36ᵐ	»	»	2.84	Rouge.

COUPES DES VEINES. H. Houille. — T. Faux-toit. M. Faux-mur. S. Schiste. — E. Escaillage.	NATURE		DISTANCE MOYENNE de chaque veine à la suivante. (Normalement à la stratification.)	PROPORTION P. 0/0.			COULEUR des CENDRES.
	DU TOIT.	DU MUR.		MATIÈRES volatiles.	Carbone.	Cendres.	
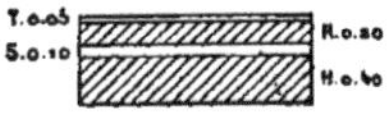 Ermites. (T.o.o5 / S.o.10 — R.o.20 / H.o.40)	Schiste.	Schiste.	11^m	»	»	4.56	»
Abbaye. 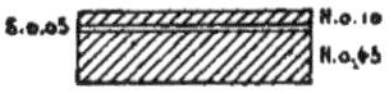 (S.o.o5 — H.o.10 / H.o.45)	Schiste.	Schiste.	?	»	»	»	»
Burny. 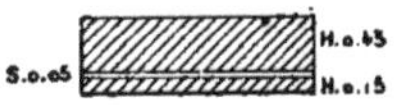 (S.o.o5 — H.o.45 / H.o.15)	Schiste.	Schiste.	14^m	9.30	84.30	6.40	»
St Joseph. 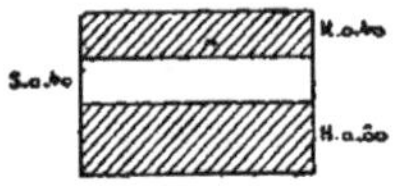 (S.o.40 — H.o.40 / H.o.20)	Schiste.	Escaillage.	40^m	»	»	6.62	»
Ste Victoire. 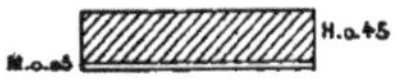 (H.o.o5 — H.o.45)	Schiste.	Schiste.	11^m	9.50	»	»	»
St Charles. 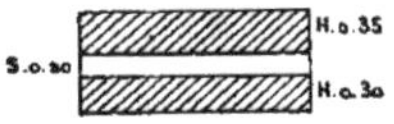 (S.o.20 — H.o.35 / H.o.30)	Grès.	Schiste.	»	9.80	»	»	»

Tous les travaux sont concentrés dans l'angle S.-E. de la concession, qui paraît presque complètement stérile dans sa partie nord, ainsi que dans toute la région limitrophe de la concession d'Hasnon.

Les veines du faisceau ont une allure assez tourmentée; il semble qu'elles aient été soumises à un violent effort venant du sud, ou plutôt du S.-O., et ayant eu pour effet de les replier plusieurs fois sur elles-mêmes. Au lieu d'avoir une direction constante et une inclinaison uniforme, elles présentent une série d'ondulations, provenant de lignes de plissements qui les font plonger tantôt dans un sens et tantôt dans l'autre; en même temps, elles dessinent sur des plans horizontaux des traces dont les contours sont assez sinueux.

Si on se borne d'abord à envisager les veines les plus inférieures, depuis Veine du nord jusqu'à Abbaye, on y remarque trois grandes ondulations, correspondant à autant de séries de lignes de thalweg inclinées le plus généralement de 12° à 15° vers l'est. La première série, c'est-à-dire la plus septentrionale, a une direction sensiblement E.-O.; la seconde est dirigée environ N. 70° O; enfin, la troisième est orientée à peu près comme la précédente. Des coupes verticales, menées normalement aux lignes d'ennoyage, déterminent dans chaque veine une intersection qui représente cette succession de fonds de bateaux (fig. 24). Les

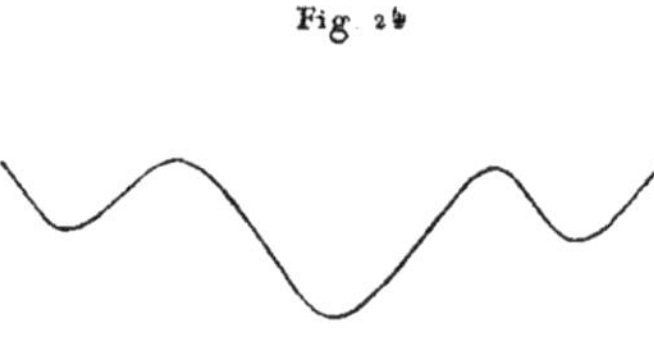

Fig. 24

deux branches qui correspondent à chacun d'eux plongent ordinairement l'une vers le sud, l'autre vers le nord; la première constitue ce que l'on appelle à Vicoigne un plat et la seconde un droit. Dans l'une et dans l'autre, la veine est en allure normale, toit au toit et mur au mur; le droit ne se distingue du plat que par le sens de son inclinaison; cependant on observe quelques exceptions à cette règle.

Les trois séries de lignes de thalweg dont nous venons de parler ont donné naissance, dans chaque veine, à trois plats et à trois droits, mais ces six branches ne sont pas toutes rencontrées, dans une veine déterminée,

par une même coupe verticale dirigée du nord au sud; cela tient à ce que
les affleurements des divers groupes de lignes d'ennoyage se font dans des
méridiens différents. En outre, il y a des branches qui ne sont connues
que dans certaines veines et qui n'existent pas dans d'autres. Ainsi, une
coupe N.-S. passant par la fosse n° 4, rencontre le premier plat et le premier droit de Veine du nord, Grande veine et Saint-Louis, et ces deux
branches n'existent dans aucune autre veine, du moins dans l'étendue de
la concession de Vicoigne; on n'aurait chance de les rencontrer qu'en
pénétrant vers l'est dans la concession de Raismes, car, les lignes de plissement plongeant de ce côté, on pourrait voir affleurer sous le tourtia la
veine Saint-Noël, qui, à Vicoigne, a été enlevée par les érosions dans la
zone correspondant au premier droit et au premier plat. Il est probable
qu'il faudrait s'éloigner à une assez grande distance à l'est, pour atteindre
les premières branches de Saint-Noël et des veines qui lui sont supérieures; en effet, les lignes de thalweg qui réunissent les premiers plats
et les premiers droits sont moins inclinées que celles qui forment la jonction des autres branches. Si on s'éloigne au contraire vers l'ouest, on voit
affleurer successivement au tourtia les lignes d'ennoyage de Saint-Louis et
de Grande veine. Quant à Veine du nord, elle présente une allure particulièrement intéressante : les affleurements au tourtia de son premier droit
et de son second plat dessinent, entre ceux des deux branches correspondantes de Grande veine, deux courbes fermées; cette circonstance
tient à ce que la ligne saillante, suivant laquelle se réunissent ce droit et
ce plat de Veine du nord, est assez ondulée pour venir couper quatre fois
la surface du terrain houiller : ici, on n'observe plus, par exception, l'inclinaison générale vers l'est des lignes de plissement; enfin, si on dépasse
le méridien de la fosse n° 1, on reconnaît que le premier droit de Veine
du nord disparaît complètement, et que son premier plat vient se confondre avec le second, la branche inclinée vers le nord ayant peu à peu
disparu.

Le second plat est connu dans toutes les veines du faisceau, jusques et
y compris Abbaye; il en est de même du second droit; le troisième plat n'a

guère été exploité que dans Veine du nord, Grande veine, Saint-Louis, Saint-Nicolas et Sainte-Désirée; enfin, le troisième droit n'existe, ou du moins n'est encore connu, que dans Veine du nord et Grande veine; il plonge par exception vers le sud.

On peut se rendre compte de l'allure assez compliquée que nous venons de décrire, en examinant une série de coupes verticales du gisement, dirigées du nord au sud (pl. III). Nous insisterons encore sur ce fait que les lignes d'ennoyage n'ont pas une inclinaison uniforme, ce qui fait que, dans certains cas, les voies de fond établies à un même niveau peuvent donner un circuit complètement fermé. C'est ce que l'on a observé dans Grande veine, au niveau de 146 mètres de la fosse n° 4, et dans Saint-Louis, au niveau de 166 mètres de la fosse n° 2.

Entre le groupe des veines du nord allant jusqu'à Abbaye, et la veine Burny, existe un grand accident que l'on a appelé cran de Vicoigne, et dont le régime n'est pas encore bien déterminé. Il consiste en une sorte de brouillage, formant une bande stérile de 300 à 400 mètres de largeur. Les bowettes de la fosse n° 2 l'ont traversé à plusieurs niveaux; les terrains ont conservé sur le parcours de ces galeries une inclinaison à peu près constante, depuis la veine Burny jusqu'au faisceau du nord, en sorte que les veines paraissent se succéder du nord au sud sans interruption ni cassure; en réalité, il n'en est pas ainsi; en effet, un recoupage de reconnaissance creusé au niveau de 166 mètres de la fosse n° 2, à 1,000 mètres environ à l'ouest de cette fosse, et dirigé vers le nord à partir de la voie de fond de Burny, n'est entré dans le terrain houiller du nord, au delà du brouillage dont nous parlons, qu'après avoir traversé une cassure bien caractérisée, presque verticale et plongeant vers le midi; au sud de cette espèce de faille, et même à son contact, les bancs avaient conservé une inclinaison presque uniforme de 25° à 30° vers le sud. Enfin, la bowette méridionale du niveau de 122 mètres de la fosse n° 1 a pénétré dans le même accident, mais sans le traverser complètement; elle a trouvé à son extrémité des terrains brouillés dont elle a recoupé les bancs à plusieurs reprises.

Bien que le cran de Vicoigne ne paraisse pas présenter le caractère d'un rejet de grande importance, puisqu'on n'y connaît que la cassure rencontrée par le recoupage du couchant de la fosse n° 2, il n'en joue pas moins un rôle considérable dans l'étude du gisement de cette concession. En effet, il interrompt d'une manière absolument générale le passage de toutes les veines du nord, y compris Abbaye. A la fosse n° 2, par exemple, le troisième plat de Sainte-Désirée est arrêté par lui, et on ne rencontre plus, dans le brouillage qui le compose, qu'un lambeau de veine qui appartient peut-être à Saint-Nicolas.

La bande stérile qui constitue ce grand accident a une direction générale N. 75° O.; elle paraît disposée presque verticalement, avec tendance à plonger au sud; elle divise la concession en deux parties; dans celle du midi, il n'existe que quatre veines : Burny, Saint-Joseph, Sainte-Victoire et Saint-Charles, dont on ne connaît pas les relations avec les veines du nord. Suivant que le cran de Vicoigne constituerait un simple brouillage sans dérangement important des terrains, ou bien un renfonçage au nord, ces quatre veines succéderaient immédiatement à celles du nord, ou leur seraient identiques. La composition des charbons des deux groupes ne fournit à cet égard aucun indice; en tout cas, les veines du sud ne peuvent pas être inférieures à celles du nord, car ces dernières reposent sur une grande épaisseur de terrain houiller stérile, au-dessous de laquelle on ne connaît aucun faisceau semblable au groupe compris entre Burny et Saint-Charles.

On observe fréquemment, dans la partie septentrionale du bassin, des renfonçages au nord, occasionnés par des déchirures ayant une direction approchant de celle de l'est à l'ouest. La faille d'Amaury a produit un mouvement de ce genre, et les travaux de la concession de Carvin ont manifesté l'existence d'un accident analogue. D'autre part, la constitution à peu près identique de Veine du nord et de Burny concorde avec l'hypothèse d'après laquelle les veines du sud ne seraient autre chose que celles du nord relevées; mais on n'observe plus aucune ressemblance entre Grande veine et Saint-Joseph, ni entre Saint-Louis et Sainte-Victoire : la question d'assimilation reste donc douteuse. Pour éclaircir ce point important, la compagnie vient de se décider à entreprendre, à l'extrême couchant de ses travaux, un recoupage dirigé vers le nord, et partant de la voie de fond de Burny plateure, niveau de 244 mètres de la fosse n° 2. A cet endroit, il existe un intervalle relativement considérable entre les veines du sud et le cran de Vicoigne, et on peut espérer y rencontrer les veines du nord, au midi de la zone brouillée qui constitue cet accident. Si, au contraire, cette recherche ne donne aucun résultat, c'est qu'il y aura lieu, malgré les dissemblances que nous avons signalées, de considérer les deux groupes de Vicoigne comme identiques, et séparés par un cran ayant produit un renfonçage vers le nord.

Les quatre veines situées au sud du cran de Vicoigne présentent une allure analogue à celle des veines du nord ; on y connaît deux plats séparés par un droit : cette dernière branche est presque verticale, et on ne la trouve que dans les travaux du couchant de la fosse n° 2 ; au levant de cette fosse, elle vient passer dans la concession d'Anzin. Les lignes d'ennoyage, dont la direction est environ N. 60° O., vont plonger vers l'est ; de même que dans le faisceau du nord, les plissements des veines se font sous un angle assez aigu, de telle façon que les voies de fond se replient pour ainsi dire presque parallèlement à elles-mêmes, au passage d'un plat dans un droit ou d'un droit dans un plat.

En résumé, on connaît six branches distinctes dans le groupe du nord, et trois dans les veines du sud ; celles-ci ne se raccordent pas nécessairement avec les autres, et doivent être considérées, quant à présent, comme formant une série indépendante.

Ces neuf branches présentent, contre le tourtia, les longueurs approximatives suivantes, à l'intérieur de la concession :

Premier plat du nord : 1,600 mètres. Direction E.-O. Inclinaison moyenne : 40° au sud.

Premier droit du nord : 1,600 mètres. Direction E.-O. Inclinaison moyenne : 60° au nord.

Second plat du nord : 2,600 mètres. Direction E.-O. Inclinaison moyenne : 30° au sud.

Second droit du nord : 650 mètres. Direction N. 60° O. Inclinaison moyenne : 55° au nord.

Troisième plat du nord : 500 mètres. Direction E.-O. Inclinaison moyenne : 35° au sud.

Troisième droit du nord : connu sur 600 mètres; interrompu par le cran de Vicoigne. Direction N. 65° O. Inclinaison : 80° au sud.

Premier plat du sud : 2,500 mètres. Direction E.-O. Inclinaison moyenne : 35° au sud.

Premier droit du sud : 700 mètres. Direction N. 60° O. Presque vertical.

Deuxième plat du sud : connu jusqu'à présent sur 600 mètres. Direction N. 60° O. Inclinaison moyenne : 35° au sud.

En dehors du grand cran de Vicoigne, on ne connaît, dans cette concession, que des accidents de faible importance, occasionnant des rejets de quelques mètres seulement, et ne produisant que de légères déviations dans les voies de niveau des veines qu'ils affectent. Nous nous bornerons à signaler l'existence, au nord de la fosse n° 3, d'une région relativement accidentée, où l'exploitation se fait dans des conditions moins avantageuses qu'ailleurs.

A de rares exceptions près, les veines conservent une composition presque constante dans toute leur étendue, et les intervalles stériles qui les séparent ne présentent également que des variations insignifiantes. Cependant, la veine Saint-Michel disparaît à la fosse n° 4, et la veine Sainte-Barbe à la fosse n° 1. Saint-Nicolas subit aussi d'un point à un autre des changements notables ; on l'a exploitée à la fosse n° 1, et un peu aussi à la fosse n° 3 ; mais à la fosse n° 4, elle se réduit à une passée, et cesse d'être exploitable. A la même fosse, le deuxième droit de Sainte-Barbe est remplacé par la passée que nous avons fait figurer à la liste des veines au-dessous de Veine du midi ; cette passée ne ressemble pas à Sainte-Barbe, et il est probable qu'elle en est distincte.

Notons encore que Saint-Michel, qui est formée d'un sillon de charbon de 0^m,45 avec escaillage, n'est séparée de Saint-Nicolas que par un intervalle de 2 à 3 mètres dans la région de la fosse n° 1, c'est-à-dire jusqu'à une distance de 500 mètres de cette fosse au couchant, et de 300 mètres au levant. Aussi peut-on, dans certains cas, exploiter les deux veines ensemble. La veine Saint-Michel disparaît complètement dans la région de la fosse n° 4.

La concession de Vicoigne possède quatre fosses d'extraction, que nous allons successivement passer en revue :

Fosse n° 1.

La fosse n° 1 a été ouverte, en 1839, contre la route de Valenciennes à Saint-Amand, à 1,300 mètres environ de la limite sud de la concession. Elle a atteint le terrain houiller à la profondeur de 82 mètres, entre les affleurements dès seconds plats de Grande veine et de Saint-Louis. Sa profondeur actuelle est de 245 mètres, mais on compte l'approfondir prochainement jusqu'à 295 mètres ; elle sert à exploiter les deuxième et troisième plats du nord, et les deuxième et troisième droits. Ses travaux du couchant sont en communication avec ceux de la fosse n° 2 par le grand recoupage creusé au niveau de 166 mètres de cette dernière, et qui s'étend, en traversant le cran de Vicoigne, entre le premier plat de Burny et le deuxième droit de Veine du nord. Une autre communication est établie entre ces deux puits par une grande bowette oblique qui les relie au même niveau, lequel correspond à celui de 150 mètres de la fosse n° 1. La bowette sud de 122 mètres de cette fosse a, comme nous l'avons vu, pénétré dans le grand accident. Enfin, au niveau de 150 mètres, on a prolongé la bowette nord vers une veine reconnue par un sondage exécuté, en 1838 et 1869, à 670 mètres au nord du puits ; ce sondage, entré dans le terrain houiller à 76 mètres, avait recoupé à 242 mètres une veine de $0^m,95$, inclinée au sud de 40° environ ; on devait l'atteindre par la bowette de 150 mètres à environ 770 mètres de la fosse, mais la galerie ne l'a pas rencontrée, bien qu'on l'ait prolongée de 80 mètres au delà du point où on croyait la trouver ; on était alors dans des terrains assez irréguliers. On voit, d'après cela, que la zone stérile qui existe au delà de Veine du nord a une étendue horizontale considérable. Le dernier étage de la fosse n° 1 est situé à 230 mètres, et on y exploite actuellement, au sud du puits, le troisième plat de Veine du nord. Quand l'approfondissement du puits sera terminé, on établira un nouvel étage d'exploitation à 280 mètres.

La fosse n° 2 se trouve au sud-est de la précédente, à 200 mètres seulement de la limite sud de la concession, et à 560 mètres de son angle sud-est. Ouverte en 1839, elle est entrée dans le terrain houiller à la profondeur de 102 mètres, un peu au sud de l'affleurement du premier plat de Saint-Joseph. Elle a servi à exploiter le groupe des veines du sud, à partir de Burny ; de plus, ses bowettes septentrionales ont été atteindre les veines du nord au delà du grand cran, et ont permis de les exploiter au voisinage de cet accident. Le dernier étage d'exploitation est actuellement à 244 mètres, et le fond du puits à 260 mètres. On a exécuté récemment, au niveau de 204 mètres, une galerie de reconnaissance dirigée vers le sud, à 1,350 mètres au couchant de la fosse, à partir du premier plat de Burny ; elle a successivement traversé Saint-Joseph en plat, Saint-Joseph en droit, Burny en droit et Burny en plat. Ce second plat de Burny était assez ondulé, et a été rencontré deux fois par la galerie ; quant au second plat de Saint-Joseph, il passe, à cet endroit, au delà de la limite, dans la concession d'Anzin.

Fosse n° 2.

C'est encore du premier plat de Burny, à 1,600 mètres au couchant de la fosse, niveau de 244 mètres, qu'on a fait partir le grand recoupage dont nous avons parlé plus haut, destiné à explorer, dans cette région, la zone située au midi du cran de Vicoigne.

Nous avons déjà indiqué de quelle façon la fosse n° 2 est en communication avec la fosse n° 1 ; elle est aussi reliée directement par ses bowettes au champ d'exploitation de la fosse n° 3.

La fosse n° 3 a été entreprise, en 1839, à 450 mètres environ au nord-est de la fosse n° 2 ; elle est tombée sur le terrain houiller à la profondeur de 89 mètres, à une faible distance au nord du cran de Vicoigne. Sa profondeur est de 230 mètres, et son dernier étage est à 222 mètres ; ses travaux communiquent avec ceux des autres fosses. Elle est en chômage depuis longtemps, et il n'est pas probable qu'elle soit jamais reprise, car le grand accident la sépare des veines du midi, qui sont bien plus avantageusement exploitées par la fosse n° 2, et, quant aux veines du nord, elles peu-

Fosse n° 3.

vent être prises très facilement par la fosse n° 4, dont nous allons maintenant parler. Enfin, il est à remarquer qu'au nord de la fosse n° 3, le gisement présente une irrégularité relative, qui diminue l'importance de l'extraction dans cette région.

Fosse n° 4.

La fosse n° 4 est situé à 700 mètres environ au nord-est de la précédente, et à 240 mètres seulement de la limite orientale de la concession. Elle a été commencée en 1839, et elle est arrivée sur le terrain houiller à la profondeur de 92 mètres, entre les affleurements des seconds plats de Sainte-Barbe et de Veine du midi. Le fond du puits est actuellement à 293 mètres au-dessous du sol, et son dernier accrochage à 276 mètres. Il sert surtout à exploiter les seconds plats du nord, qui présentent un grand développement; ses travaux s'étendent sur toute la partie orientale de la concession située au nord du grand cran. On se propose de prolonger la bowette nord de l'étage de 181 mètres, afin d'atteindre le premier droit et le premier plat de Veine du nord et de Grande veine, qui n'ont encore été exploités que jusqu'au niveau de 146 mètres.

Sondages exécutés dans la concession de Vicoigne et aux environs. Rencontre d'eaux sulfureuses chaudes.

La concession de Vicoigne a donné lieu à un certain nombre d'explorations par sondages. Nous avons déjà parlé de celui qui a été exécuté, en 1868 et 1869, à 670 mètres au nord de la fosse n° 1. La compagnie en a exécuté deux autres, postérieurement à cette date, au voisinage de la limite de la concession de Raismes. Le premier, appelé sondage des Zémiards (1870), a été placé à 734 mètres au nord-est de la fosse n° 4, et à quelques mètres seulement de la limite; il a atteint le terrain houiller à 93 mètres, et a été arrêté à la profondeur de 100 mètres. A sa sortie des morts-terrains, il a atteint une source d'eau sulfureuse, ce que l'on a exprimé en disant qu'il avait rencontré le torrent. Le second, qui ne date que de 1873, a été creusé entre le précédent et la fosse n° 4; il n'a pas trouvé de torrent, et a été arrêté dans le terrain houiller, qu'il avait rencontré au niveau de 102 mètres, après l'avoir traversé sur 1 mètre seulement de hauteur.

C'est la préoccupation du danger résultant de l'existence de sources sulfureuses vers la limite des concessions de Vicoigne et de Raismes qui a décidé la compagnie à faire les deux sondages dont nous venons de parler.

En 1841, la compagnie d'Anzin a également découvert le torrent à deux
autres forages, situés un peu à l'est des précédents, dans la concession de
Raismes; le premier a exploré le terrain houiller, de la profondeur de
106 mètres à celle de 128 mètres, et y a trouvé une veine de 0^m,50 au niveau
de 125 mètres; l'autre, situé un peu plus au nord, n'a trouvé aucun
indice de houille, depuis la profondeur de 104 mètres jusqu'à celle de
117 mètres, à laquelle on l'a arrêté.

Dans la région dont il s'agit, le torrent fournit une quantité d'eau considérable; ainsi, en 1854, au niveau de 146 mètres de la fosse n° 4, les travaux du deuxième plat de Saint-Louis ont donné subitement une venue de
4,000 hectolitres par 24 heures, qui a obligé à installer une machine
d'épuisement à la fosse n° 3. On conçoit donc que la compagnie se préoccupe du voisinage de cette nappe, et entreprenne, quand elle le croit
opportun, des travaux de reconnaissance destinés à déterminer les limites
de la zone dans laquelle elle s'étend.

Sur le faisceau de Vicoigne, la compagnie de Vervins a encore exécuté,
en 1839 et 1840, entre les fosses n°s 1 et 4, un sondage qui a trouvé le terrain houiller à 74 mètres, et a été arrêté à 114 mètres, après avoir recoupé
une veine de houille de 0^m,90 d'ouverture à 77 mètres, et une autre de 1^m,45,
en cinq sillons, à 95 mètres. Un autre forage (R), entrepris en 1838 et 1839
par la compagnie de Bruille, à l'est de la fosse n° 4 et près de la limite de la
concession, a traversé le terrain houiller de la profondeur de 91 mètres à
celle de 170 mètres. Il a rencontré des veines de charbon à 93, 114, 138
et 149 mètres.

A la même époque, la société de l'Escaut a exécuté le sondage du
Mont des Ermites, à 700 mètres au nord de la fosse n° 4. Entré dans le
terrain houiller au niveau de 98 mètres, il a été continué jusqu'à celui
de 123 mètres, et a traversé à 106 mètres une veine de 0^m,98 d'épaisseur.

Au nord du faisceau, nous pouvons citer le sondage du Mont de Cau-
mont (1838-1839), entrepris par la compagnie de Vervins, et qui a exploré
le terrain houiller de la profondeur de 84 mètres à celle de 183 mètres, en

n'y rencontrant que trois passées, dont la plus importante n'avait que 0ᵐ,39 d'épaisseur. A une certaine distance à l'ouest de ce sondage, et à proximité de la limite nord de la concession et du chemin de fer de Valenciennes à Lille, la compagnie de Bruille en a exécuté un autre (T), en 1839 et 1840, dit sondage de Notre-Dame-d'Amour, qui n'a trouvé qu'un filet de charbon à 102 mètres, après avoir atteint le terrain houiller à 78 mètres; on l'a arrêté à 122 mètres du sol.

A l'ouest du faisceau de Vicoigne, il n'y a à mentionner que deux sondages assez voisins de la concession d'Hasnon, que l'on a appelés sondages de Bachy et du Bois de Vicoigne. Le plus méridional a été entrepris par la compagnie d'Hasnon, le second par la société de l'Escaut; ils ont atteint le terrain houiller, l'un à 119 mètres, l'autre à 117 mètres, et ne l'ont exploré que sur une faible hauteur, sans résultat.

Enfin, au voisinage de l'angle S.-E. de la concession de Vicoigne, deux sondages ont été entrepris en 1840, 1841 et 1842, savoir :

1° Le sondage du Pont-du-Roi, situé concession de Raismes; il a atteint le terrain houiller à la profondeur de 133 mètres, et a été arrêté à celle de 165 mètres, après avoir recoupé quelques veinules de houille.

2° Le sondage du Grand-Champ, situé concession d'Anzin, qui a exploré le terrain houiller du niveau de 106 mètres à celui de 215 mètres, et y a rencontré six veines de 0ᵐ,55, 0ᵐ,45, 0ᵐ,50, 0ᵐ,40, 0ᵐ,40, 1ᵐ,17 d'épaisseur verticale, aux profondeurs respectives de 109, 112, 120, 128, 174, 181 mètres, plus un assez grand nombre de veinules.

Ces deux sondages sont évidemment situés sur la partie du faisceau de Vicoigne qui s'étend au nord des concessions d'Anzin et de Raismes.

Il paraît résulter de cet ensemble de constatations qu'au-dessous de la veine du nord, on ne peut compter sur aucun gisement exploitable, puisqu'on n'a pas retrouvé la veine découverte par le sondage exécuté à 670 mètres de la fosse n° 1, vers laquelle on s'est dirigé par la bowette du niveau de 150 mètres de cette fosse. Cette veine est peut-être le prolongement de l'une de celles qui ont été recoupées par les sondages du nord-ouest de la fosse Sophie, dans la concession de Vieux-Condé. Quant au faisceau proprement dit de Vicoigne, il paraît identique à celui de Vieux-Condé et de Fresnes. Malheureusement, il n'existe pas assez de ressemblance entre les veines de l'un et de l'autre, pour que l'on puisse raccorder les couches entre elles une à une. On conçoit d'ailleurs que sur le long parcours qui existe entre les deux champs d'exploitation, la composition des veines puisse se modifier de manière à les rendre méconnaissables.

Quant à l'avenir de la concession de Vicoigne, il ne faut pas se dissimuler qu'il est très limité. Bien que les veines y présentent une allure d'apparence tourmentée, leur régularité est satisfaisante, et on y obtient un prix de revient qui ne dépasse guère celui de la concession de Vieux-Condé, dans laquelle le faisceau se développe avec une constance d'allure des plus remarquables au nord de la faille d'Amaury, entre cet accident et la fosse Général de Chabaud La Tour. Malheureusement, elles restent toujours voisines du tourtia, et elles pénètrent précisément dans les concessions d'Anzin et de Raismes aux endroits où elles descendent à la plus grande profondeur. Le premier droit et le premier plat de Veine du nord, Grande veine et Saint-Louis, ne s'étendent pas, dans l'intérieur de la concession, à plus de 150 mètres au-dessous de la surface de contact du bassin houiller sous les morts-terrains. Ce maximum est de 280 mètres environ pour le second droit et le second plat des veines du faisceau nord, et de 200 mètres pour leur troisième droit et leur troisième plat, en tenant compte, bien entendu, de ce que ces dernières branches sont interrompues par le grand cran de Vicoigne. Au sud de cet accident, les veines du midi ne paraissent pas descendre à plus de 200 mètres sous le tourtia. Or, les derniers accrochages des quatre fosses de la concession se trouvent aux distances suivantes de l'affleurement du terrain houiller :

<pre>
        Fosse n° 1. . . . .   148 mètres.
        Fosse n° 2.   142   —
        Fosse n° 3.   133   —
        Fosse n° 4.   184   —
</pre>

On a donc déhouillé déjà la plus grande partie de la tranche exploitable, et il en reste assez peu de chose, parce qu'à la base du gisement, on ne trouve plus que les veines les plus anciennes; les lignes de plissement qui relèvent les couches se trouvent, en effet, à une profondeur d'autant plus faible qu'on s'élève davantage dans la série.

D'autre part, les veines sont exploitées dans presque toute l'étendue où elles affleurent à l'intérieur de la concession; il n'y a d'exception qu'en ce qui concerne le couchant de Burny, Saint-Joseph, Sainte-Victoire et Saint-Charles; de ce côté, il y a encore une certaine zone inexplorée, et il est juste de dire que les allures connues à l'extrémité des voies de fond permettent d'espérer que ces veines pourront être suivies un certain temps encore en direction, avant de pénétrer définitivement dans la concession d'Anzin; seulement, il s'agit d'une bande qui n'a que 300 mètres de largeur, et qui ne s'étend qu'à une faible profondeur; enfin, il est à présumer, d'après ce que l'on observe dans les veines du nord, que le deuxième droit des veines du midi les ramènera dans la concession d'Anzin, bien avant qu'elles n'atteignent la limite d'Hasnon. Pour ces diverses raisons, et tout en reconnaissant qu'il y a dans cette région un supplément de ressources qui n'est pas négligeable, nous croyons qu'il ne faut pas s'exagérer son importance.

Reste la zone située au couchant de la fosse n° 2 et au sud du cran de Vicoigne, que l'on est en train d'explorer par le recoupage de reconnaissance partant du premier plat de Burny, niveau de 244 mètres. Si on y rencontre les veines du nord, elles fourniront à l'extraction un notable contingent, et reculeront de plusieurs années l'abandon de la concession.

Au delà de la veine du nord, on ne peut plus trouver que les couches de Bruille et de Château-l'Abbaye, et les recherches faites dans l'étendue de la concession d'Hasnon, où elles paraissent se développer du côté de l'ouest, semblent indiquer qu'il ne serait guère prudent de compter sur elles.

D'après cela, il paraît sage de maintenir l'extraction de la concession de Vicoigne dans des limites raisonnables, car, si on voulait la développer outre mesure, en exécutant des travaux onéreux, on n'arriverait qu'à hâter l'épuisement du gîte qui, dans l'hypothèse la plus favorable et dans les conditions actuelles de l'exploitation, se produira dans un petit nombre d'années. Il est heureux que la compagnie de Vicoigne possède dans sa concession de Nœux (Pas-de-Calais) des ressources presque illimitées, qui lui permettent d'attendre sans inquiétude l'époque où la concession de Vicoigne devra être définitivement abandonnée.

CHAPITRE IX.

CONCESSION D'HASNON.

La concession d'Hasnon (pl. V), que possède actuellement la compagnie d'Anzin, est encore une de celles qui n'ont procuré que des déceptions à ses exploitants successifs, et dont on peut dire qu'il est désirable que jamais on n'y entreprenne de nouveaux travaux.

Des capitaux considérables y ont été enfouis en recherches qui sont toujours restées infructueuses.

On n'y a pas creusé moins de trois fosses, sans compter un grand nombre de sondages.

La fosse des Tertres a été ouverte, en 1838, sur l'emplacement d'un sondage qui avait été exécuté l'année précédente, et avait traversé le terrain houiller de 101 à 115 mètres, en n'y rencontrant que des traces de houille. Elle s'est trouvée ainsi placée à 1,600 mètres environ au S.-O. du clocher d'Hasnon. Des bowettes ouvertes aux niveaux de 110 et de 134 mètres, et poursuivies jusqu'à une assez grande distance du puits au nord et au sud, n'ont recoupé que trois veinules irrégulières de charbon anthraciteux sale, que l'on a dû renoncer à exploiter. Elles étaient dirigées à peu près de l'est à l'ouest, avec pente de 45° au midi.

La fosse des Prés-Barrés a été commencée, en 1839, à 500 mètres au S.-E. de celle des Tertres ; elle a atteint le terrain houiller à la profondeur de 100 mètres, et a été poursuivie jusqu'à celle de 135 mètres, à laquelle on l'a arrêtée sur le calcaire. De longues bowettes de reconnaissance y ont été creusées aux niveaux de 112 et de 132 mètres ; ces galeries n'ont découvert que quelques filets charbonneux, et une veine de charbon sale qui a paru inexploitable. Les terrains de cette fosse étaient très ondulés, et présentaient une série de lignes de plissement qui les faisaient plonger tantôt au nord, tantôt au sud. La direction des strates était également très variable, à ce point que, malgré le voisinage des fosses des Tertres et des Prés-Barrés, on ne saurait dire si elles sont tombées sur les mêmes assises houillères, ou sur des zones complètement distinctes.

La troisième fosse d'Hasnon, que l'on a appelée fosse des Bouils, a été placée, en 1840, à 400 mètres environ de l'angle S.-E. de la concession. Elle est entrée dans le terrain houiller à la profondeur de 116 mètres, et n'y a découvert, par des bowettes ouvertes au niveau de 131 mètres, que quelques veinules inexploitables qui, malgré leur irrégularité, ont présenté d'une manière assez constante la direction N. 60° O., avec inclinaison de 45° vers le S.-O. Cette fosse dut bientôt, comme les précédentes, être complètement abandonnée.

Parmi les sondages compris à l'intérieur de la concession d'Hasnon, nous citerons les suivants :

1° Sondage de la Fercotte (1838-1839), situé à peu de distance de la limite N.-O., à 2,700 mètres du clocher de Wandignies, et à 5,000 mètres de celui de Wallers. Il a atteint la tête du terrain houiller à la profondeur de 115 mètres, et l'a traversé sur une hauteur de 50 mètres, sans y rencontrer de houille. M. Lorieux a exprimé l'avis que ce forage avait atteint la partie la plus inférieure de la formation houillère;

2° Sondage des Corbets (1838-1839), situé à l'intersection de la rue des Corbets à Hasnon, avec l'avenue allant d'Hasnon à Vicoigne. Il a atteint le terrain houiller à 95 mètres, et a été arrêté au niveau de 154 mètres, après avoir recoupé trois passées de charbon sale à 124, 125 et 134 mètres;

3° Sondages du Grand-Bray, au nombre de deux, l'un à 650 mètres, l'autre à 500 mètres au nord de la fosse des Bouils. Le premier, exécuté en 1839, est entré dans le terrain houiller à 99 mètres, et a été arrêté à 145 mètres. A la profondeur de 101 mètres, il a atteint une veine de charbon mélangé de schiste, de 0^m,80 d'ouverture; à 110 et à 125 mètres, il a traversé deux veinules. Le deuxième, entrepris en 1842, est resté dans le terrain houiller de la profondeur de 101 mètres à celle de 130 mètres, sans y trouver la houille.

La compagnie d'Hasnon, découragée par ses échecs successifs, résolut, en 1843, d'abandonner définitivement sa concession. Toutefois, après avoir consulté M. l'ingénieur en chef Blavier, elle se décida à entreprendre, à titre de dernière recherche, deux sondages qui furent placés, l'un au lieu dit les Rouges-Carrières, l'autre sur le bord de la drève de Wallers, tous deux vers la limite sud de la concession.

Le sondage des Rouges-Carrières a été ouvert, en 1844, au sud de la fosse des Tertres, sur le bord de la route de Denain à Saint-Amand. Entré dans le terrain houiller à la profondeur de 107 mètres, il y a été arrêté à celle de 172 mètres, dans les grès ; il n'a trouvé que quelques traces de houille à 124, 157 et 167 mètres.

Quant au sondage de la drève de Wallers, exécuté également en 1844, il n'a traversé qu'un terrain houiller complètement stérile, du niveau de 115 mètres à celui de 182 mètres.

En présence de ces résultats presque complètement négatifs, la compagnie d'Hasnon mit sa concession en chômage au commencement de 1845. Depuis cette époque, elle n'a été l'objet d'aucune exploration nouvelle. La compagnie d'Anzin eut cependant le projet, vers l'année 1875, d'y ouvrir une fosse, tout près de la limite sud, moins dans le but de s'en servir pour exploiter le gisement propre d'Hasnon que dans celui d'aller recouper au sud, dans la concession d'Anzin, le prolongement des veines de Vieux-Condé et de Vicoigne ; des terrains furent achetés, et un trou de fosse fut même commencé, un peu à l'ouest du sondage de la drève de Wallers ; mais es travaux furent suspendus presque immédiatement, et il est probable qu'ils ne seront jamais repris.

Au nord de la concession d'Hasnon, il existe quelques sondages qui montrent que le terrain houiller s'étend dans cette direction à une certaine distance. C'est d'abord le sondage du Pont d'Hasnon, exécuté en 1840, au nord du clocher d'Hasnon, par la compagnie de Saint-Hubert, qui a atteint des bancs de phtanite du terrain houiller inférieur; puis le sondage de Bousignies, de la même société (1838), où M. Lorieux a reconnu des grès et schistes noirs appartenant à la base de la formation houillère; enfin, le sondage de Brillon, exécuté également par la société de Saint-Hubert (1838), qui a trouvé des terrains analogues à ceux du précédent.

Tracé
de
la limite septentrionale
du bassin
au nord
de la
concession d'Hasnon.

Ces trois sondages définissent assez exactement la limite du bassin houiller au nord de la concession d'Hasnon; elle suit dans cette région une direction sensiblement est-ouest, pour aller ensuite s'infléchir vers le sud, à l'ouest des anciens travaux de Marchiennes.

Notons encore que la compagnie de Saint-Hubert a exécuté en 1839, à proximité de l'angle nord-ouest et en dehors de la concession d'Hasnon, plusieurs sondages, dits de Buverlot et de Warlaing, dont l'un a traversé, au dire de M. Lorieux, des schistes noirs et des phtanites bien caractérisés, qu'on ne rencontre pas dans le terrain houiller riche.

Stérilité
de la
concession d'Hasnon.

De cet ensemble de faits, il résulte que la concession d'Hasnon est située tout entière sur la bande stérile qui longe le nord du bassin; les rares veines et veinules qu'on y a rencontrées paraissent assimilables aux veines de Bruille et de Château-l'Abbaye, bien que l'on ne puisse, à une pareille distance, établir entre elles une identité certaine; le terrain houiller ne s'y étend que jusqu'à une faible profondeur, ainsi qu'on a pu le reconnaître à la fosse des Prés-Barrés. L'allure du faisceau exploité à Vicoigne montre qu'au couchant de cette concession, il passe tout entier au midi et en dehors de celle d'Hasnon. On conçoit donc qu'il soit inopportun d'y entreprendre de nouveaux travaux, et il est à souhaiter également que le terrain houiller non concédé de cette partie du bassin ne soit plus l'objet d'autres explorations.

CHAPITRE X.

CONCESSIONS DE SAINT-SAULVE, RAISMES,
ANZIN ET DENAIN.

Le territoire des quatre concessions de Saint-Saulve, Raismes, Anzin et Denain (pl. III à VI), est divisé en deux parties par le cran de retour. Dans celle qui est située au midi de cet accident, on trouve une zone intermédiaire qui mérite un examen spécial ; nous l'avons appelée *région d'Abscon.*

Nous commencerons par étudier la région septentrionale, qui est située au nord du cran de retour.

I. — RÉGION SEPTENTRIONALE, SITUÉE AU NORD DU CRAN DE RETOUR.

Cette région est occupée, dans sa partie nord, par les veines maigres des faisceaux de Vieux-Condé et de Fresnes-midi. Elles y pénètrent par la limite septentrionale de la concession de Raismes, et se dirigent ensuite vers Vicoigne, où elles forment des plissements qui les ramènent au sud de la concession d'Hasnon. Après s'être développées parallèlement à la limite méridionale de cette dernière, elles vont atteindre le nord de la concession d'Aniche.

Ces faisceaux n'ont pas encore été exploités dans leur long parcours au nord des concessions de Raismes et d'Anzin ; ils constituent, pour la compagnie, une importante réserve. Nous avons déjà dit que l'on vient d'ouvrir sur eux une nouvelle fosse, appelée fosse La Grange, qui est située dans la concession de Raismes, à proximité de son angle commun avec celles de Fresnes, Escaupont et Saint-Saulve. Dans l'avenir, on pourra en creuser un grand nombre d'autres, tant à l'est qu'à l'ouest de la concession de Vicoigne.

Parallèlement à ces deux faisceaux se trouvent, du côté du nord, les quelques veines inférieures au faisceau de Vieux-Condé, et du côté du sud, celles dont l'existence a été reconnue par les travaux de la compagnie de Thivencelles, et par les sondages du Bosquet d'Aulnes et de l'Usine de Raismes.

Puis viennent les veines du faisceau demi-gras d'Anzin, qui sont connues et exploitées depuis la fosse Thiers jusqu'à l'intérieur de la concession d'Aniche, tout le long du cran de retour. On ne connaît pas encore complétement la richesse en houille de la zone qui les sépare du faisceau de Fresnes-midi ; tout ce que l'on peut dire, c'est que cet intervalle paraît occupé par un certain nombre de couches, au moins à l'intérieur de la concession de Saint-Saulve ; on ne voit de larges bandes stériles, au nord du faisceau demi-gras, qu'en s'avançant vers l'ouest,

Le faisceau demi-gras d'Anzin est actuellement exploité par neuf fosses, savoir : Thiers, Bleuse-Borne, Saint-Louis, Dutemple, Haveluy, Lambrecht, d'Audiffret-Pasquier, Saint-Mark et Casimir Périer ; il décrit, comme nous l'avons vu, une trajectoire curviligne ayant sa concavité vers le nord. A la fosse Thiers, il est complet, et il existe même, entre lui et le cran de retour, un faisceau gras ; mais ce faisceau, ainsi que les veines supérieures demi-grasses, vient bientôt s'arrêter à cet accident, et seules, les veines inférieures du faisceau demi-gras se développent parallèlement à lui, jusqu'à l'intérieur de la concession d'Aniche.

On conçoit que la proximité du cran de retour exerce une fâcheuse action sur l'allure de ces veines. Il n'y a guère que vers les fosses Saint-Mark et Casimir Périer, et dans la concession d'Aniche, qu'elles présentent une régularité très satisfaisante ; ailleurs, elles sont sillonnées de cassures et de brouillages qui en rendent l'exploitation moins avantageuse. Cette influence se fera naturellement moins sentir sur les veines maigres, qui se trouvent à une plus grande distance au nord ; aussi croyons-nous que c'est dans les charbons maigres que la compagnie d'Anzin cherchera et trouvera, dans un avenir prochain, la principale source de ses bénéfices.

Dans la région qui nous occupe, les terrains sont en allure normale, et ont une pente moyenne vers le sud de 35° à 40°. Ils sont relevés vers l'aval-pendage par de petites branches ordinairement inclinées vers le nord, mais qui se redressent parfois jusqu'à plonger au sud en allure renversée. On les désigne sous le nom général de *droits,* quel que soit le sens de leur inclinaison ; les plus connus de ces droits sont ceux de Raismes et de Grosse-Fosse ; nous en parlerons plus loin avec quelques détails. Les lignes de plissement qui les séparent des plats situés entre eux ont une légère inclinaison vers l'est ; elles présentent parfois des crêtes et des queues dont la longueur ne dépasse pas 3 à 6 mètres.

Allure générale des veines et des bancs qui les séparent.

La fosse la plus orientale ouverte sur les charbons demi-gras est la fosse Thiers, qui est située dans la concession de Saint-Saulve, près de l'Escaut et de la limite de la concession de Raismes. Elle comprend deux puits, qui ont été commencés en 1856, et ont atteint le terrain houiller à la profondeur de 139 mètres. De longues bowettes ont été creusées au nord, et surtout au sud, aux niveaux de 200, 300 et 400 mètres ; elles ont reconnu un nombre considérable de veines qui, malheureusement, sont pour la plupart peu avantageusement exploitables. En voici la nomenclature : *N° 11 du nord, N° 10 du nord, N° 9 du nord, N° 8 du nord, N° 7 du nord, N° 6 du nord, N° 5 du nord, N° 4 du nord, N° 3 du nord, N° 2 du nord, N° 1 du nord, Six paumes, Georges, Décadi, Dure veine, Grande passée, Veine à filons, Grande veine, Petite veine, Printanière, Rosière, Boulangère, Meunière, Filonnière, Faitière, Laitière, Chandelle, Baleine, Arpentine, Première pouilleuse, Deuxième pouilleuse, 1re veine du sud, 2e veine du sud, 3e veine du sud, 4e veine du sud, 5e veine du sud, 6e veine du sud, 7e veine du sud, 8e veine du sud, 9e veine du sud, 10e veine du sud, 11e et 12e veines du sud ou Hélène, 13e veine du sud, 14e veine du sud, 15e veine du sud, 16e veine du sud.*

Fosse Thiers.

Le tableau ci-dessous fait connaître la composition moyenne de ce gisement, dont la coupe complète figure à la planche XII :

| COUPES DES VEINES.
H. Houille. — T. Faux-toit.
M. Faux-mur.
S. Schiste. — E. Escaillage. | NATURE | | DISTANCE MOYENNE de chaque veine à la suivante. (Normalement à la stratification.) | PROPORTION P. 0/0. | | | COULEUR des CENDRES. |
	DU TOIT.	DU MUR.		MATIÈRES volatiles.	COKE. Carbone.	Cendres.	
N.° 11 du nord. 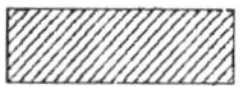 H.o.65	Schiste.	Schiste.	60ᵐ	14.56	84.14	1.30	»
N.° 10 du nord. E.o.15 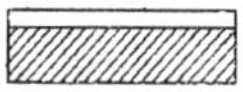 · H.o.5o	Schiste.	Schiste.	120ᵐ	11.20	84.44	4.36	Gris.
N.° 9 du nord. ?	Schiste.	Schiste.	60ᵐ	15.35	73.95	10.70	Gris rouge.
N.° 8 du nord. 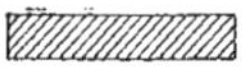 H.o.4o	Schiste.	Schiste.	80ᵐ	17.00	»	»	Rougeâtre.
N.° 7 du nord. E.o.55 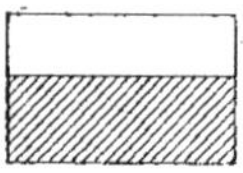 · H.o.8o	Schiste.	Schiste.	20ᵐ	15.00	81.35	3.65	Jaune noir.
N.° 6 du nord 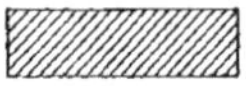 H.o.5t	Schiste.	Schiste.	13ᵐ	14.00	79.00	7.00	Gris.

COUPES DES VEINES. H. Houille. — T. Faux-toit. M. Faux-mur. S. Schiste. — E. Escaillage.	NATURE		DISTANCE MOYENNE de chaque veine à la suivante. (Normalement à la stratification.)	PROPORTION P. 0/0.	COKE.		COULEUR des CENDRES.
	DU TOIT.	DU MUR.		MATIÈRES volatiles.	Carbone.	Cendres.	
N° 5 du nord. 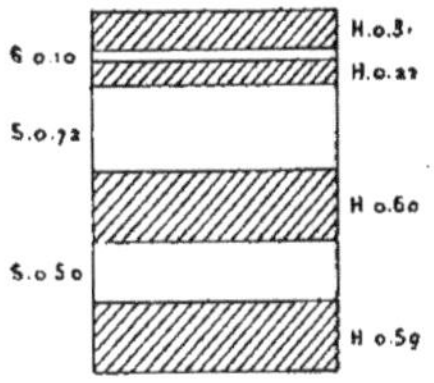	Schiste.	Schiste.	38ᵐ	17.00	78.00	5.00	Jaune noir.
N° 4 du nord 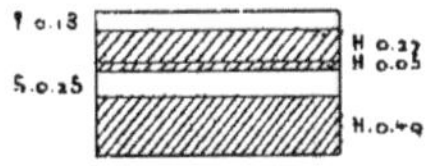	Schiste.	Schiste.	15ᵐ	14.00	79.95	6.05	Jaune.
N° 3 du nord. 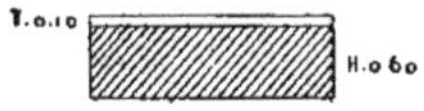	Schiste.	Schiste.	7ᵐ	14.00	77.00	9.00	Brun.
N° 2 du nord 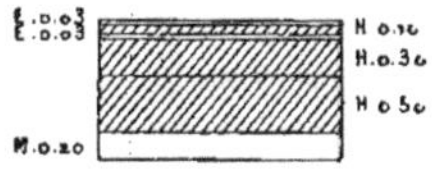	Schiste.	Schiste.	17ᵐ	14.00	83.20	2.80	Gris jaune.
N° 1 du nord 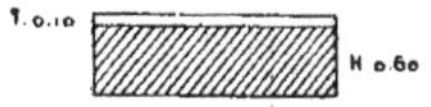	Schiste.	Schiste.	76ᵐ	15.00	83.20	1.80	Jaune noir.
Six paumes 	Schiste.	Schiste.	30ᵐ	14.00	80.30	5.70	»

COUPES DES VEINES. H. Houille. — T. Faux-toit. M. Faux-mur. S. Schiste. — E. Escaillage.	NATURE		DISTANCE MOYENNE de chaque veine à la suivante. (Normalement à la stratification.)	PROPORTION P. 0/0.			COULEUR des CENDRES.
	DU TOIT.	DU MUR.		MATIÈRES volatiles.	COKE. Carbone.	Cendres.	
Georges E o.o5 ▨ H.o.ob S.o.24 ▨ H.o.16	Schiste.	Schiste.	27^m	15.00	83.05	1.95	»
Décadi T.o o5 ▨ H.o.a5 M.o.15	Schiste.	Schiste.	8^m	14.00	84.20	1 80	»
Dure veine *(Passée)*	Schiste.	Schiste.	16^m	16.30	82.50	1.20	»
Grande passée . E .o.o2 ▨ H.o.o6 E .o.16 ▨ H.o.12 E .o.10 ▨ H.o.10 E .o.o8 ▨ H.o.3c	Schiste.	Schiste.	12^m	15.95	80.65	3.40	Jaune gris.
Veine à filons T.o.10 ▨ H.o.45	Schiste.	Schiste.	6^m	15.00	81.80	3.20	Jaune rouge.
Grande veine . T.o.o8 ▨ H.o.6i M.o.o7	Schiste.	Schiste.	8^m	18.50	73.30	8.20	Gris blanc.
Petite veine. *(Passée.)* M.o.o5 ▨ H.o.3o	Schiste.	Schiste.	8^m	»	»	»	»

COUPES DES VEINES. H. Houille. — T. Faux-toit. M. Faux-mur. S. Schiste. — E. Escaillage.	NATURE		DISTANCE MOYENNE de chaque veine à la suivante. (Normalement à la stratification.)	PROPORTION P. 0/0.			COULEUR des CENDRES.
	DU TOIT.	DU MUR.		MATIÈRES volatiles.	COKE. Carbone.	Cendres.	
Printanière. (Passée)	Schiste.	Schiste.	8ᵐ	»	»	»	»
Rosière 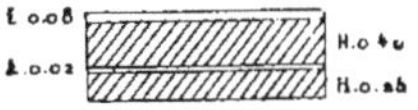	Schiste.	Schiste.	21ᵐ	16.50	77.90	5.60	Gris.
Boulangère 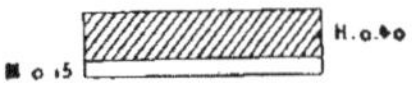	Schiste.	Schiste.	13ᵐ	18.35	79.65	2.00	Jaune.
Meunière. 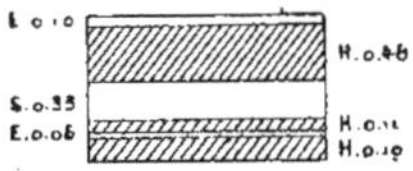	Schiste.	Schiste.	26ᵐ	17.60	80.60	1.80	Jaune rosé.
Filonnière (Deux passées)	Schiste.	Schiste.	34ᵐ	»	»	»	»
Faitière 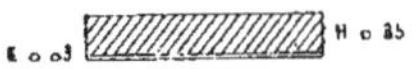	Schiste.	Schiste.	10ᵐ	19.97	75.93	4.10	»
Laitière 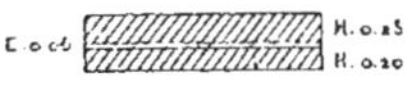	Schiste.	Schiste.	53ᵐ	18.37	75.43	6.20	Rosé.
Chandelle. 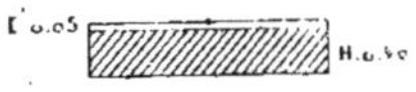	Schiste.	Schiste.	31ᵐ	»	»	»	»

COUPES DES VEINES. H. Houille. — T. Faux-toit. M. Faux-mur. S. Schiste. — E. Escaillage.	NATURE		DISTANCE MOYENNE de chaque veine à la suivante. (Normalement à la stratification.)	PROPORTION P. 0/0.	COKE.		COULEUR des CENDRES.
	DU TOIT.	DU MUR.		MATIÈRES volatiles.	Carbone.	Cendres.	
Baleine. 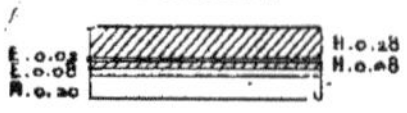	Grès.	Schiste.	20ᵐ	14.19	81.88	3.93	»
Arpentine 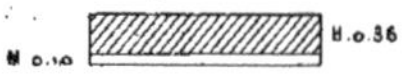	Grès.	Schiste.	18ᵐ	»	»	»	»
Première pouilleuse 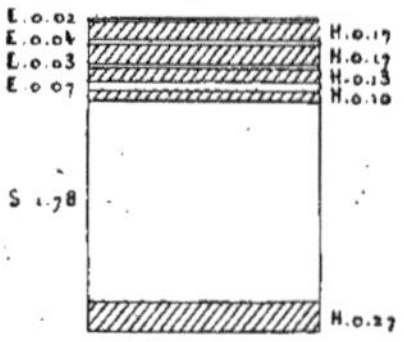	Schiste.	Schiste.	8ᵐ,50	19.20	74.36	6.44	»
Deuxième pouilleuse 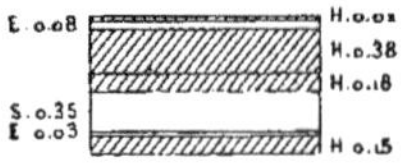	Schiste.	Schiste.	50ᵐ	20.82	75.79	3.39	»
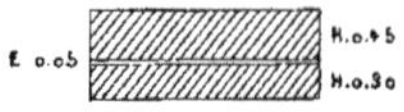 1ᵉʳᵉ veine du sud	Schiste.	Schiste.	9ᵐ	22.07	70.54	7.39	»
2ᵉ veine du sud 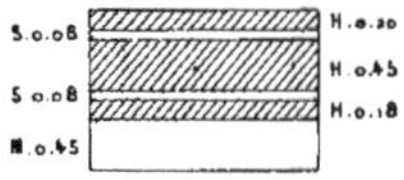	Schiste.	Schiste.	54ᵐ	20.01	74.93	5.06	»
3ᵉ veine du sud 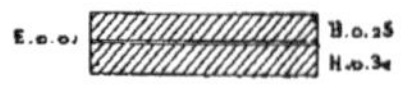	Schiste.	Schiste.	23ᵐ	19.51	76.34	4.15	»

COUPES DES VEINES. H. Houille. — T. Faux-toit. M. Faux-mur. S. Schiste. — E. Escaillage.	NATURE		DISTANCE MOYENNE de chaque veine à la suivante. (Normalement à la stratification.)	PROPORTION P. 0/0.			COULEUR des CENDRES.
	DU TOIT.	DU MUR.		MATIÈRES volatiles.	COKE. Carbone.	Cendres.	
4ᵉ veine du sud 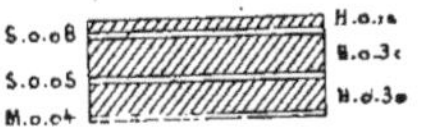	Schiste.	Schiste.	12ᵐ	19.20	77.32	3.48	»
5ᵉ veine du sud 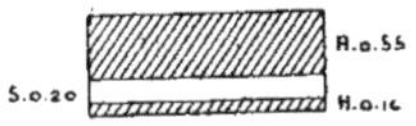	Schiste.	Schiste.	5ᵐ	19.27	77.47	3.26	»
6ᵉ veine du sud 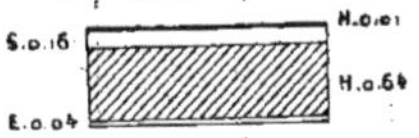	Schiste.)	Schiste.	12ᵐ	19.42	76.92	3.66	»
7ᵉ veine du sud 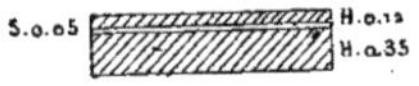	Schiste.	Schiste.	27ᵐ	19.28	78.10	2.62	»
8ᵉ veine du sud 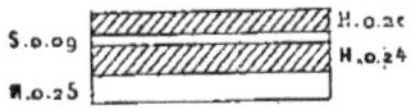	Schiste.	Schiste.	35ᵐ	18.45	76.05	5.50	»
9ᵉ veine du sud 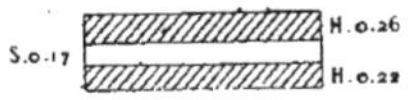	Schiste.	Schiste.	10ᵐ	20.20	75.94	3.86	»
10ᵉ veine du sud 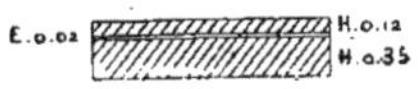	Schiste.	Schiste.	5ᵐ	19.00	78.40	2.60	»

COUPES DES VEINES. H. Houille. — T. Faux-toit. M. Faux-mur. S. Schiste. — E. Escaillage.	NATURE		DISTANCE MOYENNE de chaque veine à la suivante. (Normalement à la stratification.)	PROPORTION P. 0/0.			COULEUR des CENDRES.
	DU TOIT.	DU MUR.		MATIÈRES volatiles.	COKE. Carbone.	Cendres.	
11ᵉ et 12ᵉ veines du sud ou Hélène 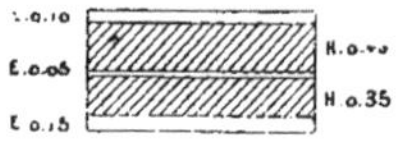	Schiste.	Schiste.	16ᵐ	20.88	74.56	4.56	»
13ᵉ veine du sud 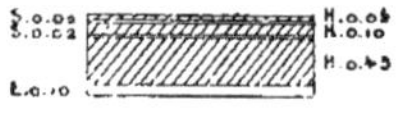	Schiste.	Schiste.	14ᵐ	21.57	|73.99	4.44	»
14ᵉ veine du sud 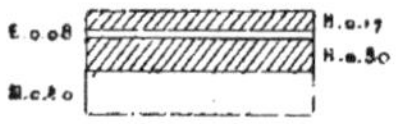	Schiste.	Schiste.	28ᵐ	21.10	75.00	3.90	»
15ᵉ veine du sud 	Schiste.	Schiste.	10ᵐ	21.11	77.03	1.86	»
16ᵉ veine du sud. 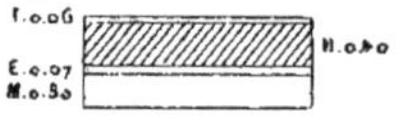	Schiste.	Schiste.	»	21.40	76.26	2.34	«

Toutes ces veines ont été traversées par les bowettes de l'étage de 300 mètres, qui ont exploré une bande de plus de 2 kilomètres de largeur horizontale, du nord-ouest au sud-est. De la veine Bouillez, ou n° 9 du faisceau de Fresnes-midi, à la veine n° 11 du nord du faisceau de Thiers, il n'y a qu'un intervalle horizontal de quelques centaines de mètres, dans lequel doit se faire le passage des veines supérieures de Fresnes-midi, et celui des veines du Bosquet d'Aulnes et du sondage de l'Usine de Raismes. On prolonge actuellement la bowette nord du niveau de 3C0 mètres de Thiers, au delà de la 11ᵉ veine du nord, et on compte s'éloigner jusqu'à environ 1,800 mètres du puits, de manière à pénétrer dans le faisceau de Fresnes-midi, et à rejoindre par l'une de ses veines la nouvelle fosse La Grange. Quand ce travail sera terminé, on possédera une coupe complète du terrain houiller, depuis ses veines les plus inférieures jusqu'au cran de retour, et l'étude de la constitution de cette partie du bassin aura fait un grand pas ; mais, dès à présent, on peut considérer comme démontré qu'il n'existe pas d'intervalle stérile important, dans le méridien de Thiers, entre les veines de cette fosse et celles de la concession de Thivencelles.

La bowette sud de l'étage de 300 mètres, qui est la plus longue de la fosse Thiers, a été arrêtée à 100 mètres environ au delà de 16ᵉ veine du sud. Il reste encore à peu près 1,000 mètres à explorer pour atteindre le cran de retour, qui ne doit pas être loin de la limite sud-est de la concession de Saint-Saulve.

L'ensemble des veines de la fosse Thiers peut être réparti en trois groupes, assez nettement distincts. Le premier est constitué par les 11 veines du nord, qui renferment en moyenne 14 à 15 0/0 de matières volatiles ; il est séparé du suivant par un intervalle d'environ 76 mètres, compté normalement à la stratification. Le second groupe s'étend depuis Six paumes au nord, jusqu'aux deux pouilleuses au sud ; il fournit des charbons ayant environ 16 à 18 0/0 de matières volatiles. Enfin vient le troisième faisceau, qui est formé par les veines du sud, et produit des charbons donnant en moyenne 19 à 22 0/0 de matières volatiles, c'est-à-dire se rapprochant des charbons gras. La distance du deuxième faisceau au troisième est assez faible, 50 mètres environ, mais elle devient considérable, si on néglige les passées qui existent entre Meunière, dernière veine exploitable du second faisceau, et 1ʳᵉ veine du sud, qui forme le commencement du troisième.

Il ne faudrait pas juger de la richesse du gisement de la fosse Thiers par le nombre des veines qui le composent. Celles qui sont avantageusement exploitables sont malheureusement peu nombreuses. Dans le groupe du nord, les veines n°⁵ 5, 6 et 8 sont absolument improductives, à cause de leur irrégularité, et il n'y a que les veines n°ˢ 1 et 2 qui soient réellement belles. Le groupe intermédiaire ne présente, comme veines couramment exploitables, que Rosière, Boulangère et Meunière; elles forment, à vrai dire, presque toute la richesse de la fosse, et, si elles n'existaient pas, il faudrait l'abandonner. Quant au faisceau du sud, il ne comprend, en réalité, que 15 veines, car celles qui ont été désignées par les n°ˢ 11 et 12 n'en forment qu'une seule, que la bowette a recoupée plusieurs fois, à cause d'un plissement du terrain, et que l'on appelle souvent Hélène. Sur ces 15 veines, 8 ne sont pas exploitables (n°ˢ 5, 6, 7, 9, 13, 14, 15, 16), et les autres ne le sont presque pas, ou du moins ne le sont qu'à certains endroits. Il est réellement regrettable de trouver aussi peu de ressources dans une zone de terrain qui mesure plus d'un kilomètre d'épaisseur, normalement à la stratification. La pauvreté du gisement tient d'ailleurs, à la fois, à l'irrégularité des terrains et à la faible épaisseur des couches.

Les veines de la fosse Thiers sont presque partout en plat, avec un pendage moyen de 40° au sud ; certains chassages ont une longueur démesurée, et s'étendent jusqu'à près de 2,000 mètres des bowettes. Il en résulte des frais de roulage très élevés, et une déperdition du travail de l'ouvrier, à qui on impose une véritable fatigue pour se rendre à son chantier. Les nécessités d'une grande production dans un gisement aussi médiocre obligent à se développer ainsi, et on peut se demander s'il ne serait pas plus avantageux de réduire l'extraction, pour obtenir un prix de revient meilleur.

Il y a quelque temps, on avait essayé de diminuer cet inconvénient, en établissant dans la bowette méridionale et dans les voies de fond du niveau de 300 mètres une traction mécanique par corde-tête et corde-queue, avec machine au fond; mais ce mode de roulage, qui avait été installé à grands frais, était si coûteux qu'on n'a pas tardé à l'abandonner, pour revenir à l'emploi des chevaux.

A la rencontre des bowettes, les veines ont une direction moyenne O. 40° S., qui se conserve assez bien dans presque toute l'étendue des travaux. A l'est, elles tendent plutôt à se rapprocher de l'orientation ouest-est, tandis qu'au couchant, elles s'infléchissent plutôt vers le sud. Les veines du nord sont celles qui présentent le plus d'ondulations et d'accidents de détail; c'est ainsi que la bowette nord du niveau de 300 mètres a recoupé à trois reprises la 9e veine du nord, qui forme successivement deux plats réunis par un petit droit. De même, la bowette sud de l'étage de 200 mètres n'a pas rencontré moins de cinq fois la veine n° 1 du nord, sous des inclinaisons variables.

En dehors des rejets insignifiants que l'on trouve dans toutes les exploitations, et sur lesquels il est inutile de s'arrêter, on remarque, à la fosse Thiers, deux accidents dignes d'être cités, qui sont situés tous les deux du côté du levant, et affectent particulièrement le groupe de veines compris entre Six paumes et Meunière. Le plus oriental est situé à environ 1,200 mètres de la bowette sud de 300 mètres, l'autre à 900 mètres seulement de cette bowette. Ils ramènent l'un et l'autre les veines vers le nord, quand on les traverse en allant au levant; le rejet qu'ils produisent est d'environ 75 mètres pour le premier, et 125 mètres pour le second, le tout compté suivant l'horizontale. Ces deux crans sont parallèles, et dirigés à peu près nord-sud, avec plongement de 50° à l'est; ils n'altèrent pas la direction des terrains.

Si on examine une coupe verticale de la fosse Thiers, normale à la direction des couches, on remarque que la surface de contact du terrain houiller contre les morts-terrains plonge assez rapidement vers le sud-est. Cela tient à ce que la fosse est située sur le bord de la vallée houillère que l'on appelle torrent de Vicq. Si on avait prolongé la bowette sud du niveau de 200 mètres, elle aurait fini par atteindre le grès vert.

La fosse Thiers pourra être approfondie en quelque sorte indéfiniment; il est regrettable seulement que les veines qui fournissent la plus grande partie de son extraction soient situées au midi des puits, car elles s'en éloigneront de plus en plus, à mesure qu'on s'enfoncera davantage.

On a reconnu, à cette fosse, l'existence d'un puits naturel rempli de craie à cornus, de grès vert et de dièves; on l'a nommé, pour cette raison, *cran à dièves.* Il a été atteint par les voies de fond du levant de Meunière et de Boulangère, à 100 mètres environ de la bowette sud de 300 mètres.

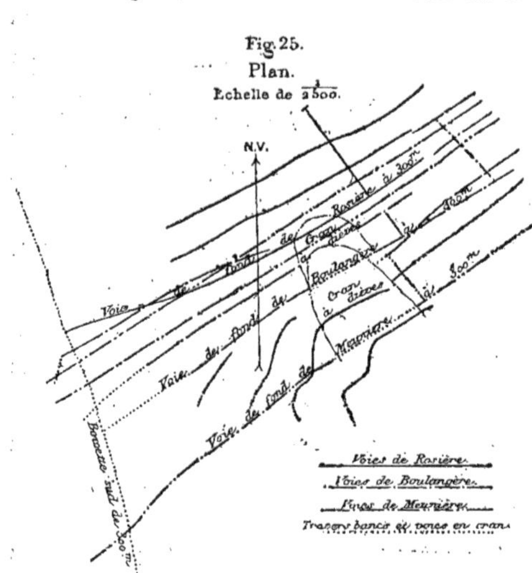

Ces voies l'ont traversé sur des largeurs de 37 et 28 mètres ; au-dessus d'elles, l'exploitation a été interrompue sur 50 mètres de hauteur dans Meunière, et 30 mètres dans Boulangère. Les travaux de Rosière ont été arrêtés avant d'arriver à l'accident. Ses dimensions ne sont pas encore complètement connues ; néanmoins, les figures 25 et 26 font connaître assez exactement son allure, en plan et en coupe verticale. L'axe du puits paraît, à peu de chose près, normal à la stratification des terrains. On ne tardera sans doute pas à l'atteindre au niveau de 400 mètres, par les tailles de la veine Printanière.

Région des fosses Bleuse-Borne et Saint-Louis.

De la fosse Thiers, le faisceau des charbons demi-gras descend au sud-ouest vers les fosses Bleuse-Borne et Saint-Louis, par lesquelles on l'exploite encore, et vers les fosses du Moulin et de la Cave, qui ont servi à l'exploiter autrefois.

Dans cette région, il a la composition suivante : *Passée, Veine n° 30, Veine n° 29, Veine n° 28, Veine n° 27, Veine n° 26, Veine n° 25, Veine n° 24, Veine n° 23, Veine n° 22, Veine n° 21 ou*

Veine du nord, Veine des mineurs, Chérie, Sainte-Barbe, Patronne, Notre, Roitelet, Six paumes, Georges, Décadi, Dure veine, Grande passée, Veine à filons, Grande veine, Petite veine, Printanière, Rosière, Boulangère, Meunière, Filonnière, plus les diverses passées connues ensuite à la fosse Thiers jusqu'à la 1re pouilleuse.

Le tableau suivant donne la composition moyenne du faisceau dont il s'agit.

COUPES DES VEINES. H. Houille. — T. Faux-toit. M. Faux-mur. S. Schisto. — E. Escaillage.	NATURE		DISTANCE MOYENNE de chaque veine à la suivante. (Normalement à la stratification.)	PROPORTION P. 0/0.			COULEUR des CENDRES.
	DU TOIT.	DU MUR.		MATIÈRES volatiles.	Carbone.	Cendres.	
Passée.	»	»	»	»	»	»	»
Veine n° 30.	Schiste.	Schiste.	25^m	11.57	80.49	7.94	»
Veine n° 29.	Schiste.	Schiste.	20^m	13.20	80.06	6.74	Rouge orange.
Veine n° 28.	Schiste.	Schiste.	15^m	14.60	80.40	5.00	»
Veine n° 27	Schiste.	Schiste.	29^m	14.00	80.42	5.58	Marron.

COUPES DES VEINES. H. Houille. — T. Faux-toit. M. Faux-mur. S. Schiste. — E. Escaillage.	NATURE		DISTANCE MOYENNE de chaque veine à la suivante. (Normalement à la stratification.)	PROPORTION P. 0/0.			COULEUR des CENDRES.
	DU TOIT.	DU MUR.		MATIÈRES volatiles.	COKE. Carbone.	Cendres.	
Veine n.º 26. — E.o.40 — H.o.20 / H.o.25 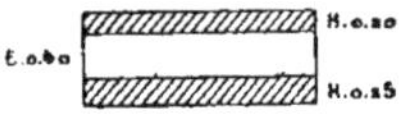	Schiste.	Schiste.	15ᵐ	15.70	78.00	6.30	»
Veine n.º 25 — H.o.35 à o.44 	Schiste.	Schiste.	10ᵐ	14.50	»	»	»
Veine n.º 24 — E.o.03 / E.o.03 — H.o.12 / H.o.35 — S.o.25 — E.o.02 — H.o.20 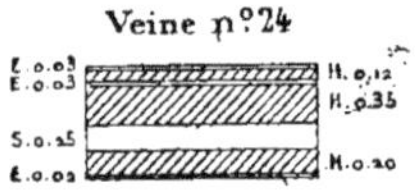	Schiste.	Schiste.	38ᵐ	14.30	79.45	6.25	Rougeâtre.
Veine n.º 23. — E.o.02 / E.o.01 — H.o.25 / H.o.12 	Schiste.	Schiste.	30ᵐ	13.85	79.15	7.00	»
Veine n.º 22. — E.o.05 / E.o.05 — H.o.15 / H.o.17 — S.o.25 — E.o.01 — H.o.32 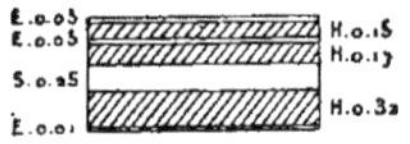	Schiste.	Schiste.	5ᵐ	14.40	82.63	2.97	Roussâtre.
Veine nº 21 ou Veine du nord.  — T.o.20 — H.o.40 — E.o.11	Schiste.	Schiste.	14ᵐ	18.00	75.60	6.40	Gris noir.
Veine des mineurs. (Passée.) 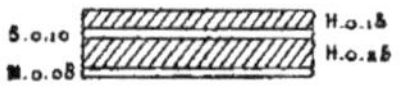 — S.o.10 / M.o.08 — H.o.18 / H.o.25	Schiste.	Schiste.	34ᵐ	13.20	82.50	4.30	Blanc.

COUPES DES VEINES. H. Houille. — T. Faux-toit. M. Faux-mur. S. Schiste. — E. Escaillage.	NATURE		DISTANCE MOYENNE de chaque veine à la suivante. (Normalement à la stratification.)	PROPORTION P. 0/0.			COULEUR des CENDRES.
	DU TOIT.	DU MUR.		MATIÈRES volatiles.	COKE. Carbone.	Cendres.	
Chérie *(Passee.)*	Schiste.	Schiste.	12^m	16.60	78.20	5.20	Rouge.
St^e Barbe *(Passée.)*	Schiste.	Schiste.	20^m	»	»	»	»
Patronne. *(Passée.)*	Schiste.	Schiste.	8^m	13.80	80.40	5.80	Gris noir.
Notre. *(Passée.)*	Schiste.	Schiste.	12^m	14.00	84.10	1.90	Rouge jaunâtre.
Roitelet. *(Passée.)*	Schiste.	Schiste.	11^m	13.50	85.30	1.20	Rouge noir.
Six paumes.	Schiste.	Schiste.	15^m	13.80	81.30	4.90	Gris.
Georges.	Schiste.	Schiste.	10^m	13.20	84.00	2.80	Blanc.

BASSIN HOUILLER DE VALENCIENNES.

COUPES DES VEINES. H. Houille. — T. Faux-toit. M. Faux-mur. S. Schiste. — E. Escaillage.	NATURE		DISTANCE MOYENNE de chaque veine à la suivante. (Normalement à la stratification.)	PROPORTION P. 0/0.			COULEUR des CENDRES.
	DU TOIT.	DU MUR.		MATIÈRES volatiles.	COKE. Carbone.	Cendres.	
Décadi.	Schiste.	Schiste.	13^m	15.53	81.47	3.00	Gris roussâtre.
Dure veine	Schiste.	Schiste.	17^m	15.36	82.37	2.27	Roussâtre.
Grande passée	Schiste.	Schiste.	19^m	14.98	81.16	3.86	Gris roussâtre.
Veine à filons	Schiste.	Schiste.	13^m	14.22	84.15	1.63	Roussâtre.
Grande veine	Schiste.	Schiste.	7^m	14.00	83.00	3.00	Gris.
Petite veine.	Schiste.	Schiste.	40^m	16.00	80.80	3.20	Gris jaune.
Printanière.	Schiste.	Schiste.	7^m	15.00	»	»	»

COUPES DES VEINES. H. Houille. — T. Faux-toit. M. Faux-mur. S. Schiste. — E. Escaillage.	NATURE DU TOIT.	NATURE DU MUR.	DISTANCE MOYENNE de chaque veine à la suivante. (Normalement à la stratification.)	PROPORTION P. 0/0. MATIÈRES volatiles.	PROPORTION P. 0/0. COKE. Carbone.	PROPORTION P. 0/0. COKE. Cendres.	COULEUR des CENDRES.
Rosière. 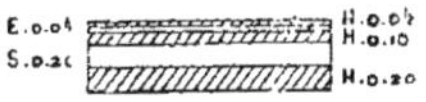	Schiste.	Schiste.	18m	16.20	81.20	2.60	»
Boulangère. 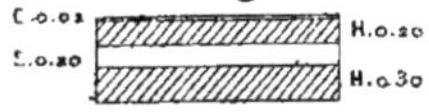	Schiste.	Schiste.	6m	18.95	74.45	6.60	Roussâtre.
Meunière 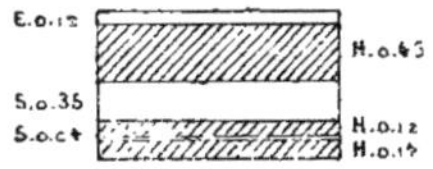	Schiste.	Schiste.	15m	17.00	79.67	3.33	Gris.
Filonnière 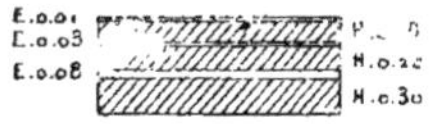	Schiste.	Schiste.	16m	16.20	81.10	2.70	Gris jaune.
Faitière. 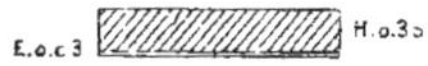	Schiste.	Schiste.	30m	16.60	74.40	9.00	»
Laitière. 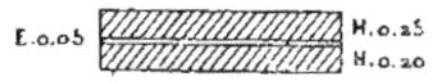	Schiste.	Schiste.	»	17.29	81.14	1.57	»
Chandelle. *(Passée.)*	»	»	»	»	»	»	»

COUPES DES VEINES. H. Houille. — T. Faux-toit. M. Faux-mur. S. Schiste. — E. Escaillage.	NATURE		DISTANCE MOYENNE de chaque veine à la suivante. (Normalement à la stratification.)	PROPORTION P. 0/0.			COULEUR des CENDRES.
	DU TOIT.	DU MUR.		MATIÈRES volatiles.	COKE. Carbone.	Cendres.	
Balcine . (Passée)	»	»	»	»	»	»	»
Arpentine . (Passée)	»	»	»	»	»	»	»
Première pouilleuse . (Passée)	»	»	»	»	»	»	»

Le groupe compris entre Veine n° 30 et Veine du nord ou n° 21 correspond aux veines n° 1 à 9, du nord de Thiers. Notamment, la veine n° 21, de Saint-Louis et de Bleuse-Borne, paraît identique à la veine du nord n° 1, de Thiers. Il convient, toutefois, de remarquer que le groupe dont nous parlons est représenté par 10 veines d'un côté, et par 9 seulement de l'autre. Cela tient à ce que l'une des veines de Bleuse-Borne vient s'amincir du côté de Thiers, de manière à s'y réduire à une passée complètement négligeable.

Le faisceau gras de la fosse Thiers ne passe plus à Bleuse-Borne, parce qu'il vient s'interrompre au cran de retour, avant d'arriver à cette fosse. Le gisement reconnu présente donc un nombre moins grand de couches à l'ouest qu'à l'est; en revanche, les veines y sont généralement plus belles et plus régulières. Ainsi, les veines du nord, qui ne sont presque pas exploitables à Thiers, le sont à Bleuse-Borne et à Saint-Louis. On exploite également avec avantage, à ces deux fosses, Six paumes, Georges, Décadi, Dure veine, Veine à filons, Grande veine, Boulangère, Meunière et Filonnière. Il a été possible, en outre, d'entreprendre, à certaines places, des travaux dans Grande passée, Petite veine, Printanière et Rosière.

Entre Veine du nord et Six paumes, on trouve, aux fosses dont nous nous occupons, quelques passées inconnues à Thiers. En revanche, la série des passées supérieures à Filonnière y paraît incomplète : elle ne comprend guère que Chandelle, Baleine, Arpentine et 1re pouilleuse ; Faitière et Laitière y sont presque inconnues, ou du moins ne consistent qu'en des filets charbonneux ordinairement peu épais. Quelques travaux ont été exécutés de ce côté dans ces passées, au voisinage de leurs affleurements, par l'ancienne fosse Saint-Jean.

Les travaux du groupe de Bleuse-Borne et de Saint-Louis, et ceux de Thiers, ont été mis en communication par la veine Meunière, entre les étages de 300 mètres à Thiers, et de 340 mètres à Bleuse-Borne. On a été ainsi amené à modifier les assimilations de veines qui avaient été admises comme résultant de leurs caractères de ressemblance. La veine Meunière avait été appelée à tort Filonnière à la fosse Thiers, et d'autres erreurs avaient encore été commises, ainsi que l'indique le tableau suivant, qui fait connaître les noms que l'on donnait précédemment à certaines veines de cette dernière fosse, et ceux qui leur ont été substitués, lorsqu'on s'est raccordé avec les travaux d'Anzin.

ANCIENS NOMS ADOPTÉS A LA FOSSE THIERS.	NOMS ADOPTÉS DÉFINITIVEMENT.
Passée.	Printanière.
Printanière	Rosière.
Rosière	Passée.
Boulangère.	Passée.
Meunière	Boulangère.
Filonnière	Meunière.
Deux passées séparées par un banc de schiste. .	Filonnière.

Les anciens plans de la compagnie attribuent parfois à la même veine les deux noms qu'elle a successivement reçus, ce qui n'est pas sans amener une certaine confusion ; mais les corrections nécessaires ont été apportées aux tableaux ci-dessus. Cet exemple montre combien il faut être prudent dans les hypothèses que l'on fait pour raccorder entre eux des faisceaux, et surtout des veines connues en des points éloignés. Dans l'espèce, les hommes du métier les plus expérimentés n'ont pas été capables de reconnaître exactement, à Thiers, une série de veines qu'ils exploitaient à quelques centaines de mètres de là, et c'est seulement quand une communication a été établie entre les deux groupes de travaux, que la continuité des couches a pu être indiquée avec certitude. Quel degré de probabilité peut-on attacher, d'après cela, à des assimilations que l'on fait à de grandes distances, et qui ne résultent que de caractères douteux et d'appréciations discutables?

En définitive, le faisceau des charbons demi-gras se présente sous un plus bel aspect, quand on se rapproche d'Anzin. La veine Meunière est à peu près la seule qui soit en général plus avantageusement exploitable à Thiers qu'à Anzin.

L'allure ordinaire des veines demi-grasses d'Anzin est le plat incliné de 30° à 40°. Cependant, vers la fosse Saint-Louis, on voit naître l'un des droits dont nous avons parlé plus haut et qu'on appelle *droit de Raismes*. Il détermine dans chaque couche deux plats, appelés l'un plat du nord, l'autre plat du midi. On a exploité le droit de Raismes aux étages de 330 et de 390 mètres de la fosse Saint-Louis, ainsi que par la bowette nord de l'étage de 424 mètres de la fosse du Chaufour, qui a été poussée jusqu'au delà du cran de retour, dans la zone des charbons demi-gras. Ce droit a une direction sensiblement est-ouest, et il est presque vertical, avec tendance à plonger au nord. Il a son maximum de développement, dans la région où on l'a exploité, à la fosse Saint-Louis ; là, il mesure une longueur d'environ 160 mètres, comptée suivant sa ligne de plus grande pente.

Le plat du midi n'est presque pas exploité dans la région d'Anzin : il n'y est connu qu'à une trop grande profondeur. Quant à celui du nord, il vient de la fosse Thiers dans la direction O. 45° S., puis il s'infléchit de manière à venir se remettre parallèle au cran de retour, suivant une orientation moyenne O. 15° S. On y remarque un accident qui est connu sur une grande longueur, et qu'on appelle cran de Bleuse-Borne ; c'est une sorte de cassure dirigée à peu près de l'est à l'ouest, avec une inclinaison de 80° à 85° vers le sud. Son affleurement au tourtia passe à environ 120 mètres au sud de la fosse Bleuse-Borne, 80 mètres au nord de la fosse du Moulin, 400 mètres au nord de la fosse Saint-Louis, et 200 mètres au nord de la fosse de la Cave ; vis-à-vis de la fosse Bleuse-Borne, il produit un affaissement des terrains, au midi, d'environ 75 mètres suivant la verticale ; mais il s'atténue de plus en plus vers la fosse de la Cave, et là, il ne produit plus qu'un rejet insignifiant.

Citons encore un autre accident, appelé cran de la Cave, presque parallèle au précédent, et plongeant comme lui de 80° à 85° vers le sud. Il passe, en affleurement, à 170 mètres environ au midi de la fosse de la Cave, et produit un renfonçage au sud d'une cinquantaine de mètres.

La fosse Bleuse-Borne est très ancienne, puisqu'elle date de 1783 ; elle est située dans l'angle sud formé par l'intersection des lignes de Valenciennes à Douai, et d'Anzin à Péruwelz, contre la route de Valenciennes à Condé ; elle a rencontré le terrain houiller à la profondeur de 85 mètres, un peu au sud de l'affleurement de Grande veine, et a été approfondie jusqu'au niveau de 440 mètres. Au levant, ses travaux ont été mis en communication avec ceux de la fosse Thiers, par la veine Meunière ; au couchant, ils se continuent par ceux de la fosse Saint-Louis ; on exploite par Bleuse-Borne tout le faisceau demi-gras, depuis Veine n° 30 jusqu'à Filonnière.

L'emplacement de cette fosse a été heureusement choisi, en raison de cette double circonstance qu'elle est placée vers le centre du faisceau demi-gras, et qu'elle est éloignée de plus de 800 mètres du cran de retour ; cette distance laisse une grande marge à son exploitation vers le sud ; en même temps, sa position permettra de s'en servir pour aller chercher au nord les veines inférieures à Veine n° 30. Enfin, le gisement des charbons demi-gras se présente, dans son voisinage, sous un aspect de régularité et de richesse assez satisfaisant.

Le puits de Bleuse-Borne a été garni, à l'origine, dans la traversée des morts-terrains, par un cuvelage en bois rectangulaire, de faible section. Le mauvais état de ce cuvelage, sa forme défectueuse, ses dimensions insuffisantes, ont donné un instant l'idée d'abandonner la fosse, et d'en creuser une autre dans le voisinage; mais la position favorable du puits a décidé la compagnie à remplacer l'ancien cuvelage rectangulaire par un autre de forme circulaire et d'assez grand diamètre. Cette réparation importante permettra à la fosse Bleuse-Borne de devenir le siège d'une grande extraction.

Fosse Saint-Louis. La fosse Saint-Louis a été ouverte en 1821, à 700 mètres environ au sud-ouest de la précédente; elle a atteint le terrain houiller à la profondeur de 78 mètres, à 240 mètres environ au sud de l'affleurement de Filonnière; on y a exploité le grand plat du nord et le droit de Raismes. Elle communique du côté de l'est avec les travaux de Bleuse-Borne, et son champ d'exploitation s'étend, à l'ouest, au-dessous de la fosse de la Cave, dont le dernier étage se trouve au niveau de 266 mètres, et qui ne sera plus approfondie. Son emplacement lui assure un certain avenir, bien qu'il soit moins favorable que celui de Bleuse-Borne, à cause de sa plus grande proximité du cran de retour, qui n'en est éloigné en affleurement que d'environ 450 mètres. Ses travaux ne pourront pas être poussés à une grande distance au midi; de ce côté, la fosse Saint-Louis a été mise en communication avec celle du Chaufour par la bowette nord creusée à cette dernière au niveau de 424 mètres; cette galerie a traversé, entre le cran de retour et la veine Filonnière, un intervalle de près de 300 mètres en terrains brouillés, qui réduit considérablement le champ d'exploitation de la fosse Saint-Louis; néanmoins, cette fosse est appelée à exploiter avec avantage le faisceau demi-gras qui s'en rapproche de plus en plus en profondeur, et il convient aussi de noter que, eu égard à l'inclinaison du cran de retour vers le midi, les travaux pourront s'avancer d'autant plus loin dans cette direction qu'on s'enfoncera davantage. Actuellement, le dernier étage de Saint-Louis est situé au niveau de 445 mètres; on pourra en ouvrir plusieurs autres au-dessous.

Nous citerons seulement pour mémoire les fosses du Moulin et de la

Cave qui ont été abandonnées, la première au niveau de 330 mètres, la Anciennes fosses
du
Moulin et de la Cave. seconde à celui de 266 mètres, et qui ont servi à exploiter la tête des veines que la fosse Saint-Louis doit prendre en profondeur. La fosse du Moulin a longtemps servi à l'épuisement; maintenant, les eaux du groupe des fosses d'Anzin se rendent par la galerie de l'étage de 424 mètres du Chaufour à la fosse Tinchon, où se trouve installée une machine d'exhaure.

Si on continue à suivre le faisceau demi-gras, en longeant le cran de Fosse Dutemple. retour, on arrive à la fosse Dutemple. Elle a été ouverte sur les charbons gras, à environ 500 mètres au sud de l'accident; mais elle a atteint le faisceau demi-gras, après avoir traversé la faille, par les bowettes nord de ses niveaux de 259 et 316 mètres. Le gisement qu'elle a rencontré est extrêmement bouleversé par une série de crans à peu près parallèles, compris entre la faille de Bleuse-Borne et le cran de retour. Ces accidents sont dirigés à peu près de l'est à l'ouest, et disloquent le droit de Raismes dont le prolongement se dirige vers Dutemple ; ils plongent d'environ 70° à 80°, et produisent une série de renfoncements vers le sud, c'est-à-dire vers la faille de retour. Entre ces divers crans, les terrains sont assez droits et brisés par d'autres cassures peu inclinées, plongeant vers l'est, qui leur donnent un aspect des plus irréguliers.

Les veines demi-grasses connues à la fosse Dutemple ont reçu les n°s 1 à 16, dans l'ordre suivant, dans lequel on les a rencontrées en venant du cran de retour, mais elles ne sont, en réalité, qu'au nombre de 15, à cause de l'identité qui existe entre la 2e et la 3e. Le tableau suivant donne la composition moyenne de ce faisceau.

| COUPES DES VEINES.
H. Houille. — T. Faux-toit.
M. Faux-mur.
S. Schiste. — E. Escaillage. | NATURE | | DISTANCE MOYENNE de chaque veine à la suivante. (Normalement à la stratification.) | PROPORTION P. 0/0. | | | COULEUR des CENDRES. |
	DU TOIT.	DU MUR.		MATIÈRES volatiles.	COKE. Carbone.	Cendres.	
16ᵉ veine. H.c.25 / H.o.77 / E.o.15	Schiste.	Schiste.	9ᵐ	14.53	83.81	1.66	»
15ᵉ veine. S.o.25 / S.o 0.5 / E.o.02 / H.o.22 / H.o.15 / H.o.15.	Schiste.	Schiste.	26ᵐ	14.78	83.12	2.10	»
14ᵉ veine E.c.08 / H.o.40 / H.o.30 / E.o.15	Schiste.	Schiste.	9ᵐ	17.73	76.67	5.60	»
13ᵉ veine. E.o.10 / E.o.03 / E.o.08 / H.o.28 / H.o.20	Schiste.	Schiste.	11ᵐ	13.90	79.07	7.03	Gris foncé.
12ᵉ veine S.o.25 / E.o.05 / H.o.10 / H.o.35 / H.o.40	Schiste.	Schiste.	11ᵐ	14.60	81.80	3.60	Gris.
11ᵉ veine. H.o.51	Schiste.	Schiste.	24ᵐ	13.20	80.00	6.80	Roux terne.
10ᵉ veine. H.o.45 / S.o.85 / E.o.05 / H.o.45	Schiste.	Schiste.	58ᵐ	15.76	79.54	4.70	»

COUPES DES VEINES. H. Houille. — T. Faux-toit. M. Faux-mur. S. Schiste. — E. Escaillage.	NATURE		DISTANCE MOYENNE de chaque veine à la suivante. (Normalement à la stratification.)	PROPORTION P. 0/0.			COULEUR des CENDRES.
	DU TOIT.	DU MUR.		MATIÈRES volatiles.	COKE. Carbone.	Cendres.	
9.ᵉ veine. 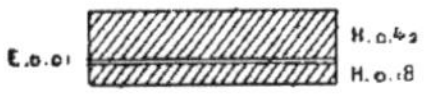	Schiste.	Schiste.	?	15.20	82.97	1.83	Roux.
8.ᵉ veine. 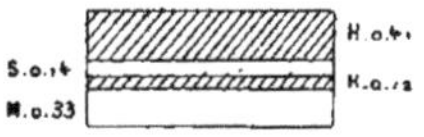	Schiste.	Schiste.	?	16.22	81.74	2.04	»
7.ᵉ veine 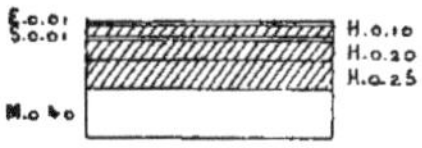	Schiste.	Schiste.	?	17.65	79.50	2.85	»
6.ᵉ veine	Schiste.	Schi-te.	?	18.50	76.70	4.80	Rouge brun.
5.ᵉ veine 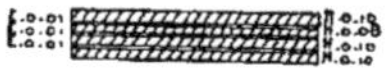	Schiste.	Schiste.	?	14.85	80.21	4.94	»
4.ᵉ veine. 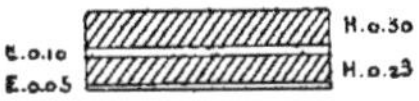	Schiste.	Schiste.	?	18.55	77.97	3.48	»
3.ᵉ et 2.ᵉ veines. 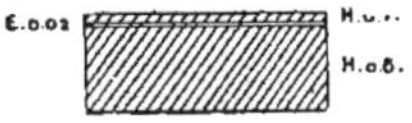	Schiste.	Schiste.	25ᵐ	19.00	73.00	8.00	»
1.ᵉʳᵉ veine. 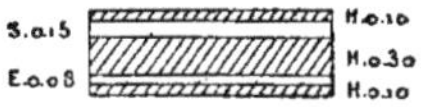	Schiste.	Schiste.	»	21.00	73.00	6.00	»

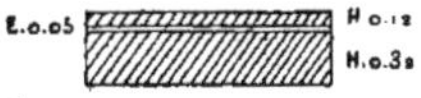

La qualité des charbons de ces veines se rapproche de celle des charbons des veines du sud de Saint-Louis, et on a supposé pour cela, pendant quelque temps, que les prolongements de ces dernières·allaient passer à Dutemple ; plus tard, les tracés des voies de fond ont montré que le faisceau de Dutemple doit être plutôt assimilé aux veines du nord de Saint-Louis. Dans cette hypothèse, la correspondance de veine à veine devrait s'établir, vraisemblablement, de la manière suivante :

VEINES DE DUTEMPLE.	VEINES DE SAINT-LOUIS.
16ᵉ veine	Passée.
15ᵉ veine	Veine nº 30.
14ᵉ veine	?
13ᵉ veine	?
12ᵉ veine	Veine nº 26.
11ᵉ veine	Veine nº 25.
10ᵉ veine	Veine nº 24.
9ᵉ veine	Veine du nord.

Quant aux veines nᵒˢ 8 à 1 de Dutemple, elles correspondent aux veines les plus septentrionales de la partie du faisceau de Saint-Louis comprise entre Six paumes et Filonnière.

La grande irrégularité des terrains où passent les veines demi-grasses de Dutemple rend le plus grand nombre d'entre elles à peu près inexploitables ; les cassures qui les affectent les brisent sans les appauvrir, mais il n'a encore été possible d'ouvrir des travaux un peu étendus que dans les veines nᵒˢ 9 à 14. Le faisceau, qui est presque parallèle au cran de retour vers le méridien de la fosse, s'infléchit au nord-est du côté du levant, où il a été le plus exploité.

Entre les fosses Dutemple et Saint-Louis, le plat qui est connu à cette dernière sous le nom de plat du midi est limité à sa partie inférieure par un second droit, situé au sud de celui de Raismes, et que l'on appelle *droit de Grosse-Fosse,* du nom de la fosse à laquelle on l'a d'abord rencontré. Cette fosse est située sur les charbons gras, au sud du cran de retour, mais sa bowette nord, du niveau de 464 mètres, a traversé cet accident à environ 100 mètres du puits, et c'est alors qu'elle a immédiatement rencontré le droit dont nous parlons. Son étendue, suivant sa ligne de plus grande pente, est d'une centaine de mètres, et il est généralement en allure renversée, avec pente de 70° à 80° vers le sud. Quelquefois, cependant, il s'incline au nord : il est alors presque vertical.

Droit
de Grosse-Fosse.

En continuant à s'éloigner dans la direction de l'ouest, on ne connaît plus le faisceau demi-gras qu'à la fosse d'Haveluy.

Les relations de veines, déjà difficiles à déterminer entre Dutemple et Saint-Louis, deviennent encore plus douteuses entre Dutemple et Haveluy, qui sont à une distance de plus de 5 kilomètres.

Le faisceau reconnu et exploité à cette dernière fosse comprend les veines suivantes, du nord au sud : *Charles, Lambrecht, Adolphine, Deuxième veine, Première veine, Charlotte, Edmond.*

Faisceau d'Haveluy.

Sa composition moyenne est indiquée par le tableau ci-dessous :

COUPES DES VEINES. H. Houille. — T. Faux-toit. M. Faux-mur. S. Schiste. — E. Escaillage.	NATURE		DISTANCE MOYENNE de chaque veine à la suivante, (Normalement à la stratification.)	PROPORTION P. 0/0.			COULEUR des CENDRES.
	DU TOIT.	DU MUR.		MATIÈRES volatiles.	COKE. Carbone.	Cendres.	
Charles. H.o.70	Schiste.	Schiste.	480^m	11.81	86.25	1.94	»
Lambrecht 6.o.30 H.o.30 H.o.60	Schiste.	Schiste.	80^m	17.40	81.00	1.60	»

COUPES DES VEINES. H. Houille. — T. Faux-toit. M. Faux-mur. S. Schiste. — E. Escaillage.	NATURE		DISTANCE MOYENNE de chaque veine à la suivante. (Normalement à la stratification.)	PROPORTION P. 0/0.			COULEUR des CENDRES.
	DU TOIT.	DU MUR.		MATIÈRES volatiles.	COKE. Carbone.	Cendres.	
Adolphine 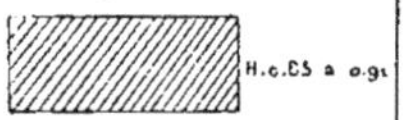	Schiste.	Schiste.	160m	18.00	80.10	1.90	»
Deuxième veine 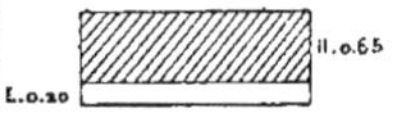	Schiste.	Schiste.	27m	20.37	75.87	3.76	»
Première veine 	Schiste.	Schiste.	63m	20.42	77.65	1.93	Rougeâtre.
Charlotte. (Passée) 	Grès.	Schiste.	110m	»	»	»	»
Edmond. (Passée) 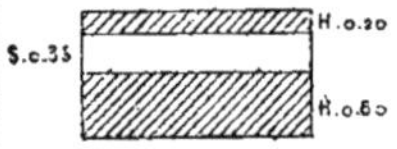	Schiste.	Schiste.	»	»	»	»	»

La veine Charles, qui est la plus septentrionale, et dont l'exploitation a dû être abandonnée à cause de la mauvaise qualité de son charbon, se distingue de toutes les autres par sa proportion de matières volatiles, qui n'est que de 12 0/0 environ, tandis qu'à partir de Lambrecht, elle dépasse 17 0/0. De plus, il existe entre Charles et Lambrecht un intervalle stérile d'environ 480 mètres en travers-bancs et 900 mètres en bowettes, dans lequel on n'a trouvé qu'une veinule que l'on a appelée *Petite veine*.

Le gisement d'Haveluy comprend donc un faisceau formé de six veines relativement assez rapprochées les unes des autres, et d'une septième veine, isolée des précédentes par une large bande de terrain houiller sans houille, et d'une nature toute différente.

Deux hypothèses peuvent être faites sur la liaison à établir entre le faisceau demi-gras d'Anzin et celui d'Haveluy. Si on ne s'en rapportait qu'au caractère tiré de la qualité des charbons, on serait tenté d'assimiler les veines d'Haveluy aux veines supérieures du faisceau de Saint-Louis, comprises entre Six paumes et Filonnière; mais alors, il faudrait admettre que toutes les veines du groupe septentrional, à partir de Veine du nord, disparaîtraient complètement du côté de l'ouest, de manière à laisser, au nord du groupe méridional, la large zone stérile comprise entre Lambrecht et Charles. Une autre hypothèse consiste à assimiler les veines du faisceau d'Haveluy, depuis Lambrecht, aux veines du nord du faisceau d'Anzin ; en ce cas, il se serait produit, dans le long parcours de ces veines jusqu'à Haveluy, un changement de nature qui aurait eu pour conséquence une amélioration dans la qualité de leurs charbons, en même temps qu'une augmentation de leur teneur en matières volatiles ; quant aux veines comprises entre Six paumes et Filonnière, elles seraient venues s'interrompre au cran de retour, avant d'atteindre la fosse d'Haveluy.

Nous avons vu que les travaux de la fosse Thiers et ceux de la concession de Thivencelles permettent de croire qu'au nord de la concession de Saint-Saulve, les veines de Fresnes-midi et les veines demi-grasses qui leur sont superposées se succèdent, sans être séparées par une large bande stérile ; il ne paraît plus en être de même du côté de l'ouest, et il semble, au contraire, si on admet la seconde hypothèse que nous venons d'indiquer, que le faisceau demi-gras se détache nettement du reste du bassin par la formation d'un massif épais dépourvu de veines, et compris entre Lambrecht et Charles. Faut-il attribuer cette circonstance à ce que les veines comprises entre les travaux de Fresnes-midi et ceux du nord de

27

Thiers, veines qui ne sont encore qu'imparfaitement reconnues, ne consisteraient qu'en passées qui arriveraient à disparaître vers l'ouest, ou à ce que le banc stérile dont il s'agit se développerait graduellement dans cette direction? C'est ce que les travaux ultérieurs pourront seuls indiquer.

Quoi qu'il en soit, la bande improductive située au nord de Lambrecht paraît se continuer à une grande distance vers l'ouest, et c'est elle sans doute qui a été reconnue, à l'intérieur de la concession d'Aniche, par une recherche faite au nord de la fosse Traisnel.

Au nord de cette bande, la veine Charles se rattache peut-être à l'une des veines du groupe découvert au sondage du Bosquet d'Aulnes et à celui de l'Usine de Raismes.

Fosse d'Haveluy.   La fosse d'Haveluy a été ouverte en 1866, et elle a atteint le terrain houiller, à la profondeur de 71 mètres, au nord de l'affleurement de la veine Charlotte ; elle comprend deux puits ; son dernier accrochage est actuellement au niveau de 374 mètres. Les terrains y sont généralement en plat, avec inclinaison de 40° à 45° vers le sud. Parfois, ils sont relevés par de petits droits tout à fait locaux. On remarque surtout ce genre d'allure au nord des puits. Dans les parties en plat, la direction des bancs est voisine de celle de l'est à l'ouest.

Les couches de houille manquent de régularité et subissent des appauvrissements locaux, probablement à cause du voisinage du cran de retour, qui passe, en affleurement, à 300 mètres seulement au sud de la fosse. Parmi les crans qui disloquent le gisement, le plus important a reçu le nom de Cran d'Haveluy.   cran d'Haveluy. Il traverse le puits à la profondeur de 190 mètres, et présente une direction N. 75° O., avec pente de 45° au sud. Malgré le sens de son plongement, ce sont les terrains du midi qui ont monté sur lui de 200 mètres environ, suivant sa ligne de plus grande pente : autrement dit, il constitue ce que l'on appelle, dans le langage des mineurs, une faille à l'envers ; nous pensons qu'il convient de considérer cet accident comme une sorte de droit brisé.

Du côté du nord, les explorations n'ont été poussées, en bowette, qu'à 100 mètres au delà de la veine Charles, à l'étage de 304 mètres ; mais, à l'extrémité de la galerie, on a continué la recherche en beurtia, sans obtenir de résultat ; au sud, les bowettes des étages de 220 et de 304 mètres ont atteint le cran de retour à 150 mètres de la veine Edmond, puis ont été poursuivies au delà de cet accident, sur une longueur de 600 mètres, dans des terrains complètement bouleversés. Peut-être a-t-on traversé la faille d'Abscon dans cet intervalle ; la grande irrégularité des terrains masque complètement son passage. Les veines Charlotte et Edmond, voisines de cette région brouillée, sont encore plus irrégulières que les autres et ne sont que très accidentellement exploitables.

La fosse Lambrecht a été commencée en 1879, à 2,400 mètres à l'ouest de la fosse d'Haveluy ; elle a atteint le terrain houiller à la profondeur de 82 mètres, et va être approfondie jusqu'à celle de 270 mètres ; on y a ouvert deux accrochages aux niveaux de 150 et de 200 mètres. Fosse Lambrecht.

On y a recoupé un faisceau de veines qui se succèdent dans l'ordre suivant, du nord au sud : *Nouvelle veine, Lambrecht, Veine de* $0^m,48$, *Adolphine, Veine à l'escaillage* ou *Escaille, Veine de* $0^m,50$, *Veine de* $0^m,64$.

La composition moyenne de ce faisceau est donnée par le tableau suivant :

COUPES DES VEINES. H. Houille. — T. Faux-toit. M. Faux-mur. S. Schiste. — E. Escaillage.	NATURE		DISTANCE MOYENNE de chaque veine à la suivante. (Normalement à la stratification.)	PROPORTION P. 0/0.			COULEUR des CENDRES.
	DU TOIT.	DU MUR.		MATIÈRES volatiles.	COKE. Carbone.	Cendres.	
Nouvelle veine  — H.o.50	»	»	»	»	»	»	»
Lambrecht. (E.o.o5 / E.o.10 / S.o.6o / H.o.9o / H.c.58 / E.o.18)	Schiste.	Schiste.	40^m	16.88	77.72	5.40	Gris.

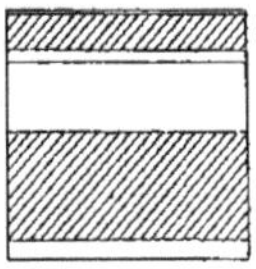

COUPES DES VEINES. H. Houille. — T. Faux-toit. M. Faux-mur. S. Schiste. — E. Escaillage.	NATURE		DISTANCE MOYENNE de chaque veine à la suivante. (Normalement à la stratification.)	PROPORTION P. 0/0.			COULEUR des CENDRES.
	DU TOIT.	DU MUR.		MATIÈRES volatiles.	Carbone.	Cendres.	
Veine de $0^m 48$. (Parrée.)	»	»	100^m	18.26	76.14	5.60	»
Adolphine. 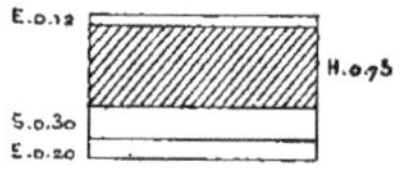	Schiste.	Schiste.	27^m	17.20	74.66	8.14	Blanc.
Veine à l'escaillage ou Escaille. 	Schiste.	Schiste.	27^m	»	»	»	»
Veine de $0^m 5o$.	Schiste.	Schiste.	29^m	»	»	»	»
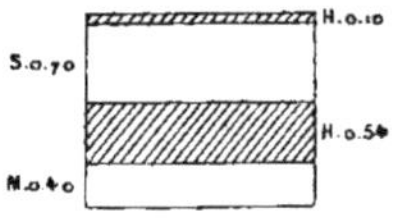 Veine de $0^m 64$	Schiste.	Schiste.	»	19.56	76.14	4.30	Gris.

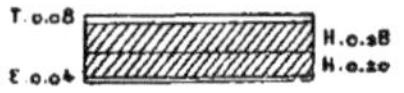

On peut affirmer que les veines Lambrecht et Adolphine sont identiques à celles qui sont exploitées sous les mêmes noms à Haveluy; Veine de $0^m,48$, qui est à peu près inexploitable, ne se retrouve pas à cette dernière fosse, vers laquelle elle vient sans doute se perdre. Quant aux veines à l'escaillage, de 0^m,50 et de 0^m,64, elles vont sans doute s'amincir vers l'est, pour y disparaître ou s'y réduire à des filets de charbon d'une épaisseur insignifiante. Dans tous les cas, il semble probable qu'aucune d'entre elles ne correspond à Deuxième veine d'Haveluy, qui sera recoupée par les galeries de Lambrecht à une plus grande distance au sud, à moins qu'elle ne soit interrompue auparavant par le cran de retour.

En réalité, on ne compte encore, à la fosse Lambrecht, que deux veines qui paraissent devoir être généralement exploitables : Lambrecht et Adolphine; les autres sont beaucoup moins belles. La régularité même des terrains laisse encore à désirer : ils sont assez tourmentés, brouillés par places, et rejetés par de petits dressants, qui donnent au gisement un aspect capricieux. Dans Adolphine et Veine de 0^m,64, on remarque de nombreux étranglements, surtout du côté du couchant.

Si l'hypothèse que nous avons faite du passage du cran de retour à 270 mètres de la fosse Belle-Vue, au niveau de 120 mètres, est exacte, cet accident doit se trouver, en affleurement, à 800 ou 900 mètres de la fosse Lambrecht. C'est probablement à ce voisinage que l'irrégularité des terrains doit être attribuée ; on s'en rend facilement compte en examinant les plans des travaux : les contours des voies de fond sont sinueux, et les galeries subissent de brusques changements de direction, par suite des replis des veines dans lesquelles elles sont situées, ou des accidents qui les rejettent.

Une autre fosse, nommée fosse d'Audiffret-Pasquier, a été ouverte en 1881, à une distance d'environ 2,000 mètres, comptée à partir de la fosse Lambrecht sur une ligne droite menée dans la direction O. 18° S. Elle est arrivée au terrain houiller à la profondeur de 96 mètres, et a été continuée jusqu'à celle de 296 mètres. Des accrochages ont été préparés aux niveaux de 166 et de 216 mètres; on compte en établir un autre à celui de 286 mètres. Les bowettes de cette fosse n'ont encore qu'une faible longueur; on dirige celles du sud vers l'ancienne fosse d'Escaudain, située au delà du cran de retour, qui pourra servir à l'aérage des travaux.

Fosse d'Audiffret-Pasquier.

5e204 BASSIN HOUILLER DE VALENCIENNES.

Les veines successivement recoupées ont été les suivantes, dans leur ordre de superposition de bas en haut : *5e veine, 4e veine, 3c veine, 2e veine, Grande passée, 1re veine du nord, 1re veine du sud.* Ces veines ne sont pas encore complètement reconnues; il semble probable, toutefois, que 5e veine est assimilable à Adolphine, d'Haveluy, et à 3e veine du nord, d'Abscon.

Le tableau suivant fournit quelques renseignements sur la composition moyenne de ce faisceau :

COUPES DES VEINES. H. Houille. — T. Faux-toit. M. Faux-mur. S. Schiste. — E. Escaillage.	NATURE DU TOIT.	DU MUR.	DISTANCE MOYENNE de chaque veine à la suivante. (Normalement à la stratification.)	PROPORTION P. 0/0. MATIÈRES volatiles.	COKE. Carbone.	Cendres.	COULEUR des CENDRES.
5e veine	Schiste.	Schiste.	35m	15.00	75.25	9.75	»
4e veine.	Schiste.	Schiste.	4m	17.25	79.25	3.50	»
3e veine (Inexploree)	»	»	19m	»	»	»	»
2e veine. (Inexploree)	»	»	»	»	»	»	»
Grande passee (Inexploree)	»	»	»	»	»	»	»

COUPES DES VEINES. H. Houille. — T. Faux-toit. M. Faux-mur. S. Schiste. — E. Escaillage.	NATURE		DISTANCE MOYENNE de chaque veine à la suivante. (Normalement à la stratification.)	PROPORTION P. 0/0.			COULEUR des CENDRES.
	DU TOIT.	DU MUR.		MATIÈRES volatiles.	COKE. Carbone.	Cendres.	
1ère veine du nord. *(Inexplorée)*	»	»	»	»	»	»	»
1ère veine du sud. *(Inexplorée)*	»	»	»	»	»	»	»

Les veines de la fosse d'Audiffret-Pasquier paraissent plus rapprochées les unes des autres que leurs correspondantes de la fosse Saint-Mark. Quant à la puissance des couches, elle est à peu près la même d'un côté et de l'autre.

Jusqu'à présent, les terrains de cette fosse ne se montrent pas très réguliers; cependant, on peut espérer que, sous ce rapport, ils ressembleront plutôt à ceux des environs d'Abscon qu'à ceux de la fosse d'Haveluy.

A la fosse d'Audiffret-Pasquier, comme à Lambrecht et à Haveluy, il ne faut guère compter pousser l'exploitation au nord de la veine Lambrecht, car nous savons qu'il existe, au delà, un massif puissant de terrains stériles; au sud, le cran de retour est un autre obstacle à l'extension des travaux. Somme toute, on peut compter sur une zone d'environ un kilomètre d'épaisseur horizontale, ce qui est suffisant, pourvu qu'on se trouve en terrains réguliers. A ce point de vue, l'aspect du gisement des charbons demi-gras paraît s'améliorer, à mesure qu'on se rapproche de la concession d'Aniche; il est déjà meilleur à d'Audiffret-Pasquier et à Lambrecht qu'à Haveluy, et il devient tout à fait satisfaisant à Saint-Mark et à Casimir Périer; il convient cependant de noter que, même à ces deux dernières fosses, on observe une certaine irrégularité quand on s'approche du cran de retour.

A l'ouest de la fosse d'Audiffret-Pasquier, le faisceau demi-gras n'a plus été rencontré, avant d'entrer dans la concession d'Aniche, que par les travaux des fosses Saint-Mark et Casimir Périer; la première a été ouverte sur la zone des charbons gras, mais ses galeries ont traversé le cran de retour, et ne servent plus qu'à exploiter les veines demi-grasses.

Voici la série des couches que l'on a reconnues à ces deux fosses, en allant du nord au sud : *Passée, 4ᵉ veine du nord, 3ᵉ veine du nord, Petite veine du nord, 2ᵉ veine du nord, Grande passée, 1ʳᵉ veine du nord, 1ʳᵉ veine du sud, Gabrielle.*

Le tableau suivant fait connaître la composition moyenne de ce faisceau :

COUPES DES VEINES. H. Houille. — T Faux-toit. M. Faux-mur. S. Schiste. — E. Escaillage.	NATURE		DISTANCE MOYENNE de chaque veine à la suivante. (Normalement à la stratification.)	PROPORTION P. 0/0.			COULEUR des CENDRES.
	DU TOIT.	DU MUR.		MATIÈRES volatiles.	COKE. Carbone.	Cendres.	
(Passée)	»	»	»	»	»	»	»
4ᵉ veine du nord	Schiste.	Grès.	58ᵐ	14.46	82.20	3.34	»
3ᵉ veine du nord	Schiste.	Schiste.	26ᵐ	18.55	75.99	5.46	Rose.
Petite veine du nord.	Schiste.	Schiste.	25ᵐ	16.57	79.61	3.82	Blanc.

Annotations des coupes :

4ᵉ veine du nord — S.0.05 ; H.0.12 ; H.0.20 ; S.0.70 à 2.00 ; E 0.10 ; H.0.12 ; H.0.62

3ᵉ veine du nord — L.0.05 ; H.0.07 ; H.0.50 à 0.60

Petite veine du nord — I.0.10 ; E.0.05 ; H.0.45 ; E et M.0.10

COUPES DES VEINES. H. Houille. — T. Faux-toit. M. Faux-mur. S. Schiste. — E. Escaillage.	NATURE		DISTANCE MOYENNE de chaque veine à la suivante. (Normalement à la stratification.)	PROPORTION P. 0/0.			COULEUR des CENDRES.
	DU TOIT.	DU MUR.		MATIÈRES volatiles.	COKE.		
					Carbone.	Cendres.	
2ᵉ veine du nord.	Grès.	Schiste.	20ᵐ	15.35	82.45	2.20	Gris jaune.
Grande passee	Grès.	Schiste.	33ᵐ	16.18	80.19	3.63	Gris rosé.
Iᵉʳᵉ veine du nord	Grès.	Schiste.	83ᵐ	15.28	82.92	1.80	Rougeâtre.
Iᵉʳᵉ veine du sud.	Schiste.	Schiste.	105ᵐ	17.22	80.45	2.33	Rougeâtre.
Gabrielle.	Schiste.	Schiste.	»	19.60	76.85	3.55	Gris jaune.

Ces veines sont généralement belles, comme régularité et comme puissance; il n'en faut excepter que Petite veine du nord et Grande passée, qui sont d'une composition peu avantageuse. Gabrielle et Première veine du sud disparaissent quand elles viennent buter contre le cran de retour, par suite des ondulations des terrains ; elles sont irrégulières dans les parties où elles se rapprochent le plus de cet accident, notamment dans les niveaux inférieurs.

La direction générale du faisceau demi-gras, dans la région d'Abscon, est à peu près parallèle à la faille de retour; mais elle varie d'un point à un autre dans des limites assez larges; il en résulte que les voies de fond décrivent des contours sinueux, qui tantôt les éloignent, tantôt les rapprochent de cet accident. Quant à l'inclinaison des terrains, elle est à peu près uniforme, et varie en général de 30° à 35° vers le sud.

Il paraît absolument démontré que la 4° veine du nord, d'Abscon, est identique à Lambrecht, des fosses Lambrecht et d'Haveluy. On suit, d'une fosse à l'autre, la transformation qui modifie la coupe de cette veine.

De même, Adolphine se confond avec 3° veine du nord. Pour les autres veines, les assimilations sont moins nettes, et on ne saurait dire, par exemple, si Veine de $0^m,64$, de la fosse Lambrecht, correspond à 2° veine du nord ou à Petite veine du nord, de Saint-Mark; dans le premier cas, Petite veine du nord, d'Abscon, serait représentée, à Lambrecht, par Veine de $0^m,50$.

Faille de Casimir Périer. Dans le faisceau d'Abscon, il n'y a qu'un accident important à signaler : c'est un rejet qui est situé au couchant de la fosse Casimir Périer, à peu de distance de la limite d'Aniche. Il est dirigé à peu près N. 22° E., et plonge vers le levant, avec une pente de 60°. Horizontalement, il ramène les veines de 70 à 80 mètres vers le sud, quand on se dirige vers le couchant.

Fosse Saint-Mark. La fosse Saint-Mark a été ouverte en 1830, à 250 mètres au sud de l'affleurement du cran de retour, et a trouvé le terrain houiller à la profondeur de 105 mètres; ses galeries, des niveaux de 176, 248 et 312 mètres, ont servi à exploiter le faisceau demi-gras, au nord de l'accident. Celui-ci a été traversé par le puits, au-dessous de l'étage de 312 mètres. Du côté du midi, de longues bowettes de reconnaissance ont été exécutées, notamment au niveau de 248 mètres, et ont exploré une zone de plus de 1,000 mètres de largeur, au midi du cran de retour; à une certaine distance au delà de cette faille, elles ont atteint des terrains brouillés, correspondant peut-être au passage de la faille d'Abscon, quoiqu'il soit également possible que cet accident soit situé à une plus grande distance au midi.

Les chassages de la fosse Saint-Mark s'étendent jusqu'à plus de 1,200 mètres des bowettes, du côté du levant, et communiquent, au couchant, avec ceux de la fosse Casimir Périer. Son champ d'exploitation est limité au nord par la zone stérile dont nous avons signalé l'existence, et au midi par le massif de terrains brouillés reconnu par la bowette de 248 mètres; il comprend, non seulement la région des charbons demi-gras, au nord du cran de retour, mais encore celle des charbons gras qui est comprise entre cette faille et la faille d'Abscon. L'exploitation de cette fosse est encore assurée pour longtemps, car, en même temps que les veines plongent vers le midi, le cran de retour s'éloigne aussi, en profondeur, dans la même direction, de sorte que la bande à exploiter conserve une épaisseur à peu près constante. Le puits est d'ailleurs très bien placé pour en tirer parti, puisqu'il vient à peine de traverser le cran de retour, et que les veines du faisceau demi-gras s'en rapprocheront de plus en plus, à mesure qu'on les exploitera plus bas. Malheureusement, son diamètre n'est que de $2^m,60$, de sorte qu'il faudra en ouvrir un autre, dans le voisinage, pour atteindre les parties les plus profondes du gisement.

La fosse Casimir Périer a été ouverte en 1856, à 280 mètres au nord de l'affleurement du cran de retour. Elle a rencontré le terrain houiller à 114 mètres, et a son dernier étage à 417 mètres. Sa bowette sud, du niveau de 184 mètres, a pénétré dans la région des charbons gras d'Abscon, qu'elle a trouvée irrégulière. Il est à croire que, de ce côté, on ne peut guère compter que sur les veines demi-grasses; les chassages doivent s'arrêter, au couchant, à la limite de la concession d'Aniche, et vont communiquer, au levant, avec ceux de Saint-Mark. La fosse Casimir Périer est dans des conditions moins favorables que cette dernière, parce qu'il lui manque l'appoint des charbons gras d'Abscon, et qu'elle est située un peu trop au nord du faisceau demi-gras. Bientôt, le puits pénétrera dans la zone stérile du nord.

La fosse la Pensée, située à 260 mètres au sud de l'affleurement du cran de retour, a un peu exploité, autrefois, le pied des veines demi-grasses, près de cet accident, à ses niveaux de 283 et de 337 mètres. Elle est aujourd'hui abandonnée, et ne sert plus qu'à l'épuisement et à l'aérage des fosses du groupe d'Abscon.

Plusieurs sondages ont été entrepris dans la région que nous étudions;

Fosse
Casimir Périer.

Fosse la Pensée.

nous avons déjà fait connaître les résultats de quelques-uns d'entre eux ; nous dirons encore un mot des autres, ou du moins des plus importants de ceux qui ont pénétré jusqu'au terrain houiller.

Près de l'Escaut, et à peu de distance de la fosse Thiers, la compagnie d'Anzin a exécuté deux forages, que l'on a appelés sondages du Banc du Dur et de l'Espérance. Le premier, situé un peu au nord-ouest de la fosse Thiers, dans la concession de Raismes, a atteint les schistes houillers à la profondeur de 136 mètres, et s'y est à peine enfoncé de quelques centimètres ; l'autre, situé au nord-est de la fosse, dans la concession de Saint-Saulve, mais tout près de sa limite, a trouvé le terrain houiller au niveau de 152 mètres, sous une forte épaisseur de grès vert, et l'a exploré sur 22 mètres de hauteur, en n'y rencontrant qu'une petite passée de $0^m,15$ d'ouverture. Ces deux sondages étaient placés sur le faisceau demi-gras que la fosse Thiers a ultérieurement exploité.

Au nord de la concession de Raismes, nous n'avons plus à citer que le forage du Grand-Rond, exécuté, en 1841, sur le passage du faisceau maigre de Vieux-Condé ; il est entré dans le terrain houiller à 83 mètres du sol, et a été arrêté au niveau de 128 mètres, après avoir traversé une veine maigre de $0^m,65$ d'ouverture.

Vers le midi de cette concession et un peu au nord de la fosse du Moulin, la compagnie d'Anzin a creusé, en 1842 et 1843, le forage dit de la Bleuse-Borne, qui a servi à explorer le terrain houiller, dans la zone des charbons demi-gras, depuis le niveau de 85 mètres où il a été atteint, jusqu'à celui de 218 mètres. Le registre de ce sondage indique qu'il a recoupé 18 veinules, et seulement deux veines de charbon de $0^m,85$ et de $0^m,45$ d'ouverture ; mais on sait combien les moyens de constatation fournis par les sondages étaient imparfaits à cette époque, et il convient d'autant plus, dans l'espèce, d'accepter avec circonspection les résultats indiqués par les archives, que, géographiquement, le forage dont il s'agit était situé sur le faisceau demi-gras d'Anzin, dans lequel les veines se succèdent à de faibles intervalles.

Tout près de la limite de la concession d'Anzin, nous citerons encore, pour mémoire, la fosse de Raismes, qui a atteint, paraît-il, le terrain houiller à la profondeur de 90 mètres, et a servi à exploiter le droit de Raismes.

Un peu à l'ouest de la fosse d'Haveluy, entre le clocher de Wallers et le cran de retour, on remarque une série de quatre sondages, disposés suivant une ligne presque droite, dirigée du nord au sud. Le plus septentrional, appelé deuxième sondage de Wallers (1845), a trouvé le terrain houiller à la profondeur de 74 mètres, et ne l'a exploré que sur une hauteur de 4 mètres, dans laquelle il a rencontré une veinule de charbon et d'escaillage de $0^m,25$; le second, désigné sous le nom de premier forage de Wallers (1839), est entré dans le terrain houiller à la profondeur de 71 mètres, et s'y est enfoncé de 18 mètres : on y a trouvé une passée et une veine de $0^m,90$ de charbon d'une nature assez maigre ; le troisième, dit cinquième forage d'Haveluy (1839), a été ouvert à peu de distance au nord-ouest de cette fosse : il a atteint le terrain houiller, comme le précédent, au niveau de 71 mètres, et y a trouvé, entre ce niveau et celui de 83 mètres auquel on l'a arrêté, une veine de charbon et d'escaillage de 2 mètres de hauteur verticale, qui pourrait bien être la veine Lambrecht ; enfin, le quatrième, appelé deuxième forage d'Haveluy (1834), est tombé à très peu de distance au nord du cran de retour ; on l'a continué en terrain houiller de la profondeur de 68 mètres à celle de 73 mètres, et, dans cet intervalle, il a recoupé une veine de charbon terreux de $1^m,80$ d'ouverture, mesurée suivant la verticale.

A proximité du clocher d'Hélesmes, le premier sondage d'Hélesmes a atteint le terrain houiller à la profondeur de 80 mètres.

Vers la limite occidentale de la concession d'Anzin, et près de la bifurcation des chemins de fer de Valenciennes à Douai et de Somain à Orchies, la compagnie d'Anzin a exécuté, en 1873 et 1874, deux sondages qui ont donné des résultats très nets. Le premier, situé au nord du clocher de Fenain, a pénétré dans le terrain houiller à 115 mètres du sol, et a été arrêté à la profondeur de 143 mètres. Au niveau de 123 mètres, il a traversé une passée d'escaillage, et, au fond, il a atteint une veine de charbon qui a donné 15,45 0/0 de matières volatiles. Le second, situé au sud-est du précédent et un peu à l'ouest du clocher d'Erre, est arrivé au terrain houiller à la profondeur de 143 mètres, et a été arrêté à celle de 181 mètres, après avoir rencontré une seule veine de charbon, située immédiatement au-dessous du tourtia, et qui a donné à l'analyse 15 0/0 de matières volatiles; au-dessous de cette veine, la sonde n'a plus traversé que des terrains d'une très grande irrégularité.

Ces deux derniers sondages semblent indiquer que, vers le méridien du village de Fenain, la proportion de matières volatiles des charbons se maintient à peu près constante à une grande distance au nord du cran de retour; les sondages de Fenain et d'Erre paraissent, d'ailleurs, être situés à peu près sur le passage du prolongement des veines du faisceau de Fresnes-midi, et de celles qui ont été reconnues aux sondages du Bosquet d'Aulnes et de l'Usine de Raismes; nous avons déjà fait remarquer, à plusieurs reprises, que, du côté de l'ouest, il existe, au nord du faisceau demi-gras d'Haveluy et d'Abscon, une large bande stérile.

En dehors des indications fournies par les forages de Fenain et d'Erre, on ne saurait tirer aucune indication nouvelle des travaux de recherche, d'ailleurs relativement peu nombreux, dont nous venons de donner la nomenclature.

II. — RÉGION MÉRIDIONALE, SITUÉE AU MIDI DU CRAN DE RETOUR.

Région d'Abscon. Cette région renferme, au nord, la bande qui constitue ce que nous avons appelé la région d'Abscon; nous en parlerons d'abord.

Région d'Abscon.

Elle est comprise entre le cran de retour et la faille d'Abscon, et s'étend depuis la fosse Dutemple, à l'est de laquelle cette faille vient rejoindre le cran de retour, jusqu'à la limite orientale de la concession d'Aniche. Sa largeur nord-sud croît de l'est à l'ouest; elle est presque nulle du côté de Dutemple et paraît être d'environ un kilomètre, à l'affleurement, vers la fosse Saint-Mark, en admettant que les bowettes sud de cette fosse aient traversé la faille d'Abscon, ce qui n'est pas absolument certain; dans le cas contraire, la région d'Abscon s'étendrait encore plus loin vers le midi.

A sa sortie de la concession d'Anzin, le cran de retour vient passer entre le faisceau des houilles sèches et celui des houilles grasses que l'on a exploités dans la partie orientale de la concession d'Aniche. Quant à la faille d'Abscon, on ignore de quelle manière elle se comporte à l'ouest de la fosse Saint-Mark. Il peut se faire qu'elle s'arrête, avant de pénétrer dans la concession d'Aniche, contre un autre accident, par exemple contre la faille de Rœulx, dont il sera parlé plus loin.

En profondeur, l'importance de la région d'Abscon diminue de plus en plus, ce qui tient à ce que la faille d'Abscon a une pente plus raide que le cran de retour, de sorte que ces deux accidents doivent nécessairement se rencontrer. D'après cela, la région d'Abscon présente l'aspect d'une sorte de coin incliné, introduit entre la zone des charbons demi-gras du nord et celle des charbons gras du sud. Elle paraît très tourmentée dans la presque totalité de son étendue : les bowettes des fosses Dutemple et d'Haveluy l'ont trouvée tout à fait inexploitable, et, du côté des fosses Saint-Mark et la Pensée, on n'a pu l'exploiter que sur une faible largeur, contre le cran de retour ; en face de la fosse Casimir Périer, elle redevient trop irrégulière pour qu'on puisse en tirer parti.

En résumé, la région d'Abscon n'est susceptible d'une exploitation régulière que dans une bande d'environ 300 mètres de largeur horizontale, appliquée contre le cran de retour, et présentant une longueur totale d'environ deux kilomètres, comptée de part et d'autre de la fosse Saint-Mark. Cette bande a donné lieu anciennement à des travaux importants, qui ont été exécutés par les fosses Jennings, Saint-Mark et la Pensée. Au couchant, la région d'Abscon ne paraît plus exploitable, et au levant, elle se présente également sous un aspect défavorable, ainsi qu'on a pu le constater par les travaux des fosses Elise et d'Escaudain.

Les veines du faisceau gras d'Abscon sont en allure renversée. Elles se présentent dans l'ordre suivant, du sud au nord : *Casimir, Scipion, Sorel-Hocquart, d'Heursel, Ernestine, Petit Ferdinand, Grand Ferdinand.* Elles donnent environ 24 0/0 de matières volatiles.

Le tableau suivant fait connaître la composition moyenne de ce faisceau :

COUPES DES VEINES. H. Houille. — T. Faux-toit. M. Faux-mur. S. Schiste. — E. Escaillage.	NATURE		DISTANCE MOYENNE de chaque veine à la suivante. (Normalement à la stratification.)	PROPORTION P. 0/0.	COKE.		COULEUR des CENDRES.
	DU TOIT.	DU MUR.		MATIÈRES volatiles.	Carbone.	Cendres.	
Casimir. E.o.15 H.o.40	Schiste.	Schiste.	23^m	»	»	»	»
Scipion. H.o.60 E.o.15	Schiste.	Schiste.	40^m	24.10	72.70	3.20	»
Sorel-Hocquart. H.o.40 S.o.50 H.o.50	Schiste.	Schiste.	25^m	24.00	72.20	3.80	»
d'Heursel. H.o.70	Schiste.	Schiste.	39^m	23.80	74.20	2.00	»
Ernestine. H.o.70 E.o.10	Schiste.	Schiste.	20^m	»	»	»	»
Petit Ferdinand. (Passée)	.	»	8^m	»	»	»	»
Grand Ferdinand. H.o.20 E.o.40 H.o.30	Schiste.	Schiste.	»	»	»	»	»

Les travaux ont surtout porté sur d'Heursel, Sorel-Hocquart et Scipion.

Entre Sorel-Hocquart et Scipion, il existe, interstratifié dans le terrain houiller, un petit banc calcaire de 0^m,15 d'épaisseur, que l'on a suivi aux fosses la Pensée, Saint-Mark et Jennings, sur une longeur d'environ deux kilomètres. Il est constitué par un calcaire gris bleuâtre, avec veines blanches. C'est un des rares exemples à citer de l'existence de bancs calcareux dans le terrain houiller.

Grand Ferdinand et Petit Ferdinand sont séparées par un banc de schiste d'une épaisseur variable ; on les a exploitées ensemble et isolément. De même, Sorel-Hocquart est barrée par un banc de schiste qui a obligé parfois à négliger l'un de ses sillons; il en est ainsi du côté de l'ouest, où l'intervalle des deux sillons atteint 1^m,50 à 2 mètres.

Du côté de l'est, les distances des veines diminuent graduellement. Dans la même direction, les couches du faisceau disparaissent successivement contre la faille d'Abscon. A la fosse d'Escaudain, qui est la plus orientale de celles de la région d'Abscon, en en exceptant l'ancienne fosse Belle-Vue, les veines reconnues n'ont pu être raccordées avec celles des fosses de l'ouest, et on les a désignées par les n°s 1 à 7.

Jusqu'à présent, les veines de la région d'Abscon n'ont encore été exploitées, dans l'étendue de la concession d'Anzin, qu'en allure renversée. Leurs dressants sont inclinés au sud d'environ 45° à la fosse Saint-Mark, et 55° à la fosse Elise; il semble donc que les terrains se redressent quand on se dirige vers l'est. Il y a lieu de croire qu'à peu de distance au-dessous de la fosse Saint-Mark, le faisceau reviendra rapidement en plat; s'il en est réellement ainsi, on pourra peut-être y ouvrir une nouvelle exploitation quand cette fosse aura été approfondie. Malheureusement, il semble aussi que les veines tendent à s'amincir en profondeur, et c'est ainsi qu'à l'étage de 337 mètres de la fosse la Pensée, on les a trouvées moins épaisses, en même temps que les terrains encaissants étaient plus irréguliers. Cet ensemble de circonstances défavorables porte à croire qu'en profondeur, les veines grasses d'Abscon ne pourront donner lieu qu'à des travaux restreints en plat, s'étendant à peu de distance à l'est et à l'ouest de la fosse Saint-

Allure des veines du faisceau d'Abscon.

Mark, et allant buter contre le cran de retour. Quand ce plat aura été déhouillé, la région dont il s'agit devra être définitivement abandonnée, car on ne peut guère compter plus bas sur d'autres ressources.

En direction, les veines grasses d'Abscon effectuent des ondulations analogues à celles des veines demi-grasses situées au nord, tout en conservant une direction générale parallèle au cran de retour. On n'y connaît pas d'accidents saillants; il faut noter seulement qu'aux fosses Elise et d'Escaudain, les couches présentent des étranglements qui les rendent presque complètement inexploitables.

Les veines grasses étant renversées, Grand Ferdinand se trouve être celle qui occupe le rang le plus élevé dans leur ordre de superposition. Quant à l'importance du rejet occasionné par la faille d'Abscon, il serait difficile de l'évaluer exactement, car cet accident est encore peu connu et manque de netteté. L'opinion la plus généralement accréditée, est que les couches exploitées au nord de la faille d'Abscon sont identiques à celles qui ont été recoupées en affleurement, au sud du bassin, par les fosses de Saint-Waast et de Lourches. Elles ont à peu près la même teneur en matières volatiles, et présentent avec elles certains caractères de ressemblance. Mais si l'on peut, d'une façon générale, rattacher géologiquement les deux groupes, on ne saurait établir avec quelque certitude une correspondance, veine par veine, de l'un à l'autre. Il paraît probable seulement que le groupe d'Abscon occupe, dans la série houillère, la même place que la partie du faisceau de Saint-Waast comprise entre Grande Veine et Voisine.

A l'est de la fosse d'Escaudain, le faisceau gras d'Abscon a encore été exploré par la fosse Belle-Vue, qui a atteint le terrain houiller à la profondeur de 78 mètres. Elle n'a recoupé que quelques passées ou veines irrégulières, qui ont été explorées sans résultat aux niveaux de 120, 140 et 160 mètres.

La région d'Abscon est depuis longtemps en chômage ; mais nous avons vu qu'on pourra y reprendre les travaux quand la fosse Saint-Mark aura été approfondie. Nous citerons encore deux sondages qui y ont pénétré, au levant de la fosse Belle-Vue. Le plus éloigné dans cette direction, appelé troisième forage d'Haveluy (1834), a trouvé le terrain

Sondages
de
la région d'Abscon.

houiller à la profondeur de 69 mètres, et y a pénétré de 15 mètres, sans y rencontrer la houille. Le second, connu sous le nom de premier sondage d'Haveluy (1834), n'a également trouvé qu'une petite veinule, entre le niveau de 77 mètres, auquel il a atteint le terrain houiller, et celui de 87 mètres, auquel on l'a arrêté.

Région des charbons gras d'Anzin, Saint-Waast et Denain.

Nous arrivons maintenant à l'étude de la partie du territoire des concessions de Saint-Saulve, Raismes, Anzin et Denain, qui est située au midi, non seulement du cran de retour, mais encore de la faille d'Abscon.

On y exploite des charbons gras dont la teneur en matières volatiles varie de 22 à 34 et 35 0/0 ; ici, les veines les plus riches en gaz sont situées au nord, et il faut descendre jusqu'à la limite méridionale du bassin pour trouver les charbons à 22 0/0. Ce sont toujours les veines les moins grasses qui existent vers le bord du bassin houiller, et à mesure qu'on s'avance vers le centre, en partant soit de la limite nord, soit de la limite sud, on voit la proportion de matières volatiles augmenter graduellement : le raccord devrait se faire quelque part vers le centre du bassin ; nous savons que le cran de retour l'empêche de se produire.

L'allure des couches est très différente au sud du cran de retour de ce qu'elle est au nord. Les pressions auxquelles le bassin a été soumis du côté du midi ont replié plusieurs fois les veines sur elles-mêmes, et les ont divisées en une succession de plateures et de dressants, alternativement en allure normale et en allure renversée. On observe souvent aux ennoyages des crêtes et des queues qui s'étendent ordinairement à quelques mètres seulement des crochons.

Si les lignes d'ennoyage étaient horizontales, les droits et les plats auraient la même direction ; mais, le plus souvent, il n'en est pas ainsi ; du côté de Saint-Waast et d'Anzin notamment, où les plats plongent habituelle-ment au sud et font des angles assez aigus avec les droits, les crochons ont une inclinaison bien accusée de 10° à 15° vers l'ouest ; il en résulte que les droits sont en général orientés du nord-est au sud-ouest, tandis que les plats qui sont situés entre eux s'infléchissent d'abord vers le sud, pour revenir ensuite dans la direction du nord-ouest au sud-est, ou même dans celle de l'ouest à l'est

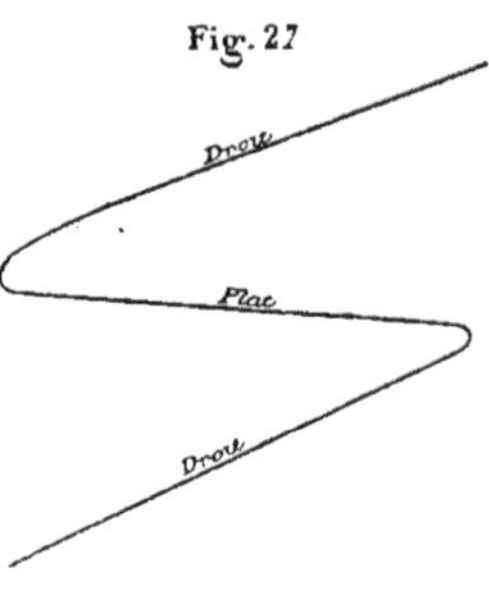

(fig. 27). Bien entendu, on ne saurait assigner de limites précises à ces ondulations, qui varient dans de larges proportions d'un point à un autre : on ne peut indiquer que des moyennes. Vers Denain et Lourches, on n'observe plus la même inclinaison constante des crochons ; tantôt ils plongent d'un côté, et tantôt de l'autre, en sorte que les affleurements des veines au tourtia ne dessinent plus les mêmes contours que du côté de l'est ; tout se passe à peu près comme si les ennoyages étaient horizontaux ; cependant, à la fosse de Rœulx, on constate que les crochons plongent en général vers l'est. En même temps, on remarque que les droits et les plats forment des angles moins aigus qu'à Saint-Waast et Anzin ; les voies de fond des veines cessent alors de se replier brusquement sur elles-mêmes et dessinent des lignes à contours plus continus.

Il existe des différences notables, d'un point à un autre, dans l'inclinaison des droits et des plats. Les dressants plongent constamment vers le sud ou vers le sud-est ; quant aux plats, ils présentent moins d'uniformité à ce point de vue. Dans les fosses des environs d'Anzin, ils ont presque toujours leur pied au sud, avec une pente qui est généralement faible, et assez variable. Mais si on s'éloigne vers l'ouest du côté de la fosse d'Hérin, on voit changer le sens de leur inclinaison. Souvent alors, il arrive que dans un même plat le pendage se fait tantôt dans un sens, tantôt dans l'autre, comme le représentent les figures 28 et 29. La première allure est connue à la fosse Davy ; la seconde est plus fréquente vers la fosse d'Hérin. Il arrive enfin, dans certains cas, qu'un plat est divisé en plusieurs parties par de petits dressants locaux qui disparaissent à une certaine distance; on a alors, en coupe verticale, l'aspect représenté par la figure 30. On voit, d'après cela, que les plissements dont nous parlons ne répondent à aucune règle fixe, et il suffit, pour s'en convaincre, d'examiner la planche IV. Si on laisse de côté la règle générale de l'inclinaison des crochons vers l'ouest aux fosses des environs d'Anzin et de Saint-Waast, et de leur quasi-horizontalité vers Denain et Lourches, on ne trouve rien de bien net dans la disposition des diverses branches. On peut cependant les suivre à une grande distance, pour peu que l'on fasse abstraction des accidents de détail et des plissements d'ordre secondaire qui les affectent.

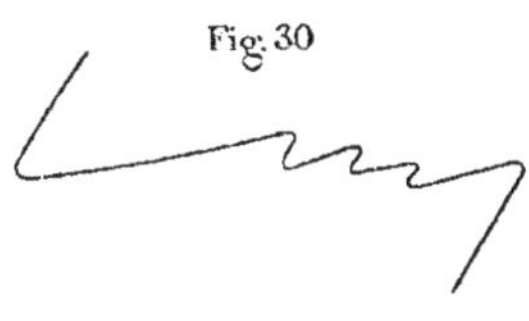

Fig. 30

Une opinion autrefois très répandue était que, dans le méridien de Denain, le bassin avait conservé, vers son centre, sa forme primitive, les veines présentant deux versants, l'un septentrional plongeant au sud, l'autre méridional, incliné vers le nord. Maintenant, on sait parfaitement que les conditions du gisement des charbons gras sont, à Denain, les mêmes que partout ailleurs. Seulement, de ce côté, les plats plongent successivement vers le nord et vers le sud, et il arrive parfois qu'un plat situé près du tourtia, et présentant cette double inclinaison, offre en coupe verticale la forme d'un véritable fond de bateau; mais cette apparence est trompeuse, et si le plat n'était interrompu au tourtia du côté du nord, ou ne venait buter de ce côté contre un accident, on le verrait se continuer en profondeur par un dressant, ainsi que l'indique la figure 31; on a même exploité déjà, à Denain, les dressants de certaines veines dont on ne connaissait autrefois que des plateures qui présentaient au voisinage du tourtia l'allure en fond de bateau que nous venons d'indiquer. Cette allure provient aussi, dans certains cas, de la succession d'un

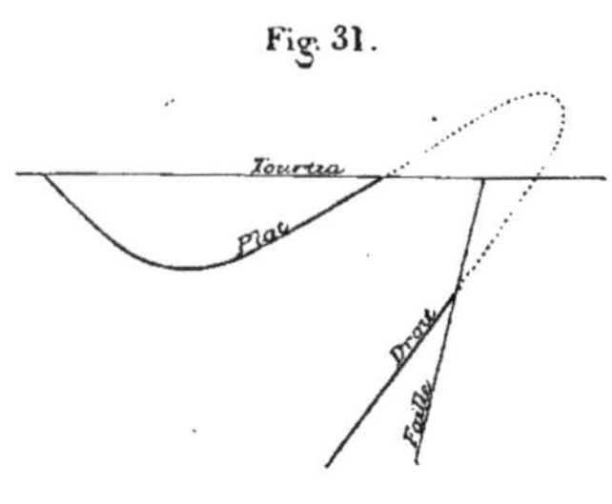

Fig. 31.

droit et d'un plat, interrompus tous deux au tourtia ou contre un accident.

Le faisceau des charbons gras de la compagnie d'Anzin présente deux groupes de travaux bien distincts, séparés par un intervalle encore vierge, compris entre les méridiens d'Hérin et de Denain; le premier est celui d'Anzin et de Saint-Waast, le second celui de Denain. Nous nous occuperons successivement de l'un et de l'autre.

Groupe d'Anzin et Saint-Waast.

Il comprend un faisceau de veines qui fournissent le plus souvent de 22 à 30 0/0 de matières volatiles, et qui se présentent dans l'ordre suivant, du sud au nord, ou, ce qui revient au même, de bas en haut : *Pleureuse, Grande veine du midi, Petite veine du midi, Quatorze pouces, Grande veine, Moyenne veine, Petite veine, Tout rond, Maugretout, Voisine* et *Carachaux, Taffin, Hyacinthe, Joseph, Aglaée, Virginie, Juliette.*

Le tableau qui suit indique la composition moyenne de ce faisceau :

COUPES DES VEINES. H. Houille. — T. Faux-toit. M. Faux-mur. S. Schiste. — E. Escaillage.	NATURE		DISTANCE MOYENNE de chaque veine à la suivante. (Normalement à la stratification.)	PROPORTION P. 0/0.			COULEUR des CENDRES.
	DU TOIT.	DU MUR.		MATIÈRES volatiles.	COKE. Carbone.	Cendres.	
Pleureuse. E.o.10 / E.o.05 — H.o.35	Schiste.	Schiste.	25ᵐ	»	»	»	»
Grande veine du midi. E.o.05 — H.o.18 / H.o.40	Schiste.	Schiste.	20ᵐ	26.76	69.72	3.52	Brun-violet.
Petite veine du midi. E.o.16 — H.o.35	Schiste.	Schiste.	45ᵐ	26.05	72.77	1.18	Rougeâtre.

COUPES DES VEINES. H. Houille. — T. Faux-toit. M. Faux-mur. S. Schiste. — E. Escaillage.	NATURE DU TOIT.	NATURE DU MUR.	DISTANCE MOYENNE de chaque veine à la suivante. (Normalement à la stratification.)	PROPORTION P. 0/0. MATIÈRES volatiles.	PROPORTION P. 0/0. COKE. Carbone.	PROPORTION P. 0/0. COKE. Cendres.	COULEUR des CENDRES.
Quatorze pouces. (Passée.) H. 0.25	Schiste.	Schiste.	45m	»	»	»	»
Grande veine. E. 0.15 H. 0.70	Schiste.	Schiste.	48m	21.94	76.79	1.27	Rougeâtre.
Moyenne veine. T. 0.07 H. 0.70	Schiste.	Schiste.	28m	23.20	74.00	2.80	Jaune-blanc.
Petite veine. E. 0.16 H. 0.35	Schiste.	Schiste.	50m	27.76	69.90	2.34	Jaune-blanc.
Tout rond. H. 0.30	Grès.	Grès.	30m	»	»	»	»
Maugretout. H. 0.10 H. 0.30 E. 0.05 H. 0.15	Schiste.	Schiste.	40m	26.00	73.20	0.80	Jaune.
Voisine et Carachaux. H. 0.40 S. 0.50 H. 0.25 S. 0.15 H. 0.40	Schiste.	Schiste.	77m	26.00 29.20	69.40 68.00	4.60 2.80	Gris-blanc. Rouge-gris.

| COUPES DES VEINES.
H. Houille. — T. Faux-toit.
M. Faux-mur.
S. Schiste. — E. Escaillage. | NATURE | | DISTANCE MOYENNE de chaque veine à la suivante. (Normalement à la stratification.) | PROPORTION P. 0/0. | | | COULEUR des CENDRES. |
	DU TOIT.	DU MUR.		MATIÈRES volatiles.	COKE. Carbone.	Cendres.	
Taffin. E.o.o6 — H.o.67 E.o.o8 — H.o.16 / M.o.12	Schiste.	Schiste.	18^m	29.00	66.60	4.40	Gris-blanc.
Hyacinthe. 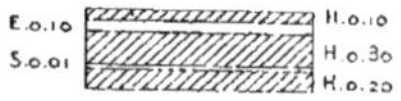 E.o.10 — H.o.10 S.o.01 — H.o.30 / H.o.20	Schiste.	Schiste.	25^m	30.00	66.80	3.20	Blanc.
Joseph. E.o.o5 — H.o.65 E.o.10	Schiste.	Schiste.	25^m	27.90	72.00	0.10	»
Aglaée. 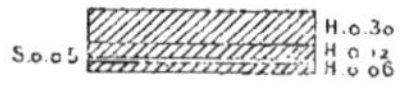 S.o.o5 — H.o.30 / H.o.12 / H.o.06	Schiste.	Schiste.	45^m	29.00	67.20	3.80	Jaune.
Virginie. T.o.25 — H.o.15 E.o.10 — H.o.15	Grès.	Schiste.	20^m	27.80	»	»	»
Juliette.  H.o.55	Schiste.	Schiste.	»	31.00	65.60	3.40	Gris-noir.

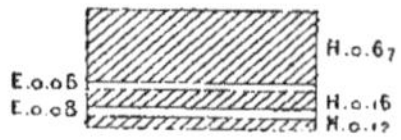

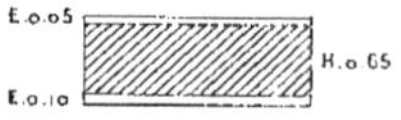

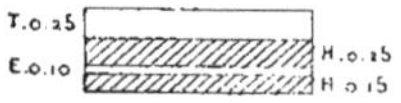

Parmi les passées qui se trouvent entre ces veines, il est bon de citer celles que l'on a exploitées à la fosse du Verger sous les noms de *Veine à l'escaille* et de *Roi couronné;* elles sont situées, la première au-dessous, la seconde au-dessus du groupe de Voisine et Carachaux, auquel on a autrefois attribué, à Anzin, le nom de Maugretout, ainsi que nous le verrons tout à l'heure.

Au midi de Pleureuse, on ne connaît que deux petites veines qui ont été atteintes autrefois par les fosses de la Citadelle et Bon-Air, et qui paraissent correspondre à celles que l'on a recoupées dans la concession de Marly, aux fosses Petit et de Saint-Saulve. De ces veines à Pleureuse, il existe un intervalle assez considérable, qu'on peut évaluer à 150 ou 200 mètres. A en croire certains renseignements puisés aux archives, on aurait rencontré le calcaire formant la limite sud du bassin à une cinquantaine de mètres au sud de la fosse Bon-Air, par une galerie creusée au niveau de 85 mètres; mais ce fait est douteux, et la rencontre du terrain houiller au sondage du Paradis et à la fosse de Saint-Saulve, située dans la concession de Marly, semble indiquer qu'il convient de reporter cette limite à une certaine distance vers le sud, en se rapprochant de la fosse du Postillon.

Au levant, les veines du faisceau gras d'Anzin vont s'interrompre au cran de retour; vers le couchant, elles s'éloignent peu à peu de cet accident, en formant la succession de droits et de plats dont nous avons parlé; le faisceau comprend donc un nombre de veines de plus en plus grand, à mesure qu'on passe d'un méridien à un autre plus occidental. C'est pour cela qu'aux abords de Denain, on peut exploiter, comme nous le verrons plus loin, non seulement les veines ci-dessus dénommées, mais encore un certain nombre d'autres veines qui leur sont supérieures.

Dans toute l'étendue des travaux d'Anzin et Saint-Waast, les veines sont toujours situées à peu près à la même distance, et ont une composition à peu près constante. Il y a cependant quelques exceptions, comme pour Tout rond qui est parfois inexploitable, et pour le groupe de Voisine et Carachaux qui, exploitable aux fosses du Chaufour, Grosse-Fosse et du Verger, l'est beaucoup moins à Dutemple, par suite de l'écartement des filons de charbons qui le composent. Au-dessus de la veine Maugretout, il existe, à Saint-Waast, une passée que l'on appelle *Petit Maugretout,* et qui en est souvent assez voisine pour pouvoir être exploitée avec elle; il en est ainsi à Réussite et à Hérin, tandis qu'à Tinchon leur intervalle est de plus de 5 mètres.

A l'origine, les fosses des environs d'Anzin n'étaient pas en communication avec celles de Saint-Waast, et alors la correspondance des veines n'était pas exactement connue d'un groupe à l'autre. On donnait à certaines veines d'Anzin des noms qui appartenaient à d'autres veines du groupe de Saint-Waast. En un mot, il s'est produit là une erreur analogue à celle que nous avons citée à propos du raccordement des veines de la fosse Thiers avec celles des fosses Bleuse-Borne et Saint-Louis.

Le tableau suivant indique comment on désignait une même veine des deux côtés :

ANCIENNE NOMENCLATURE DES VEINES	
A SAINT-WAAST.	A ANZIN.
Grande veine.	Grande veine.
Moyenne veine.	Moyenne veine.
Petite veine.	Petite veine.
Tout rond.	Passée.
Maugretout.	Tout rond.
Voisine et Carachaux.	Maugretout.
Deux passées.	Voisine et Carachaux.
Taffin	Passée.
Hyacinthe.	
Joseph	A Anzin, ces veines sont interrompues par le cran de retour.
Aglaée.	
Virginie.	
Juliette.	

Ce sont les dénominations de Saint-Waast qui ont prévalu ; mais, sur les anciens plans, on retrouve parfois les appellations de l'ancienne nomenclature d'Anzin, aujourd'hui abandonnée.

Les fosses situées à l'ouest de Saint-Waast étaient recouvertes, autrefois, par le grand lac souterrain connu sous le nom de torrent d'Anzin, et on se garantissait contre l'invasion de ses eaux en réservant contre lui des massifs de terrain houiller, d'une quarantaine de mètres de hauteur. Le torrent ayant été partiellement asséché par les diverses fosses d'exhaure de la compagnie, ses bords se sont rétrécis, et on a pu reprendre après coup les massifs précédemment abandonnés. On a opéré de cette manière aux fosses Tinchon, Demézières et Sentinelle ; à ces deux dernières, les tailles ont été prolongées jusqu'aux sables du torrent, qui ont été trouvés complètement asséchés.

Si on fait abstraction des accidents de détail qui modifient l'aspect des veines, on peut dire qu'elles présentent, dans la zone que nous décrivons, huit branches parfaitement distinctes. Par suite de l'inclinaison vers l'ouest des lignes d'ennoyages, elles s'enfoncent toutes dans cette direction. On leur a donné des noms qui servent, dans le pays, à les distinguer les unes des autres.

Droits et plats exploités à Anzin et Saint-Waast.

La première, qui est la plus inférieure, est connue sous le nom de plat du Marais. C'est un plat qui vient, en affleurement, s'appliquer contre le cran de retour, avec la direction nord-sud, dans l'intervalle compris entre les fosses du Chaufour et du Marais. On l'a exploité autrefois à ces deux fosses, vers lesquelles il est maintenant complètement épuisé. On le reprendra plus tard par la fosse Dutemple. A la fosse d'Hérin, il doit se trouver vers la profondeur de 1,000 mètres ; son inclinaison varie de 10° à 15°.

Ensuite, vient le droit du Marais, qui a été exploité aux fosses du Marais et du Chaufour, et qui est surmonté par le plat de l'Écluse. Ce dernier est lui-même suivi par le droit du Chaufour, dont il va être question.

Il est à remarquer que le droit du Marais et le plat de l'Écluse sont des branches peu étendues, et en quelque sorte locales. Quand on s'éloigne dans la direction de l'ouest, le plat de l'Écluse diminue peu à peu et disparaît ; en même temps, le droit du Marais vient se confondre avec celui du Chaufour ; quand il en est ainsi, on appelle de ce dernier nom la branche renversée qui se trouve immédiatement au-dessus du plat du Marais.

Le droit du Chaufour a un développement d'environ 500 mètres, mais il tend à diminuer du côté de l'ouest. Sa pente varie de 45° à 70° ; généralement, il est plus raide à sa partie supérieure qu'à sa base. Anciennement, on l'a exploité aux fosses du Marais, du Chaufour, du Verger, Grosse-Fosse et Tinchon ; en ce moment, on commence à l'entamer à la fosse Réussite dans la veine Voisine ; prochainement, on l'exploitera par la fosse Dutemple, et plus tard, par celle d'Hérin, où il sera atteint vers la profondeur de 800 mètres.

Au-dessus de ce droit, se trouve le plat de Saint-Pierre, dont l'inclinaison est d'environ 10° à 15° comme à celui du Chaufour; son développement est d'environ 600 mètres. On y a pénétré autrefois aux fosses du Chaufour, Saint-Joseph, Tinchon, Saint-Pierre; on l'exploite actuellement à la fosse Réussite, niveau de 516 mètres, mais on ne l'a pas encore atteint à Hérin.

Il est surmonté par un droit, appelé droit d'Ernest ou de Tinchon, qui a été d'abord exploité aux fosses du Chaufour, Saint-Joseph, Tinchon, Ernest et Dutemple, et qui fournit une grande partie de l'extraction actuelle des fosses Réussite et d'Hérin. Sa longueur, suivant sa ligne de plus grande pente, est d'environ 650 mètres, et son inclinaison moyenne est de 45°.

Plus haut, on trouve le plat appelé plat de Pauline et Demézières, du nom des deux fosses où on l'a d'abord exploité. Il a fourni longtemps une grande partie de l'extraction de la fosse Davy, et, maintenant encore, on l'exploite à celle d'Hérin. Il se prolonge vers Denain, où il paraît se continuer par le grand plat de Denain, dont le développement est de plus de 1,400 mètres; du côté de Saint-Waast, sa longueur suivant sa pente n'est guère que de 600 mètres; le sens de son plongement est assez variable, et il présente souvent des inclinaisons opposées dans le même méridien, à l'inverse de ce qui se passe dans les autres plats ci-dessus cités.

Enfin, au-dessus de ce plat, on ne connaît plus qu'un droit, qu'on appelle droit de Vedette; il a été exploité anciennement aux fosses Vedette, Lomprez, Sentinelle, Davy et Ernest, et on l'exploite encore au midi de celle d'Hérin. Il affleure au tourtia dans toute la région de Saint-Waast et Hérin, et, par suite, il y est incomplet. Dans les fosses de Saint-Waast, il présente une inclinaison moyenne de 45° à 50° vers le sud.

Au bas de la série que nous venons de passer en revue, on ne connaît rien au delà du plat du Marais, parce que du côté de l'est ce plat est interrompu par le cran de retour, et qu'au couchant il va plonger à une profondeur trop grande pour que l'on sache ce qui se trouve au-dessous. Il faudra que les travaux descendent à une grande distance du sol pour que l'on soit fixé à cet égard.

On ne connaît pas d'accidents importants dans la zone des charbons gras d'Anzin et Saint-Waast; les veines sont souvent déplacées, dans leurs diverses branches, par des petits plissements locaux qui n'altèrent pas leur continuité; de plus, on y rencontre des crans et rejets analogues à ceux qui existent dans toutes les exploitations. En fait de failles relativement impor-tantes, nous citerons celle que l'on connaît à la fosse Réussite, vers l'inter-section du droit d'Ernest avec le plat de Saint-Pierre; elle suit à peu près l'ennoyage de ces deux branches, et présente une inclinaison de 15° à 20°. Son effet est d'abaisser le droit d'une trentaine de mètres, suivant sa ligne de plus grande pente. Nous signalerons encore la faille de Davy, située entre le droit de Vedette et le plat de Pauline; elle plonge d'environ 45° vers le sud, et affaisse le droit de 100 mètres environ; elle a de la tendance à disparaître quand on se dirige vers Hérin; là, elle se réduit à une sorte de petit droit brisé, intercalé dans le plat de Pauline, et qui s'efface lui-même à une plus grande distance à l'ouest.

Vers l'est, les veines du groupe qui nous occupe ne s'étendent qu'à une faible profondeur, par suite de l'inclinaison des ennoyages qui fait successi-vement affleurer de ce côté leurs diverses branches; les fosses établies dans cette zone remontant d'ailleurs au siècle dernier, on conçoit qu'elles aient épuisé complètement la partie du gisement qu'elles étaient destinées à exploi-ter. Actuellement, les seules fosses en activité sont à une assez grande dis-tance d'Anzin, du côté de l'ouest; elles sont au nombre de trois : Réussite, Du-temple et Hérin; une quatrième, la fosse Davy, a été exploitée jusqu'en 1883.

Au levant des fosses Réussite et Dutemple, qui sont les plus orientales de ce groupe, le faisceau a été exploité autrefois au moyen d'un grand nombre de puits, parmi lesquels nous citerons ceux du Marais, de l'Écluse, Patience, de la Rivièrette, Beau-Jardin, Poirier, du Pavé, du Chaufour, Lacroix, du Mitan, Saint-Jean, des Jardins, de la Barrière, Mouton-Noir, du Verger, du Comble, Saint-Joseph, Pied, Saint-Cristophe, Grosse-Fosse, du Mambour, du Bois, Tinchon, Saint-Pierre, Lomprez, Henri, Saint-Charles, de la Citadelle, Régie, Sentinelle et Bon-Air. En s'éloignant plus à l'ouest, on trouve encore plusieurs puits abandonnés, notamment ceux de Demézières, Ernest, Vedette et Pauline. L'abandon des fosses du Chaufour et Tinchon ne remonte qu'à un petit nombre d'années ; les autres sont depuis longtemps en chômage.

Fosse du Chaufour.
La fosse du Chaufour remonte à 1762 ; elle a rencontré le terrain houiller au niveau de 40 mètres, et a été successivement approfondie jusqu'à 640 mètres ; son dernier accrochage a été placé à la profondeur de 630 mètres. On y a exploité, dans presque toutes les veines, les plats du Marais et de l'Écluse, ainsi que les droits du Marais et du Chaufour, qui se prolongent à l'est jusqu'à la fosse du Marais ; on a, en outre, opéré une certaine extraction sur les veines méridionales, dans le plat de Saint-Pierre et le droit d'Ernest. A la fosse du Chaufour, le plat de l'Écluse atteint, dans Grande et Petite veine du midi, un développement d'environ 150 mètres ; il n'a qu'une faible étendue dans Voisine, Maugretout et Tout rond. Du côté du couchant, les branches ci-dessus désignées ont été prises par les fosses du Verger et Saint-Joseph ; à ces dernières, le plat de Saint-Pierre et le droit d'Ernest ont pu être exploités dans presque toute l'étendue du faisceau, parce que les veines supérieures, inconnues suivant le méridien du Chaufour dans les branches dont nous parlons, viennent successivement prendre naissance contre le cran de retour quand on s'éloigne vers le couchant. C'est à la fosse du Chaufour qu'a été ouverte, au niveau de 424 mètres, la longue bowette qui a pénétré, au nord du cran de retour, dans la région des charbons demi-gras. Cette fosse a été abandonnée en 1878, et serrementée en 1884.

Fosse Tinchon.
La fosse Tinchon a été ouverte en 1755, et a rencontré le terrain houiller au niveau de 72 mètres. Elle a atteint la profondeur de 540 mètres, et son dernier accrochage a été placé à 532 mètres. Son exploitation a porté sur le droit du Chaufour, le plat de Saint-Pierre et le droit d'Ernest. Ces deux dernières branches étaient assez régulières, mais il n'en a pas été de même du droit du Chaufour, que l'on a trouvé très ondulé et souvent sillonné de crans ou de petits plats locaux. On a abandonné définitivement la fosse Tinchon en 1874. Au sud d'elle, la fosse Saint-Pierre a exploité, dans les veines les plus méridionales, notamment dans Grande veine et Moyenne veine, le plat de Saint-Pierre et le droit d'Ernest ; enfin, au nord-est, le droit

du Chaufour a été atteint et exploité, encore assez irrégulier, par Grosse-Fosse, dont la bowette nord de l'étage de 464 mètres a traversé le cran de retour, et a recoupé ensuite le droit demi-gras connu sous le nom de droit de Grosse-Fosse.

La fosse Réussite a été creusée en 1824; elle est située à un kilomètre environ au sud-ouest de Tinchon, et a atteint le terrain houiller à la profondeur de 76 mètres. En ce moment, son dernier étage est situé au niveau de 516 mètres. Ses travaux ont porté successivement sur le droit d'Ernest, le plat de Saint-Pierre et le droit du Chaufour : ce dernier est à peine entamé; le plat de Saint-Pierre a été trouvé disloqué par d'assez nombreuses cassures. Suivant le méridien de Réussite, on voit affleurer, du côté du midi, le plat de Pauline et le droit de Vedette, dans la partie du faisceau comprise entre Grande veine du midi et Moyenne veine; ces branches ont été exploitées, dans cette région, par plusieurs anciennes fosses situées au sud de Réussite, et spécialement par Demézières, Pauline, Vedette, Lomprez et Saint-Charles. A 360 mètres au sud-ouest de Réussite, la fosse Ernest a exploité en grand le droit qui porte son nom. Si on examine une coupe nord-sud passant par Réussite, on voit que plus on s'enfonce, plus les diverses branches se rapprochent du cran de retour; au voisinage de cet accident, elles seront exploitées, à grande profondeur, par la fosse Dutemple, dont l'emplacement est très favorable pour cet objet. La fosse Réussite doit donc être abandonnée à son tour dans un avenir assez rapproché.

Un essai de traction mécanique par chaîne flottante a été tenté à cette fosse, dans Grande veine (plat de Saint-Pierre), à l'étage de 516 mètres. Une machine à vapeur, placée à ce niveau, servait à relever les charbons de cette veine que l'on exploitait en descenderie. Les générateurs étaient installés au bas du puits Ernest. Ce traînage mécanique a été récemment supprimé.

La fosse Dutemple, située à 620 mètres au nord de la précédente, a été ouverte en 1764; elle est entrée dans le terrain houiller au niveau de 79 mètres; elle est destinée à être poussée à une grande profondeur, car on doit s'en servir pour exploiter les branches inférieures du faisceau gras qui, à cet endroit, se trouvent déjà très loin dans le sol. On vient de l'approfondir jusqu'à 702 mètres, et de préparer de nouveaux accrochages à 600 et à 680 mètres ; mais son dernier étage en activité n'est encore qu'à 508 mètres. Dans les charbons gras, on y a exploité le droit du Chaufour, le plat de Saint-Pierre et le droit d'Ernest ; et, au nord, ses bowettes des niveaux de 259 et 316 mètres ont pénétré dans la région des charbons demi-gras, après avoir successivement traversé la faille d'Abscon et le cran de retour. L'exploitation de ces deux régions ne s'annonce pas, quant à présent, d'une manière favorable. Le droit du Chaufour, dans lequel on se trouve au niveau de 508 mètres, paraît irrégulier, et il en est de même de la zone explorée dans les charbons demi-gras. Il est possible que les conditions du gisement s'améliorent à une profondeur plus grande, mais le contraire est à craindre, car il n'y a pas de raison pour que l'influence des grands accidents qui ont disloqué· cette partie du bassin houiller s'atténue dans les niveaux inférieurs.

Fosse Davy.　　La fosse Davy a été placée à 1,060 mètres environ au sud-ouest de Réussite ; elle a été ouverte en 1843, et a rencontré le terrain houiller à la profondeur de 86 mètres. Son exploitation a été concentrée dans le droit de Vedette, le plat de Pauline et le droit d'Ernest. Le plat de Pauline y présente une allure assez tourmentée, mais les deux droits y ont belle apparence. Bien que son dernier étage ne se trouve qu'à 278 mètres, la fosse a été abandonnée en 1883 ; son gisement sera exploité, en profondeur, par les fosses Dutemple et d'Hérin.

Fosse d'Hérin.　　· La fosse d'Hérin est la plus occidentale du groupe dont nous nous occupons. Elle a été ouverte en 1854, à 1,200 mètres à l'ouest de la fosse Davy. Elle a atteint le terrain houiller à la profondeur de 76 mètres, et son dernier étage est actuellement à 410 mètres. Ses travaux s'étendent sur le droit de Vedette, le plat de Pauline et le droit d'Ernest. Il faut aller jusqu'à plus d'un kilomètre au sud de la fosse pour rencontrer le droit de Vedette, dans les veines les plus méridionales du faisceau. Néanmoins, cette fosse doit être considérée comme bien placée, car les crochons qui forment la jonction du droit de Vedette et du plat de Pauline se trouvent à une profondeur relativement faible, et au-dessous d'eux les travaux n'auront plus à s'étendre aussi loin vers le sud. Le plat de Pauline est assez ondulé et disloqué à Hérin ; dans sa partie la plus rapprochée du droit d'Ernest, il plonge de 45° vers le nord ; cette allure se remarque spécialement depuis Voisine et Carachaux jusqu'à Juliette. Les bowettes nord prolongées trouveront, au delà de cette dernière veine et avant d'arriver au cran de retour, les premières couches du faisceaü que nous allons étudier sous le nom de faisceau de Denain ; la fosse est d'ailleurs très bien placée pour exploiter, au sud du cran de retour, les branches inférieures au droit d'Ernest, à commencer par le plat de Saint-Pierre, que l'on vient d'atteindre.

Depuis la fosse d'Hérin jusqu'aux travaux de Denain, auxquels nous arrivons, il existe un intervalle encore vierge de 4 kilomètres, qui constitue principale réserve de charbons gras de la compagnie d'Anzin.

Groupe de Denain.

Déjà, en face de la fosse d'Hérin, les veines grasses du faisceau d'Anzin et Saint-Waast dont nous avons donné la nomenclature, s'éloignent assez du cran de retour pour que l'on soit certain de rencontrer plus tard vers le nord, au delà de Juliette, des couches d'âge plus récent et plus riches en matières volatiles. A mesure qu'il s'avance vers Denain, ce faisceau s'écarte de plus en plus du cran de retour et de la faille d'Abscon, et l'on voit prendre naissance, au-dessus de lui, tout un faisceau nouveau, inconnu à Saint-Waast, et qui est désigné sous le nom de faisceau de Denain.

Il résulte de là que dans la région de Denain on exploite deux groupes de veines : 1° celles qui constituent le prolongement du faisceau de Saint-Waast ; 2° un groupe supérieur, qui fournit des charbons dont la proportion de matières volatiles atteint 32 et même 35 0/0.

Les veines du faisceau de Saint-Waast ne sont pas toutes désignées sous les mêmes noms à Saint-Waast et à Denain. Le tableau ci-dessous indique les noms sous lesquels une même veine est connue des deux côtés.

Groupe de Denain.
Veines
en exploitation.

Correspondance
des veines
de Saint-Waast
et de Denain.

DÉSIGNATION DES VEINES DU FAISCEAU DE SAINT-WAAST

A DENAIN.	A SAINT-WAAST.
Grande veine du midi	Grande veine du midi.
Petite veine du midi.	Petite veine du midi.
Passée.	Quatorze pouces.
Grande veine.	Grande veine.
Moyenne veine.	Moyenne veine.
Tourette.	Petite veine.
Tout rond.	Tout rond.
Maugretout	Maugretout.
Voisine	Voisine et Carachaux.
Édouard.	Taffin.
Petit Édouard	Hyacinthe.
Passée.	Joseph.
Passée.	Aglaée.
Passée.	Virginie.
Passée.	Juliette.

Le tableau suivant donne la composition moyenne de ce faisceau dans la région de Denain (pl. XII) :

COUPES DES VEINES. H. Houille. — T. Faux-toit. M. Faux-mur. S. Schiste. — E. Escaillage.	NATURE		DISTANCE MOYENNE de chaque veine à la suivante. (Normalement à la stratification.)	PROPORTION P. 0/0.			COULEUR des CENDRES.
	DU TOIT.	DU MUR.		MATIÈRES volatiles.	COKE. Carbone.	Cendres.	
Grande veine du midi. 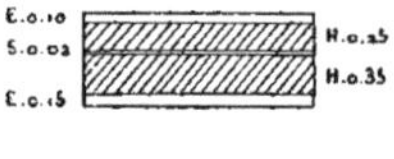 E.o.10 H.o.25 S.o.02 H.o.35 E.o.15	Schiste.	Schiste.	17ᵐ	24.20	72.40	3.40	»
Petite veine du midi  H.o.48	Schiste.	Schiste.	25ᵐ	25.80	69.70	4.50	»

COUPES DES VEINES. H. Houille. — T. Faux-toit. M. Faux-mur. S. Schiste. — E. Escaillage.	NATURE		DISTANCE MOYENNE de chaque veine à la suivante. (Normalement à la stratification.)	PROPORTION P. 0/0.			COULEUR des CENDRES.
	DU TOIT.	DU MUR.		MATIÈRES volatiles.	COKE. Carbone.	Cendres.	
Passée $H. 0.35$ à 0.40 / $E. 0.20$	Schiste.	Grès.	27^{m}	»	»	»	»
Grande veine. $H. 0.80$ / $E. 0.10$ $H. 0.10$	Schiste.	Schiste.	33^{m}	23.60	74.00	2.40	Jaune.
Moyenne veine. $E. 0.10$ / $H. 0.85$	Grès.	Grès.	32^{m}	25.00	72.60	2.40	Gris.
Tourette. $H. 0.38$ / $S. 0.35$ $H. 0.39$	Schiste.	Schiste.	26^{m}	28.20	66.55	5.25	Rougeâtre.
Tout rond. $E. 0.08$ $H. 0.22$ / $S. 0.20$ $H. 0.45$	Schiste.	Schiste.	21^{m}	23.60	74.20	2.20	»
Maugretout. $E. 0.10$ / $H. 0.35$	Schiste.	Grès.	43^{m}	28.00	67.40	4.60	Rouge.
Voisine. $E. 0.03$ $H. 0.25$ / $H. 0.40$	Schiste.	Schiste.	130^{m}	26.40	68.57	5.03	»

COUPES DES VEINES. H. Houille. — T. Faux-toit. M. Faux-mur. S. Schiste. — E. Escaillage.	NATURE		DISTANCE MOYENNE de chaque veine à la suivante. (Normalement à la stratification.)	PROPORTION P. 0/0.			COULEUR des CENDRES.
	DU TOIT.	DU MUR.		MATIÈRES volatiles.	COKE. Carbone.	Cendres.	
Edouard. S.o.40 / H.o.30 / H.o.60	Schiste.	Schiste.	20ᵐ	30.00	66.35	3.65	Gris-jaune.
Petit Edouard. H.o.30	Schiste.	Schiste.	115ᵐ	»	»	»	»

Quant au faisceau proprement dit de Denain, il comprend les veines suivantes, du sud au nord, ou, ce qui est la même chose, de bas en haut : *Lebret, Zoé, Petite Zoé, Toussaint, Jennings, Renard, Camille, Gailleteuse, Edmond, Paul, Président, Eugénie, Périer, Mark, Octavie, Joséphine, Casimir, Marie-Louise, Marie.*

Le tableau ci-après donne la composition moyenne de ce second faisceau (pl. XII) :

COUPES DES VEINES. H. Houille. — T. Faux-toit. M. Faux-mur. S. Schiste. — E. Escaillage.	NATURE		DISTANCE MOYENNE de chaque veine à la suivante. (Normalement à la stratification.)	PROPORTION P. 0/0.			COULEUR des CENDRES.
	DU TOIT.	DU MUR.		MATIÈRES volatiles.	COKE. Carbone.	Cendres.	
Lebret. E.o.02 / H.o.10 / E.o.02 / H.o.30 / H.o.20 / S.o.20 / H.o.15	Schiste.	Schiste.	12ᵐ	29.25	67.35	3.40	Gris.
Zoé. H.o.08 / S.o.60 / E.o.20 / H.o.30 à o.40	Schiste.	Schiste.	14ᵐ	30.16	65.12	4.72	Rouge-noir.

| COUPES DES VEINES. H. Houille. — T. Faux-toit. M. Faux-mur. S. Schiste. — E. Escaillage. | NATURE | | DISTANCE MOYENNE de chaque veine à la suivante. (Normalement à la stratification.) | PROPORTION P. 0/0. | COKE. | | COULEUR des CENDRES. |
	DU TOIT.	DU MUR.		MATIÈRES volatiles.	Carbone.	Cendres.	
Petite Zoé. 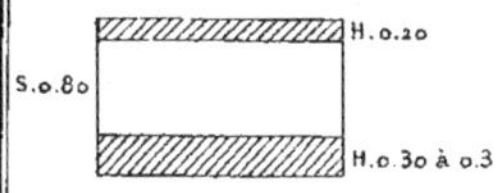	Schiste.	Schiste.	46ᵐ	28.40	68.90	2.70	Jaune.
Toussaint. 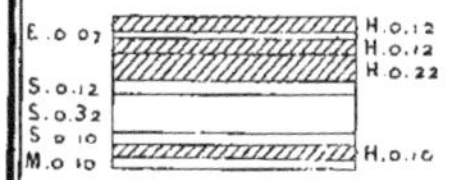	Schiste.	Schiste.	13ᵐ	32.35	60.77	6.88	Rosé.
Jennings. 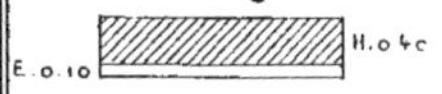	Schiste.	Schiste.	13ᵐ	28.60	66.17	5.23	Jaune.
Renard. 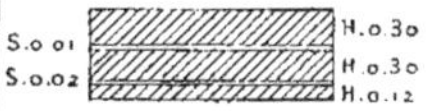	Schiste.	Schiste.	23ᵐ	32.00	64.70	3.30	Violet.
Camille.(Passée) 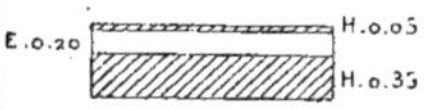	Schiste.	Schiste.	67ᵐ	28.50	69.80	1.70	Rouge-jaune.
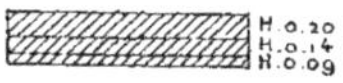 Cailleteuse.	Schiste.	Schiste.	23ᵐ	32.08	64.53	3.39	Roussâtre.
Edmond. 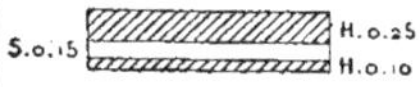	Grès.	Schiste.	75ᵐ	»	»	»	»

COUPES DES VEINES. H. Houille. — T. Faux-toit. M. Faux-mur. S. Schiste. — E. Escaillage.	NATURE		DISTANCE MOYENNE de chaque veine à la suivante. (Normalement à la stratification.)	PROPORTION P. 0/0.	COKE.		COULEUR des CENDRES.
	DU TOIT.	DU MUR.		MATIÈRES volatiles.	Carbone.	Cendres.	
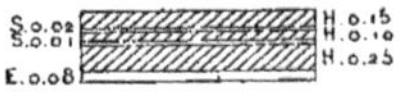 **Paul.** — S.0.02, S.0.01, E.0.08 / H.0.15, H.0.10, H.0.25	Schiste.	Schiste.	9^m	31.00	66.70	2.30	Jaune.
Président. 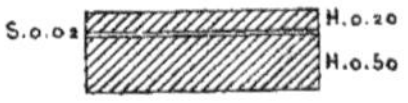 — S.0.02 / H.0.20, H.0.50	Schiste.	Schiste.	32^m	34.50	62.99	2.60	Jaune.
Eugénie. 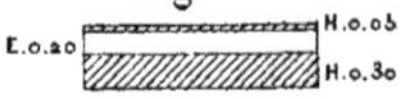 — E.0.20 / H.0.05, H.0.30	Schiste.	Schiste.	12^m	»	»	»	»
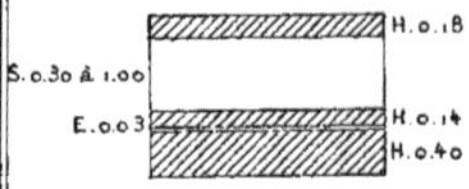 **Périer.** — S.0.30 à 1.00, E.0.03 / H.0.18, H.0.14, H.0.40	Schiste.	Schiste.	23^m	33.70	61.90	4.40	Jaune.
Mark. 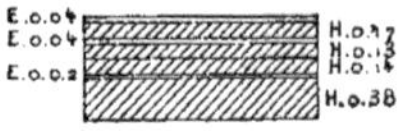 — E.0.04, E.0.04, E.0.02 / H.0.17, H.0.13, H.0.14, H.0.38	Schiste.	Schiste.	25^m	32.00	64.70	3.30	Blanc.
Octavie. 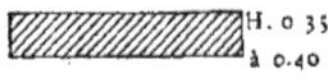 — H.0.35 à 0.40	Schiste.	Schiste.	12^m	31.50	66.40	2.10	Blanc-jaune.
Joséphine. 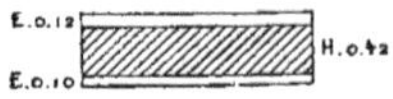 — E.0.12, E.0.10 / H.0.42	Schiste.	Schiste.	7^m	32.00	64.40	3.60	Blanc-jaune.

COUPES DES VEINES. H. Houille. — T. Faux-toit. M. Faux-mur. S. Schiste. — E. Escaillage.	NATURE		DISTANCE MOYENNE de chaque veine à la suivante. (Normalement à la stratification.)	PROPORTION P. 0/0.			COULEUR des CENDRES.
	DU TOIT.	DU MUR.		MATIÈRES volatiles.	COKE. Carbone.	Cendres.	
Casimir. E. 0.09 / H. 0.40 à 0.45	Schiste.	Schiste.	40ᵐ	33.40	64.80	1.80	Blanc-jaune.
Marie-Louise. E. 0.30 / H. 0.60 / M. 0.10	Schiste.	Schiste.	11ᵐ	29.00	69.90	1.10	Jaune.
Marie. H. 0.45	Grès.	Grès.	16ᵐ	»	»	»	»

Au-dessus, se trouvent quelques veines qui ont été récemment recoupées à la fosse Renard, et dont nous parlerons plus loin.

Toutes ces couches ont une composition sensiblement uniforme dans les travaux des fosses de Denain, et se succèdent à des intervalles presque constants. Celles du faisceau méridional présentent, en général, à Denain, un aspect analogue à celui qu'elles ont à Saint-Waast. Cependant, Édouard, de Denain, qui se rapproche parfois assez de Petit Édouard pour pouvoir être exploitée avec elle, est généralement plus belle que Taffin, qui est sa correspondante de Saint-Waast. L'inverse a lieu pour Voisine, qui est tout à fait isolée de Carachaux, ainsi que pour les passées qui tiennent la place des veines Joseph, Aglaée, Virginie et Juliette, de Saint-Waast. La passée désignée à Saint-Waast sous le nom de Petit Maugretout est située, à Denain, à une assez grande distance de Maugretout, qui doit être exploitée séparément.

Indépendamment des dénominations ci-dessus indiquées, et qui ten-

Dénominations particulières de certaines veines, dans la région de Denain.

dent de plus en plus à se généraliser, on en a employé et on en emploie encore d'autres qu'il est bon de connaître, parce qu'elles figurent à certains plans, et qu'elles sont encore usuelles à certaines fosses.

Par exemple, Lebret, Zoé et Petite Zoé, sont parfois appelées *1ʳᵉ, 2ᵉ* et *3ᵉ veines*, à la fosse Turenne.

Aux fosses l'Enclos et Lebret, qui sont les plus méridionales du groupe de Denain, on a exploité à peu près exclusivement le faisceau de Saint-Waast, et, au début, les veines qui le constituent ont été désignées par les nᵒˢ 1 à 11. Bien que cette nomenclature ne soit plus usitée, il n'est pas inutile de faire connaître sa correspondance avec celle de Saint-Waast, et celle qui est employée maintenant à Denain. C'est ce qu'indique le tableau suivant :

DÉSIGNATION D'UNE MÊME VEINE		
A DENAIN.	A L'ENCLOS ET A LEBRET (ancienne nomenclature).	A SAINT-WAAST.
Grande veine du midi	Nᵒ 11.	Grande veine du midi.
Petite veine du midi.	Nᵒ 10.	Petite veine du midi.
Passée.	Nᵒ 9.	Quatorze pouces.
Grande veine.	Nᵒ 8.	Grande veine.
Passée.	Nᵒ 7.	Passée.
Moyenne veine	Nᵒ 6.	Moyenne veine.
Tourette	Nᵒ 5.	Petite veine.
Tout rond.	Nᵒ 4.	Tout rond.
Maugretout.	Nᵒ 3.	Maugretout.
Voisine et une passée	Nᵒ 2. . . . . Nᵒ 1.	Voisine et Carachaux.

Enfin, à la fosse de Rœulx, on se sert encore de noms spéciaux pour le plus grand nombre des veines de la série qu'on y exploite, laquelle chevauche sur les faisceaux de Saint-Waast et de Denain.

Le tableau ci-après donne la composition moyenne du faisceau de veines exploité à Rœulx.

COUPES DES VEINES. H. Houille. — T. Faux-toit. M. Faux-mur. S. Schiste. — E. Escaillage.	NATURE		DISTANCE MOYENNE de chaque veine à la suivante. (Normalement à la stratification.)	PROPORTION P. 0/0.			COULEUR des CENDRES.
	DU TOIT.	DU MUR.		MATIÈRES volatiles.	COKE. Carbone.	Cendres.	
Petite veine E.0.02 H.0.23	Grès.	Schiste.	27ᵐ	»	»	»	»
Quatorze pouces C.0.06 H.0.15 / H.0.15	Schiste.	Schiste.	10ᵐ	24.50	71.50	4.00	»
10ᵉ veine du sud. E.0.01 H.0.45 / H.0.20	Schiste.	Schiste.	39ᵐ	28.00	70.50	1.50	»
9ᵉ veine du sud. H.0.55	Schiste.	Schiste.	7ᵐ	23.10	73.05	3.85	»
8ᵉ veine du sud. E.0.03 H.0.12 / H.0.40 E.0.13 / E.0.02 H.0.37	Schiste.	Grès.	27ᵐ	27.00	69.50	3.50	»
7ᵉ veine du sud. E.0.01 H.0.10 / H.0.20 S.0.20 H.0.20	Schiste.	Schiste.	?	25.10	72.10	2.80	»
6ᵉ veine du sud. E.0.10 H.0.35 / H.0.70	Schiste.	Schiste.	?	27.60	69.80	2.60	Jaune.

COUPES DES VEINES. H. Houille. — T. Faux-toit. M. Faux-mur. S. Schiste. — E. Escaillage.	NATURE		DISTANCE MOYENNE de chaque veine à la suivante. (Normalement à la stratification.)	PROPORTION P. 0/0.			COULEUR des CENDRES.
	DU TOIT.	DU MUR.		MATIÈRES volatiles.	COKE		
					Carbone.	Cendres.	
5ᵉ veine du sud. E.o.42 — H.o.32, H.o.37	Schiste.	Schiste.	48ᵐ	27.00	70.80	2.20	Blanc.
4ᵉ veine du sud. S.o.15 — H.o.30, H.o.30	Schiste.	Schiste.	25ᵐ	28.80	67.20	4.00	Gris-blanc.
3ᵉ veine du sud. E.o.o5 — H.o.14, H.o.67; S.o.3o, E.o.o6 — H.o.o7, H.o.1o	Schiste.	Schiste.	15ᵐ	»	»	»	»
2ᵉ veine du sud, E.o.o8 — H.o.38	Schiste.	Schiste.	?	27.80	70.20	2.00	Blanc.
1ᵉʳᵉ veine du sud. S.o.13, E.o.o3 — H.o.1o, H.o.o5, H.o.4o	Schiste.	Schiste.	10ᵐ	»	»	»	»
1ᵉʳᵉ veine du nord. E.o.1o, S.o.3o, E.o.o5 — H.o.31, H.o.15, H.o.3o	Schiste.	Schiste.	?	27.58	67.36	5.06	Rougeâtre.
2ᵉ veine du nord. E.o.11, E.o.o5, M.o.35 — H.o.36, H.o.24	Schiste.	Schiste.	20ᵐ	29.30	65.20	5.50	Jaune.

COUPES DES VEINES. H. Houille. — T. Faux-toit. M. Faux-mur. S. Schiste. — E. Escaillage.	NATURE		DISTANCE MOYENNE de chaque veine à la suivante. (Normalement à la stratification.)	PROPORTION P. 0/0.			COULEUR des CENDRES.
	DU TOIT.	DU MUR.		MATIÈRES volatiles.	COKE.		
					Carbone.	Cendres.	
Edouard.	Schiste.	Schiste.	?	30.00	67.80	2.20	Jaune-rouge.
Lebret.	Schiste.	Schiste.	5ᵐ	28.28	69.55	2.17	Rougeâtre.
Zoé.	Schiste.	Schiste.	12ᵐ	31.28	66.49	2.23	Roussâtre.
Petite Zoé.	Schiste.	Schiste.	42ᵐ	»	»	»	»
Jennings.	Schiste.	Schiste.	17ᵐ	32.10	62.40	5.50	»
Renard.	Schiste.	Schiste.	»	33.00	62.40	4.60	Rouge.

La veine Toussaint, exploitée à Denain, se transforme en passée à la fosse de Rœulx. D'autre part, il y a peut-être identité entre 6ᵉ et 5ᵉ veines du sud, qui seraient deux parties d'une même veine, rejetée par un accident.

Nous faisons encore connaître ci-dessous, aussi exactement qu'il est possible de le faire, la correspondance des veines de la fosse de Rœulx avec celles des deux faisceaux de Saint-Waast et Denain.

DÉSIGNATION D'UNE MÊME VEINE		
A RŒULX.	A DENAIN.	A SAINT-WAAST.
?	Grande veine du midi.	Grande veine du midi.
?	Petite veine du midi.	Petite veine du midi.
?	Passée	Quatorze pouces.
?	Grande veine.	Grande veine.
10ᵉ veine du sud.	Moyenne veine.	Moyenne veine.
9ᵉ et 8ᵉ veines du sud.	Tourette	Petite veine.
Passée.	Tout rond.	Tout rond.
7ᵉ veine du sud.	Maugretout	Maugretout.
6ᵉ veine du sud.	?	?
5ᵉ veine du sud.	?	?
4ᵉ veine du sud.	?	?
3ᵉ veine du sud.	?	?
2ᵉ veine du sud.	?	?
1ʳᵉ veine du sud.	?	?.
1ʳᵉ veine du nord.	?	?
2ᵉ veine du nord.	Passée	Passée.
Edouard	Édouard.	Taffin.
Passée.	Petit Édouard.	Hyacinthe.
Lebret.	Lebret	»
Zoé.	Zoé.	»
Petite Zoé	Petite Zoé.	»
Passée.	Toussaint.	»
Jennings.	Jennings	»
Renard.	Renard.	»

Ce tableau indique qu'il n'y a pas continuité complète de toutes les couches d'une zone à une autre. Quelques-unes sont connues à Rœulx comme à Denain et à Saint-Waast; d'autres n'existent que de l'un des côtés, et disparaissent ensuite; enfin, certaines assimilations restent encore douteuses.

Les deux faisceaux de Saint-Waast et de Denain sont encore exploités dans la concession de Douchy. Nous ferons connaître ultérieurement de quelle façon il convient de relier le gisement de Douchy à celui que la compagnie d'Anzin exploite dans ses concessions de Denain et d'Anzin.

De même qu'à Saint-Waast, les couches présentent, à Denain, une succession de droits et de plats, séparés par des crochons ou lignes d'ennoyage; il n'y a de différence qu'en ce que ces lignes, au lieu d'avoir un plongement très accusé vers l'ouest, se rapprochent plutôt de l'horizontale. Quant aux plats, et notamment au grand plat de Denain, on y remarque des changements de direction et d'inclinaison d'un point à un autre; c'est pour cela qu'on voit dans ce plat, au nord-ouest de la fosse Renard, une allure en fond de bateau qui a fait croire, autrefois, qu'on se trouvait, à cet endroit, au centre du bassin complet.

Les branches principales exploitées à Denain sont au nombre de trois :

La plus inférieure, appelée droit de Bayard, n'est peut-être que le prolongement de celui qui est connu à Saint-Waast sous le nom de droit d'Ernest. Il a été exploité autrefois à la fosse Bayard, et il l'est encore maintenant à la fosse Turenne, dans 1re, 2° et 3e veines, qui équivalent à Lebret, Zoé et Petite Zoé. Il est incliné d'environ 45° au sud. et son développement en profondeur est inconnu, car on n'a pas encore atteint son crochon inférieur; il est souvent barré par des plats accessoires.

Immédiatement au-dessus, vient le grand plat de Denain, qui paraît former la continuation de celui de Pauline, de Saint-Waast; c'est lui qui constitue le fond de bateau de la fosse Renard. Il fournit la plus grande partie de l'extraction du groupe de Denain; son développement est considérable, et on peut l'évaluer au moins à 1,400 mètres. Il a été, ou il est encore exploité aux fosses Ernestine, Mathilde, Bayard, l'Enclos, Jean-Bart, Turenne, Villars, Napoléon, Casimir, d'Orléans. Le sens de son plongement est variable, mais, le plus souvent, il a son pied au nord. On y remarque quelques petits droits accessoires qui le divisent en plusieurs branches, et qui tendent à disparaître dans la direction de l'est. En même temps, l'étendue du plat de Denain diminue graduellement et se réduit à environ 600 mètres, longueur comptée suivant sa ligne de plus grande pente.

Enfin, il existe au-dessus de ce plat un dernier droit, que l'on appelle droit de l'Enclos. Il a été anciennement exploité aux fosses l'Enclos, d'Orléans, Lebret, et l'est encore à celles de Rœulx et Renard. On l'exploitera de nouveau à la fosse l'Enclos, qui vient d'être approfondie à cet effet.

Le droit de l'Enclos forme peut-être la continuation de celui qui est connu, à Saint-Waast, sous le nom de droit de Vedette.

Faille de Rœulx. Un des principaux accidents connus dans la région de Denain, au sud de la faille d'Abscon, est la faille de Rœulx. Elle a été complètement explorée à 1,000 mètres au couchant de la fosse de Rœulx; de là, elle vient passer à 600 mètres environ au nord de ce puits; elle diminue d'importance à mesure qu'on s'avance vers Denain. A 700 mètres au levant de la fosse, son effet est presque nul. A l'ouest, elle dévie horizontalement les veines d'une centaine de mètres. Sa direction est O. 10° N., et elle plonge de 80° vers le sud.

Faille de Turenne. Nous citerons encore la faille de Turenne, dont la direction est N. 75° O., et le plongement de 20° à 25° vers le sud-ouest. C'est une faille à l'envers qui refoule les terrains du midi de 150 mètres environ sur ceux du nord.

Faille de Renard. A la fosse Renard, on a récemment trouvé un autre accident qui interrompt les veines à leur approche du tourtia. Il a été découvert à l'étage de 116 mètres; son orientation n'est pas encore nettement déterminée; on sait seulement qu'il a son pied au nord-ouest; mais il doit remonter ensuite dans cette direction, sans quoi il aurait été rencontré par les travaux des étages inférieurs. Les terrains du nord paraissent avoir glissé de 200 mètres environ, suivant sa ligne de plus grande pente.

Autres accidents de la région de Denain. A la fosse l'Enclos, un peu au-dessus du niveau de 314 mètres, on connaît encore un cran dirigé sensiblement nord-sud, et plongeant de 18° à 20° vers le couchant; on se rend compte de la déviation qu'il produit en examinant la coupe de la fosse l'Enclos.

Enfin, à la fosse de Rœulx, le gisement des charbons gras est sillonné par plusieurs accidents dont l'allure est encore peu connue. Ces lignes de cassure sont à peu près parallèles entre elles, et orientées du sud-est au nord-ouest; leur plongement ordinaire est de 70° à 80° vers le sud-ouest. Plusieurs d'entre elles constituent le prolongement d'accidents connus dans la concession de Douchy, et notamment des deux principaux d'entre eux, qui sont les crans de Saint-Mathieu et de l'Éclaireur.

De nombreuses fosses ont été ouvertes sur le faisceau de Denain ; nous citerons entre autres les fosses Bayard, Napoléon, Mathilde, Turenne, Ernestine, Chabaud La Tour, Casimir, Joseph Périer, Renard, Villars, Jean-Bart, d'Orléans, l'Enclos, Lebret et de Rœulx. Le plus grand nombre d'entre elles ont été successivement abandonnées. Il n'en reste plus que quatre en activité : Turenne, Renard, l'Enclos et Rœulx.

La fosse Turenne, ouverte en 1828, a atteint le terrain houiller à la profondeur de 69 mètres. Son dernier accrochage se trouve à l'étage de 466 mètres, par lequel on a commencé à exploiter le droit de Bayard dans 1re, 2e et 3e veines, c'est-à-dire dans Lebret, Zoé et Petite Zoé. Un peu au-dessus de ce niveau, le puits a été recoupé par la faille de Turenne, qui vient à peu près passer à l'ennoyage du droit de Bayard et du grand plat de Denain. Ce plat a été l'objet de travaux importants aux étages supérieurs de la fosse ; il s'y trouve un peu disloqué par un système de cassures parallèles qui viennent s'interrompre à la faille. La fosse Turenne doit être prochainement abandonnée.

Les fosses Ernestine, Bayard, Mathilde, Napoléon et Casimir, ont également exploité le grand plat de Denain, dans la région de la fosse Turenne. Le droit de Bayard a aussi été exploité de ce côté, par la fosse de ce nom.

La fosse Renard, qui comprend deux puits, est la plus importante du groupe de Denain. Elle a été ouverte en 1836, et a rencontré le terrain houiller au niveau de 74 mètres. Ses travaux portent presque exclusivement sur le grand plat de Denain ; cependant, au midi et aux étages supérieurs, surtout vers l'ancien champ d'exploitation de la fosse d'Orléans, on y a atteint le droit de l'Enclos. Le dernier étage de la fosse Renard se trouve à 476 mètres ; mais on se prépare à en établir un autre 70 mètres plus bas. Le grand plat de Denain présente à cette fosse quelques ondulations, spécialement dans les veines inférieures à Renard ; on y remarque deux petits droits qui altèrent sa continuité. Dans la veine Édouard, l'un de ces droits est tellement renversé qu'il a son inclinaison vers le nord. Mais, si l'on se borne à considérer les veines supérieures comprises entre Président et Marie-Louise, on ne trouve plus ces plissements secondaires, et le grand plat de Denain se développe d'une manière continue au-dessous du droit de l'Enclos, l'ensemble de ces deux branches dessinant l'allure en fond de bateau dont nous avons parlé. Si l'on parcourt une voie de fond du plat de Denain ou, ce qui revient au même, l'affleurement d'une veine au tourtia, on voit que son tracé qui, du côté du couchant, est sensiblement dirigé de l'ouest à l'est, avec une certaine tendance à s'infléchir vers le sud, remonte peu à peu vers le nord-est, puis décrit une sorte d'arc de cercle pour se diriger vers le nord, et ensuite vers le nord-ouest. La faille d'Abscon, qui est située à 1,300 mètres environ au nord de la fosse Renard, vient former la limite septentrionale de cette cuvette, en interrompant les couches de terrain qui la constituent. Nous avons déjà expliqué que cette apparence de fond de bateau est accidentelle, et n'empêche pas que le plat de Denain ne soit suivi par un autre droit, qui est le droit de Bayard, de même qu'il est précédé par celui de l'Enclos.

Faisceau supérieur de Renard.

Jusque dans ces derniers temps, les veines les plus supérieures connues à Denain étaient Marie-Louise et Marie, et la partie du fond de bateau constitué par le grand plat de Denain qui se trouve au-dessus de ces veines était restée inexplorée. Cette exploration a été faite récemment par un beurtia en travers-bancs incliné à 65°, et partant de la voie de fond du plat de Marie-Louise couchant, niveau de 234 mètres, à environ 1,600 mètres de la fosse Renard. Ce beurtia a rencontré successivement six veines, savoir :

1re veine à.	27 mètres de Marie-Louise.	
2e veine à.	49^m,50	—
3e veine à.	67^m,50	—
4e veine ou Henri à.	90 mètres	—
5e veine à.	102 —	—
6e veine à.	111 —	—

Le tableau suivant donne la composition moyenne de ce faisceau. (Voir aussi pl. XII.)

COUPES DES VEINES. H. Houille. - T. Faux-toit. M. Faux-mur. S. Schiste. — E. Escaillage.	NATURE		DISTANCE MOYENNE de chaque veine à la suivante. (Normalement à la stratification.)	PROPORTION P. 0/0.			COULEUR des CENDRES.
	DU TOIT.	DU MUR.		MATIÈRES volatiles.	COKE. Carbone.	Cendres.	
1ère veine. — E.o.o4 H.o.15 ; S.o.o5 H.o.12 ; H.o.14 ; S.o.25 H.o.25	Schiste.	Schiste.	22m,50	29.60	64.40	6.00	»
2e veine. — S.o.14 H.o.o6 ; S.o.o4 H.o.13 ; S.o.o2 H.o.17 ; S.o.o5 H.o.14 ; H.o.13	Schiste.	Schiste.	18m	32.00	63.85	4.15	»
3e veine. — S.o.o6 H.o.22 ; H.o.26	Schiste.	Schiste.	22m,50	30.80	67.20	2.00	»
4e veine ou Henri. — H.o.75 ; S.o.25 H.o.35	Schiste.	Schiste.	12m	32.80	65.20	2.00	»
5e veine — E.o.o5 ; E.o.o6 H.o.o6 ; H.o.33 ; H.o.20	Schiste.	Schiste.	9m	33.30	64.20	2.50	»
6e veine. — E.o.o2 H.o.o3 ; E.o.o7 H.o.o4 ; H.o.35 ; H.o.17	Schiste.	Schiste.	»	32.60	64.90	2.50	»

Un chassage d'une centaine de mètres, exécuté dans la deuxième veine, l'a trouvée assez régulière. Au nord, ces six veines vont buter à la faille d'Abscon, et elles dessinent chacune un petit fond de bateau emboîté dans celui de Marie-Louise. On se propose d'ouvrir un puits spécial, vers le centre de ce fond de bateau, pour servir à la circulation des ouvriers et à l'aérage des travaux d'exploitation, qui seront entrepris par les fosses Renard et de Rœulx.

En attendant, et pour atteindre le faisceau d'une manière plus commode, on a repris le creusement de la bowette de l'étage de 116 mètres, que l'on a continuée vers le nord-ouest. C'est cette galerie qui a trouvé l'accident de Renard dont nous avons parlé plus haut; elle a ensuite recoupé de nouveau la veine Marie-Louise au delà de cet accident, plus les trois premières veines. On prépare des travaux dans la quatrième au moyen d'un petit beurtia.

Les ressources de la fosse Renard sont considérables, car elle n'a pas encore atteint en profondeur les veines du midi, qui lui fourniront un fort appoint.

A proximité de la fosse Renard, les fosses Lebret, d'Orléans, Villars, Jean-Bart et Joseph Périer, ont exploité, soit le plat de Denain et ses petits plats intermédiaires, soit encore le droit de l'Enclos.

Fosse l'Enclos. La fosse l'Enclos, qui date de 1853, est la plus méridionale de celles que la compagnie d'Anzin a ouvertes dans la région de Denain; elle est située à environ 1,450 mètres au sud-est de la fosse Renard, et a atteint le terrain houiller à la profondeur de 64 mètres. Son dernier étage d'exploitation a été établi au niveau de 374 mètres. Au sud du puits, on a exploité en grand le droit de l'Enclos, dans la partie du faisceau comprise entre Grande veine du midi et Voisine. C'est entre les étages de 251 et de 314 mètres que l'on a trouvé ce droit, déchiré par l'accident appelé cran de l'Enclos. Il affecte toute la zone inférieure à Voisine; mais son action n'est plus sensible dans Édouard, qui est supérieure à cette dernière veine. Dans Voisine, on remarque deux droits locaux d'un développement d'environ 150 mètres; il y en a également deux dans Édouard, mais l'un d'entre eux disparaît dans Lebret, Zoé, Petite-Zoé, et les veines supérieures.

A l'étage de 170 mètres, la bowette sud a rencontré, à 542 mètres du puits, deux bancs calcaires ayant chacun 0",70 d'épaisseur.

La fosse l'Enclos vient d'être approfondie jusqu'à 575 mètres, c'est-à-dire jusqu'à 15 mètres au-dessous du grand plat de Grande veine; on y a préparé de nouveaux accrochages, aux niveaux de 460 et 515 mètres.

La fosse de Rœulx a été ouverte, en 1854, à 3,800 mètres environ à l'ouest de la fosse l'Enclos; elle est entrée dans le terrain houiller à la profondeur de 80 mètres, presque à l'affleurement de Première veine du sud. Toutes les veines qu'elle exploite sont en allure renversée et appartiennent à la branche connue sous le nom de droit de l'Enclos. Elles sont dirigées du sud-est au nord-ouest, et ont leur pied au sud-ouest; leur inclinaison est assez variable : en général, elle augmente à mesure qu'on s'avance vers les veines inférieures du faisceau. On peut admettre comme limites extrêmes 20° et 60°. D'un côté, les chassages vont s'arrêter à la limite de la concession de Douchy; de l'autre, ils se prolongent jusqu'au grand accident appelé faille de Rœulx, que quelques-uns d'entre eux ont même traversé. Indépendamment de cette faille, on distingue dans le champ d'exploitation de la fosse un système de cassures presque verticales, ayant une direction peu différente de celle des veines, et qui pénètrent vers le sud-est dans la concession de Douchy. Nous avons déjà dit que les prolongements de deux d'entre elles constituent les accidents connus dans cette concession sous les noms de crans de Saint-Mathieu et de l'Éclaireur. Toutes ces déchirures donnent au gisement de Rœulx un aspect compliqué, et le rendent peu avantageusement exploitable. On espère que ces conditions se modifieront en profondeur quand la fosse viendra traverser le grand plat de Denain. Ce plat a déjà été atteint par les chassages du couchant. De plus, la bowette nord du niveau de 220 mètres paraît l'avoir rencontré dans des veines que l'on a appelées provisoirement 1", 2°, 3° et 4° veines, et qu'on ne relie pas encore à celles qui sont exploitées à l'est.

La vaste étendue de territoire qui se trouve au midi du cran de retour et de la faille d'Abscon a été explorée par d'assez nombreux sondages. Les

Fosse de Rœulx.

Travaux de recherche situés au midi de la faille d'Abscon.

uns sont situés à proximité de fosses d'extraction qui ont été ultérieurement ouvertes, et présentent par cela même un intérêt assez faible; les autres donnent, au contraire, des renseignements utiles sur la richesse du terrain houiller dans les parties où il n'est pas encore exploité et sur la distance à laquelle il s'étend vers le sud. Nous ne nous occuperons naturellement que de ceux qui sont entrés dans la formation houillère, et nous laisserons de côté les sondages et les fosses qui ont dû être abandonnés dans les morts-terrains.

Entre les fosses Tinchon et Dutemple, quatre sondages, exécutés en 1814 (1ᵉʳ, 2ᵉ, 3ᵉ et 4ᵉ de Saint-Waast), ont atteint le terrain houiller aux profondeurs respectives de 66, 67, 66 et 65 mètres; on ne les a ensuite approfondis que de quelques mètres; l'un d'eux a rencontré une passée de $0^m,25$ d'ouverture. Un cinquième sondage, ouvert un peu au sud de la fosse Dutemple, a quitté les morts-terrains au niveau de 64 mètres, et les a explorés sans résultat sur quelques mètres de hauteur. Enfin, deux autres forages, placés à proximité des fosses Ernest et Demézières, ont trouvé le terrain houiller, l'un au niveau de 67 mètres, l'autre à celui de 63 mètres; pas plus que les précédents, ils n'ont fourni de renseignements sur la richesse de cette partie du bassin, parce qu'on ne les a pas poussés à une profondeur suffisante.

Au midi de la fosse Sentinelle, nous devons citer trois forages datant de 1818 et 1819, qui ont exploré la bande houillère située à la limite sud du bassin. Ils sont connus sous le nom de sondages du Vignoble. Le plus septentrional, situé contre la chaussée de Valenciennes à Bouchain, est entré dans les grès et schistes houillers à la profondeur de 62 mètres, et a été arrêté à celle de 69 mètres. Le suivant a trouvé le terrain houiller au niveau de 54 mètres et l'a exploré jusqu'à celui de 65 mètres; enfin, le plus méridional a traversé ce terrain sur 7 mètres seulement, de 34 à 41 mètres. Aucun d'eux n'a rencontré la houille. Le dernier est connu parfois sous le nom de sondage du Paradis; il a été placé au pied de la montagne de ce nom, à peu de distance de la ferme d'Urtebise. Nous l'avons déjà cité, comme permettant de tracer approximativement la limite méridionale du bassin, au sud-ouest de la ville de Valenciennes. Au nord du premier de ces trois forages, il en existe un autre qui a atteint le terrain houiller à la profondeur de 71 mètres.

Contre la chaussée de Valenciennes à Bouchain, la compagnie d'Anzin a encore exécuté deux sondages. Le premier (1814), appelé sondage de Trith ou d'Urtebise, n'a fait que toucher le terrain houiller, dans lequel il n'est entré que de 4 mètres, de 75 à 79 mètres; le second (1824), appelé sondage du Pont de Rouvignies, a atteint ce terrain au niveau de 55 mètres, et y a été continué sans résultat jusqu'à 64 mètres.

Ce dernier sondage est situé sur la région encore vierge qui est comprise entre les exploitations de Saint-Waast et Hérin, et celles du groupe de Denain. Cette région a été explorée, un peu à l'est du méridien de Wavrechain, par d'autres travaux.

Citons d'abord, en remontant vers le nord, le sondage du Chemin des Prêtres, placé sur le territoire de Wavrechain. Il est entré dans le terrain houiller à la profondeur de 79 mètres, après avoir traversé 13 mètres de torrent, et a été poursuivi jusqu'à celle de 142 mètres. Il a rencontré successivement 5 passées charbonneuses et, au niveau de 139 mètres, une veine de $0^m,07$ d'escaillage et $0^m,44$ de houille. En s'éloignant encore vers le nord, un peu au delà du chemin de fer de Somain à Péruwelz, on trouve un autre sondage qui a atteint le terrain houiller au niveau de 68 mètres, mais n'y a été enfoncé que de 4 mètres. Son emplacement est situé à proximité et un peu au sud-ouest des deux sondages et de la fosse d'Oisy.

Cette fosse a été commencée en 1777, mais comme elle était tombée sur le torrent, on a dû l'abandonner deux ans plus tard, sans avoir pu la conduire jusqu'au terrain houiller. Le premier sondage d'Oisy se trouve à 15 mètres au sud-ouest de la fosse; il a pénétré dans la formation houillère au niveau de 72 mètres, et on l'a arrêté à celui de 77 mètres, sans qu'il eût recoupé autre chose qu'une petite passée de quelques centimètres. Le second forage d'Oisy, situé à 85 mètres au couchant de la fosse, n'a pas donné de résultats plus concluants; il n'a pénétré que de 5 mètres dans le terrain houiller à partir du niveau de 66 mètres et n'y a trouvé aucune trace de houille.

Dans l'étendue couverte par les exploitations de Denain, nous avons encore à citer quelques sondages. Il y en a d'abord cinq qui sont échelonnés le long et un peu au midi de la faille d'Abscon. Le premier (4° d'Haveluy) est resté dans le terrain houiller du niveau de 67 mètres à celui de 83 mètres, et n'y a trouvé qu'une passée de $0^m,20$. Le second (16° de Denain, 1841) a atteint le terrain houiller au niveau de 75 mètres; sur une hauteur de 13 mètres parcourue dans ce terrain, il a recoupé deux veinules et deux petites veines de charbon très pur de $0^m,40$ d'épaisseur verticale chacune; les bancs étaient inclinés de 40°; avant d'entrer dans le terrain houiller, ce sondage avait traversé $7^m,30$ de torrent. Le troisième sondage de la même série (6° de Denain) est situé un peu au nord de la fosse Bayard. Il s'est enfoncé dans le terrain houiller de la profondeur de 73 mètres à celle de 81 mètres, et y a trouvé successivement une passée de $0^m,30$, une veine de $0^m,60$, et une autre passée de $0^m,40$. Le quatrième (5° de Denain), placé un peu au nord de la fosse Napoléon, n'a pénétré dans le terrain houiller que de 13 mètres, de 72 à 85 mètres; il n'a rencontré que deux filets charbonneux; enfin, le cinquième (7° de Denain), qui se trouve à une assez faible distance au sud-est de la fosse d'Escaudain, contre le chemin de fer, n'a donné aucun résultat : il est vrai qu'il n'a exploré le terrain houiller que du niveau de 79 mètres à celui de 88 mètres, c'est-à-dire sur 9 mètres seulement de hauteur.

Près de la fosse Turenne, un sondage (2° de Denain, 1827) a atteint le terrain houiller à 72 mètres, et l'a exploré jusqu'à 83 mètres : il a rencontré sur cette faible hauteur une veine de $1^m,25$ d'ouverture; un autre sondage, exécuté l'année suivante à proximité de la fosse Ernestine (3° de Denain), a été enfoncé dans le terrain houiller de 69 à 79 mètres, mais n'a recoupé qu'une veinule de $0^m,34$. En s'éloignant encore vers l'est, on arrive à deux forages (4° et 15° de Denain), datant le premier de 1828, le second de 1841 ; ils ont atteint le terrain houiller aux profondeurs respectives de 66 et 65 mètres, et ont été arrêtés à celles de 84 et 72 mètres, sans avoir rencontré la houille.

Dans les environs des fosses Villars et Jean-Bart, on trouve encore deux sondages exécutés en 1829 (11° et 12° de Denain); ils ont atteint le terrain houiller, l'un à 63 mètres, l'autre à 58 mètres, et ont été continués, le premier jusqu'à 80 mètres, le second jusqu'à 63 mètres; le premier seul a recoupé une petite veine de $0^m,45$ d'épaisseur verticale.

Dans la concession de Denain, nous avons encore à citer six sondages situés à proximité de l'Escaut, en amont de celui du Pont de Rouvignies, dont nous avons parlé plus haut. C'est, d'abord, celui du Pont de Denain (1853), qui est entré dans le terrain houiller à la profondeur de 71 mètres, après avoir traversé 11 mètres de torrent : il a été poursuivi jusqu'au niveau de 124 mètres, et a successivement recoupé sept passées charbonneuses et trois veines de $0^m,60$, $1^m,35$, et $0^m,60$ d'ouverture, situées à 90, 96 et 113 mètres. Puis vient un autre forage (9° de Denain), placé à peu de distance du précédent, qui n'a rencontré que des traces insignifiantes de houille entre les niveaux de 62 et de 79 mètres. A l'ouest de la fosse l'Enclos, on en trouve deux autres, entrepris à 4 mètres de distance, l'un en 1828, l'autre en 1829 (8° et 10° de Denain); le premier a traversé le terrain houiller de 62 à 79 mètres, et n'a donné aucun résultat; l'autre l'a exploré de 64 à 72 mètres et a rencontré dans cet intervalle une veine de houille de $0^m,50$. Entre ces deux sondages et la fosse l'Enclos, est situé le sondage de l'Enclos, où le terrain houiller a été atteint à 61 mètres du sol. De ce niveau à celui de 210 mètres, auquel on l'a arrêté, il n'a rencontré qu'un banc de $0^m,80$ de noireux tendre et de charbon. Cet insuccès relatif provient probablement de ce qu'à cet endroit les terrains présentent des dressants très étendus dans lesquels des trous de sonde verticaux n'explorent qu'une bande d'une puissance relativement faible, si on l'évalue normalement à la stratification. Enfin, le 14° sondage de Denain (1831), situé à l'ouest du 8° et du 10°, a exploré le terrain houiller de 67 à 75 mètres, et n'y a trouvé que deux filets de charbon intercalés dans des querelles.

Ces travaux sont les seuls qui soient de nature à éclairer sur la richesse en houille de la région des charbons gras d'Anzin; on voit, d'ailleurs, que les indications qu'on en peut tirer ne présentent guère de précision.

Nous terminerons ce chapitre en indiquant sommairement les chances d'avenir que présente l'exploitation des concessions de Saint-Saulve, Raismes, Anzin et Denain.

Au nord du cran de retour, et vers le bord septentrional du bassin, le faisceau maigre de Vieux-Condé se développe depuis la limite sud de la concession de Fresnes, jusqu'à la limite orientale de celle d'Aniche. Dans ce long parcours, il n'est connu qu'à Vicoigne, où, malgré ses replis assez nombreux, il présente une grande régularité. On peut donc espérer qu'on se trouvera dans des conditions satisfaisantes d'exploitation dans l'angle nord de la concession de Raismes et dans celle d'Anzin. La compagnie sera amenée ultérieurement à ouvrir sur cette bande de terrain houiller de nombreuses fosses qui serviront à exploiter, non seulement les veines maigres de Vieux-Condé, mais encore celles de Fresnes-midi, et en général toutes celles qui précèdent le faisceau demi-gras.

Quant à ce dernier faisceau, qui suit sans interruption le groupe des charbons maigres dans le voisinage de la fosse Thiers, mais qui en est séparé par un assez large intervalle stérile quand on s'éloigne vers l'ouest, il paraît assez irrégulier dans presque toute son étendue. La fosse Thiers, qui avait donné au début les plus belles espérances, fournit un prix de revient voisin du prix de vente dès que celui-ci laisse un peu à désirer, et il en est de même de la fosse d'Haveluy. La situation, pour être meilleure aux fosses Saint-Louis et Bleuse-Borne, n'est pas encore absolument satisfaisante, et il n'y a guère que dans le gisement d'Abscon que les veines demi-grasses se présentent sous un très bel aspect. Aux fosses d'Audiffret-Pasquier et Lambrecht, les apparences ne sont pas aussi favorables, bien que l'irrégularité des terrains soit moindre qu'à Haveluy. Le nombre des points où le faisceau demi-gras a été exploré est déjà assez nombreux pour qu'on puisse le regarder comme presque complètement connu, et il ne semble pas qu'il soit avantageux, quant à présent, d'y ouvrir de nouvelles fosses qui donneraient les mêmes résultats que celles actuellement en activité. Il y aura avantage, pendant longtemps encore, à exploiter la région comprise entre la fosse d'Audiffret-Pasquier et la limite d'Aniche ; il reste à y prendre d'assez grandes quantités de charbon demi-gras que l'on extraira avec bénéfice.

Enfin, on trouve encore au nord du cran de retour le faisceau gras de Thiers. A en juger par son aspect à cette fosse, il est prudent de ne pas compter sur lui, à moins qu'il ne s'améliore en se rapprochant de la concession de Thivencelles. Une fosse creusée à proximité du clocher de Vicq permettrait de s'en assurer ; mais il est possible que son fonçage présente de sérieuses difficultés, parce qu'on se trouve, à cet endroit, vers le thalweg de la dépression houillère dans laquelle s'est déposé le torrent de Vicq.

Entre le cran de retour et la faille d'Abscon, on ne connaît, comme nous l'avons vu, qu'une petite bande exploitable, qui sera déhouillée par la fosse Saint-Mark.

Reste le gisement proprement dit des charbons gras, qui s'étend depuis Anzin jusqu'à la fosse de Rœulx. Du côté de l'est et jusqu'à la fosse Tinchon, il doit être regardé comme presque complètement épuisé. De la fosse Tinchon à celle d'Hérin, il n'a été exploité que jusqu'à une profondeur relativement faible, et ses branches inférieures sont encore intactes ; malheureusement, elles paraissent peu régulières, et la reconnaissance actuellement en cours d'exécution à la fosse Dutemple fournit des indices peu favorables. Au couchant de la fosse d'Hérin, se trouve un intervalle où il y a place pour plusieurs nouveaux puits ; au delà, on arrive au gisement de Denain ; là, comme à Saint-Waast et à Anzin, le prix de revient des charbons est trop élevé, quoiqu'il existe dans le grand plat de Denain des parties assez belles ; enfin, à la fosse de Rœulx, on retombe dans des terrains bouleversés, où l'exploitation est onéreuse.

De la fosse de Rœulx aux concessions d'Aniche et d'Azincourt, il y a une distance d'environ quatre kilomètres. Nous ne pensons pas qu'on ait chance de tirer un parti avantageux de cette région. L'irrégularité constatée à Rœulx s'aggrave en effet au voisinage des concessions d'Aniche et d'Azincourt, à la limite desquelles les travaux entrepris sur les charbons gras ont dû être successivement abandonnés ; vers le nord, on arrive bien vite à la zone bouleversée dans laquelle la faille d'Abscon se fraye un passage ; enfin, au sud, on atteint rapidement le bord du bassin houiller, qui remonte d'autant plus vers le nord qu'on s'éloigne davantage du côté de l'ouest. Cet ensemble de circonstances défavorables empêchera sans doute la compagnie de risquer des capitaux considérables dans cette région particulièrement accidentée.

Le caractère général des terrains sur lesquels s'étendent les concessions appartenant à la compagnie d'Anzin est d'être assez irréguliers et de ne renfermer que des veines minces. Il n'y a d'exception générale à cette règle que dans les charbons maigres. C'est dans ces charbons que la compagnie trouvera plus tard ses plus grands bénéfices ; elle pourra les exploiter, quand elle le voudra, par un grand nombre de puits, et les difficultés de la vente, seules, en limiteront la production ; mais ces difficultés tendent à diminuer de jour en jour, en raison de la tendance qu'ont maintenant les industriels à utiliser les charbons de toutes qualités, pourvu que leurs prix de vente soient peu élevés. Quant aux charbons demi-gras et gras, ils se présentent, surtout les derniers, dans des conditions telles, qu'on ne saurait engager la compagnie à y développer ses travaux : il existe de la place pour ouvrir encore un grand nombre de puits sur ces charbons, mais la prudence commande de rester, quant à présent, dans le *statu quo*, et de n'engager de nouvelles dépenses qu'avec circonspection. Rappelons, toutefois, que le faisceau demi-gras est très beau dans les fosses du groupe d'Abscon ; c'est un appoint de grande valeur qui fournira à la compagnie, pendant un assez grand nombre d'années, d'importantes ressources.

En résumé, la compagnie d'Anzin doit tendre, avec le temps, à reporter ses efforts sur les charbons maigres ; là, elle obtient des prix de revient qui défient la concurrence, et, même en présence des compagnies du Pas-de-Calais, elle conserve une excellente situation.

CHAPITRE XI.

CONCESSION DE DOUCHY.

Le gisement de la concession de Douchy (pl. VI) est particulièrement intéressant, en ce qu'il permet de raccorder le faisceau exploité dans les fosses des environs de Denain, avec celui qui a été reconnu, du côté de l'ouest, à la fosse de Rœulx.

Presque toutes les veines qui le composent présentent un champ d'exploitation peu étendu, limité d'un côté à la concession de Denain, de l'autre à celle d'Anzin. Les périmètres de ces deux concessions déterminent une sorte d'angle rentrant, dont le sommet se trouve à distance à peu près égale des fosses de Rœulx et Lebret. Les veines pénètrent dans la concession de Douchy par l'un des côtés de cet angle, et en sortent par l'autre. Seules, les plus méridionales descendent au sud du vieux clocher de Lourches, et, se développant parallèlement à celles de la fosse l'Enclos et à la limite sud de la concession de Denain, viennent passer à la fosse de Douchy, récemment ouverte à l'est de la fosse la Naville. Malgré cette circonstance, le champ d'exploitation de Douchy est de faible étendue et ne couvre guère qu'une superficie d'environ deux kilomètres carrés, tandis que la concession en compte 34. Il est borné au midi par une large bande stérile dont l'existence a été reconnue par la fosse Désirée.

Malgré les dimensions restreintes de la partie exploitable de la concession, on n'y compte pas moins de huit fosses, qui portent les noms de Sainte-Barbe, l'Éclaireur, Saint-Mathieu, Beauvois, Gantois, Désirée, la Naville, et Douchy ou N° 8. Elles datent toutes, sauf la dernière, de l'époque à laquelle on considérait comme avantageux de multiplier les puits, pour ne s'en écarter qu'à faible distance. Si les choses étaient à refaire, on se bornerait vraisemblablement à ouvrir trois puits au plus, qui suffiraient largement à exploiter la totalité du gisement.

La tendance est du reste de réduire le nombre des fosses servant à l'extraction. Déjà Désirée, Sainte-Barbe et Gantois, qui sont pourvues de foyers d'aérage, ont été mises en chômage. Bientôt, ce sera le tour de Beauvois. Enfin, plus tard, lorsque la fosse de Douchy sera arrivée à une profondeur suffisante, on pourra peut-être abandonner le puits de la Naville et n'exploiter la concession que par trois fosses : l'Éclaireur, Saint-Mathieu et Douchy.

Veines exploitées. Nous verrons plus loin que le faisceau de la concession de Douchy, que l'on désigne souvent sous le nom de faisceau de Lourches, comprend les veines inférieures du groupe de Denain et la totalité de celles du faisceau de Saint-Waast. Elles ont reçu des noms différents de ceux qui sont en usage à la compagnie d'Anzin, et se présentent dans l'ordre suivant, quand on va du sud au nord : *Louise, Union, Anzinoise, Adélaïde, Jumelles, Sans nom, Sophie, Grande passée, Aimée, Lilloise, Parisienne, Valenciennoise, Solférino, Magenta, Puebla, Mexico, Passée du nord, Joseph, Constant.*

Le tableau ci-dessous donne la composition moyenne de ce faisceau.

COUPES DES VEINES. H. Houille. — T. Faux-toit. M. Faux-mur. S. Schiste. — E. Escaillage.	NATURE		DISTANCE MOYENNE de chaque veine à la suivante. (Normalement à la stratification.)	PROPORTION P. 0/0.			COULEUR des CENDRES.
				MATIÈRES	COKE.		
	DU TOIT.	DU MUR.		volatiles.	Carbone.	Cendres.	
Louise.	Schiste.	Schiste.	40ᵐ	25.06	68.94	6.00	Rose.
Union.	Schiste.	Grès.	30ᵐ	26.15	69.25	4.60	Rouge.

COUPES DES VEINES. H. Houille. — T. Faux-toit. M. Faux-mur. S. Schiste. — E. Escaillage.	NATURE		DISTANCE MOYENNE de chaque veine à la suivante. (Normalement à la stratification.)	PROPORTION P. 0/0.			COULEUR des CENDRES.
	DU TOIT.	DU MUR.		MATIÈRES volatiles.	COKE.		
					Carbone.	Cendres.	
Anzinoise. H.o.5o	Schiste.	Grès.	20ᵐ	24.18	64.56	11.26	Gris.
Adelaïde. T.o.15 E.o.2o H.o.6o M.o.2o	Schiste.	Schiste.	42ᵐ	24.40	70.19	5.41	Gris.
Jumelles. H.o.6o S.o 3o H.o.7o	Schiste.	Grès.	26ᵐ	21.79	69.03	6.18	Blanc.
Sans nom. H.o.8o	Schiste.	Schiste.	21ᵐ	23.30	72.70	4.00	Blanc.
Sophie. H.o.7o H.o.2o	Schiste.	Schiste.	25ᵐ	24.77	70.99	4.24	Blanc.
Grande passée. H.o.3o S.o.2o H.o.2o	Grès.	Schiste.	30ᵐ	23.43	72.82	3.75	Jaune foncé.
Aimée. H.o.5o E.o.3o	Schiste.	Schiste.	42ᵐ	26.31	71.22	2.47	Rouge.

COUPES DES VEINES. H. Houille. — F. Faux-toit. M. Faux-mur. S. Schiste. — E. Escaillage.	NATURE		DISTANCE MOYENNE de chaque veine à la suivante. (Normalement à la stratification.)	PROPORTION P. 0/0.			COULEUR des CENDRES.
	DU TOIT.	DU MUR.		MATIÈRES volatiles.	COKE. Carbone.	COKE. Cendres.	
Lilloise. 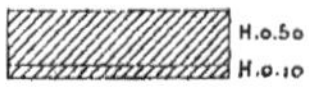 H.o.5o / H.o.1o	Grès.	Schiste.	?	25.03	64.54	10.43	Gris.
Parisienne. (Passée.)	»	»	?	»	»	»	»
Valenciennoise. (Passée.)	»	»	?	»	»	»	»
Solférino. 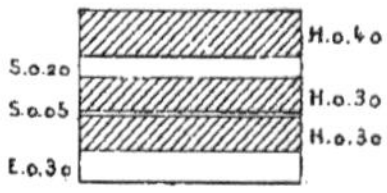 S.o.2o / S.o.o5 / E.o.3o — H.o.4o / H.o.3o / H.o.3o	Schiste.	Schiste.	50m	25.00	64.35	10.65	Rose.
Magenta.  H.1.ou	Schiste.	Schiste.	137m	28.42	65.76	5.82	Gris.
Puébla. 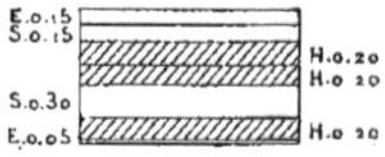 E.o.15 / S.o.15 / S.o.3o / E.o.o5 — H.o.2o / H.o.2o / H.o.2o	Schiste.	Schiste.	20m	25.16	65.84	9.00	Blanc.
Mexico. 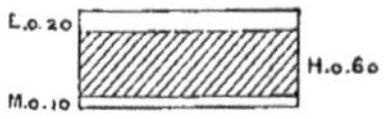 L.o.2o / M.o.1o — H.o.6o	Schiste.	Schiste.	25m	27.35	63.76	8.89	Marron.
Passée du nord. 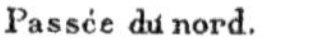 H.o.3o	Schiste.	Schiste.	55m	»	»	»	»

COUPES DES VEINES. H. Houille. — F. Faux-toit. M. Faux-mur. S. Schiste. — E. Escaillage.	NATURE		DISTANCE MOYENNE de chaque veine à la suivante. (Normalement à la stratification.)	PROPORTION P. 0/0.			COULEUR des CENDRES.
				MATIÈRES volatiles.	COKE.		
	DU TOIT.	DU MUR.			Carbone.	Cendres.	
Joseph. *(Passée.)* H.o.3o	Schiste.	Schiste.	18^m	»	»	»	»
Constant. H.o.8o	Schiste.	Schiste.	»	25.44	70.06	4.50	Gris.

Ces veines ont une composition en matières volatiles qui varie peu de l'une à l'autre et oscille entre 23 et 28 %. On peut les répartir, au point de vue de la qualité des charbons, en deux catégories. La première s'étend de Constant à Solférino : elle fournit des houilles grasses, bitumineuses, résistant bien au feu ; l'autre comprend le reste du faisceau : elle donne des charbons d'une nature qui se rapproche de celle des flénus, assez secs, résistant peu au feu et distillant rapidement. Ces caractères s'accentuent d'autant plus, qu'on s'éloigne dans la direction du levant.

Nous ferons connaître d'abord les particularités que l'on remarque dans quelques-unes des veines du faisceau de Lourches.

Constant est une veine sulfureuse, dont le charbon est sujet à s'enflammer. C'est maintenant la seule veine de la concession de Douchy qui ne donne pas de grisou ; elle est souvent barrée par un certain nombre de petits lits terreux qui se déplacent, se multiplient ou disparaissent, suivant la région dans laquelle on se trouve.

Joseph et Passée du nord ne sont pas exploitables.

Mexico et Puebla sont deux veines très voisines, surtout à la fosse Saint-Mathieu ; on les exploite simultanément, au moyen de recoupages allant de l'une à l'autre ; néanmoins, leur distance n'est jamais inférieure à 12 mètres.

Magenta est la couche la plus grisouteuse du faisceau de Lourches.

Solférino a une composition assez variable ; tantôt elle présente 5 ou 6 sillons de charbon, tantôt elle n'en a plus que 2 ou 3 ; on n'observe aucune règle dans cette variation.

Les veines Valenciennoise et Parisienne sont inconnues aux étages inférieurs.

La veine Lilloise est caractérisée par son toit de querelles. On en profite pour y creuser le plus ordinairement les voies à chevaux, qui doivent être conservées et entretenues pendant longtemps. On rejoint les autres veines au moyen de recoupages partant de Lilloise.

Sophie donne un charbon recherché pour la forge.

Sans nom n'est exploitable que dans certaines parties. Cette veine ne passe pas à l'Éclaireur ; on l'a exploitée à Beauvois ; on ne la connaît pas à la Naville, et on l'a appelée improprement Sophie à la fosse de Douchy, niveau de 343 mètres. Elle a une composition assez variable ; son ouverture varie de $0^m,40$ à 3 mètres ; elle fournit un charbon terreux que l'on emploie dans la verrerie.

La veine Jumelles est formée de deux sillons de charbon, séparés par un banc terreux dont l'épaisseur se modifie d'un point à un autre. A la fosse de Rœulx, ces deux sillons sont connus sous les noms de 8ᵉ et 9ᵉ veines du sud, et sont séparés par 7 à 8 mètres de schiste. A l'Éclaireur, leur distance est de 15 mètres ; elle est de 5 à 6 mètres à Beauvois, de $0^m,80$ à $0^m,50$ à la Naville ; enfin, ils se touchent à Douchy ; on peut donc, du côté du levant, les abattre ensemble, à cause de leur grand rapprochement. Dans la même direction, la veine Jumelles devient de plus en plus belle et régulière ; son charbon prend plus de dureté, et ses sillons gagnent en épaisseur. C'est ainsi que son exploitation a dû être abandonnée au couchant de l'Éclaireur, et qu'elle est encore assez difficile aux fosses Beauvois et Saint-Mathieu, tandis qu'elle devient très avantageuse à la Naville, et surtout à la fosse de Douchy.

La veine Louise n'a pu être exploitée qu'aux niveaux supérieurs ; en profondeur, elle devient moins avantageuse, et on a dû renoncer à y continuer les travaux. Cependant, on se propose de l'explorer prochainement au niveau de 453 mètres de l'Éclaireur.

Les veines du faisceau de Lourches offrent une série de droits et de plats, qui font que chacune d'elles est recoupée à plusieurs reprises par une ligne droite menée horizontalement ou verticalement.

Droits et plats exploités à Douchy.

A la fosse Saint-Mathieu, où la série est la plus complète, on compte trois droits, réunis par deux plats. Le premier droit vient affleurer presque immédiatement au tourtia. La ligne d'ennoyage suivant laquelle il se relie au plat qui le suit en profondeur, remonte vers le tourtia, à l'est comme à l'ouest de la fosse, et vient y affleurer avant d'avoir atteint les méridiens des fosses l'Éclaireur et la Naville; le premier droit de Saint-Mathieu n'existe donc pas à ces deux dernières fosses. Le plat avec lequel il se raccorde n'existe pas non plus à l'Éclaireur, mais on le trouve en contact avec le tourtia à la Naville; là, il plonge de 45° environ vers le nord, tandis qu'à Saint-Mathieu, il est à peu près horizontal. C'est pour cela que, lorsqu'on l'a exploité à cette fosse, à l'étage de 100 mètres, on pouvait y transporter le charbon au moyen de brouettes. Sa largeur, dans les parties où il est complet, n'est guère que de 100 mètres. La ligne d'ennoyage qui le limite à son extrémité a son maximum de profondeur à Saint-Mathieu; du côté de l'Éclaireur, elle vient affleurer au tourtia avant d'avoir atteint cette fosse. Du côté opposé, elle se relève également, de manière à faire son affleurement entre les fosses la Naville et de Douchy. Plus bas, on trouve un deuxième droit, dont l'allure varie suivant le méridien dans lequel on le considère. Il est complet aux fosses Saint-Mathieu et la Naville : dans la première, il n'a guère que 320 mètres de largeur, suivant sa ligne de plus grande pente qui plonge de 45° vers le sud, tandis qu'à la seconde, il se développe et prend une largeur de plus de 700 mètres, mais avec une inclinaison moins forte, variant de 20° à 30°. Ce droit affleure directement au tourtia à l'Éclaireur; malgré cela, sa largeur y est d'environ 500 mètres, avec inclinaison de 40° à 50°. A sa partie inférieure, il est limité à une troisième ligne d'ennoyage, suivant laquelle il se raccorde à un second plat. Cette ligne présente des inflexions que l'on peut étudier sur une quelconque des veines du faisceau : elle reste à peu près au même niveau aux fosses l'Éclaireur et Saint-Mathieu, présentant toutefois, dans cet intervalle, une légère pente vers le levant; mais cette pente s'accentue beaucoup au voisinage de la fosse la Naville; elle fait place, à l'est de cette fosse, à une contrepente qui relève la ligne d'ennoyage à la traversée du méridien de la fosse de Douchy.

Le second plat, qui vient ensuite, a une largeur très variable. Dans la veine Jumelles, elle est de 400 mètres à l'Éclaireur, de 300 mètres à Saint-Mathieu, de 500 mètres à la Naville, et de 150 mètres à la fosse de Douchy. Aux deux premières de ces fosses, il plonge de 10° vers le sud; à la Naville, il est incliné de 25° environ et presque parallèle au droit qui le surmonte; enfin, à la fosse de Douchy, il a une tendance à plonger au nord. A son extrémité, ce second plat est limité par une quatrième ligne d'ennoyage qui reste à peu près horizontale dans une même veine, depuis la fosse l'Éclaireur jusqu'à la fosse la Naville, mais qui s'enfonce ensuite assez rapidement dans la direction de la fosse de Douchy.

Cette ligne de plissement est l'origine d'un troisième droit qui n'est encore connu, à la fosse de Douchy, que dans la veine Sophie, mais que l'on a déjà suivi sur 500 mètres de largeur suivant sa ligne de plus grande pente à l'Éclaireur, et sur plus de 300 mètres à Saint-Mathieu et à la Naville. A l'Éclaireur, ce droit plonge de 60° environ vers le sud : son inclinaison est à peu près la même à la fosse de Douchy; mais à Saint-Mathieu et à la Naville, elle se réduit à environ 45°.

On voit, en résumé, que tous les plats et les droits dont nous venons de parler se modifient d'une fosse à une autre; les lignes de plissement qui les raccordent sont assez sinueuses, et présentent des ondulations qui les font incliner tantôt vers le levant, tantôt vers le couchant, mais sans jamais s'écarter beaucoup de l'horizontale. Il résulte de là que les droits et les plats ont toujours à peu près la même direction aux diverses fosses, ou du moins que cette direction varie peu dans un même méridien. Du côté du levant, la direction commune est sensiblement celle de l'est à l'ouest; mais quand on s'avance vers le couchant, on remarque qu'elle s'infléchit vers le nord-ouest de 15° à 20°.

On peut espérer que vers la profondeur de 700 à 800 mètres, on rencontrera le grand plat de Denain. Si cette prévision se réalise, la compagnie se trouvera pour assez longtemps encore en possession d'un gisement riche. Déjà, au niveau de 544 mètres de la fosse Saint-Mathieu, on remarque que les terrains ont une tendance à revenir en allure normale, ce qui indique le voisinage d'un plat.

Il existe, dans la concession de Douchy, un assez grand nombre d'accidents, dont les deux plus importants sont connus sous les noms de crans de Saint-Mathieu et de l'Éclaireur. .

Le premier consiste en une cassure dirigée N. 70° O., et plongeant de 80° vers le sud-ouest. Les terrains du midi ont subi le long de cette cassure un affaissement de 20 à 25 mètres, par rapport à ceux du nord; il ne s'agit donc pas d'un grand rejet; néanmoins, on lui a attribué à l'origine une importance assez considérable, parce qu'en raison de sa direction presque parallèle à celle des terrains, il faut le suivre horizontalement sur une certaine longueur, 100 mètres au moins, pour rentrer dans la veine qu'il a interrompue. Il est en outre remarquable par sa continuité; de la fosse Saint-Mathieu, où on l'a d'abord reconnu, il va passer au nord des fosses Sainte-Barbe et l'Éclaireur, puis il entre dans la concession d'Anzin, où on l'a trouvé dans les travaux de la fosse de Rœulx. A l'intérieur de la concession de Douchy, cet accident délimite en affleurement un petit triangle d'environ 1,300 mètres de base sur 400 mètres de hauteur, à l'intérieur duquel est concentrée l'exploitation des veines du nord : Constant, Mexico, Puébla, Magenta et Solférino ; dans cette région, ces veines sont très régulières et présentent une allure toute différente de celle que l'on constate au midi du cran de Saint-Mathieu; elles forment un grand dressant incliné de 50° à 60° au sud, et barré par un seul petit plat plongeant vers le nord.

Contre le cran de Saint-Mathieu et du côté du midi, les terrains sont assez irréguliers; on y remarque d'abord un grand brouillage qui rejette les veines, sans modifier leur direction et leur pendage. Au-dessus de ce brouillage, on connaît une cassure presque parallèle à l'accident principal et que l'on suit, comme lui, jusqu'à l'intérieur de la concession d'Anzin ; au-dessous, on en voit une autre que l'on désigne parfois sous le nom de second cran de Saint-Mathieu ; elle est inclinée de 25° au sud, et dirigée à peu près de l'est à l'ouest. Elle n'affecte guère que les veines Lilloise, Aimée, Grande-Passée et Sophie, et son influence sur Jumelles est déjà presque insignifiante. Elle ne s'étend que jusqu'au premier cran de Saint-Mathieu, qu'elle coupe suivant une ligne qui se rapproche du tourtia à mesure qu'on s'éloigne vers le couchant, de manière à venir affleurer dans les travaux de la fosse de Rœulx.

Cran de l'Éclaireur.

Quant à l'accident appelé cran de l'Eclaireur, il consiste en une déchirure dont la direction générale est du sud-est au nord-ouest, et l'inclinaison de 45° vers le nord-est. On ne la connaît que dans les niveaux inférieurs, et elle ne paraît pas se prolonger jusqu'à l'affleurement du terrain houiller. Elle produit un faible dérangement dans l'allure des veines, mais nuit à leur régularité. Parallèlement à elle, on remarque plusieurs autres déchirures moins importantes, mais qui présentent les mêmes caractères. L'ensemble de ces accidents détermine une zone de terrains brouillés, qui se continue dans la concession d'Anzin et vient passer à 400 ou 500 mètres de la fosse de Rœulx.

En dehors des accidents que nous venons de signaler, il en existe quelques autres, dont nous parlerons lorsque nous nous occuperons des fosses dans lesquelles on les a rencontrés.

Fosse l'Éclaireur.

La fosse l'Éclaireur, qui date de 1837, est la plus occidentale de la concession. Elle est située à proximité du chemin de fer de Somain à Busigny, et à 550 mètres environ de la limite de la concession d'Anzin ; le terrain houiller y est situé à 80 mètres du sol ; les terrains sont en droit au voisinage du tourtia, puis en plat, puis encore en droit. On n'y a exploité en dernier lieu que le droit inférieur, jusqu'au niveau de 496 mètres. Au couchant, les travaux ne s'étendent pas jusqu'à la concession d'Anzin ; ils sont arrêtés à une série d'accidents que l'on n'a pas essayé

de traverser, parce que la zone à exploiter au-delà n'avait pas grande
étendue. Au levant, le champ d'exploitation de l'Éclaireur communique
avec celui de la fosse Beauvois, et au nord, il est limité par celui de la fosse
Sainte-Barbe. On vient d'approfondir le puits jusqu'à 581 mètres, pour y
ouvrir un nouvel étage d'exploitation à 566 mètres. On a en outre trans-
formé les installations superficielles de la fosse. Nous avons déjà fait connaître les accidents qu'on observe dans cette région : il est inutile de s'y
arrêter davantage.

La fosse Sainte-Barbe a été ouverte en 1837, au nord-est de la fosse Fosse Sainte-Barbe.
l'Éclaireur, et à 350 mètres seulement de la limite de la concession : elle a
trouvé le terrain houiller à la profondeur de 80 mètres; on y a exploité
les mêmes branches de veines qu'à la fosse l'Éclaireur; de plus, on y a
traversé le cran de Saint-Mathieu, pour exploiter derrière lui les veines du
nord. Son dernier niveau est situé à la profondeur de 537 mètres. Elle a
été mise en chômage, et ne servira probablement plus à l'extraction.

La fosse Beauvois occupe, par rapport au faisceau de Lourches, une Fosse Beauvois.
position analogue à celle de la fosse l'Éclaireur; elle en est située
350 mètres de distance vers l'est. Ouverte en 1835, elle a atteint le terrain
houiller à la profondeur de 80 mètres. Au nord, ses travaux sont en communication avec ceux des fosses Sainte-Barbe et Saint-Mathieu; au couchant, avec ceux de l'Éclaireur, et au levant, avec ceux de Gantois. C'est vers
le méridien de la fosse Beauvois que viennent disparaître le premier droit
et le premier plat connus à Saint-Mathieu. Son dernier niveau est à la profondeur de 544 mètres, et ses travaux du midi sont en communication avec
l'étage de 450 mètres de la fosse Désirée. Au nord, ses bowettes n'ont pas
dépassé la veine Lilloise. La fosse Beauvois doit être abandonnée, dès que
le nouvel étage de l'Éclaireur sera en pleine exploitation.

La fosse Désirée est depuis longtemps inexploitée, et ne sert plus qu'à Fosse Désirée.
l'aérage. Elle a été creusée en 1839, à 330 mètres environ au sud de Beauvois, et a atteint le terrain houiller à 78 mètres du sol. Bien que son dernier
accrochage se trouve au niveau de 450 mètres, on n'y a fait que des travaux insignifiants dans les veines Louise, Union et Anzinoise, qui sont les

plus méridionales du faisceau de Lourches, spécialement dans les niveaux supérieurs.

A l'étage de 125 mètres, une galerie de reconnaissance, dirigée vers le midi, a traversé 800 mètres de terrain houiller stérile ; elle a rencontré sur son trajet un banc de poudingue quartzeux, et a été abandonnée avant d'avoir atteint la limite du bassin houiller. Le tracé exact de cette galerie n'est plus connu.

Fosse Saint-Mathieu. — La fosse Saint-Mathieu est la plus centrale de la concession de Douchy. Elle se trouve à environ 450 mètres à l'est de la fosse Sainte-Barbe, et à 350 mètres au nord-est de la fosse Beauvois. On y a exploité autrefois tout le faisceau de Lourches, depuis Constant jusqu'à Anzinoise; mais au-dessous de l'étage de 454 mètres, l'exploitation a été concentrée dans les veines du nord, depuis Constant jusqu'à Solférino, et on a réservé le reste du faisceau à la fosse Beauvois. La fosse Saint-Mathieu a été ouverte en 1833, et a atteint le terrain houiller à la profondeur de 78 mètres. Son dernier étage d'exploitation se trouve au niveau de 544 mètres, mais on en prépare un autre à 605 mètres. Ses travaux communiquent avec ceux des fosses Sainte-Barbe, l'Éclaireur, Beauvois, Gantois et la Naville. Nous avons précédemment décrit les principaux accidents reconnus à cette fosse.

Fosse Gantois. — La fosse Gantois a été ouverte, en 1835, à 280 mètres au sud de la fosse Saint-Mathieu; elle a rencontré le terrain houiller au niveau de 82 mètres, et son dernier étage se trouve actuellement à celui de 531 mètres. Elle n'a guère de raison d'être, car son champ d'exploitation va rejoindre, à une faible distance au couchant, celui de Saint-Mathieu, et communique, au levant, avec celui de la fosse la Naville qui n'en est distante que de 530 mètres; aussi, son abandon définitif a-t-il été récemment décidé.

Fosse la Naville. — La fosse la Naville est située sur la rive gauche du petit cours d'eau dont elle porte le nom. Elle ne date que de 1846, et elle est entrée dans le terrain houiller à la profondeur de 76 mètres. Son dernier accrochage n'est encore qu'à 478 mètres du sol, mais on est prêt à en établir un autre plus bas. Le gisement présente à cette fosse un aspect tout spécial. Il semble que les terrains aient subi, de haut en bas, un violent effort de compression ayant une direction presque verticale, qui aurait fait replier les veines plusieurs fois parallèlement à elles-mêmes au voisinage de l'affleurement. Ordinairement, les dressants et les plateures consécutifs font entre eux un angle assez ouvert; à la fosse la Naville, au contraire, les deux droits qu'on y connaît et le plat qui les unit offrent un parallélisme presque complet. L'action mécanique qui a produit cette allure singulière a eu pour effet de rejeter à une profondeur relativement grande les lignes de plissement qui servent de jonction, dans les diverses veines, entre leur droit supérieur et le plat qui lui succède; on remarque, en outre, que l'intervalle des couches, compté normalement à la stratification, est moindre en plat qu'en droit, ce qui prouve que l'effort de compression a produit son effet maximum sur le plat, qui a été en quelque sorte laminé entre les deux droits. En même temps, les terrains ont été sillonnés par un assez grand nombre de déchirures presque parallèles, dirigées généralement N. 45° O., et plongeant de 70° à 80° au sud-ouest; elles ont été produites par l'inégalité de répartition de l'effort de compression sur la totalité du gisement. Leur effet a été d'enfoncer les terrains dans la direction du sud-ouest, et de rendre le grand plat de la Naville à peu près inexploitable.

La fosse la Naville ne sera probablement plus guère approfondie; son champ d'exploitation sera pris en profondeur par la fosse de Douchy.

La fosse de Douchy a été entreprise en 1872, à 920 mètres à l'est de la fosse la Naville, et à 250 mètres seulement au sud de la limite de la concession de Denain; on l'a creusée à niveau plein, et elle a trouvé le terrain houiller à la faible profondeur de 64 mètres. Elle doit servir à exploiter les veines les plus méridionales du faisceau de Lourches jusque vers le méridien de la fosse l'Enclos. Son dernier niveau d'exploitation est situé à la profondeur de 343 mètres. On y connaît un assez grand nombre de crans, dont l'effet ordinaire est de ramener les veines vers le nord, quand on les suit dans la direction de l'est. Cette circonstance est défavorable à l'avenir de la fosse, car il est à craindre qu'à une certaine distance au levant, tout le faisceau ne vienne pénétrer dans la concession de Denain. Parmi les rejets en question, le plus important est situé à l'est du puits; il est dirigé N. 45° O., parallèlement aux crans de la Naville, et plonge de 70° environ vers le nord-est. Au levant de cet accident, les terrains présentent une régularité satisfaisante.

Crête de Sophie.

On observe souvent, dans les crochons des veines du faisceau de Lourches, des épanouissements de charbon considérables. L'exemple le plus saillant que l'on en puisse donner est celui du crochon de la veine Sophie, situé entre les niveaux de 287 et de 343 mètres de la fosse de Douchy. On l'a exploré par deux montages disposés l'un au-dessus de l'autre; le premier, de 42 mètres de long et de 55° d'inclinaison, partant de la voie de fond de 343 mètres; le second, de 40 mètres de long et de 54° de pente, aboutissant à la voie de fond de 287 mètres. Ces montages ont été établis dans un dressant de la veine et dans une crête énorme située à son crochon. Le plat aboutissant à ce crochon n'a pas été exploré, mais le droit supérieur qui lui succède au midi a été reconnu jusqu'à la ligne d'ennoyage, par une descenderie partant de l'étage de 287 mètres, ainsi que l'indique la figure 32.

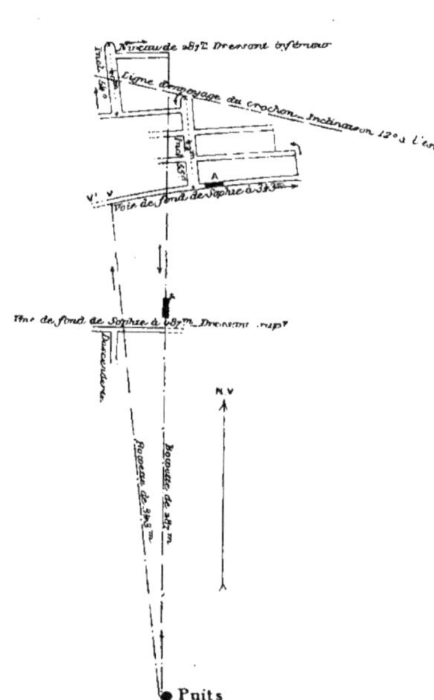

La crête, que nous avons représentée en coupe (fig. 33), a une puissance d'environ 17 mètres; on ne saurait citer un second exemple de ce genre dans le département du Nord. Le charbon qui la constitue paraît avoir été accumulé par suite d'une compression du dressant situé au-dessous d'elle, et peut-être aussi du plat qui y aboutit. Ce plat, ainsi que nous venons de

le dire, n'a pas été exploré, mais la voie de fond du couchant, établie dans
le droit, a été creusée en cran serrant, à peu de distance de la bowette,

sur une longueur VV' d'une
cinquantaine de mètres. Dans
cette région, la veine n'est plus
formée que d'un petit filet de
havrit de 2 centimètres d'épaisseur ; le toit et le mur sont
parfaitement réguliers. Du plan
incliné inférieur, on a fait partir vers le couchant deux voies

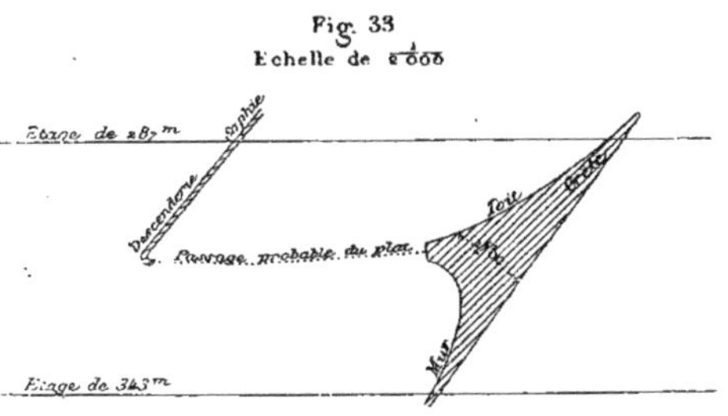

intermédiaires qui ont bientôt trouvé la veine avec le même aspect. Le dressant inférieur à la crête paraît donc appauvri, à une faible distance au-dessous du crochon, et il semble que le toit et le mur, en se rapprochant, aient
en quelque sorte lancé le charbon de la veine vers la ligne de plissement,
en lui faisant subir un véritable laminage. La houille fournie par l'amas dont
nous parlons, est d'ailleurs très pure. Son incinération donne seulement
1 0/0 de cendres, et sa calcination 22 0/0 de matières volatiles. L'exploitation de cet amas a été interrompue par un incendie qui s'est déclaré
dans les travaux, fait assez rare dans les mines du Nord. Pour le com-
battre, on a construit des barrages hermétiques en argile, de 6 mètres
d'épaisseur, à l'entrée A de l'air dans les premières tailles amorcées
à partir du montage inférieur, et à sa sortie R dans la bowette de
l'étage de 287 mètres; il est probable que les travaux ne seront pas
repris de longtemps dans cette région. On avait du reste remarqué,
avant l'incendie, que le charbon obtenu était très menu et facilement
inflammable.

On a récemment reconnu que la veine Sophie, de la fosse de Douchy,
n'est pas celle qui est désignée sous le même nom aux autres fosses. On a,
en effet, trouvé à 60 mètres au nord de cette veine, la véritable Sophie, que
l'on a improprement appelée *Maréchale*. La fausse Sophie n'est autre chose
que Sans nom, qui est souvent inexploitable. En d'autres termes, la

veine Sans nom est appelée improprement Sophie à la fosse de Douchy, et la vraie Sophie y est connue sous le nom de Maréchale.

Au niveau de 200 mètres de la fosse de Douchy, une bowette creusée dans la direction du midi a traversé une bande stérile de terrain houiller; on l'a arrêtée à 154 mètres du puits et à 178 mètres de la veine Louise. Cette galerie a donné au début 1,600 hectolitres d'eau par 24 heures; cette venue est ensuite tombée à 1,200 hectolitres, et on a dû serrementer la bowette pour l'aveugler.

En dehors des travaux que nous venons de décrire, on n'a guère exécuté, dans l'étendue de la concession de Douchy, que quelques sondages qui ont atteint le terrain houiller. Plusieurs fosses y ont été commencées, mais n'ont pu traverser le niveau, à cause de l'abondance des eaux.

Limite méridionale du bassin dans la région de Lourches. — Ces éléments ne permettent pas de déterminer avec certitude la limite sud du bassin dans la région de Lourches. Cela tient à ce que la partie méridionale de la concession n'a jamais été explorée; il est permis, toutefois, de croire que la longue bowette du midi de la fosse Désirée a été abandonnée dans la zone stérile qui est en contact avec les terrains anciens : ceux-ci se trouvent donc probablement au voisinage de l'extrémité de la bowette, et on peut alors tracer avec une certaine exactitude la limite du bassin, en la dirigeant d'un côté vers les travaux du midi d'Azincourt, de l'autre vers la fosse du Postillon .

Avenir de la concession de Douchy. — Si on tient compte de la surface occupée par le terrain houiller stérile, on voit que la partie utilisable de la concession de Douchy est assez restreinte. D'autre part, les travaux ont déjà atteint une grande profondeur, sauf à la fosse de Douchy. Les divers puits ont en effet les hauteurs suivantes :

Saint-Mathieu.	619 mètres.
Beauvois.	570 —
Gantois.	547 —
L'Éclaireur	581 —
Sainte-Barbe.	562 —
Désirée.	530 —
La Naville	534 —
Douchy.	359 —

L'avenir de la concession est, d'après cela, assez limité; la région exploitable au levant de la fosse de Douchy est de peu d'étendue, et il n'y a guère à compter que sur le champ d'exploitation des fosses actuelles. Il ne couvre qu'une faible superficie, et on le déhouillera rapidement, pour peu que l'extraction se développe, jusqu'à la limite que les procédés actuels de l'art des mines permettent d'atteindre.

L'étude du gisement de Lourches donne, comme nous l'avons déjà fait observer, la possibilité de raccorder les veines des faisceaux de Denain et Saint-Waast, avec celles de la fosse de Rœulx, qui sont exploitées sous des noms différents, et dont il serait difficile d'établir la correspondance, si les exploitations de Douchy ne formaient entre les deux groupes une sorte de jalon permettant d'établir leur continuité.

On est conduit par un examen attentif des veines exploitées, tant à Saint-Waast et à Denain, qu'à Lourches et à Rœulx, à admettre les assimilations indiquées au tableau suivant.

Continuité
des
faisceaux
de Saint-Waast,
de Denain
et de Rœulx,
au travers
de la concession
de Douchy.

FAISCEAUX DE DENAIN ET SAINT-WAAST.	FAISCEAU DE LOURCHES.	FAISCEAU DE RŒULX.
Grande veine du midi.	Louise	?
Petite veine du midi.	Passée	?
Quatorze pouces.	Union.	?
Grande veine.	Anzinoise.	?
Moyenne veine	Adélaïde	10ᵉ veine du sud.
Petite veine ou Tourette.	Jumelles	9ᵉ et 8ᵉ veines du sud.
Tout rond.	Sans nom.	Passée.
Maugretout.	Sophie	7ᵉ veine du sud.
Passée	Grande passée.	?
Voisine.	Aimée.	?
»	»	»
»	»	»
Passée	Solférino	2ᵉ veine du nord.
Edouard ou Taffin.	Magenta.	Édouard.
Petit Edouard.	Passée	Passée.
Lebret	Puébla.	Lebret.
Zoé.	Mexico	Zoé.
Petite Zoé.	Passée du nord.	Petite Zoé.
Toussaint.	Passée	Passée.
Jennings	Joseph	Jennings.
Renard.	Constant	Renard.

On conçoit qu'on puisse hésiter, parfois, à établir une correspondance entre des veines exploitées en des points éloignés, et qui, bien que se continuant l'une l'autre, peuvent avoir des aspects différents. Il arrive aussi que des couches, exploitables à certaines places, s'amincissent à d'autres, et s'y transforment en passées. C'est pour cela qu'il est presque toujours impossible d'arriver à identifier les veines une à une, d'une manière complète. Les renseignements indiqués ci-dessus présentent, malgré leurs lacunes, un caractère de grande probabilité. Il y a même des cas où il existe une certitude absolue. Ainsi, les travaux de la compagnie d'Anzin, dans Zoé et Lebret, sont venus communiquer, par suite d'une légère erreur commise dans l'orientation des plans, avec ceux de Mexico et Puébla, de la compagnie de Douchy. Il y a eu également communication entre les travaux d'Adélaïde, de Douchy, et ceux de 10ᵉ veine du sud, de Rœulx.

CHAPITRE XII.

CONCESSIONS DE MARLY ET DE CRESPIN.

La concession de Crespin est restée jusque dans ces derniers temps complètement inexploitée, et dans celle de Marly, on n'a fait qu'une extraction insignifiante à diverses époques. Mais, dans l'une et dans l'autre, on a exécuté, par fosses et par sondages, de nombreuses explorations qui ont servi à fixer les limites du terrain houiller dans leur étendue, à déterminer sa richesse en houille, et à reconnaître l'allure du grand accident qui, aux abords de la frontière belge, a pour effet d'amener les terrains anciens jusqu'au centre du bassin, en séparant de sa partie septentrionale la bande à laquelle on a donné le nom de bassin de Dour.

Dans la concession de Marly (pl. III), on n'a pas entrepris moins de sept fosses, dont quatre seulement sont arrivées jusqu'au terrain houiller ; les trois autres, appelées fosses Hégo, Sainte-Barbe et Duchesnois, n'ont pas traversé le niveau. Les fosses Hégo et Sainte-Barbe étaient placées à peu de distance de la route de Valenciennes à Mons, entre Saint-Saulve et Onnaing, sur le bord du torrent de Vicq ; la première (1778) a dû être abandonnée dans les morts-terrains à la profondeur de 57 mètres ; la seconde (1839) à celle de 104 mètres. Quant à la fosse Duchesnois, ouverte en 1837 tout près de Valenciennes, à l'angle de la route de Mons et du chemin allant à Marly, elle n'a pas traversé le niveau, à cause de l'abondance des eaux, et son creusement a été interrompu à une profondeur actuellement inconnue.

Les fosses qui ont pu être poussées jusqu'au terrain houiller ont reçu les noms de fosses Sainte-Marie, Sainte-Augustine ou du Roleur, Petit et de

Saint-Saulve. Les deux premières ont été en activité de 1770 à 1778; on sait, d'après M. Lorieux, que la fosse Sainte-Marie a rencontré par une galerie allant vers le nord, à la profondeur de 80 à 90 mètres, une couche de houille présentant une épaisseur maximum de $0^m.44$ et plongeant de 45° au sud; cette couche a été suivie en direction, à l'est et à l'ouest, et on a reconnu qu'elle ne méritait pas d'être livrée à l'exploitation; une autre bowette, partant de la même fosse et creusée vers le S.-O., a trouvé une seconde petite veine peu exploitable, orientée au N.-O., et inclinée de 45° au S.-O. Malgré cet insuccès relatif, on a voulu rouvrir la fosse du Roleur en 1837, mais on y a trouvé beaucoup d'eau, et on en a suspendu l'approfondissement, en 1838, à 30 mètres du sol. La fosse Petit venait alors d'entrer dans le terrain houiller, au niveau de 77 mètres.

Fosse Petit.　　Deux bowettes, entreprises à cette fosse, à la profondeur de 137 mètres, ont été dirigées vers le nord et vers le sud. Celle du midi a été creusée dans un terrain mêlé de schistes et de grès, où l'on n'a trouvé que deux petites passées charbonneuses. Les bancs présentaient une inclinaison assez variable; mais, à 140 mètres du puits, on est entré dans un terrain noir, écailleux, dans lequel on ne distinguait plus de stratification. On a abandonné la galerie à 200 mètres de la fosse, sans avoir atteint, comme on l'a supposé à tort, la grande faille du midi.

La bowette septentrionale a été poursuivie sur une longueur d'environ 600 mètres, jusqu'à peu de distance de la limite de la concession de Saint-Saulve. Elle a recoupé trois passées inexploitables, dans des terrains qui se sont d'abord présentés en droit, puis en plat, puis encore en droit, mais toujours avec pied au sud. C'est seulement à 480 mètres du puits que la galerie est arrivée à une première veine, renfermant 20,75 0/0 de matières volatiles, que l'on a appelée Grande veine; elle avait une ouverture de $1^m,10$, et était formée de trois sillons de charbon ayant ensemble une épaisseur de $0^m,70$. Ses parois, le toit surtout, manquaient généralement de régularité. Sa direction qui, dans le voisinage de la bowette, était sensiblement du sud-ouest au nord-est, n'a pas tardé à remonter vers l'ouest dans le chassage du couchant, et a bientôt atteint l'orientation est-ouest. Au levant, la voie de fond, après s'être dirigée un certain temps vers le nord, est revenue à sa direction primitive, presque parallèle à la limite de la concession.

Quant à l'inclinaison de la grande veine, elle était, dans la bowette, de 70° à 75° au sud. Mais, au couchant, les terrains se sont aplatis rapidement, de manière à ne plus plonger que de 35° à 40°; au contraire, dans la chasse du levant, la veine, après être devenue verticale, a pris un pendage bien accusé vers le nord.

On y a rencontré quelques crans, dont un au levant, ayant une largeur sur la chasse de 40 mètres, et un au couchant, de 20 à 25 mètres. Ces deux crans avaient des inclinaisons inverses, et plongeaient l'un vers l'est, l'autre vers l'ouest.

Au delà de la grande veine, on en a trouvé deux autres qui présentaient dans la bowette une puissance en charbon de 0^m,40, mais qui se sont amincies au levant et au couchant, de manière à devenir bientôt inexploitables.

L'ensemble de ces découvertes démontrait le peu d'avenir de la fosse Petit. D'une part, elle était évidemment située sur la bande stérile qui limite le bord méridional du bassin; d'autre part, le changement de direction des terrains du côté du couchant, et leur tendance à plonger au nord du côté du levant, devaient avoir pour effet de faire rapidement passer la grande veine dans la concession de Saint-Saulve. Cette circonstance a motivé l'abandon des travaux, en 1842.

La crise houillère de 1873 ayant produit dans le public un grand engouement pour les valeurs charbonnières, et ayant amené une véritable fièvre de recherches, la société de Marly se reconstitua; après avoir exécuté contre le chemin de Saint-Saulve à Marly, à 250 mètres environ au sud de la fosse Duchesnois, un sondage qui rencontra le terrain houiller à la profondeur de 80 mètres et recoupa ensuite une veine de houille, elle ouvrit près de son emplacement, en 1876, la fosse de Saint-Saulve. On y a trouvé, au nord Fosse de Saint-Saulve. du puits, à l'étage de 145 mètres, une veine formée de 2 sillons de charbon ayant chacun de 0^m,20 à 0^m,30 d'épaisseur, et séparés par un banc de terre et d'escaillage de 2 à 4 mètres de puissance. Ce banc n'ayant pas permis d'abattre les deux sillons à la fois, on s'est borné à prendre celui du toit, en négligeant celui du mur, qui était plus mince et moins facile à exploiter.

Vers le couchant, la veine s'est présentée en dressant, avec une direction parallèle à celle de la limite de la concession de Saint-Saulve; elle était très irrégulière, et on a dû abandonner bientôt l'exploitation de cette branche. Au levant, on l'a trouvée en plat; mais elle se dirigeait perpendiculairement à la limite de la concession, et son exploitation a dû, pour ce motif, être bientôt arrêtée.

Un recoupage entrepris un peu au couchant de la bowette, dans la région où la veine était en allure renversée, a trouvé deux autres veines très minces, que l'on n'a pas pu exploiter. Il est permis, d'après cela, de croire que les terrains de la fosse de Saint-Saulve ne diffèrent pas de ceux de la fosse Petit. A l'une comme à l'autre, on a recoupé une veine d'une assez grande ouverture, suivie à faible distance de deux veinules inexploitables. L'analogie est frappante, et l'identité des deux faisceaux paraît complètement démontrée.

Sondages.   Le terrain houiller a encore été rencontré, dans la concession de Marly, à un certain nombre de sondages; quant aux terrains négatifs, on les a atteints en plusieurs points que nous allons successivement indiquer.

Citons d'abord le sondage de Maing, entrepris en 1837 par la compagnie de Marly, qui a pénétré dans le calcaire à la faible profondeur de 25 mètres.

Fosse du Postillon.   Au nord-est de ce sondage, sur la rive droite de l'Escaut et non loin des fortifications de Valenciennes, a été creusée, en 1778, la fosse du Postillon, que l'on a quelquefois appelée fosse Notre-Dame. Elle a quitté les morts-terrains à la profondeur de 41 mètres, pour entrer dans les schistes et grès dévoniens; mais une galerie de 80 mètres de longueur, entreprise à la profondeur de 74 mètres, a, d'après M. Clère, recoupé au nord du puits une épaisseur de 6^m,85 de calcaire bleu, après avoir probablement traversé la grande faille du midi. La limite du terrain houiller doit être située à proximité de l'extrémité de cette galerie, car, un peu au nord de Saint-Léger, un sondage exécuté en 1849 par la compagnie d'Anzin, au bas de la montagne du Paradis, à Urtebise, a atteint le terrain houiller à la profondeur de 34 mètres. Le bassin s'étend donc un peu au sud de ce forage, pour aller passer au nord de la fosse du Postillon, en sorte que sa limite méridionale est assez exactement déterminée dans cette région.

Un autre sondage entrepris sur la place Verte, à Valenciennes, n'a pas donné de résultats concluants ; on a cru longtemps y avoir rencontré le terrain dévonien ; mais M. Gosselet a fait voir que les argiles bleues à reflets rougeâtres qui existent en ce point au-dessous du tourtia, doivent être rapportées à l'étage du gault.

Un autre sondage, dit sondage de Marly, situé au sud de la fosse de Saint-Saulve, a trouvé le terrain dévonien à la profondeur de 48 mètres.

Il n'existe aucune incertitude sur le passage de la limite méridionale du bassin à l'est de Valenciennes, car, des environs de la fosse du Postillon, elle doit se diriger presque en ligne droite vers le sud de la fosse Petit, qui paraît avoir été ouverte sur les dernières assises de la formation houillère.

Dans l'angle que forment les périmètres des concessions de Marly et de Crespin, à 1,200 mètres environ au nord du clocher d'Estreux, la compagnie Désandrouin a ouvert, en 1726, une fosse qui est restée dans les terrains rouges dévoniens.

Presque au sommet du même angle, à l'intérieur du village d'Onnaing et un peu au sud de la route de Valenciennes à Mons, la compagnie de Marly a exécuté, en 1875 et 1876, un sondage qui a traversé, de la profondeur de 155 mètres à celle de 176 mètres, des schistes rouges, des quartzites verts et des psammites appartenant au dévonien inférieur, et qui a trouvé en dessous de ce terrain un calcaire carbonifère gris et noir. La grande faille eifelienne doit passer entre ces deux formations (fig. 9) ; quant à la limite méridionale du bassin, elle doit se trouver à une faible distance au nord du forage dont nous parlons, puisqu'elle va passer, du côté de l'est, au forage de la gare d'Onnaing.

Nous arrivons, maintenant, aux travaux de la concession de Crespin, qui sont particulièrement intéressants, en ce qu'ils jettent un jour complet sur l'allure du grand accident de Quiévrechain. Nous les examinerons dans

Tracé
de
la limite méridionale
du bassin
aux environs
de Valenciennes.

Travaux
de la concession
de Crespin.

l'ordre suivant lequel ils se présentent, quand on se dirige de la limite occidentale de la concession vers la frontière belge.

Près de la gare d'Onnaing, un sondage exécuté vers 1860, est entré dans les schistes houillers inférieurs à la profondeur de 207 mètres, après avoir traversé 2 mètres de calcaire bleu; il est resté jusqu'à celle de 287 mètres dans des dressants inclinés d'environ 82° vers le sud.

Fosse d'Onnaing. Un peu plus au midi, à proximité de la route de Valenciennes à Mons, la fosse d'Onnaing, commencée en 1875, a atteint le calcaire carbonifère gris bleu, incliné de 87° au sud, au niveau de 173 mètres; au-dessous de ce terrain, on est arrivé, à la profondeur de 422 mètres, par un forage pratiqué au fond du puits, à des schistes noirs à phtanites qui paraissent appartenir au terrain houiller inférieur. Ce forage a rencontré des cassures absorbantes.

Quelques autres sondages, exécutés anciennement dans cette région, sont restés dans les morts-terrains ou ont donné des résultats douteux.

Un peu au nord-ouest du clocher de Quarouble, un sondage (n° 12), entrepris en 1843, a pénétré dans le calcaire à la profondeur de 166 mètres.

Le calcaire a également été rencontré à plusieurs sondages situés au nord du chemin de fer de Valenciennes à Quiévrain, et échelonnés entre le méridien de Quarouble et la frontière.

Nous citerons, d'abord, celui que la compagnie de Crespin a placé, en 1875, dans l'angle des lignes de Valenciennes à Quiévrain et de Saint-Amand à Blanc-Misseron, et qui a traversé 125 mètres de calcaire, entre les niveaux de 130 mètres et de 255 mètres. Dans cet intervalle, il a rencontré successivement une crevasse absorbante, puis une autre par laquelle les eaux ont jailli jusqu'à 0^m,40 au-dessus du sol.

Puis vient le premier sondage Mathieu exécuté en 1860, à proximité de la bifurcation des mêmes lignes; il a traversé le calcaire depuis la profondeur de 136 mètres jusqu'à celle de 196 mètres.

Un peu plus au nord, on trouve le second sondage Mathieu (n° 16), qui est sorti des morts-terrains au niveau de 102 mètres, et a été approfondi jusqu'à 304 mètres, sans sortir du calcaire; il a aussi trouvé une cassure absorbante.

Enfin, encore un peu plus au nord-est, à l'angle du chemin de Blanc-Misseron à Crespin et du chemin dit d'entre deux bois, c'est-à-dire à peu de distance du village de Crespin, un sondage exécuté en 1847 (n° 13), paraît être tombé sur le calcaire au niveau de 135 mètres.

Mais la série de travaux la plus importante à examiner est celle qui s'étend parallèlement à la frontière belge, depuis le village de Quiévrechain jusqu'à celui de Morchipont.

Au nord de cette série, on trouve d'abord le sondage de la Chapelle de Quiévrechain (fig. 8), qui ne date que de 1875 et a donné les résultats suivants. A la profondeur de 180 mètres, il est entré dans des schistes et grès rouges et verts, appartenant au dévonien inférieur; puis, au niveau de 198 mètres, il a traversé la grande faille du midi, au-dessous de laquelle il a trouvé un calcaire bleuâtre dans lequel il est resté jusqu'à 232 mètres; enfin, il a franchi la faille de Boussu et a pénétré dans le terrain houiller en plat, où il a dû être abandonné, par suite d'un accident, à la profondeur de 275 mètres.

Sur une même ligne est-ouest, on a ensuite exécuté, tout près de moulin de Quiévrechain, à quelques mètres seulement de la frontière, un autre sondage qui a directement recoupé le terrain houiller sous les morts-terrains, à la profondeur de 167 mètres. Après avoir traversé une zone très irrégulière, il a pénétré dans des bancs solides, où il a découvert trois veines de houille, en plat, l'une de $0^m,66$ de puissance à 428 mètres, la seconde de $0^m,59$ à 487 mètres, la troisième de 1 mètre à 585 mètres. A peu de distance de là, vers l'ouest, de l'autre côté du chemin de Quiévrechain, un autre petit sondage, entrepris dans le but de déterminer l'emplacement d'une fosse, a trouvé sous les morts-terrains une faible épaisseur de schistes noirs, puis un banc calcaire dans lequel on l'a abandonné. Nous verrons dans un instant que, si on l'avait approfondi de quelques mètres, on y aurait découvert le terrain houiller.

Comme on tenait avant tout à éviter le calcaire dans le creusement du puits que l'on se proposait d'ouvrir, à cause des eaux qu'il pouvait donner, on se décida à placer ce puits à proximité de l'emplacement du sondage du Moulin. Nous ferons connaître plus loin les résultats qu'il a donnés.

Au midi de la chapelle de Quiévrechain, on a entrepris deux sondages que l'on a appelés sondages du Bureau. Le premier (n° 1), ouvert en 1835, a été arrêté à la profondeur de 134 mètres, dans un terrain que l'on a pris à tort pour du grès houiller : on était probablement encore dans le grès vert ou la meule. Le second (n° 14), commencé en 1851 et repris quelques années plus tard, a recoupé successivement les schistes et grès dévoniens à la profondeur de 149 mètres, et le terrain houiller à celle de 285 mètres ; poursuivi jusqu'à 450 mètres, il n'a traversé que quelques veinules de charbon et une veine de 0^m,70 d'ouverture.

Déjà les sondages du Bureau sont situés au sud de la grande faille, puisqu'ils sont tombés, au-dessous des morts-terrains, sur les schistes et grès bariolés de l'étage gédinnien. Les mêmes roches ont été trouvées dans tous les travaux exécutés à une plus grande distance au midi, toutes les fois qu'ils ont pu atteindre les terrains anciens.

Fosse
Saint-Grégoire. C'est ainsi que la fosse Saint-Grégoire, et le sondage près duquel elle a été creusée (n° 6), ont atteint le terrain dévonien inférieur, l'une au niveau de 120 mètres, l'autre à celui de 118 mètres. Cette fosse a été approfondie jusqu'à 147 mètres dans des bancs schisteux gris verdâtres, dirigés sensiblement est-ouest et inclinés de 50° à 60° vers le sud. Ses galeries, malgré leur peu de développement, ont donné une quantité d'eau relativement considérable. On n'y a trouvé que quelques lits minces de terre noire ressemblant à du schiste pourri, ainsi qu'une petite passée formée d'anthracite impur, à aspect graphiteux. On remarque parfois des lits de charbon de cette nature dans les terrains anciens du nord de la France et de la Belgique.

Citons encore un sondage (n° 5), situé au midi de la fosse Saint-Grégoire, qui a atteint, en 1836, le terrain dévonien à la profondeur de 86 mètres.

Nous avons laissé de côté, bien entendu, dans cette énumération, les travaux de recherche dans lesquels on n'a pu traverser la formation crétacée, ou qui n'ont donné que des résultats incertains.

On coordonne très bien, comme nous l'avons déjà vu, toutes les découvertes faites dans la concession de Crespin, en admettant l'hypothèse de MM. Cornet et Briart. Nous rappellerons que ces deux géologues admettent la formation successive de trois failles, savoir : 1° la faille de Boussu, qui plonge au nord ; 2° le cran de retour, qui a son inclinaison au midi ; 3° et la grande faille eifelienne, qui plonge également vers le sud. La première aurait eu pour effet de produire un affaissement du terrain houiller de la partie septentrionale du bassin. Le cran de retour serait ensuite venu le relever, en divisant la faille de Boussu en deux tronçons ; enfin, la faille du midi aurait amené sur tout cet ensemble le terrain dévonien inférieur du bassin de Dinant. Si on admet en outre qu'à l'origine, le bassin houiller avait la forme d'un U incliné ayant son pied au sud, et que, lors de la formation de la faille de Boussu, il s'est formé un pli synclinal dans la partie septentrionale du bassin qui s'est affaissée le long de cette faille, on s'explique facilement qu'il puisse exister, dans la région comprise entre la faille de Boussu et le cran de retour, des terrains anciens renversés sur le terrain houiller, et disposés, en affleurement, entre le bassin de Dour et le bassin principal.

La figure 6 de la pl. X représente cette disposition en coupe verticale, telle que nous supposons qu'elle existe à l'est du méridien de Quiévrechain. On voit qu'entre les traces de la faille de Boussu et de la grande faille du midi, il existe un étroit affleurement houiller, au nord duquel on trouve les terrains anciens renversés. Le terrain houiller reparaît ensuite à une certaine distance au nord. Le sondage du Moulin de Quiévrechain, et la fosse qui l'avoisine, ont atteint directement le petit affleurement que forme l'extrémité du bassin de Dour. Toutefois, la fosse a traversé au-dessous des morts-terrains (fig. 34), 91 mètres de grès et de schistes noirs renversés à phtanites (de 169 mètres à 260 mètres), renfermant un banc de calcaire de 2 mètres d'épaisseur,

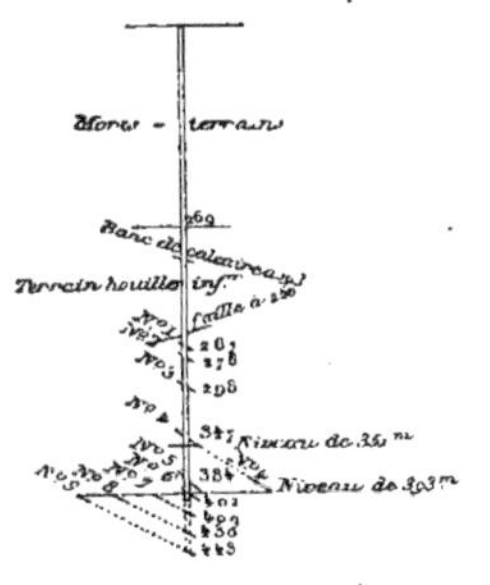

Fig. 34
Fosse de Quiévrechain.

après quoi elle est entrée dans le terrain houiller proprement dit. Il est permis de croire que ces grès et schistes noirs appartiennent à un lambeau détaché du bord du bassin à une assez grande profondeur, et qui a été ramené jusqu'à l'affleurement par la poussée qui a produit la grande faille du midi : c'est un véritable lambeau de poussée. Au-dessous de lui, le terrain houiller est en place, et ses bancs ont une assez faible inclinaison dans le puits.

Le sondage pratiqué de l'autre côté du chemin de Quiévrechain a rencontré les mêmes schistes noirs et le même banc de calcaire ; si on l'avait prolongé de quelques mètres, il serait infailliblement entré dans le terrain houiller riche en houille ; le banc de calcaire qui vient d'être signalé ne présente d'ailleurs aucune singularité, car, ainsi que nous l'avons déjà dit, on en rencontre assez fréquemment de pareils dans le terrain houiller inférieur.

La structure du bassin, telle que l'indique la figure 6 de la pl. X, est identique à celle que l'on observe en Belgique ; l'affleurement houiller du sud diminue d'ailleurs de plus en plus, à mesure qu'on se rapproche de la frontière française.

Le 2ᵉ sondage du Bureau, établi au sud de la grande faille, a naturellement trouvé le terrain houiller sous le dévonien inférieur du bassin de Dinant. Quant à celui de la Chapelle de Quiévrechain, il était situé trop à l'ouest pour atteindre directement le terrain houiller sous la formation crétacée. Dans cette région, la faille de Boussu étant venue rejoindre la grande faille, il n'existe plus d'affleurement houiller, et la crête du bassin de Dour s'enfonce de plus en plus vers l'ouest, avec une inclinaison qui paraît inférieure à 10°. Alors, la faille de Boussu vient buter contre la faille du midi, et on peut trouver successivement, en certains points, le dévonien inférieur du bassin de Dinant, le calcaire du nord de la faille de Boussu et le terrain houiller existant sous cette faille. Le sondage de la Chapelle donne un exemple de cette superposition (Voir ci-dessus fig. 8).

Si, maintenant, on s'éloigne vers l'ouest, on constate que la faille de Boussu n'affecte plus que les assises les plus profondes du bassin. Cela étant, dans les niveaux supérieurs on ne trouve plus que les deux parties qui sont séparées par le cran de retour. Il peut arriver, en outre, que ce dernier accident soit en contact, du côté du midi, avec une bande de terrain houiller à houille, ce qui a lieu dans les exploitations de la compagnie d'Anzin, ou encore qu'il vienne buter directement contre les schistes noirs du terrain houiller inférieur, ou même contre le calcaire carbonifère. Au sondage et à la fosse d'Onnaing, ce sont les schistes à phtanites renversés qui doivent se trouver en contact avec le cran de retour. Ils ont été rencontrés sous 2 mètres seulement de calcaire au sondage, et sous 249 mètres à la fosse. Le sondage de la gare fournit un des points de la limite méridionale du bassin principal.

Dans les travaux de la compagnie d'Anzin, on trouve toujours, au sud du cran de retour, des charbons de nature plus volatile qu'au nord, et on en tire la conséquence que cet accident a produit un affaissement de la partie méridionale; d'après l'hypothèse de MM. Cornet et Briart, il aurait, en réalité, occasionné un relèvement du nord du bassin, ce qui revient exactement au même.

Au sondage de la compagnie de Marly, situé au sommet de l'angle que font les concessions de Marly et de Crespin, on a vraisemblablement rencontré le même calcaire qu'à la fosse d'Onnaing (fig. 9).

Il ne nous reste plus qu'à indiquer en quelques mots l'avenir que peuvent avoir les concessions de Marly et de Crespin.

Avenir
des concessions
de Marly
et de Crespin.

Celle de Marly paraît malheureusement s'étendre, en presque totalité, sur les terrains négatifs et sur le terrain houiller stérile. Nous avons vu qu'on n'y a jusqu'à présent rencontré que trois veines, dont une seule peut être regardée comme exploitable. Elles s'étendent depuis la fosse Petit jusqu'à celle de Saint-Saulve, et se prolongent vers l'ouest, sous la ville de Valenciennes; elles correspondent sans doute aux petites veines des fosses de la Citadelle et Bon-Air. Le droit qu'elles présentent à la fosse Petit paraît correspondre à celui que nous avons déjà appelé droit du Chaufour; il se termine probablement à peu de distance à l'est du puits, car, de ce côté, les veines prennent leur inclinaison vers le nord et reviennent en allure normale, ce qui semble être un indice du voisinage du plat de l'Écluse. A la fosse de Saint-Saulve, on a trouvé un crochon d'où émanent un plat situé au levant, et un droit au couchant. Le premier est peut-être assimilable au plat de Saint-Pierre, et le second au droit d'Ernest. Dans tous les cas, il n'existe nulle part, à la limite de la concession, assez de place pour qu'on puisse espérer y atteindre à une profondeur raisonnable les premières veines connues au nord du faisceau de Marly, c'est-à-dire Pleureuse, Grande et Petite veine du midi, du faisceau de Saint-Waast. D'autre part, les veines de Marly paraissent être les plus méridionales du bassin, et il serait chimérique de compter sur l'existence d'un faisceau demi-gras situé vers le midi, puisque ce faisceau n'a été rencontré nulle part, et que la possibilité de son existence ne peut être basée que sur des théories qui ne sont appuyées par aucun fait précis. Dans ces conditions, nous n'hésitons pas à déclarer qu'à notre avis, la concession de Marly n'a aucun avenir, et que le mieux à faire est de la laisser en chômage.

Nos conclusions seront toutes différentes en ce qui concerne la concession de Crespin. Elle comprend deux zones houillères, l'une septentrionale, se rattachant au bassin principal; l'autre méridionale, formant la suite du bassin de Dour. La limite de la première n'est pas exactement connue; on sait bien qu'elle passe au sondage de la gare; mais son prolongement jusqu'à la frontière ne peut être tracé que d'une manière incertaine, au nord du groupe des sondages qui ont rencontré le calcaire, et un peu plus bas que le clocher de Crespin, pour venir passer au midi du sondage d'Hensies, qui a atteint le terrain houiller à l'est de ce clocher. Cette limite est parallèle, à peu de chose près, à la ligne droite qui sépare la concession de Saint-Saulve de celle de Crespin, et elle ne laisse dans cette dernière qu'une bande houillère dont la largeur est faible aux deux extrémités, c'est-à-dire à Onnaing et à Crespin, et qui disparaît peut-être complètement dans l'intervalle. Sa surface est assez limitée, et quant à sa richesse en houille, on ne saurait l'évaluer avec précision; le seul indice que l'on possède à ce sujet provient de la fosse et du sondage d'Onnaing, et il est peu favorable, puisque nous avons vu que l'on y a trouvé les schistes noirs stériles qui se rattachent au terrain houiller inférieur. Pour ces diverses raisons, nous croyons qu'il est prudent de ne pas compter sur cette partie du gisement.

Il en est tout autrement de l'autre partie. Il résulte, il est vrai, de l'allure convergente vers l'ouest, des affleurements des failles de Boussu et du midi, et de leur rencontre près de Quiévrechain, que la surface de terrain houiller non recouverte par ces failles est peu considérable à l'ouest de la frontière belge. Mais, ainsi que nous l'avons déjà fait remarquer à plusieurs reprises, la faille de Boussu est inclinée vers le nord, tandis que la faille du midi plonge vers le sud. Il s'ensuit que si, dans un plan vertical dirigé du sud au nord, dans le voisinage de la frontière, on trace des lignes droites horizontales, ces lignes, limitées d'une part à la faille de Boussu, et de l'autre à la faille du midi, auront des longueurs proportionnelles à la profondeur à laquelle elles seront situées.

L'inclinaison de la faille de Boussu est de 22° vers le nord au puits Vedette. Quant à la faille du midi, on lui a trouvé en Belgique des pentes variant de 25° à 40°. En admettant une moyenne de 35°, et en supposant, en outre, que sous la frontière, près de Quiévrechain, la largeur de l'affleurement houiller soit de 300 mètres, et sa profondeur de 170 mètres, on trouve, pour les lignes horizontales menées dans le plan de coupe, les longueurs suivantes :

200 mètres.	417	mètres.
300 —	808	—
400 —	1199	—
500 —	1590	—
600 —	1981	—
700 —	2372	—
800 —	2763	—

Il y a là de quoi suffire largement à alimenter une fosse, d'autant plus que l'arête houillère formée par l'intersection de la faille du midi et de la faille de Boussu ne plonge du côté de l'ouest, sous les terrains anciens, qu'avec une inclinaison très faible, ce qui fait que cette arête doit se trouver à une profondeur encore accessible au voisinage de la fosse d'Onnaing.

Quand on jette les yeux sur une carte minière du couchant de Mons, on voit que, sous les territoires des communes de Frameries et de la Bouverie, l'affleurement du dernier faisceau exploité se trouve à une distance de plus de 1,000 mètres de l'affleurement de la faille du midi. Si, ensuite, on s'avance vers l'ouest, on voit l'affleurement des couches se rapprocher de plus en plus de la faille. Au sud de Warquignies et de Dour, il passe sous les roches dévoniennes, mais les travaux des charbonnages de la Grande veine du Bois de Saint-Ghislain, de Bellevue et de Longterne-Ferrand, démontrent que cette surperposition n'interrompt pas la continuité souterraine du faisceau.

Or, on ne voit pas de raison pour que la direction générale du terrain houiller subisse une modification importante à l'ouest des parties reconnues par les travaux dont nous venons de parler. Il est donc permis d'admettre que le faisceau des couches exploitées à Dour est en contact avec la faille du midi, à proximité de Quiévrechain.

Découvertes récentes
faites
à la fosse
de Quiévrechain.

La preuve matérielle de ces déductions existe d'ailleurs dans les découvertes qui ont été récemment faites par M. Chavatte à la fosse de la compagnie de Crespin. Sa profondeur actuelle est de 402 mètres, et on y a ouvert des accrochages à 351 et à 393 mètres (fig. 34). Le puits a traversé, au-dessous du lambeau de poussée formé de terrain houiller inférieur, six veines de houille, savoir :

1° A la profondeur de 267 mètres : Veine n° 1, de $1^m,44$ d'ouverture, dont $0^m,55$ de charbon, en trois sillons ;

2° A 276 mètres : Veine n° 2, de $0^m,60$ d'ouverture, tout charbon ;

3° A 298 mètres : Veine n° 3, formée d'un seul sillon de charbon de $0^m,65$;

4° A 347 mètres : Veine n° 4 ou Grande veine, présentant deux sillons de charbon d'ensemble $1^m,30$, séparés par $0^m,60$ de schiste ;

5° A 384 mètres : Veine n° 5, de $0^m,60$ d'épaisseur, tout charbon ;

6° Et à 393 mètres ; Veine n° 6, formée de $0^m,48$ de charbon et de $0^m,07$ d'escaillage au mur.

Ces veines sont séparées par un certain nombre de passées ; elles présentent une régularité satisfaisante, surtout les dernières; un chassage de 250 mètres de long, exécuté au couchant de la veine n° 5, l'a trouvée d'épaisseur et d'allure uniformes. Dans cette galerie, elle avait une direction O.30°S. et plongeait de 30° vers le nord-ouest. Un recoupage partant de ladite veine n° 5, à 60 mètres au couchant de la fosse, et dirigé vers le sud-est, a atteint la veine n° 6 à une distance de 15 mètres, avec la même puissance et la même composition que dans le puits. Ce recoupage prolongé a rencontré successivement trois autres veines, savoir :

Veine n° 7, formée de deux lits de charbon de $0^m,35$, séparés par un banc schisteux de $0^m,15$;

Veine n° 8, formée de $0^m,60$ de charbon et de $0^m,05$ d'escaillage au mur ;

Et Veine n° 9, composée comme il suit : $0^m,04$ de charbon, $0^m,10$ de schistes carbonatés très lourds, $0^m,10$ de charbon, $0^m,11$ de schiste noir, $0^m,63$ de charbon, $0^m,04$ de schiste et $0^m,25$ de charbon.

Ces trois veines semblent devoir être rencontrées par le puits aux profondeurs respectives de 409, 430 et 443 mètres.

Les charbons du puits de Quiévrechain donnent à l'analyse 35 0/0 de matières volatiles et 3 0/0 de cendres. Les neuf veines énumérées ci-dessus paraissent être supérieures à celles qui constituent en Belgique le groupe dit de Longterne. On retrouvera, au-dessous d'elles, le faisceau de Dour.

Rappelons encore que le sondage du Moulin de Quiévrechain, creusé sur l'emplacement même de la fosse, a reconnu l'existence de trois veines, l'une de $0^m,66$ de puissance à 428 mètres, la seconde de $0^m,59$ à 487 mètres, et la troisième de 1 mètre à 585 mètres. La première paraît être la veine n° 8 de la fosse, et quant aux autres, elles seront recoupées plus tard, soit par le puits, soit par une galerie dirigée vers le midi. Il est à remarquer que le sondage n'a pas révélé l'existence des veines n°ˢ 1 à 7, ni de la veine n° 9. Ce sondage était en mauvais état, surtout au point de vue du tubage; les retombages étaient fréquents et en masquaient souvent les résultats.

En résumé, le champ d'exploitation de la fosse de Quiévrechain est assez étendu et assez riche pour assurer son avenir. Il comprend un grand nombre de veines, et la régularité des terrains semble indiquer jusqu'à présent que leur exploitation sera avantageuse. Enfin, les bancs que l'on a trouvés en plat doivent, d'après l'allure qu'ils présentent à l'est, se relever en dressants contre la grande faille, et il est à présumer qu'eu égard à la largeur de la zone houillère au niveau de 500 mètres (1,590 mètres), on pourra les atteindre en bowette avant de rencontrer la faille du midi. Toutes ces circonstances constituent un ensemble d'indices très favorables.

CHAPITRE XIII.

CONCESSION D'ANICHE.

La concession d'Aniche (pl. VII et VIII) se divise en deux grandes régions, où l'on exploite des veines entre lesquelles on ne connaît pas, quant à présent, de relation nettement déterminée. La première est voisine de la limite orientale de la concession, commune avec Anzin, la seconde de sa limite occidentale, commune avec l'Escarpelle. Nous les étudierons successivement et séparément.

I. — Région orientale, ou région d'Aniche.

Elle comprend un groupe d'exploitations situées dans l'intervalle Région d'Aniche. compris entre la ligne de chemin de fer de Douai à Valenciennes, les limites est et sud de la concession, et une ligne nord-sud passant par le clocher d'Ecaillon.

Les veines connues dans cette partie de la concession forment deux Répartition
des
veines de la région
d'Aniche
en deux faisceaux. faisceaux distincts.

Le faisceau nord, qui a été ou est encore exploité par les fosses la Renaissance, Saint-Louis, Fénelon, Traisnel, l'Archevêque et Sainte-Marie, a été découvert en 1839. Il fournit des houilles sèches demi-grasses, donnant peu de cendres. Ces charbons ne collent pas et ne fument pas, mais possèdent un pouvoir calorifique élevé, et sont bien flambants, quoiqu'ils

 BASSIN HOUILLER DE VALENCIENNES.

ne renferment que de 12 à 15 0/0 de matières volatiles. Ils sont très recherchés pour le chauffage des générateurs et pour la fabrication des agglomérés; malheureusement, ils sont friables et menus; ils ne donnent que 15 à 18 0/0 de gailleterie.

Veines du faisceau demi-gras. On distingue dans ce faisceau 15 veines, qui se succèdent dans l'ordre suivant, du nord au sud : *Veine du nord, Petite veine ou Dombre, Georges, Gabrielle, Félix, Grande veine, Gaillette, Bonsecours, Marie, Sans nom, Sondage, Jumelle, Mardi-gras, Ferdinand, Louise.*

Le tableau ci-dessous donne la composition moyenne de ce faisceau.

COUPES DES VEINES. H. Houille. — T. Faux-toit. M. Faux-mur. S. Schiste. — E. Escaillage.	NATURE		DISTANCE MOYENNE de chaque veine à la suivante. (Normalement à la stratification.)	PROPORTION P. 0/0.			COULEUR des CENDRES.
	DU TOIT.	DU MUR.		MATIÈRES volatiles.	COKE. Carbone.	Cendres.	
Veine du nord. E.o o5 [H.o.42]	Schiste.	Schiste.	100^{m}		»	»	»
Petite veine ou Dombre. [H.o.4o] E.o.o7	Grès.	Schiste.	15^{m}		»	»	»
Georges. E.o.o7 [H.o.45] E o.o3	Schiste.	Schiste.	28^{m}	de 12 à 15 0/0	»	»	»
Gabrielle. E o.10 [H.o.4o]	Schiste.	Schiste.	2^{m}		»	»	»

COUPES DES VEINES. H. Houille. — T. Faux-toit. M. Faux-mur. S. Schiste. — R. Escaillage.	NATURE		DISTANCE MOYENNE de chaque veine à la suivante. (Normalement à la stratification)	PROPORTION P. 0/0.			COULEUR des CENDRES.
	DU TOIT.	DU MUR.		MATIÈRES volatiles.	COKE. Carbone.	Cendres.	
Félix. H.o.35. 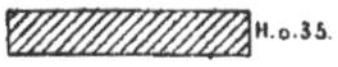	Schiste.	Schiste.	20ᵐ		»	. »	»
Grande veine. 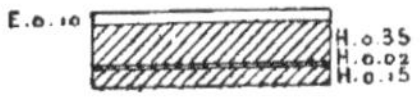 E.o.10 H.o.35 H.o.02 H.o.15	Schiste.	Schiste.	20ᵐ		»	»	»
Gaillette. 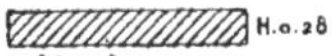 H.o.28	Schiste.	Schiste.	25ᵐ		»	»	»
Bonsecours. 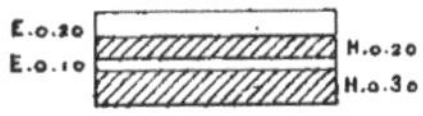 E.o.20 H.o.20 E.o.10 H.o.30	Schiste.	Schiste.	17ᵐ	de 12 à 15 0/0	»	»	»
Marie. 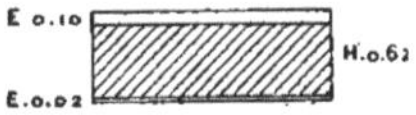 E o.10 H.o.63 E.o.02	Schiste.	Schiste.	5ᵐ		»	»	»
Sans nom. 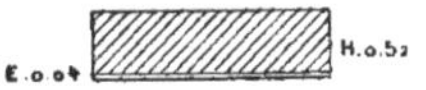 H.o.53 E.o.04	Grès.	Schiste.	28ᵐ		»	»	»
Sondage. 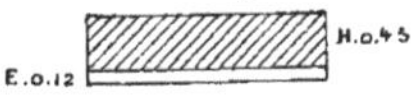 H.o.45 E.o.12	Schiste.	Schiste.	8ᵐ		»	»	»

COUPES DES VEINES. H. Houille. — T. Faux-toit. M. Faux-mur. S. Schiste. — E. Escaillage.	NATURE		DISTANCE MOYENNE de chaque veine à la suivante. (Normalement à la stratification.)	PROPORTION P. 0/0			COULEUR des CENDRES.
	DU TOIT	DU MUR.		MATIÈRES volatiles.	COKE. Carbone.	Cendres.	
Jumelle. E.o.80 / E.o.10 / H.o.25 / H.o.25	Schiste.	Schiste.	22^{m}		»	»	»
Mardi gras. E.o.o5 / H.o.45	Schiste.	Schiste.	35^{m}	de 12 à 15 0/0.	»	»	»
Ferdinand. E.o.10 / E.o.01 / E.o.10 / E.o.01 / H.o.25 / H.o.15 / H.o.15 / H.o.40	Schiste.	Schiste.	107^{m}		»	»	»
Louise.	»	»	»		»	»	»

Veines du faisceau gras.

Le faisceau sud est l'ancien faisceau d'Aniche, celui que la compagnie a exclusivement exploité depuis son origine jusqu'à la découverte du précédent. Il fournissait des charbons renfermant de 18 à 24 0/0 de matières volatiles ; son exploitation est aujourd'hui complètement abandonnée.

Gisement des fosses Fénelon et d'Aoust.

Aux fosses Fénelon et d'Aoust, où il a été exploité en dernier lieu, il présentait les veines suivantes, du sud au nord : *N° 5, N° 4, N° 3, N° 2, N° 1, Joseph, Aglaé, Clémence, Henriette.*

| COUPES DES VEINES.
H. Houille. — T. Faux-toit
M. Faux-mur.
S. Schiste. — E. Escaillage. | NATURE | | DISTANCE MOYENNE de chaque veine à la suivante. (Normalement à la stratification.) | PROPORTION P. 0/0. | | | COULEUR des CENDRES. |
	DU TOIT.	DU MUR.		MATIÈRES volatiles.	COKE. Carbone.	Cendres.	
N.º 5.	»	»	17ᵐ		»	»	»
N.º 4.	Schiste.	Schiste.	17ᵐ			»	»
N.º 3.	Schiste.	Schiste.	45ᵐ		»	»	»
N.º 2.	Grès.	Schiste.	18ᵐ	de 18 à 20 0/0.	»	»	»
N.º 1.	Schiste.	Schiste.	13ᵐ		»	»	»
Joseph.	Schiste.	Schiste.	»		»	»	»
Aglaé.	Schiste.	Schiste.	18ᵐ		»	»	»

COUPES DES VEINES. H. Houille. — T. Faux-toit. M. Faux-mur. S. Schiste. — E. Escaillage.	NATURE		DISTANCE MOYENNE de chaque veine à la suivante. (Normalement à la stratification.)	PROPORTION P. 0/0. MATIÈRES volatiles.	COKE.		COULEUR des CENDRES.
	DU TOIT.	DU MUR.			Carbone.	Cendres.	
Clémence. H.o.33 E 0.10 H.o.25	Schiste.	Schiste.	23ᵐ	de 18 à 20 0/0.	»	»	»
Henriette. H.o.50	Grès.	Schiste.	»		»	»	»

Gisement des fosses
Sainte-Hyacinthe,
Sainte-Barbe,
Sainte-Catherine
et
Saint-Mathias.

Du côté du couchant, et suivant le méridien des anciennes fosses Sainte-Hyacinthe, Sainte-Barbe, Sainte-Catherine et Saint-Mathias, ce faisceau a été reconnu sur une plus grande étendue; on a trouvé dans cette région 20 veines, qui se présentent dans l'ordre suivant, du sud au nord : *Veine du bure, Petite veine, Notre-Dame, Petit Roland, Sainte-Barbe, N° 4, N° 7, N° 10, N° 13, N° 14, N° 15, Pouilleuse, Honorine, Aglaé, 1ʳᵉ pouilleuse du nord, Petite veine, 2ᵉ pouilleuse du nord, N° 1 ou Veine du serrement, N° 2, Petite veine n° 3.*

On ne possède plus que très peu de renseignements sur ce gisement; aussi, le tableau suivant, qui le concerne, est-il très incomplet.

COUPES DES VEINES. H. Houille. — T. Faux-toit. M. Faux-mur. S. Schiste. — E. Escaillage.	NATURE		DISTANCE MOYENNE de chaque veine à la suivante. (Normalement à la stratification.)	PROPORTION P. 0/0. MATIÈRES volatiles.	COKE.		COULEUR des CENDRES.
	DU TOIT.	DU MUR.			Carbone.	Cendres.	
Veine du bure.	»	»	23ᵐ	de 18 à 24 0.0.	»	»	»
Petite veine.	»	»	36ᵐ		»	»	»

COUPES DES VEINES. H. Houille. — T. Faux-toit. M. Faux-mur. S. Schiste. — E. Escaillage.	NATURE		DISTANCE MOYENNE de chaque veine à la suivante. (Normalement à la stratification.)	PROPORTION P. 0/0.			COULEUR des CENDRES.
	DU TOIT.	DU MUR.		MATIÈRES volatiles.	COKE. Carbone.	Cendres.	
Notre-Dame.	»	»	16^m		»	»	»
Petit Roland.	»	»	13^m		»	»	»
Ste Barbe.	»	»	81^m		»	»	»
N.º 4.	»	»	23^m		»	»	»
N.º 7.	»	»	32^m		»	»	»
N.º 10.	»	»	38^m	de 18 à 24 0/0.	»	»	»
N.º 13.	»	»	23^m		»	»	»
N.º 14.	»	»	11^m		»	»	»
N.º 15.	»	»	26^m		»	»	»
Pouilleuse.	»	»	46^m		»	»	»
Honorine.	»	»	28^m		»	»	»

COUPES DES VEINES. H. Houille. — T. Faux-toit. M. Faux-mur. S. Schiste. — E. Escaillage.	NATURE		DISTANCE MOYENNE de chaque veine à la suivante. (Normalement à la stratification.)	PROPORTION P. 0/0.			COULEUR des CENDRES.
	DU TOIT.	DU MUR.		MATIÈRES volatiles.	Carbone.	Cendres.	
Aglaé.	»	»	25^m		»	»	»
1ère pouilleuse du nord.	»	»	20^m		»	»	»
Petite veine.	»	»	27^m		»	»	»
2ᵉ pouilleuse du nord.	»	»	60^m	de 18 à 24 0/0.	»	»	»
Nº 1 ou Veine du serrement.	»	»	10^m		»	»	»
Nº 2.	»	»	15^m		»	»	»
Petite veine nº 3.	»	»	»		»	»	»

Les vingt veines désignées ci-dessus ne sont pas toutes distinctes, ainsi que nous le verrons plus loin; entre elles, on trouve un certain nombre de passées (*nº 8, nº 9, nº 11*, etc.); elles sont suivies, au midi, par le faisceau d'Azincourt.

Entre les deux groupes dont nous venons de parler, se trouve une zone stérile de 300 mètres environ d'épaisseur horizontale, accidentée et bouleversée, qui correspond sans doute au prolongement du cran de retour d'Anzin. Bien que l'on n'y ait pas découvert de grande cassure, l'emplacement qu'elle occupe sur la direction générale du cran de retour, et la différence de nature des charbons exploités au nord et au sud, ne permettent pas de douter qu'elle ne marque le passage d'un accident important. Rappelons, du reste, que si le cran de retour se manifeste, du côté de la fosse du Chaufour, par une faille très nette, il correspond, vers le couchant, à une série de cassures parallèles, assez rapprochées et formant une sorte de brouillage ; il n'est pas étonnant que cette circonstance s'accentue encore davantage, à son entrée dans la concession d'Aniche.

Quoique le faisceau du nord soit le plus récemment reconnu, nous nous en occuperons d'abord. Il présente une grande régularité d'allure, et n'est affecté que par des accidents locaux, rares et en général presque insignifiants, consistant en rejets de quelques mètres, et en rétrécissements de peu d'importance. Le bassin houiller du Nord et du Pas-de-Calais offre peu d'exemples d'une pareille régularité.

Allure
du
faisceau demi-gras.

Cependant, il convient d'observer que les intervalles qui séparent les veines varient notablement d'un point à un autre, lorsqu'on les mesure normalement à la stratification. Cette circonstance se remarque notamment entre Veine du nord et Georges. Les bancs qui les séparent changent d'épaisseur et de nature d'un point à un autre.

Les veines Gabrielle et Félix, distantes normalement de 2 mètres dans les bowettes de l'Archevêque et de Saint-Louis, se réunissent à environ 1,000 mètres au levant de Sainte-Marie. Les bancs de schiste qui séparent ces deux veines se réduisent alors à un faible lit d'escaillage.

La veine Sans nom a une puissance très variable ; il y a des régions où elle disparaît complètement ; quand il en est ainsi, son toit vient s'appliquer directement sur la veine Marie. Les variations d'épaisseur de Sans nom n'affectent jamais Marie, dont la puissance reste à peu près constante.

Notons, enfin, que les veines Sondage et Jumelle, que l'on a trouvées assez rapprochées, dans les niveaux supérieurs de la fosse Saint-Louis, pour être exploitées ensemble, s'éloignent l'une de l'autre en profondeur. Ces veines sont également réunies à la fosse Casimir Périer, de la concession d'Anzin, où elles constituent la 1re veine du nord.

Le faisceau demi-gras d'Aniche pénètre dans cette concession avec une direction sensiblement est-ouest; mais, presque immédiatement, il s'infléchit vers le sud-ouest, suivant une orientation moyenne O. 60° S. A 300 mètres environ à l'ouest du méridien de la fosse Saint-Louis, cette direction change brusquement, pour revenir au nord-ouest; un peu plus loin, elle se modifie de nouveau, et un second plissement ramène les veines, d'abord vers le sud-ouest, puis vers le nord-ouest. A hauteur des fosses Traisnel et l'Archevêque, elles ont une direction bien accusée, N. 50° O. en moyenne, qu'elles conservent sur une certaine longueur; elle ne se modifie plus qu'à 400 mètres environ au levant du méridien de Sainte-Marie : à partir de là, le faisceau s'infléchit de plus en plus, d'abord vers le sud-ouest, puis vers le sud ; mais les chassages du couchant de Sainte-Marie commencent à manifester, à leurs extrémités, un retour à la direction est-ouest. C'est ainsi qu'au niveau de 348 mètres de cette fosse, les veines du nord et Georges viennent d'être retrouvées, avec cette direction, au delà d'une zone de terrains brouillés, que l'on a traversée en cheminant dans une passée voisine de Veine du nord, et qui avait été pendant quelque temps confondue avec elle.

Les plissements que nous venons de décrire se retrouvent dans toutes les veines, qui sont en quelque sorte emboîtées les unes dans les autres, et participent à la même allure ; en plan, les axes ou lignes de plissement sont dirigés sensiblement du nord au sud. Les quelques cassures que l'on remarque dans le faisceau sont également orientées suivant cette direction; elles plongent tantôt à l'est et tantôt à l'ouest.

Les changements de direction des veines coïncident avec des variations d'inclinaison assez notables. Partout l'allure est normale, sauf au couchant de la fosse Sainte-Marie, où il se produit un renversement sous un angle d'environ 80°, dans la région où les veines sont dirigées nord-sud. Mais ce fait est accidentel, et, partout ailleurs, les veines sont en plat, avec plongement au sud variant de 15° à 65°. Le minimum de 15° est atteint à l'Archevêque, et le redressement se produit surtout vers Sainte-Marie, où vient prendre naissance le droit cité plus haut; au delà de ce droit, dans l'étendue duquel les veines sont assez irrégulières, elles reviennent en allure normale, ainsi que nous l'avons vu, et tendent à s'aplatir de plus en plus vers le couchant, en reprenant leur régularité habituelle. L'inclinaison moyenne peut être évaluée à 30° vers le sud : c'est celle que l'on constate ordinairement à la fosse la Renaissance. D'une façon générale, la pente varie d'une couche à une autre, lorsqu'on se transporte du nord vers le sud. Les veines les plus septentrionales sont les plus plates ; l'inclinaison devient de plus en plus grande à mesure qu'on s'avance vers le cran de retour. Cet aplatissement des terrains vers le nord rend les explorations de ce côté plus longues et plus dispendieuses, car, pour explorer une faible épaisseur de terrains, comptée normalement à la stratification, il faut creuser une longueur de bowette relativement considérable. Au niveau de 214 mètres de la fosse Traisnel, la bowette septentrionale avait atteint, au 1er janvier 1886, une longueur de 1,630 mètres au delà de la veine du nord, sans avoir rencontré de couche exploitable. Jusqu'à 900 mètres environ de cette veine, les terrains sont restés assez réguliers et inclinés en moyenne de 30° vers le sud ; la galerie a ensuite traversé une faille, derrière laquelle elle a trouvé des bancs irréguliers, et plongeant parfois vers le nord. On en continue le creusement, et on compte la poursuivre aussi loin que possible. On peut évaluer à 600 mètres environ l'épaisseur totale des bancs houillers traversés, jusqu'à présent, au delà de Veine du nord.

Indépendamment des grands changements de direction et d'inclinaison qui viennent d'être cités, on remarque parfois des variations locales, qui donnent au faisceau une allure un peu plus compliquée. De toutes les veines, Marie est celle qui a été suivie sur la plus grande longueur, près de 5 kilomètres : la compagnie d'Aniche a fait figurer à l'Exposition universelle de 1878 un plan en relief qui permet de se rendre facilement compte de ses sinuosités en direction et en profondeur.

La fosse la Renaissance est située à 1,050 mètres au sud du chemin de fer de Douai à Valenciennes, et à 500 mètres de la limite orientale de la concession. Ouverte en 1839, elle a atteint le terrain houiller à la profondeur de 140 mètres, entre les affleurements des veines Bousecours et Marie. Elle a donc recoupé le faisceau dans sa partie septentrionale. Les terrains y plongeant de 30° environ vers le sud, la zone à exploiter au nord du puits a naturellement diminué en profondeur, et les travaux se sont développés de plus en plus au midi; mais, de ce côté, se trouve la fosse Saint-Louis, vers laquelle les veines se rapprochent, en direction, par suite de leur inflexion au sud-ouest, quand on s'éloigne vers le couchant; il a donc paru plus avantageux d'abandonner la fosse la Renaissance, pour prendre par Saint-Louis l'aval-pendage des veines. Aussi, le dernier accrochage exploité de la Renaissance se trouve-t-il au niveau de 222 mètres. Le puits a, toutefois, été approfondi jusqu'à 380 mètres, pour servir à la circulation des ouvriers et à l'aérage des fosses du midi.

Fosse Saint-Louis.   La fosse Saint-Louis date de 1843; on l'a établie à 460 mètres au sud de la Renaissance. Elle a pénétré dans le terrain houiller à la profondeur de 156 mètres, près de l'affleurement de la veine Ferdinand. Eu égard à l'orientation des terrains dans son voisinage, ses bowettes ont été dirigées vers le nord-ouest et vers le sud-est. Sa profondeur est de 506 mètres, et son dernier accrochage est à 500 mètres. Le champ d'exploitation de cette fosse est considérable, car il s'étend d'un côté jusqu'à Veine du nord qu'elle exploite, ainsi que les veines qui la suivent, au-dessous de la fosse la Renaissance, et de l'autre jusqu'à la fosse Fénelon. Toutefois, le faisceau se rapprochant en profondeur de cette dernière, Saint-Louis finira par être abandonnée, comme l'a été la Renaissance, et alors le pied des veines sera exploité par Fénelon jusqu'au cran de retour.

La fosse Saint-Louis est remarquable par son guidage en rails d'acier et ses câbles ronds en acier, avec tambour cylindro-spiraloïde. Une installation analogue est en montage à la fosse l'Archevêque.

Fosse Fénelon.   La fosse Fénelon a été ouverte en 1847; elle a été placée à 600 mètres au sud de Saint-Louis. Elle fournit, avec celle-ci et la fosse la Renaissance, une coupe complète nord-sud du faisceau demi-gras, passant à 500 mètres environ de la concession d'Anzin. Elle est destinée, comme nous venons de le dire, à survivre aux précédentes, et à terminer, à grande profondeur, l'exploitation des houilles sèches d'Aniche, contre le cran de retour. Pour le moment, les travaux y sont suspendus, et son champ d'exploitation est desservi par Saint-Louis. La fosse Fénelon est tombée sur les terrains brouillés correspondant au passage du cran de retour; cet accident paraît dirigé, ici comme aux fosses Saint-Mark et Casimir Périer, de l'est à l'ouest, avec une légère tendance à s'infléchir au sud-ouest, vers le couchant. Les bowettes nord de Fénelon ont pénétré dans le faisceau demi-gras, et ses bowettes sud dans le faisceau gras. Mais les travaux du sud sont définitivement abandonnés; l'exploitation portera exclusivement, dans l'avenir, sur les houilles sèches. Le puits vient d'être approfondi jusqu'à 506 mètres; on y a ouvert un niveau d'exploitation à 500 mètres, et d'autres étages pourront encore être établis à des niveaux inférieurs.

La compagnie d'Aniche a développé ses travaux du faisceau demi-gras avec une grande prudence; elle les a graduellement étendus du nord vers le sud, sans rien laisser au hasard, n'ouvrant une nouvelle fosse qu'après s'être assurée, par les autres, de l'opportunité de sa création. On retrouve le même esprit de circonspection dans le mode d'extension de l'exploitation du côté du couchant. Ainsi, les fosses Traisnel et l'Archevêque n'ont été ouvertes qu'en 1848 et 1855, après que les fosses du levant eurent permis de reconnaître le prolongement du faisceau vers l'ouest. Ce n'est que plus tard encore, en 1857, que la fosse Sainte-Marie a été entreprise à une plus grande distance au couchant. La découverte que l'on vient de faire au couchant de cette fosse, où les veines du nord et Georges ont été retrouvées bien régulières, va peut-être engager la compagnie à ouvrir un nouveau puits de ce côté, dans le voisinage du village de Masny.

La fosse Traisnel est située à 1,250 mètres à l'ouest du méridien de la Renaissance. Une ligne est-ouest, menée par cette fosse, va passer à distance à peu près égale de la Renaissance et de Saint-Louis. Elle est entrée dans le terrain houiller à la profondeur de 123 mètres, un peu au nord de l'affleurement de la veine Marie. Son premier étage a été placé au niveau de 180 mètres, mais ses chassages du couchant ont été rencontrer le tourtia à une certaine distance, ce qui doit être attribué à la dépression qui existe à la surface du terrain houiller, aux abords de la fosse Sainte-Marie. De même que la fosse la Renaissance, et pour le même motif, la fosse Traisnel a été abandonnée; l'exploitation n'y a été poursuivie que jusqu'au niveau de 214 mètres, mais le puits a été approfondi jusqu'à 336 mètres, pour servir à la circulation des ouvriers et à l'aérage de l'Archevêque. Le faisceau est exploité par cette dernière fosse, qui est située à 490 mètres au midi de Traisnel, et vers laquelle les veines se rapprochent, à mesure que les travaux s'enfoncent.

Fosse l'Archevêque. La fosse l'Archevêque, qui est appelée à un grand avenir, a atteint le terrain houiller à la profondeur de 126 mètres. Son dernier accrochage est déjà au niveau de 400 mètres. Aux étages supérieurs, son champ d'exploitation est exclusivement concentré au nord du puits, qui a été placé à une certaine distance au midi de l'affleurement de Ferdinand. Mais cette situation se modifiera aux étages inférieurs, à cause de l'inclinaison des terrains vers le sud. Le cran de retour passant à 300 mètres environ au midi de la fosse, on voit que son exploitation se prolongera longtemps encore.

Les fosses Traisnel et l'Archevêque fournissent une seconde coupe nord-sud du faisceau des houilles sèches d'Aniche.

Fosse Sainte-Marie. Plus à l'ouest, ce faisceau est exploité par la fosse Sainte-Marie, située à 1,830 mètres au couchant de l'Archevêque. Elle est restée dans les morts-terrains jusqu'à la profondeur inusitée de 232 mètres, qui correspond à une dépression du bassin dont nous avons précédemment parlé. Son emplacement a été heureusement choisi, car elle est tombée à peu près sur l'affleurement de Jumelle, qui est une des veines méridionales du faisceau, en sorte que les travaux se maintiendront, en profondeur, à une faible distance du puits. Jusqu'à présent, l'exploitation n'a pas dépassé, à cette fosse, le niveau de 348 mètres; sa profondeur est de 354 mètres. Entre Sans nom et Sondage-Jumelle, on a rencontré deux veines inconnues dans le reste du faisceau, que l'on a exploitées sur un assez grand développement au niveau de 299 mètres; on ne leur a attribué aucun nom.

Au même niveau de 299 mètres, on a fait fonctionner, pendant plusieurs années, dans la bowette nord et dans la voie de fond de la veine Georges, sur une longueur de 960 mètres, dont 600 mètres en bowette, une traction mécanique par corde-tête et corde-queue, avec machine à vapeur au jour; cette traction mécanique n'existe plus.

Les six fosses dont nous venons de parler sont toutes en communication; on n'y trouve pas la moindre trace de grisou.

Passons maintenant à l'étude du faisceau des houilles grasses d'Aniche.

Les veines qui le constituent sont caractérisées par une faible puissance, variant en général de 0ᵐ,40 à 0ᵐ,60, et par une grande irrégularité. Fréquemment, elles subissent des rétrécissements et des rejetages qui les rendent inexploitables. Dans son ouvrage sur les mines d'Aniche, M. Vuillemin, directeur de cette compagnie, évalue à moins de 2 mètres cubes le rendement en houille de 1,000 mètres cubes de terrain houiller du gisement dont nous nous occupons, tandis que, pour le faisceau des houilles sèches, ce rendement s'élève à plus de 7 mètres cubes. Cette énorme différence explique les difficultés contre lesquelles la compagnie a eu à lutter, depuis son origine jusqu'à la découverte du faisceau demi-gras, en 1839; à ce moment, sa situation est devenue rapidement prospère, et elle s'est encore améliorée, lorsque le gisement des houilles grasses de Douai a été découvert.

Nous avons fait connaître la composition du faisceau gras d'Aniche aux fosses d'Aoust et Fénelon, et nous avons vu qu'on y a reconnu l'existence de 9 veines, auxquelles il convient d'ajouter une passée, nommée *Deux sillons*, qui est située entre Aglaé et Joseph. Les veines nᵒˢ 3, 4 et 5 ne sont guère connues que par d'Aoust, et leur allure en chapelet les rend presque partout inexploitables. Quant aux six autres veines du faisceau, elles présentent des caractères qui autorisent à croire qu'en réalité, elles ne constituent que trois veines distinctes. Les plus septentrionales, Henriette, Clémence et Aglaé, sont en allure normale, tandis que les trois suivantes, Joseph, Nᵒ 1 et Nᵒ 2, sont en allure renversée; les terrains encaissants sont les mêmes de part et d'autre; enfin, la composition des veines ne peut laisser aucun doute sur leur identité deux à deux. Ainsi, au-dessus d'Aglaé, on trouve un banc caractéristique de rognons de pyrite de fer qui existe au-dessous de Joseph. On doit donc considérer qu'Aglaé est assimilable à Joseph, Clémence à N° 1, Henriette à N° 2. Au lieu de six veines, on n'en a plus que trois, qui présentent la forme d'U inclinés s'emboîtant les uns dans les autres (fig. 35). On a été assez longtemps à s'apercevoir de cette disposition, parce que les veines en allure renversée présentaient à peu près la même inclinaison que celles en allure normale, et qu'on n'avait pas atteint la ligne de plissement.

Fig. 35.

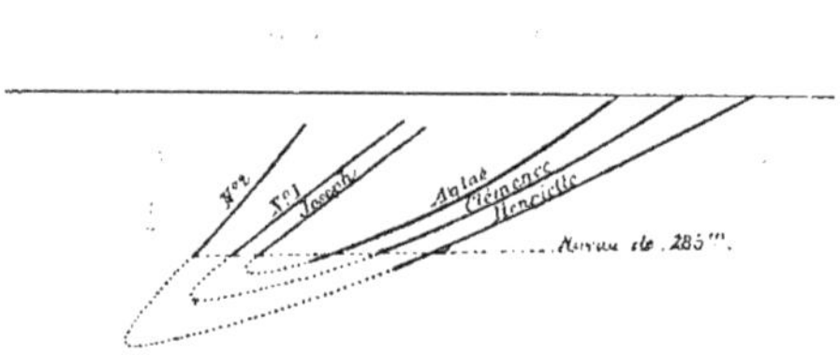

Cette disposition affecte évidemment tout l'ensemble du faisceau, c'est-à-dire que les veines n°ˢ 3, 4 et 5, et les veines en allure renversée qui affleurent à une plus grande distance au midi, y compris celles de la concession d'Azincourt, doivent effectuer leurs plis au-dessous des précédentes, et à une plus grande profondeur, pour revenir en allure normale. Seulement, elles n'affleurent pas au nord d'Henriette, parce qu'elles sont interrompues, auparavant, par le cran de retour.

Les mêmes circonstances se reproduisent du côté du couchant, dans le groupe des anciennes fosses d'Aniche. Bien que l'on ne possède plus guère de renseignements sur les travaux de ces fosses, qui sont depuis longtemps abandonnées, on croit savoir qu'Aglaé et Honorine se trouvent dans le même cas qu'Aglaé et Joseph, à Fénelon, et présentent un plissement analogue. D'après cela, Première pouilleuse du nord serait assimilable à Pouilleuse, Petite veine à N° 15, et ainsi de suite.

Il n'est pas étonnant qu'il en soit ainsi, et le contraire même aurait lieu de surprendre, car il est naturel que, dans l'étendue de la concession d'Aniche, on retrouve, au midi du cran de retour, des plissements analogues à ceux que l'on constate dans les concessions d'Anzin, de Denain, de Douchy et de Raismes. Il est d'ailleurs possible qu'après être revenues en plat, comme nous venons de l'indiquer, les veines grasses d'Aniche repassent en droit, de manière à effectuer les mêmes plissements qu'à Anzin, mais on n'a, jusqu'à présent, découvert aucun indice de cette allure. On ne sait même pas comment sont disposées les lignes de plissement de ces veines; on ignore si elles sont rectilignes ou ondulées, horizontales ou plongeant d'un côté ou d'un autre. Dans tous les cas, leur direction générale paraît être de l'est à l'ouest, et coïncider avec celle des veines. On conçoit que, si ces lignes d'ennoyage sont sinueuses, il puisse arriver qu'une veine donne, en coupe horizontale, un circuit complet. C'est ainsi que s'expliquerait un fait connu à la fosse l'Espérance, où une voie de fond creusée dans la veine n° 13, au niveau de 293 mètres, s'est contournée de manière à venir se refermer, de sorte qu'on est revenu au point de départ.

Malgré la présence du cran de retour au nord du faisceau gras d'Aniche, les veines qui le composent semblent participer, dans une certaine mesure, à l'allure générale du faisceau des houilles sèches, au moins dans la région de Fénelon et de d'Aoust; elles s'infléchissent vers le sud-ouest au couchant de la fosse Fénelon, et reviennent un peu plus loin d'abord vers l'ouest, puis vers le nord-ouest. A une plus grande distance au couchant, elles ont une direction moins variable, et, à de légers plissements près, elles sont orientées de l'est à l'ouest. L'inclinaison de ces veines augmente à mesure qu'on s'avance vers le sud; elle est de 40° environ au sud pour les plus septentrionales, et de 60° à 80° pour les plus méridionales.

Leur exploitation a eu lieu, au voisinage de la concession d'Anzin, par la fosse Fénelon; un peu plus au couchant a été ouverte, en 1836, la fosse d'Aoust.

Cette fosse a été placée à 650 mètres au sud-ouest de Fénelon, et à 980 mètres au sud-est de l'Archevêque; elle a atteint le terrain houiller à la profondeur de 148 mètres, un peu au midi de l'affleurement de la veine Joseph. Du côté du nord, ses galeries en travers-bancs ont été poursuivies jusqu'au brouillage qui correspond au cran de retour, et qui n'a pas été

Fosse d'Aoust.

traversé. Au sud, ses bowettes n'ont pas dépassé la veine n° 5, et ont été arrêtées dans des terrains très accidentés. La même irrégularité s'est retrouvée dans les chassages du couchant.

Anciennes fosses de la région d'Aniche.   Les exploitations de Fénelon et de d'Aoust sont relativement récentes ; mais, dès le siècle dernier, le faisceau dont nous parlons avait été exploité par un assez grand nombre de fosses, sur lesquelles on ne possède plus que des renseignements très incomplets. En voici la liste :

Fosse Sainte-Catherine,	ouverte en		1777,
— Saint-Mathias	—		1777,
— Sainte-Thérèse	—		1779,
— Saint-Laurent	—		1779,
— Sainte-Barbe	—		1786,
— Saint-Waast	—		1786,
— Sainte-Hyacinthe	—		1793,
— L'Espérance	—		1817.

Les veines de la fosse Sainte-Hyacinthe paraissent correspondre à celles du nord de d'Aoust, tandis que celles des fosses Sainte-Catherine, Sainte-Barbe et l'Espérance, sont plus méridionales, et inférieures par conséquent à la veine n° 5. Les veines de Sainte-Hyacinthe sont en allure normale, et il en est de même de celles du nord de l'Espérance, tandis que celles du midi de cette fosse sont en allure renversée, de telle façon qu'on y retrouve la ligne de plissement déjà reconnue du côté du levant. C'est l'existence de cette ligne qui explique, ainsi que nous l'avons vu, la forme singulière de la voie de fond de la veine n° 13, au niveau de 293 mètres.

En 1870, on a abandonné les travaux du sud de Fénelon, et, en 1871, la fosse d'Aoust a été mise en chômage. Depuis cette époque, le faisceau gras d'Aniche n'est plus exploité ; on admet comme démontré que son exploitation ne saurait être avantageuse nulle part, dans les niveaux supérieurs. Toutefois, on l'explorera peut-être, de nouveau, par une bowette partant de la fosse Fénelon, à l'étage de 500 mètres. S'il se présente, à cette profondeur, sous un aspect satisfaisant, on en reprendra l'exploitation.

II. — RÉGION OCCIDENTALE, OU RÉGION DE DOUAI.

Le gisement des environs de Douai est exploité par les fosses Gayant, Bernicourt, Notre-Dame, de Dechy et Saint-René; il comprend un grand nombre de couches de houille grasse à courte flamme, dont la proportion de matières volatiles augmente, à mesure qu'on s'avance du nord vers le sud, et varie généralement de 18 à 28 0/0. Les charbons qu'elles fournissent sont recherchés pour la forge et la verrerie, et servent à fabriquer du coke.

Région de Douai.

Les veines reconnues aux fosses Bernicourt, Notre-Dame et Gayant, étaient, dans ces derniers temps encore, au nombre de 34, savoir : *Veine du nord, Olympe, Marcel, Hélène, Sébastien, Cécile, Noëlie, Modeste, Vuillemin, De Sessevalle, Grand Moulin, Petit Moulin, La Grève, Custozza, Chandeleur, Bernard, Minangoye, Delloye, Bernicourt, Wavrechain, De Layens, Le François, Lallier, De Chatenay, Dejardin, N° 1, N° 2, N° 4, N° 5, N° 6, N° 7, N° 8, N° 9, N° 10 ou Claire.*

Veines exploitées à l'ouest de la concession.

Tout récemment, on a découvert au midi de la veine Claire, à l'étage de 281 mètres de la fosse Notre-Dame, trois autres veines, auxquelles on a attribué les n°s 11, 12 et 13; nous y reviendrons tout à l'heure.

Le tableau suivant fait connaître la composition moyenne des 34 veines dénommées ci-dessus (pl. XII).

COUPES DES VEINES. H. Houille. — T. Faux-toit. M. Faux-mur. S. Schiste. — E. Escaillage.	NATURE		DISTANCE MOYENNE de chaque veine à la suivante. (Normalement à la stratification.)	PROPORTION P. 0/0.			COULEUR des CENDRES.
	DU TOIT.	DU MUR.		MATIÈRES volatiles.	COKE. Carbone.	Cendres.	
Veine du nord. 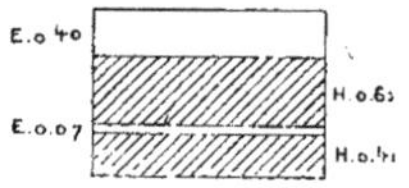 (E.0 40 ; H.0.65 ; E.0.07 ; H.0.41)	Schiste.	Schiste.	674ᵐ	13.20	79.91	6.89	Gris.
Olympe.  (H.0.6c)	Schiste.	Schiste.	102ᵐ,50	18.00	79.80	2.20	Blanc.
Marcel.  (T.0.01 ; H.0.58)	Schiste.	Schiste.	22ᵐ	17.40	80.60	2.00	Blanc.
Hélène. 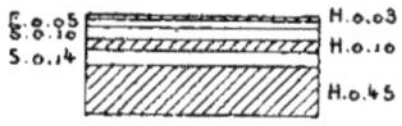 (E.0.05 ; S.0.10 ; H.0.03 ; H.0.10 ; S.0.14 ; H.0.45)	Schiste.	Schiste.	17ᵐ	17.60	79.40	3.00	Blanc.
Sébastien. 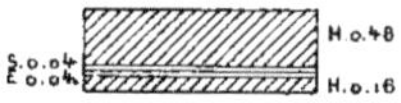 (S.0.04 ; H.0.48 ; E.0.04 ; H.0.16)	Schiste.	Schiste.	18ᵐ	16.80	79.40	3.80	Blanc.
Cécile. 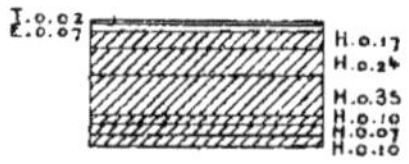 (T.0.02 ; E.0.07 ; H.0.17 ; H.0.24 ; H.0.35 ; H.0.10 ; H.0.07 ; H.0.10)	Schiste.	Schiste.	45ᵐ	20.80	76.20	3.00	Blanc.
Noëlie.  (H.0.50 ; E.0.25)	Grès.	Schiste.	32ᵐ,50	16.25	80.05	3.70	Brique réfractaire.

COUPES DES VEINES. H. Houille. — T. Faux-toit. M. Faux-mur. S. Schiste. — E. Escaillage.	NATURE		DISTANCE MOYENNE de chaque veine à la suivante. (Normalement à la stratification.)	PROPORTION P. 0/0.			COULEUR des CENDRES.
	DU TOIT.	DU MUR.		MATIÈRES volatiles.	COKE. Carbone.	Cendres.	
Modeste. S. 0.12 — E. 0.06 — H. 0.26 — H. 0.19	Schiste.	Schiste.	13^m	20.30	75.60	4.10	Gris.
Vuillemin. E 0.27 — H. 0.27 — E 0.48 — H. 0.68 — E. 0.23 — H. 0.12	Schiste.	Schiste.	15^m,50	15.60	80.28	4.12	Blanc.
De Sessevalle. E. 0.07 — H. 0.29 — H. 0.70 — E. 0.07 — H. 0.09 — E. 0.25	Schiste.	Schiste.	23^m	16.63	76.13	7.24	Blanc.
Grand Moulin. E. 0.03 — H. 0.23 — H. 0.17 — S. 0.15 — H. 0.18 — M. 0.10	Grès.	Schiste.	16^m	18.60	79.34	2.06	Blanc.
Petit Moulin. T. 0.04 — S. 0.02 — H. 0.18 — H. 0.20 — E. 0.35	Schiste.	Schiste.	33^m	16.40	79.46	4.14	Gris.
La Grève. E. 0.06 — H. 0.14 — H. 0.35 — S. 0.35 — H. 0.25	Schiste.	Schiste.	12^m	20.00	77.00	3.00	Blanc.
Custozza. S. 0.02 — S. 0.01 — H. 0.02 — H. 0.06 — S. 0.04 — H. 0.30 — E. 0.12	Schiste.	Schiste.	25^m	14.60	83.56	1.84	Gris.

COUPES DES VEINES. H. Houille. — T. Faux-toit. M. Faux-mur. S. Schiste. — B. Escaillage.	NATURE		DISTANCE MOYENNE de chaque veine à la suivante. (Normalement à la stratification.)	PROPORTION P. 0/0.			COULEUR des CENDRES.
	DU TOIT.	DU MUR.		MATIÈRES volatiles.	COKE. Carbone.	Cendres.	
Chandeleur. 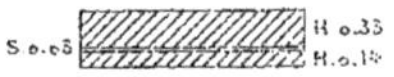	Schiste.	Schiste.	73ᵐ	19.60	78.20	2.20	Blanc.
Bernard. 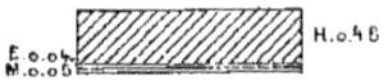	Schiste.	Schiste.	42ᵐ	19.25	73.87	6.88	Lie de vin.
Minangoye. 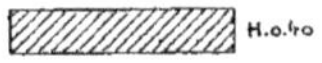	Schiste.	Schiste.	8ᵐ	22.50	73.60	3.90	Blanc.
Delloye. 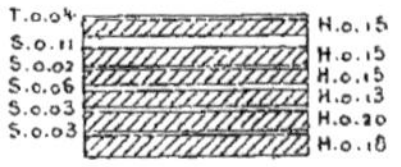	Schiste.	Schiste.	51ᵐ,50	21.80	74.40	3.80	Blanc.
Bernicourt. 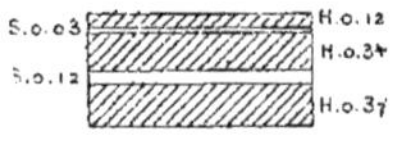	Schiste.	Schiste.	27ᵐ	19.75	78.13	2.12	Gris.
Wavrechain. 	Schiste.	Schiste.	47ᵐ	21.60	75.12	3.28	Brique réfractaire.
De Layens. 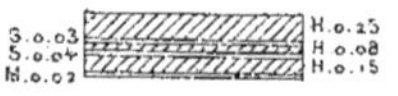	Grès.	Schiste.	6ᵐ,50	19.60	74.76	5.64	Blanc.

COUPES DES VEINES. H. Houille. — T. Faux-toit. M. Faux-mur. S. Schiste. — E. Escaillage.	NATURE		DISTANCE MOYENNE de chaque veine à la suivante. (Normalement à la stratification.)	PROPORTION P. 0/0.			COULEUR des CENDRES.
	DU TOIT.	DU MUR.		MATIÈRES volatiles.	COKE. Carbone.	Cendres.	
Le François. 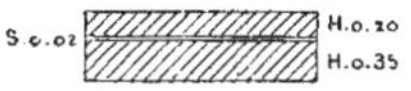 S.0.02 H.0.10 / H.0.35	Schiste.	Schiste.	19^m,50	20.20	78.04	1.76	Blanc.
Lallier. 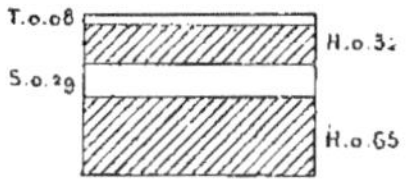 T.0.08 / S.0.29 H.0.32 / H.0.65	Schiste.	Schiste.	11^m,50	21.00 / 20.40	74.04 / 76.20	4.96 / 3.40	Gris. Brique réfractaire.
De Chatenay. 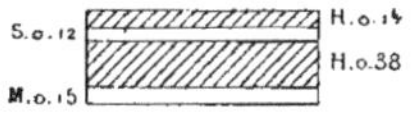 S.0.12 H.0.14 / H.0.38 M.0.15	Schiste.	Schiste.	4^m,50	20.60	77.00	2.40	Brique réfractaire.
Dejardin. 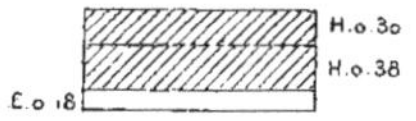 H.0.30 / H.0.38 E.0.18	Schiste.	Schiste.	11^m,50	19.60	75.88	4.52	Gris.
N.°1. 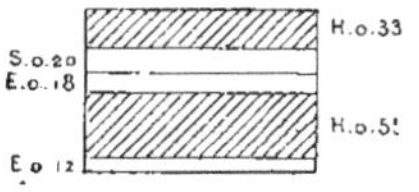 S.0.20 / E.0.18 H.0.33 / H.0.51 E.0.12	Schiste.	Schiste.	3^m,50	22.80	74.64	2.56	Brique réfractaire.
N.°2. 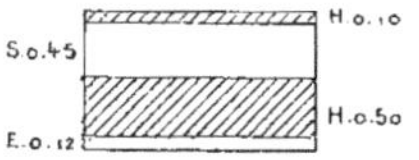 S.0.45 H.0.10 / E.0.12 H.0.50	Schiste.	Schiste.	52^m	23.00	72.36	4.64	Blanc.
N.°4. 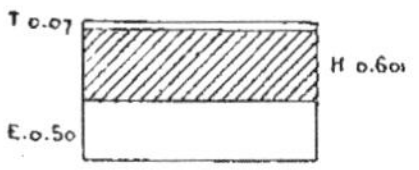 T.0.07 H.0.60 / E.0.50	Schiste.	Schiste.	60^m	25.80	72.54	1.66	Brique.

COUPES DES VEINES. H. Houille. — T. Faux-toit. M. Faux-mur. S. Schiste. — E. Escaillage.	NATURE		DISTANCE MOYENNE de chaque veine à la suivante. (Normalement à la stratification.)	PROPORTION P. 0/0.			COULEUR des CENDRES.
	DU TOIT.	DU MUR.		MATIÈRES volatiles.	COKE. Carbone.	Cendres.	
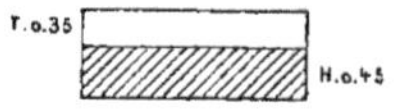 Nº 5. T.o.35 / H.o.45	Grès.	Grès.	13ᵐ	25.60	72.40	2.00	Blanc.
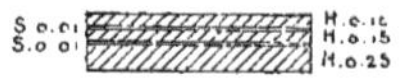 Nº 6. S o.o1 / S.o o1 — H.o.1t / H.o.15 / H.o.25	Schiste.	Schiste.	4ᵐ,50	26.00	71.20	2.80	Blanc.
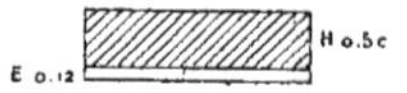 Nº 7. E o.12 / H o.5c	Schiste.	Schiste.	82ᵐ,50	27.00	70.80	2.20	Blanc.
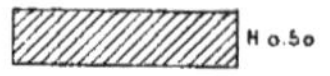 Nº 8. H o.5o	Grès.	Schiste.	152ᵐ	27.66	71.08	1.26	Brique.
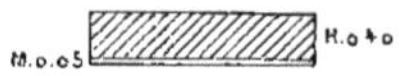 Nº 9. M.o.o5 / H.o 4o	Schiste.	Schiste.	90ᵐ	29.47	68.13	2.40	Brique réfractaire.
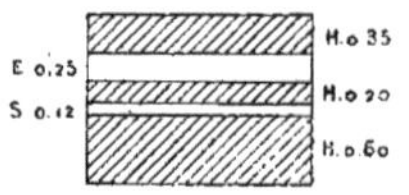 Nº 10 ou Claire. E o.25 / H.o 35 — S o.12 / H.o 2o / H.o 6o	Schiste.	Schiste.	»	31.70	65.73	2.57	Brique réfractaire.

Depuis Olympe jusqu'à Chandeleur, ces veines fournissent un coke cassant et de qualité médiocre ; mais, à partir de Bernard, elles donnent un coke d'excellente qualité.

La proportion de matières volatiles varie souvent d'un point à un autre, dans une veine déterminée. En général, elle augmente quand on s'avance vers l'ouest. Ainsi, Cécile donne 18 0/0 de matières volatiles, dans les bowettes de la fosse de Dechy, et 20,80, dans les bowettes de Gayant. Ces proportions sont respectivement de 16,80 et 20,30 0/0, pour la veine Modeste. Wavrechain donne 21,60 0/0, dans les bowettes de Gayant, et 24,50 0/0, à la limite de la concession, commune avec l'Escarpelle. Ces proportions sont de 20,20 et de 25,20 0/0, pour la veine Le François; de 20,86 et de 26,10 0/0, pour la veine Lallier. Dans d'autres, ces écarts sont moins sensibles, et même insignifiants : il en est notamment ainsi dans la veine Bernicourt.

Cette circonstance a fait croire, un instant, que le faisceau gras de Douai devait être inférieur au faisceau de la fosse n° 4, de la compagnie de l'Escarpelle, qui paraissait plus gazeux; on n'a été certain du contraire que lorsqu'on s'est approché de la limite commune aux deux concessions, car, alors, on a vu les veines d'Aniche devenir de plus en plus gazeuses, et atteindre bientôt les proportions de leurs correspondantes de l'Escarpelle.

Après être passé aux fosses Bernicourt, Gayant et Notre-Dame, le faisceau dont nous parlons se dirige vers les fosses de Dechy et Saint-René. Les couches qui le composent sont ainsi exploitées sur une grande étendue : la veine Bernicourt, notamment, a été très utile, il y a quelques années, pour établir la correspondance des veines exploitées aux différentes fosses, quand leurs travaux étaient moins étendus qu'aujourd'hui, et ne communiquaient pas entre eux.

On suit maintenant le faisceau, veine par veine, dans sa partie nord, depuis la limite occidentale de la concession jusqu'au levant de la fosse Saint-René. Les particularités à signaler dans cette zone sont les suivantes :

A Dechy, il existe une passée, appelée *Sans nom*, au midi de Cécile, et une autre, appelée *Nouvelle veine*, entre De Sessevalle et Grand Moulin.

On trouve encore une passée, désignée sous le nom d'*Ernest*, à la fosse Saint-René, entre Custozza et Chandeleur.

Minangoye est appelée *Veine n° 16*, à la fosse de Dechy.

Une passée d'escaillage, nommée *Custers*, est intercalée entre Delloye et Bernicourt, aux fosses Notre-Dame et Gayant.

Entre les mêmes veines, il existe, à la fosse Saint-René, une autre passée que l'on a appelée *Plate veine*.

A la fosse Notre-Dame, De Chatenay se réunit à Lallier, et en forme le sillon du toit.

Il règne encore une certaine incertitude sur les correspondances des veines méridionales, à partir de Dejardin, appelée, à Saint-René, Veine n° 7 ; c'est pour cela que les mêmes couches portent des noms différents à Gayant et à Notre-Dame d'une part, à Dechy et à Saint-René de l'autre.

Par exemple, la veine n° 1, de Gayant, n'est plus connue vers le levant; à Notre-Dame, elle se réduit déjà à une passée d'escaillage.

La veine n° 2, de Gayant et Notre-Dame, s'appelle n° 7 à Dechy, et Petite veine à Saint-René.

Les veines désignées aux deux premières fosses par les n°ˢ 4 et 5 paraissent se transformer en passées, ou se perdre avant d'arriver aux deux autres. Il est possible, toutefois, que la veine n° 4 corresponde à celle qui est désignée, à Dechy et à Saint-René, par le n° 6.

La veine n° 7, de Gayant et Notre-Dame, prend le n° 3 à Dechy, et n'est plus connue à Saint-René.

Il existe, à la fosse de Dechy, un certain nombre de veines auxquelles on a attribué les n°ˢ 4, 1, 2, 5, et que l'on ne retrouve pas aux autres fosses.

Les veines n°ˢ 8, 9 et 10, de Notre-Dame, n'ont pas été atteintes au midi de Gayant et de Dechy. Nous verrons plus loin ce qui existe au sud de la veine n° 6, de Saint-René.

Allure du faisceau.

Le faisceau gras de Douai présente une orientation générale N. 45° O. ; ses veines sont assez régulières et se développent suivant une direction uniforme, sans présenter de sinuosités marquées ; elles plongent en moyenne de 45° vers le sud-ouest. La partie du faisceau comprise entre Bernicourt et Veine n° 2 présente cette particularité que les couches y sont très rapprochées les unes des autres. L'espacement moyen des veines est plus grand au nord, ainsi qu'au sud du faisceau.

Les intervalles stériles qui séparent les couches sont d'épaisseur et de nature à peu près constantes; les veines elles-mêmes, du moins celles qui sont au nord de Veine n° 1, ont une composition assez uniforme. La veine Bernicourt, en particulier, se présente toujours avec le même aspect et la même puissance.

Notons encore que les veines De Chatenay et Dejardin, qui sont distinctes dans le faisceau de Douai, viennent se rejoindre vers la limite de la concession, pour constituer une veine unique, qui est exploitée à l'Escarpelle sous le nom de Veine n° 3.

Le faisceau de Douai est sillonné par un certain nombre d'accidents, dont la direction générale est perpendiculaire à celle des veines, et qui ramènent les terrains au nord, quand on s'avance vers l'ouest. Ces accidents ne consistent pas, comme on pourrait le croire, en cassures franches et nettement orientées; ce sont plutôt des brouillages d'une allure assez tourmentée, ayant une direction générale du nord-est au sud-ouest, et plongeant vers le nord-ouest.

Tout près de la limite de l'Escarpelle, au couchant de la fosse Gayant, il existe un de ces accidents qui, du côté de l'ouest, rejette les terrains de 50 mètres en moyenne vers le nord, dans toute l'étendue explorée du faisceau. L'amplitude du rejet augmente à mesure qu'on s'avance vers le nord.

Entre Gayant et Notre-Dame, on en trouve deux autres; le plus occidental produit un rejet de 300 mètres environ, et il est rejoint par un petit cran venant de la direction du nord, qui lui est presque perpendiculaire; l'autre ne ramène les terrains au nord que d'environ 50 mètres. Si on les suit vers le nord, on remarque que leur direction se modifie peu à peu et fait un angle de plus en plus aigu avec celle des veines; en même temps, ils se redressent et deviennent presque verticaux, avec inclinaison au nord.

Entre les fosses Notre-Dame et de Dechy, on remarque un autre accident, moins important que les précédents comme rejet, mais plus considérable comme puissance. Son épaisseur horizontale est d'environ 60 mètres, tandis qu'aux autres, elle n'est que d'une trentaine de mètres.

La partie nord du champ d'exploitation de la fosse de Dechy est sillonnée par un assez grand nombre d'accidents, parmi lesquels on en distingue quatre principaux, qui produisent des rejets au nord, variant de 50 à 80 mètres.

Entre Dechy et Saint-René, les veines ne sont pas interrompues dans la partie septentrionale du faisceau; de la veine Bernicourt à la veine n° 6, on remarque un accident qui ne produit qu'un faible rejet, mais présente une épaisseur horizontale d'une quarantaine de mètres. Les galeries creusées dans ce brouillage, pour raccorder les voies de fond de Wavrechain, y ont trouvé un remplissage de tourtia et de terrain crétacé.

Faisceau méridional de la fosse Saint-René.

A la fosse Saint-René, les bowettes du midi ont traversé, à peu de distance du puits et au delà de la veine n° 6, qui correspond peut-être, comme nous l'avons vu, à la veine n° 4 de Gayant, une épaisseur de plus de 200 mètres de terrains complètement brouillés; puis elles sont entrées dans un faisceau de veines inconnues aux autres fosses, et donnant une proportion de matières volatiles variant de 26 à 34 0/0. Les charbons qu'on en extrait sont trop gazeux pour être employés seuls à la fabrication du coke; il faut les mélanger à d'autres.

Les veines du faisceau méridional de Saint-René sont tantôt en allure normale, tantôt en allure renversée; dans ce dernier cas, elles ont leur pied au sud; elles ont reçu les dénominations suivantes, du nord au sud : *Marguerite, Sainte-Barbe, Louis, Éloi, Valentin, Espérance, Héloïse, Abélard, Henri, Urbain, Florent, Léon, Paul, Virginie, Veine du bout.*

Le tableau ci-dessous fait connaître la composition de ce faisceau, dont la coupe figure à la planche XII.

COUPES DES VEINES. H. Houille. — T. Faux-toit. M. Faux-mur. S. Schiste. — E. Escaillage.	NATURE		DISTANCE MOYENNE de chaque veine à la suivante. (Normalement à la stratification.)	PROPORTION P. 0/0.	COKE.		COULEUR des CENDRES.
	DU TOIT.	DU MUR.		MATIÈRES volatiles.	Carbone.	Cendres.	
Marguerite. E.0.07 / H.0.65	Grès.	Schiste.	52ᵐ	25.90	72.10	2.00	Blanc.
Sᵗᵉ Barbe. E 0.30 / H 0.50 / S.0.07 / M 0.25 / H 0.10	Grès.	Schiste.	21ᵐ	28.00	66.80	5.20	Gris.
Louis. S.0.01 / H.0 32 / H.0 31 / E 0.55	Schiste.	Schiste.	14ᵐ,50	27.80	70.00	2.20	Blanc.
Eloi. H.0.74	Schiste.	Grès.	26ᵐ,50	26.00	70.40	3.60	Brique.
Valentin. E.0.18 / S.0 18 / H.0.16 / H.0.32	Schiste.	Schiste.	65ᵐ	27.60	70.20	2.20	Gris.
Espérance. H.0.21 / H.0.45	Schiste.	Schiste.	78ᵐ	29.60	67.80	2.60	Brique.
Héloïse. S.0.03 / H 0.20 / H.0.50	Schiste.	Schiste.	2ᵐ,50	33.20	62.60	4.20	Gris.

| COUPES DES VEINES.
H. Houille. — T. Faux-toit.
M. Faux-mur.
S. Schiste. — E. Escaillage. | NATURE | | DISTANCE MOYENNE de chaque veine à la suivante. (Normalement à la stratification.) | PROPORTION P. 0/0. | | | COULEUR des CENDRES. |
	DU TOIT.	DU MUR.		MATIÈRES volatiles.	COKE. Carbone.	Cendres.	
Abélard. H. 1 75	Schiste.	Schiste.	48^m,50	33.40	62.60	4.00	Gris.
Henri. E. 0.12 / H. 0.55 / H. 0.30	Schiste.	Schiste.	103^m,50	31.07	63.20	5.73	Gris.
Urbain. H. 0.60	Schiste.	Schiste.	8^m	27.20	72.00	0.80	Lie de vin.
Florent. H. 0.65	Schiste.	Schiste.	53^m,50	28.50	68.70	2.80	Gris.
Léon. S. 0.30 / H. 0.40 / H. 0.30	Schiste.	Schiste.	24^m,50	25.00	69.00	6.00	Blanc.
Paul. H. 0.60	Schiste.	Schiste.	4^m	28.80	70.00	1.20	Brique réfractaire.
Virginie. H. 0.65	Schiste.	Schiste.	?	28.00	69.40	2.60	Gris.
Veine du bout. H. 0.00	»	»	»	30.00	66.00	4.00	Gris.

Dans toutes ces veines, le toit se trouve du côté du nord, et le mur du côté du sud, à l'inverse de ce qui existe dans le faisceau septentrional. Il y a donc eu, au midi de Saint-René, un redressement des terrains allant jusqu'au renversement, et la formation présente, dans son ensemble, l'apparence d'une selle renversée, ayant une inclinaison générale vers le sud-ouest.

A la fosse de Dechy, la bowette méridionale du niveau de 215 mètres, qui est maintenant abandonnée, a traversé, au delà de la veine n° 5, 350 mètres de terrains irréguliers et pauvres, qui paraissent former la continuation du brouillage existant entre les deux groupes de Saint-René. A la même fosse, la bowette sud de l'étage de 311 mètres a, de même, rencontré, au delà de la veine n° 3, une cassure suivie de terrains brouillés; plus loin, à 800 mètres du puits, elle a atteint une veine qui paraît être Marguerite, et qui plonge, en allure renversée, de 60° vers le sud-ouest. Les travaux du couchant de Sainte-Barbe sont peu éloignés de l'extrémité de cette bowette.

Il est enfin probable que le faisceau de Saint-René vient encore d'être atteint par la bowette sud de l'étage de 281 mètres de Notre-Dame. A la veine Claire, plongeant de 29° au sud-ouest, a succédé, dans cette galerie, une passée encaissée dans des grès, et ayant la même inclinaison; puis, après avoir traversé des grès et des schistes présentant plusieurs cassures, la bowette a recoupé successivement, en allure renversée, les veines n°ˢ 11, 12 et 13, plus une passée comprise entre les deux premières. La veine n° 11 a une inclinaison de 80° au sud-ouest; elle est située à 112 mètres de Claire, distance comptée horizontalement. Les veines n°ˢ 12 et 13 plongent de 85° dans la même direction; elles se trouvent, l'une à 30 mètres, l'autre à 45 mètres de la précédente. Plus loin, les terrains deviennent verticaux, et arrivent même à incliner de 80° vers le nord-est. Ces veines fournissent des charbons renfermant de 32 à 34 0/0 de matières volatiles; elles ont respectivement 0ᵐ,40, 1ᵐ,85 et 0ᵐ,60 d'ouverture, dont 0ᵐ,35, 1ᵐ,20 et 0ᵐ,58 de charbon.

A la fosse Saint-René, on n'observe aucune ressemblance entre les veines des deux faisceaux, tandis qu'à Notre-Dame, la veine n° 12, du groupe méridional, paraît identique à Claire, du groupe septentrional. Ces deux veines ont le même aspect; de plus, la voie de fond du couchant de Claire s'infléchit à son extrémité, comme si elle devait venir se raccorder, en décrivant une sorte de demi-cercle, avec celle du couchant de la veine n° 12. D'après cela, le faisceau septentrional, participant à la même allure, dessinerait un pli à angle très aigu s'emboîtant dans celui que l'on a reconnu aux fosses n°s 3 et 4, de l'Escarpelle, et il y aurait identité entre les deux groupes de Saint-René, malgré leurs dissemblances apparentes. Il serait prématuré d'admettre que le plissement observé à cette fosse correspond au passage de l'axe du bassin houiller; il est possible, en effet, qu'après s'être présentées en droit, les veines reviennent en plat, en se repliant de nouveau sur elles-mêmes, suivant l'allure que l'on remarque fréquemment dans les charbons demi-gras d'Anzin.

Les terrains ayant été ployés sous un angle très aigu, on s'explique facilement l'irrégularité des bancs qui séparent les deux groupes : les charbons du sud sont, d'ailleurs, un peu plus gazeux que ceux du nord. Il est possible, enfin, qu'il y ait eu, à Saint-René, un affaissement des branches redressées, produit par une faille parallèle à la direction commune des deux faisceaux.

Conglomérat de Roucourt.

A environ 1,000 mètres au sud du puits, la bowette de l'étage de 257 mètres de Saint-René a atteint un conglomérat formé de fragments de calcaire et de quartzites appartenant au dévonien inférieur, de calcaire et de dolomie carbonifères, et de psammites du Condros (pl. XI). Ces fragments sont d'un volume très variable; en général, ils présentent des arêtes assez saillantes, quoique un peu usées par les frottements qu'ils ont subis; mais, parfois, ce sont de véritables galets roulés. L'agglomération de la masse est produite par un ciment calcaire qui lui a donné une grande dureté. On y trouve quelques débris de grès houiller et même de houille, ce qui indique que ce terrain est d'un âge plus récent que la formation houillère; il date de l'époque permienne ou de l'époque triasique.

Les deux puits de Roucourt, situés à 1,800 mètres au sud de Saint-René, ont été ouverts à 600 mètres environ à l'est d'un sondage qui avait découvert le terrain houiller, en 1874, à la profondeur de 165 mètres, et avait été interrompu par un accident à celle de 181 mètres; des carottes de 0ᵐ,20 et 0ᵐ,30 de longueur, ramenées au jour, y avaient révélé la présence de schistes houillers à empreintes bien caractérisées, inclinés de 21°. Néanmoins, après avoir traversé une quinzaine de mètres dé gault, les puits sont tombés sur le conglomérat triasique ou permien, qui a été atteint à la profondeur de 164 mètres. On pensa, alors, que ce conglomérat ne remplissait qu'une cassure du terrain houiller, orientée suivant la direction ordinaire des accidents dans la région, c'est-à-dire du nord-est au sud-ouest, et, dans cette idée, on ouvrit, au niveau de 198 mètres, une galerie que l'on dirigea vers le nord-ouest, afin d'atteindre plus vite le bord de la cassure dans laquelle on croyait se trouver. Plus tard, on infléchit un peu la direction de cette galerie vers le nord, en la dirigeant vers un recoupage de Saint-René, partant de la voie de fond de la veine Sainte-Barbe, à 500 mètres environ au levant de la bowette de 257 mètres, et dirigé vers le sud-ouest.

La galerie de Roucourt n'a rencontré le terrain houiller qu'après un parcours de plus de 1,000 mètres; on y remarque que les galets qui font partie de la masse du terrain sont en général placés horizontalement, c'est-à-dire ont leur petit axe vertical; souvent, ils sont enveloppés d'une couche mince d'argile rougeâtre ou grise. Une grosse lentille de houille de 0ᵐ,70 de diamètre, a été trouvée posée à plat, ce qui porte à croire que les fragments du conglomérat ont été amenés par les eaux, d'une certaine distance; le courant qui les a charriés venait d'ailleurs du sud, car les roches qui les constituent appartiennent, en majeure partie, aux terrains qui existent au midi du bassin.

A 500 mètres environ de la fosse de Roucourt, on a creusé, en partant de la galerie en travers-bancs, un bure vertical de 42 mètres de profondeur, qui est toujours resté dans le même conglomérat; il a recoupé, à 31ᵐ,20 au-dessous de la bowette, un petit banc schisteux très mince, incliné de 14° vers le sud; 5ᵐ,10 plus bas, c'est-à-dire vers le niveau de 234 mètres, il en a traversé un second, de 1ᵐ,65 de hauteur verticale, dirigé de l'est à l'ouest, et plongeant de 21° au midi. Ce banc a été exploré par une petite galerie de 11^m,60 de long, dirigée vers le nord. On ne saurait dire s'il se prolonge à grande distance, avec la même épaisseur, la même direction et la même inclinaison. Les schistes qui le composent sont tendres et chargés d'empreintes de *calamites* et de *nevropteris;* ils sont incontestablement houillers. Peut-être appartiennent-ils à une sorte de plaquette qui aurait été entraînée par les eaux au milieu de la masse. C'est peut-être aussi un fragment de ce genre, atteint au sondage de Roucourt, qui aura fait croire à la présence du terrain houiller, à 165 mètres du sol, dans les conditions ordinaires. Sous le banc de schistes tendres de 1^m,65, le bure a traversé 1^m,70 de schistes durs, renfermant des cailloux arrondis de calcaire.

Le recoupage partant de la veine Sainte-Barbe, au niveau de 257 mètres de Saint-René, et à 500 mètres au levant de la bowette de cet étage, a également atteint la limite de séparation du terrain houiller et du conglomérat, à 350 mètres environ de ladite veine. Cette limite a été enfin atteinte par deux autres recoupages de 45 et de 178 mètres de long, creusés à partir de Veine du bout, à 430 et à 930 mètres au levant du premier, en sorte que le contact des deux terrains se trouve maintenant connu en cinq points différents.

A la rencontre de la bowette sud de Saint-René, les deux terrains se rejoignent suivant un plan vertical, dirigé de l'ouest à l'est. La limite est orientée du nord-ouest au sud-est, à l'extrémité de la galerie de Roucourt; en même temps, elle plonge de 80° vers le sud-ouest; la séparation est très nette; au nord, on trouve des schistes houillers brouillés, mais purs; au sud, le conglomérat calcaire, chargé d'une plus grande quantité de grès houiller que d'habitude.

Au bout des trois recoupages de Saint-René, la surface de contact des deux terrains est encore dirigée du nord-ouest au sud-est, mais plonge de 52° vers le sud-ouest au premier, de 60° au second, et de 78° au troisième.

Si l'on raccorde ces divers points, on voit que la masse triasique ou permienne paraît limitée, contre le terrain houiller de Saint-René, par une surface à pente raide dirigée vers le sud ou vers le sud-ouest, et qui dessine, en affleurement, une sorte d'arc de cercle, allant de la bowette méridionale au premier recoupage de Saint-René, et se continuant par une ligne presque droite joignant les deux autres recoupages. On recherche encore le conglomérat par un recoupage, partant de Sainte-Barbe à 600 mètres au couchant de la bowette de Saint-René, et dirigé vers le sud-ouest. La planche XI fait connaître la disposition de tous ces travaux.

Aucun indice ne permet d'évaluer, quant à présent, l'épaisseur du dépôt; tout ce que l'on sait, c'est qu'il est plus moderne que la formation houillère, et qu'il a été amené par les eaux d'une distance qui ne peut pas être considérable, puisque presque tous ses fragments présentent encore des arêtes assez vives. Si son épaisseur n'est pas trop forte, on trouvera, au-dessous de lui, le terrain houiller.

La fosse Gayant a été ouverte en 1853, à 800 mètres environ de la limite de la concession ; elle est sortie des morts-terrains à la profondeur de 153 mètres, et ses bowettes s'étendent depuis la veine Olympe, au nord, jusqu'à la veine n° 7, au sud. Du côté du couchant, ses travaux vont jusqu'à la concession de l'Escarpelle, dans laquelle le prolongement des veines du faisceau est exploité par les fosses n° 4 et 5. Ceux du levant sont en communication avec les galeries de la fosse Notre-Dame. Nous avons fait connaître précédemment les principaux accidents qui existent tant à la fosse Gayant, qu'aux autres fosses du groupe de Douai. Ils présentent le caractère général de faire remonter le terrain houiller vers le nord, pour un observateur qui se transporterait de l'est vers l'ouest, ou, plus exactement, du sud-est au nord-ouest. La fosse Gayant a été récemment approfondie jusqu'à 382 mètres, ce qui a permis d'ouvrir un nouvel étage à 374 mètres.

A 680 mètres au nord-est de la fosse Gayant, la compagnie commença, en 1866, la fosse Bernicourt. Les eaux étant très abondantes, le creusement du puits fut suspendu, en 1867, à la profondeur de 28 mètres. On essaya de le continuer, en 1872, par le procédé Kind-Chaudron, mais des éboulements se produisirent pendant qu'on cherchait à le déblayer, et il fallut en commencer un autre, à côté.

Ce dernier a atteint le terrain houiller à la profondeur de 153 mètres ;

il est destiné à exploiter la partie septentrionale du faisceau, et à explorer le nord de la concession. Il est en relation, au midi, avec les fosses Gayant et Notre-Dame; au nord, son champ d'exploitation s'étend jusqu'à la veine du nord, qui est séparée d'Olympe par un large intervalle stérile, dans lequel on a trouvé plusieurs amas de charbon pulvérulent. Cette dernière veine est affectée, ainsi que deux passées qui l'avoisinent, de plusieurs glissements presque horizontaux, qui la ramènent vers le sud, en profondeur. Au niveau de 308 mètres, on poursuit la bowette au-delà de Veine du nord, pour continuer la reconnaissance du faisceau, et atteindre le prolongement des veines demi-grasses d'Aniche et de la fosse n° 1 de l'Escarpelle. Ce travail se présente avec des chances sérieuses de succès, car, de ce côté, les terrains sont inclinés de plus de 45° vers le sud. L'intervalle pauvre compris entre Veine du nord et Olympe paraît, d'ailleurs, correspondre à celui qui existe, à l'Escarpelle, entre Veine n° 28 et Eugène.

Fosse Notre-Dame. La fosse Notre-Dame est située à 1,170 mètres au sud de Bernicourt; elle a été ouverte en 1856, et est entrée dans le terrain houiller à la profondeur de 168 mètres. Son dernier accrochage est situé au niveau de 341 mètres. Ses bowettes nord s'étendent jusqu'à la veine Marcel, qui paraît soumise à l'influence des glissements horizontaux constatés à Bernicourt. Au midi, la bowette de l'étage de 281 mètres a dépassé la veine n° 10 ou Claire, et a recoupé les veines n°ˢ 11, 12 et 13, ainsi que nous l'avons vu plus haut.

Fosse de Dechy. La fosse de Dechy a été entreprise, en 1860, à environ 2,000 mètres au sud-est de Notre-Dame; le terrain houiller y a été rencontré à 180 mètres du sol; son dernier étage est à 311 mètres. La veine Cécile est celle qui est connue le plus au nord, à cette fosse. Une traction mécanique par corde-tête et corde-queue, avec machine au jour, a fonctionné pendant quelque temps à la fosse de Dechy, dans la bowette nord de 251 mètres, et dans la voie de fond de la veine De Sessevalle, sur une longueur de 1,000 mètres dans la bowette, et de 450 mètres dans la voie de fond.

Fosse Saint-René. La fosse Saint-René a été ouverte en 1866, à 1,700 mètres environ au sud-est de la fosse de Dechy, et a atteint le terrain houiller à la profondeur de 173 mètres. On vient d'y commencer l'installation d'un nouveau niveau d'exploitation à 314 mètres; mais c'est à celui de 257 mètres que les travaux ont reçu le plus grand développement. Au nord, ils s'étendent jusqu'à la veine Custozza, dans des terrains assez accidentés, et au sud, ils atteignent le conglomérat de Roucourt.

Le faisceau méridional de Saint-René a été reconnu par deux galeries parallèles de l'étage de 257 mètres; l'une est la bowette sud de ce niveau, l'autre un recoupage partant de la veine Sainte-Barbe, à 500 mètres au levant de cette bowette. Les veines qui le composent sont assez irrégulières, et il en est de même des terrains qui les encaissent. Elles ne se présentent pas en même nombre et sous le même aspect, dans la bowette et dans le recoupage. Toutefois, la concordance est complète jusqu'à la veine Éloi; mais déjà Valentin, qui existe dans la bowette, ne se retrouve plus dans le recoupage; cela provient peut-être de ce que cette veine n'est autre chose qu'Espérance, rejetée par un accident. Si l'on descend au midi d'Espérance, on ne trouve plus de relation certaine entre les veines de la bowette et celles du recoupage; les premières sont en plus grand nombre que les autres. Notons encore que les veines Héloïse et Abélard sont exceptionnellement gazeuses; elles donnent plus de 33 0/0 de matières volatiles et 4 0/0 de cendres. La veine Sainte-Barbe a déjà été suivie, en direction, sur une longueur d'environ 3 kilomètres.

La fosse de Roucourt, qui comprend deux puits, a été ouverte, en 1875, Fosse de Roucourt.
à 1,800 mètres au sud de Saint-René. Nous avons fait connaître ses résultats. Si elle ne peut servir à exploiter le terrain houiller en profondeur, on pourra, du moins, l'utiliser pour l'exploitation du faisceau de Saint-René, qui passe à 500 mètres seulement au nord des deux puits. Leurs profondeurs sont de 198 et 210 mètres; on a, en outre, exploré le conglomérat, par un sondage, jusqu'à 263 mètres.

Les travaux de la compagnie d'Aniche ne couvrent encore qu'une faible partie de sa concession. Entre les gisements des régions d'Aniche et de Douai, se trouve un intervalle de plusieurs kilomètres, qui est complètement inexploré. De plus, il existe, avant d'arriver à la limite nord, une bande de 3 à 4 kilomètres de largeur, dans laquelle aucune recherche n'avait été faite jusqu'à ce jour. C'est elle qu'on s'est proposé d'explorer par les bowettes nord de l'étage de 214 mètres de la fosse Traisnel, et de l'étage de 308 mètres de la fosse Bernicourt.

Recherches faites au nord et au nord-ouest de la concession d'Aniche. Limite septentrionale du bassin houiller dans cette région.

Le terrain houiller s'étend même à une certaine distance au-delà de la limite nord de la concession d'Aniche, et son existence a été constatée, de ce côté, par un certain nombre de fosses et de sondages, dont nous citerons les plus importants.

Un sondage entrepris, en 1835, par la compagnie des canonniers, à peu de distance au nord du clocher de Marchiennes, au lieu dit le Parterre de l'Abbaye, a atteint le terrain houiller à la profondeur de 135 mètres, et l'a exploré sur une hauteur de 28 mètres, dans laquelle il n'a traversé qu'une passée charbonneuse.

Deux autres sondages, dits sondages de la Motte et de l'Abbaye, exécutés par la même société en 1836 et 1837, au sud-est du précédent, ont découvert le terrain houiller, le premier à la profondeur de 129 mètres, le second à celle de 132 mètres, mais sans rencontrer la houille ; ils ont traversé l'un 36 mètres, l'autre 19 mètres de schistes siliceux, parfois très durs.

Fosse de Marchiennes.

C'est un peu au nord-ouest du dernier, sur le trajet de la ligne de chemin de fer de Somain à Orchies, que la compagnie des canonniers a ouvert, en 1838, la fosse de recherche de Marchiennes (pl. V). Elle est entrée dans le terrain houiller à la profondeur de 129 mètres, et a été approfondie jusqu'à 195 mètres. Des galeries de recherche y ont été creusées, au niveau de 178 mètres. La bowette nord, de 200 mètres de long, n'a donné aucun résultat. Quant à la bowette sud, que l'on a poursuivie sur une longueur de 450 mètres, elle a rencontré quatre veines, que l'on a bientôt reconnu n'en constituer que deux distinctes, à cause des plissements du terrain ; leur épaisseur n'était guère que de 0^m,40, et elles n'étaient pas exploitables. En conséquence, la fosse a été abandonnée en 1850, sans que la compagnie ait pu obtenir une concession, son gisement n'ayant pas paru d'une valeur et d'une importance suffisantes.

Dans cette région, le terrain houiller a encore été atteint, en 1838, près de l'angle des concessions d'Anzin et d'Aniche, par le sondage du

Bassin, exécuté par la société parisienne. Ce sondage a trouvé le terrain houiller à 129 mètres, et y a pénétré de 38 mètres, sans donner de résultat.

Si on s'éloigne dans la direction du sud-ouest, on trouve, non loin de Vred, tout près du cours de la Scarpe, c'est-à-dire presque contre la limite nord de la concession d'Aniche, le sondage de Vred, exécuté, en 1839, par la compagnie parisienne, qui a donné des résultats importants. Arrivé au terrain houiller à la profondeur de 134 mètres, il a d'abord traversé 45 mètres de schistes argileux plus ou moins compactes; au-dessous et jusqu'au niveau de 180 mètres, il a recoupé quelques lits de phtanite de 8 à 10 centimètres d'épaisseur; enfin, il est entré dans le calcaire, à la profondeur de 185 mètres.

Ce sondage fournit un point de la limite septentrionale du bassin houiller, et montre qu'après être passée à une assez grande distance au nord de Marchiennes, elle s'infléchit brusquement vers le sud, pour se diriger ensuite vers le clocher de Vred. Au delà de ce clocher, elle se développe dans la direction du nord-ouest, en laissant au-dessous d'elle un certain nombre de sondages positifs, dont nous allons maintenant nous occuper.

Nous trouvons d'abord, au nord du clocher de Lallaing, le sondage n° 3 de Lallaing, exécuté, en 1876, par la compagnie de Pont-à-Raches, qui a atteint le terrain houiller à 152 mètres, et a été poursuivi jusqu'à 250 mètres : il n'a traversé qu'une veinule de charbon anthraciteux.

Un peu à l'ouest, la société de Marchiennes a ouvert, en 1856, à proximité du pont de Lallaing, le sondage d'Anhiers, qui est resté dans le terrain houiller de la profondeur de 152 à celle de 331 mètres, et a traversé une veine de charbon de $0^m,40$ d'épaisseur, normalement à la stratification. Le sondage du Pont de Lallaing, situé près du précédent, est entré dans le terrain houiller au niveau de 144 mètres.

Vient ensuite, au nord-ouest, toujours à peu de distance de la Scarpe, le sondage n° 1 d'Anhiers, exécuté, en 1876, par la société de Pont-à-Raches. Il a atteint le terrain houiller à 152 mètres, et on l'a poussé, sans résultat, jusqu'à 199 mètres.

Deux autres sondages sont tombés sur le terrain houiller, dans le voisinage de l'angle commun aux concessions d'Aniche et de l'Escarpelle. Ce sont ceux du Pont-Baillon et de Raches; le premier, entrepris par la compagnie de Marchiennes, en 1856, a traversé 207 mètres de terrain houiller, de 153 à 360 mètres, et a trouvé une veine de 0ᵐ,74 de puissance ; le second n'a pas découvert de houille, bien qu'il ait été poursuivi jusqu'à la profondeur de 243 mètres, après avoir atteint le terrain houiller à 152 mètres.

Enfin, à une plus grande distance au nord, non loin des routes de Douai à Orchies et à Lille, le sondage de Montécouvé, entrepris, en 1856, par la compagnie douaisienne, a atteint le terrain houiller à 155 mètres, et a été abandonné à 211 mètres, sans avoir trouvé la houille.

Au nord de la limite définie par ces divers sondages, plusieurs se sont enfoncés dans le calcaire carbonifère.

Citons d'abord les deux sondages des Trois-Pucelles, exécutés par la compagnie des canonniers, en 1835 et 1837, un peu à l'est du clocher de Bouvignies. Le premier est entré à 138 mètres dans des schistes calcareux qui se rattachent au calcaire carbonifère; le second a traversé, à la même profondeur, 14 mètres de bancs siliceux très durs, presque verticaux, appartenant au même étage.

Un peu au nord-est du clocher de Flines-lès-Raches, un forage de la compagnie de Marchiennes a trouvé, en 1838, une alternance de bancs calcareux et schisto-calcareux, qu'il a traversés du niveau de 164 mètres à celui de 166 mètres.

Enfin, à une assez grande distance au nord-ouest, le sondage de Moncheaux, de la compagnie de l'Escarpelle, est tombé sur le calcaire, en 1855, à la profondeur de 186 mètres.

Sondages situés à l'intérieur de la concession d'Aniche. La compagnie d'Aniche a exécuté, dans l'intérieur de sa concession, un certain nombre de sondages, qui ont servi à fixer les emplacements de ses fosses les plus récentes; ils ont naturellement trouvé tous le terrain houiller, et il est inutile de nous y arrêter.

Si, maintenant, on envisage la concession d'Aniche dans son ensemble, on voit qu'elle se divise géologiquement en deux bandes, l'une septentrionale, l'autre méridionale, séparées par le cran de retour; la première est

de beaucoup la plus importante, et comprend la totalité des fosses actuellement en exploitation. Au nord, elle renferme les petites veines explorées à
la fosse de Marchiennes, et recoupées dans plusieurs des sondages dissé-
minés sur la rive gauche de la Scarpe; ce sont probablement les mêmes
qui ont été exploitées, du côté du levant, dans les concessions d'Hasnon, de
Bruille et de Château-l'Abbaye. Ensuite, on trouve une région tout à fait
inconnue, dans laquelle passent vraisemblablement les faisceaux de houilles
maigres exploités dans les concessions de Vieux-Condé, Odomez, Fresnes,
Vicoigne et Thivencelles. Ces faisceaux ne sont plus connus à l'ouest de
Vicoigne, mais il est probable qu'ils se prolongent dans la concession
d'Aniche, et qu'ils entrent ensuite dans celle de l'Escarpelle, au nord de la
fosse n° 1. On les recherche, en ce moment, par la bowette nord de la fosse
Traisnel, au niveau de 244 mètres. Le faisceau des houilles sèches d'Aniche
leur est immédiatement supérieur. Il vient, à l'est, de la concession d'Anzin,
où il est exploité aux fosses Casimir Périer et Saint-Mark. Le raccordement
des veines d'Anzin et d'Aniche se fait d'ailleurs de la manière suivante :

4° veine du nord, d'Anzin, correspond à Georges, d'Aniche. Cette veine
est composée, à la fosse Casimir Périer, de 4 sillons superposés de $0^m,12$,
$0^m,20$, $0^m,12$ et $0^m,62$ d'épaisseur, séparés par 3 lits de schiste et d'escaillage; mais, au delà de l'accident du couchant de cette fosse, elle
se réduit au sillon du mur, de $0^m,62$ de puissance : le reste se convertit en
noireux. C'est à peu près sous cet aspect qu'elle franchit la limite des deux
concessions, pour prendre le nom de Georges.

Correspondance
des veines d'Anzin
et
d'Aniche.

3° veine du nord, de Casimir Périer, est identique à Grande veine,
d'Aniche; Petite veine du nord à Bonsecours; 2° veine du nord à Marie;
1re veine du nord à Sondage et Jumelle réunies, et 1re veine du sud à Ferdinand.

Veine du nord, d'Aniche, passe au nord du faisceau de Casimir Périer,
et correspond sans doute à une passée que l'on a recoupée à cette fosse;
elle est peut-être assimilable à la nouvelle veine de la fosse Lambrecht.

Au couchant des exploitations des environs d'Aniche, le faisceau des
houilles sèches doit se prolonger, de manière à venir passer au nord de la

fosse Bernicourt, d'où on compte l'atteindre par la bowette du niveau de 308 mètres, que l'on continue dans ce but; Veine du nord, de cette fosse, appartient déjà à ce faisceau. Il pénètre enfin dans la concession de l'Escarpelle, où on l'exploite à la fosse n° 1.

Plus au sud, on trouve le faisceau des houilles grasses de Douai, qui vient probablement s'interrompre, au levant, contre le cran de retour, et est connu aux fosses n°s 3, 5 et 4, de l'Escarpelle. Nous indiquerons plus loin comment s'établit la correspondance des veines exploitées par les deux compagnies.

Quant au cran de retour, sa direction, dans la concession d'Anzin et au levant de celle d'Aniche, porte à croire qu'il se dirige vers la fosse de Roucourt; s'il se continue jusqu'à la limite sud du bassin, il doit l'atteindre à l'ouest de cette fosse.

Au sud de cet accident, il n'existe que le faisceau gras exploité, depuis l'origine de la compagnie, aux anciennes fosses d'Aniche, et qui est maintenant complètement abandonné. Ses veines les plus méridionales vont passer dans la concession d'Azincourt, et on ne saurait le relier au faisceau gras de Douai, car il en est très éloigné et en est séparé par le cran de retour. On ne peut même pas raccorder les veines grasses d'Aniche à celles de la région d'Abscon. Cette dernière est peut-être délimitée, à l'ouest, par un accident, tel que la faille de Rœulx, interrompant toute continuité entre les faisceaux.

Avenir de la concession d'Aniche.

Quoi qu'il en soit, il résulte des considérations qui précèdent que la concession d'Aniche est appelée à un grand avenir; il faudrait augmenter d'une douzaine, au moins, le nombre de ses fosses, pour mettre en exploitation la totalité de son gisement. On peut craindre, cependant, que le changement de direction de l'axe du bassin, entre le méridien d'Auberchicourt et celui de Lewarde, ne soit marqué, dans cet intervalle, par des accidents importants, qui appauvriraient le milieu de la concession. Cette question ne pourra être tranchée que par des recherches exécutées à cet endroit.

CHAPITRE XIV.

CONCESSION D'AZINCOURT.

Existence de deux régions distinctes dans la concession.

Le terrain houiller de la concession d'Azincourt (pl. VII) se divise en deux parties distinctes : la première, située à l'est, a été exploitée par trois fosses, désignées sous les noms de fosses Saint-Édouard, Sainte-Marie et Saint-Auguste ; la seconde, située à l'ouest, est encore exploitée par la fosse Saint-Roch ; toutes deux fournissent des charbons gras. Elles sont séparées par un massif calcareux, qui forme entre elles une sorte de promontoire, dont le sommet correspond approximativement à l'ancienne fosse d'Etrœungt, placée vers la limite, mais hors du terrain houiller.

Dans la région orientale de la concession, que nous appellerons désormais *région de Saint-Édouard,* la limite sud du terrain houiller a été déterminée, avec une assez grande exactitude, par des bowettes partant des fosses Saint-Auguste, Sainte-Marie et d'Etrœungt. On peut évaluer à 150 hectares environ l'étendue de l'affleurement houiller situé dans cette partie de la concession.

Au contraire, on ne saurait indiquer, même d'une manière approchée, l'étendue du terrain houiller qui constitue le groupe occidental, que nous appellerons *région de Saint-Roch.* Au midi de cette fosse, les bowettes ont à peine dépassé la veine Julienne. Celle qui a donné les indications les plus complètes a été creusée au niveau de 205 mètres ; elle n'a traversé, au delà de Julienne, que deux passées d'une dizaine de centimètres en charbon, et a été arrêtée, à 267 mètres du puits, sur un banc de querelles très dures, qui donnaient beaucoup d'eau. On était encore, à ce moment, dans le terrain houiller. A 1,000 mètres au sud de la fosse Saint-Roch, on a creusé, en 1875, un sondage qui n'a pas donné de résultats concluants. On n'y a pas recueilli d'échantillons au-dessous du tourtia, sous prétexte que l'outillage était imparfait, et que ce travail faisait double emploi avec une galerie de reconnaissance que l'on exécutait alors au midi de la fosse Saint-Auguste. Ce sondage est sorti du tourtia à la profondeur de 155 mètres, et n'a été continué que jusqu'à celle de 165 mètres. Nous avons soumis au lavage des terrains broyés remontés dans cet intervalle, et nous y avons trouvé une proportion de pyrite de fer et de quartz cristallisé supérieure à celle qu'on rencontre ordinairement dans le terrain houiller; les parcelles que nous avons examinées, et dont les plus grosses n'atteignaient pas le volume d'un grain de millet, appartenaient à un grès blanc très différent des grès houillers. Ajoutons en passant qu'on a trouvé dans ce sondage, à un niveau plus élevé, une argile plastique, marbrée de rouge, qui paraît être une argile du gault. Des constatations aussi incomplètes que celles qui viennent d'être décrites, laissent naturellement beaucoup d'incertitude; néanmoins, il convient de remarquer que, dans les résidus du lavage, nous n'avons rencontré aucun grain de terrain paraissant devoir être rapporté soit aux grès, soit aux schistes houillers. Aussi, sommes-nous amené à regarder ce sondage comme négatif.

Malgré cette circonstance défavorable, il est permis de croire qu'il existe, au midi de Saint-Roch, une bande de terrain houiller qui n'a jamais été explorée. On se propose d'y ouvrir une galerie de reconnaissance au niveau de 345 mètres, à 600 mètres au couchant du puits, c'est-à-dire dans la région où les terrains ont la régularité la plus satisfaisante. Nous verrons, dans un instant, que cette recherche a peu de chance de succès.

On se trouve dans une incertitude aussi grande sur la distance à laquelle se développe le terrain houiller du côté de l'ouest. Dans cette direction, les chassages de la fosse Saint-Roch se sont étendus jusqu'à 1,300 mètres environ d'une ligne nord-sud passant par l'axe du puits, et plusieurs d'entre eux ont été abandonnés en veine exploitable. Il n'existe aucun motif de croire que l'exploitation ne pourrait pas être continuée à une plus grande distance au couchant. Si on s'en rapportait même aux résultats connus de l'ancienne fosse d'Erchin, qui a rencontré, dit-on, deux passées charbonneuses, et qui est située à plus de 2,500 mètres au sud-ouest de Saint-Roch, il y aurait lieu de penser qu'une nouvelle fosse pourrait être creusée de ce côté, avec chance de succès. Un sondage exécuté dans cette région permettrait sans doute de se prononcer sur ce point d'une manière définitive. Il résulte, dans tous les cas, de cet exposé, que l'étendue de la zone houillère de Saint-Roch est encore indéterminée.

I. — RÉGION DE SAINT-EDOUARD.

Cette région est maintenant complètement abandonnée : on y a exploité depuis l'origine de la concession jusque dans ces derniers temps, un faisceau de veines qui se présentent dans l'ordre suivant, quand on va du sud, au nord; *Louise* ou *Auguste, N° 7, Edouard* ou *N° 6, N° 5, N° 4, N° 3, N° 2, N° 1, Pauline, Rodolphe, N° 1 du nord, Quévy* ou *l'Etoile* ou *N° 2 du nord, Capricieuse* ou *N° 3 du nord.*

Le tableau qui suit fait connaître la composition moyenne de ce faisceau.

Région
de Saint-Edouard.

Veines
qu'on y exploite.

44

COUPES DES VEINES. H. Houille. — T. Faux-toit. M. Faux-mur. S. Schiste. — E. Escaillage.	NATURE		DISTANCE MOYENNE de chaque veine à la suivante. (Normalement à la stratification.)	PROPORTION P. 0/0.			COULEUR des CENDRES.
	DU TOIT.	DU MUR.		MATIÈRES volatiles.	Carbone. (COKE)	Cendres. (COKE)	
Louise ou Auguste. 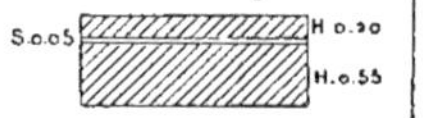	Schiste.	Schiste.	180^m	20.60	77.60	1.80	Gris vineux.
N°7 	Schiste.	Schiste.	32^m	»	»	»	»
Edouard ou N°6. 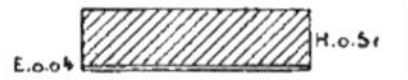	Schiste.	Schiste.	27^m	»	. »	»	Blanc.
N°5. 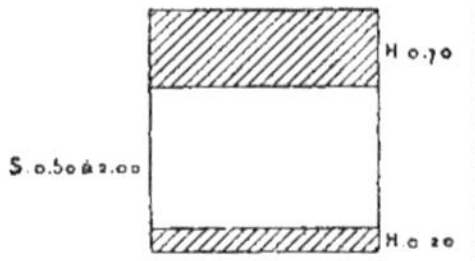	Grès.	Schiste.	22^m	25.19	72.28	2.53	Blanc.
N°4. 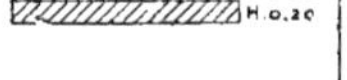	Grès.	Schiste.	27^m	»	»	4.46	Blanc.
N°3 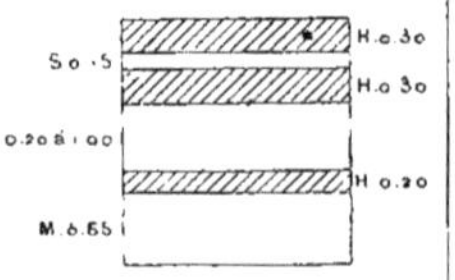	Schiste.	Schiste.	25^m	27.92	66.94	5.14	Blanc.

COUPES DES VEINES. H. Houille. — T. Faux-toit. M. Faux-mur. S. Schiste. — E. Escaillage.	NATURE		DISTANCE MOYENNE de chaque veine à la suivante. (Normalement à la stratification.)	PROPORTION P. 0/0.			COULEUR des CENDRES.
	DU TOIT.	DU MUR.		MATIÈRES volatiles.	COKE. Carbone.	Cendres.	
N° 2 — S.o.o2 / H.o.25 / H.o.25	Schiste.	Schiste.	9^m	»	»	»	»
N° 1 — E.o.5 / H.o.20	Schiste.	Schiste.	60^m	»	»	»	»
Pauline. — H.o.40	Schiste.	Schiste.	20^m	»	»	»	»
Rodolphe. — S.o.o2 / H.o.15 / H.o.25 / H.o.35 / S.o.o3 / H.o.15 / M.6.65	Schiste.	Schiste.	22^m	»	»	»	»
N° 1 du nord — H.o.60	Schiste.	Schiste.	10^m	»	»	»	»
Quévy, l'Etoile ou N° 2 du nord. — H.o.65 / S.o.10 / H.o.10	Grès.	Schiste.	18^m	»	»	»	»
Capricieuse ou N° 3 du nord. — H.o.70	Grès.	Schiste.	»	»	»	»	»

Les veines appelées Capricieuse et Quévy ou l'Etoile, à la fosse Saint-Edouard, ont reçu les noms de N° 3 et N° 2 du nord, à la fosse Saint-Auguste. De même, les veines Edouard et Louise, de la première de ces fosses, ont été appelées N° 6 et Auguste, à la seconde.

A Saint-Edouard, on remarque, entre Quévy et Rodolphe, un certain nombre de passées que l'on a désignées sous les noms de *Constance*, *Amédée*, *Adolphe*, *Lamendin*, *Bougamont*. C'est le prolongement de l'une d'elles, probablement Amédée, qui correspond, à la fosse Saint-Auguste, à la veine n° 1 du nord.

Au midi de la veine Louise ou Auguste, on ne connaît que quelques passées sans importance, dont l'une a reçu le nom d'*Adolphe*, déjà donné à l'une des passées situées entre Quévy et Rodolphe.

Allure du faisceau.   Ce faisceau peut, géologiquement, être divisé en trois parties; la première s'étendant depuis Capricieuse jusqu'à Pauline, la seconde de N° 1 à N° 7, et la troisième comprenant exclusivement la veine Louise.

Dans ces trois groupes, les veines ont des directions à peu près parallèles. Elles pénètrent dans la concession d'Azincourt, au sortir de celle d'Anzin, sous une direction sensiblement est-ouest ; puis, du côté du couchant, et un peu avant d'arriver à hauteur de la fosse Saint-Edouard, elles s'infléchissent d'une quinzaine de degrés vers le sud-ouest.

D'une façon générale, elles se présentent en allure renversée, formant de grands dressants, auxquels des plats doivent vraisemblablement succéder en profondeur ; mais on ne les a encore atteints nulle part ; c'est ainsi que dans l'approfondissement de la fosse Saint-Edouard, exécuté en 1877 et poursuivi jusqu'à la profondeur de 584 mètres, on n'a jamais rencontré que des terrains renversés. Toutefois, l'inclinaison des veines se rapprochant souvent de la verticale, il arrive, dans certains cas, que les variations du pendage ont pour effet de les ramener en allure normale; mais ce fait ne se présente qu'accidentellement, et dans des régions où les terrains sont presque droits.

Cette particularité ne se remarque, du reste, que dans le groupe intermédiaire, compris entre les veines n° 1 et n° 7. Ce groupe est précisément caractérisé par la verticalité presque complète des terrains qui en font partie. Si l'on suit de haut en bas, et suivant la ligne de plus grande pente, l'une des veines qui le composent, par exemple, la veine n° 5, qui a été la plus exploitée, on voit que tantôt elle plonge vers le nord, et tantôt vers le sud, sans jamais s'écarter beaucoup de la verticale. Près de son affleurement, elle plonge vers le sud d'environ 70° dans le méridien Saint-Auguste; puis elle se redresse de plus en plus, et vers la profondeur de 300 mètres, elle arrive à être tout à fait droite; plus bas, elle vient plonger vers le nord, se retrouvant ainsi en allure normale; mais son inclinaison ne descend jamais au-dessous de 70°; enfin, plus bas encore, elle se redresse de nouveau, pour reprendre définitivement son pendage au sud, en allure renversée. Les mêmes faits se reproduisent, à de légers changements près, suivant un méridien quelconque.

Le groupe du nord, allant de Capricieuse à Pauline, se distingue du précédent, en ce qu'on n'y trouve plus ces variations d'inclinaison; ses veines présentent une pente presque uniforme d'environ 60° au sud. La plupart d'entre elles vont affleurer, pour ce motif, dans la concession d'Aniche.

Enfin, la veine Auguste ou Louise doit être considérée à part, comme formant à elle seule un troisième groupe, distinct des précédents. Elle en est, en effet, séparée par un intervalle stérile dont l'épaisseur dépasse quelquefois 200 mètres; de plus, elle a une inclinaison de 45° vers le sud, très différente de celle des veines du nord; nous verrons plus loin que d'autres circonstances tendent encore à lui attribuer une situation spéciale dans le gisement d'Azincourt.

La fosse Saint-Edouard, que l'on a encore appelée fosse d'Azincourt, Fosse Saint-Edouard. est la plus ancienne de la concession; elle date de 1839 et n'est située qu'à 150 mètres de la limite nord, commune avec Aniche. Elle a été ouverte à 130 mètres au sud-est d'un sondage exécuté en 1838, et qui avait trouvé le terrain houiller à la profondeur de 125 mètres; elle a rencontré ce terrain au niveau de 133 mètres. Ses premiers niveaux d'exploitation, jusqu'à la profondeur de 360 mètres, ont donné des résultats assez satisfaisants. On y a exécuté, avec succès, des travaux importants, notamment dans les veines Quévy, N° 3, N° 4, N° 5 et N° 6. Ceux des veines Capricieuse et Quévy ont pénétré légèrement dans la concession d'Aniche, ce qui a donné lieu à un procès entre les deux compagnies.

Au-dessous du niveau de 360 mètres, les terrains sont devenus plus irréguliers ; la situation, déjà mauvaise au niveau de 405 mètres, s'est encore aggravée à celui de 458 mètres; en 1864, elle avait tellement empiré que la fosse fut mise en chômage.

Treize ans après, vers la fin de 1877, on reprit son approfondissement, dans l'espoir de trouver des terrains réguliers à une profondeur plus grande, ainsi que cela s'était produit dans la concession de Liévin (Pas-de-Calais). Mais on s'enfonça jusqu'au niveau de 584 mètres, sans sortir des brouillages. A la profondeur de 517 mètres, le puits rencontra une veine en deux sillons, de 0^m,70 d'épaisseur, à laquelle on donna le nom de *Marie;* puis on recoupa successivement d'autres veines, savoir : à 526 mètres, *Emmanuel;* à 529 mètres, *Sevaistre* ou *Alfred;* à 564 mètres, *Savary* ou *Charles;* à 584 mètres, *Maille.* Le puits fut arrêté à cette profondeur. Dès lors, on eut grand espoir dans l'avenir de la fosse, parce que l'on comptait que les terrains se régulariseraient à distance; cet espoir fut malheureusement déçu, et les travaux d'exploitation qu'on y exécuta jusqu'en 1882 ne firent que montrer l'inexploitabilité du gisement. Les bowettes creusées à l'étage de 517 mètres et aux étages inférieurs, que l'on s'était astreint à diriger perpendiculairement à la stratification des terrains, affectèrent les contours les plus étranges, se repliant capricieusement sur elles-mêmes, et formant parfois des circuits presque complets. La composition des veines a été trouvée essentiellement variable; elles se perdaient ou se renflaient démesurément, mais nulle part, sauf dans une région peu étendue de la veine Savary, il n'a été possible d'entreprendre de véritables travaux d'exploitation.

Nous faisons connaître aussi exactement que possible, dans le tableau ci-dessous, la composition moyenne du faisceau recoupé au fond de la fosse Saint-Edouard.

COUPES DES VEINES. H. Houille. — T. Faux-toit. M. Faux-mur. S. Schiste. — E. Escaillage.	NATURE		DISTANCE MOYENNE de chaque veine à la suivante. (Normalement à la stratification.)	PROPORTION P. 0/0.			COULEUR des CENDRES.
	DU TOIT.	DU MUR.		MATIÈRES volatiles.	Carbone.	Cendres.	
Marie. H.o.38 H.o.35	Schiste.	Schiste.	7^m,50	23.00	73.00	4.00	Rouge vineux.
Emmanuel H.o.65	Schiste.	Schiste.	3 m	23.00	74.00	3.00	Blanc rosé.
Sevaistre ou Alfred. H.o.50	Grès.	Schiste.	32^m	»	»	»	»
Savary ou Charles. S.o.o1 H.o.60 H.o.60	Schiste.	Schiste.	16^m,50	»	»	»	Blanc.
Maille. H.o.65	Schiste.	Schiste.	»	»	»	3.00	Gris rougeâtre.

Pour comble de malheur, la veine Savary ayant été déhouillée jusqu'à
la maçonnerie du puits, sans qu'on y réservât un massif de garantie, le
puits s'éboula, en 1882, vers la profondeur de 560 mètres. Après cet accident, on le combla avec des terres de fosse, mais sans le serrementer.

La fosse Sainte-Marie a été ouverte, en 1844, à 280 mètres environ au Fosse Sainte-Marie.
sud-est de la fosse Saint-Edouard ; elle est entrée dans le terrain houiller à

143 mètres du sol, et n'a été approfondie que jusqu'au niveau de 240 mètres. Elle n'a pour ainsi dire pas servi à l'extraction, et on s'est borné à y installer un ventilateur, pour aérer les travaux de Saint-Edouard et de Saint-Auguste.

Une bowette poussée au sud de cette fosse, à la profondeur de 176 mètres, a rencontré le calcaire à 312 mètres du puits. Ce calcaire avait une inclinaison de 53° au sud et paraissait être en stratification concordante avec le terrain houiller. On n'a pas remarqué de faille ou d'accident à la séparation des deux terrains. C'est un premier point où l'on a atteint le calcaire carbonifère qui forme la limite sud du bassin.

La fosse Sainte-Marie a été abandonnée en 1882; on a installé dans ses bâtiments un lavoir à charbons, dont les déchets servent à la combler.

Fosse Saint-Auguste. La fosse Saint-Auguste a été ouverte, en 1846, à environ 380 mètres de la limite nord de la concession, et à 350 mètres de sa limite est. Le terrain houiller y a été rencontré à la profondeur de 130 mètres, dans la région stérile comprise entre les veines n° 7 et Louise ou Auguste. L'exploitation a eu lieu successivement à plusieurs niveaux, dont le dernier a été établi à 454 mètres. L'extraction, d'abord assez importante, n'a pas tardé à décroître avec la profondeur, à cause de l'allure de plus en plus défectueuse du gisement. Les travaux les plus importants ont été faits dans les trois veines du nord, dans les veines n°s 3 à 6, et dans Auguste, qui a été la dernière exploitée, au niveau de 210 mètres.

La bowette sud de cet étage donnant une assez grande quantité d'eau, on la serrementa, en 1870, à 30 mètres du puits. En 1876, on eut l'idée de démolir ce serrement et de continuer la bowette jusqu'à la rencontre de la limite du terrain houiller. A 598 mètres du puits, elle quitta la formation houillère, pour pénétrer dans une alternance de bancs de schistes verdâtres calcarifères, et de calcaire compact d'un bleu foncé. On ne s'arrêta qu'après avoir pénétré de 24^m,30 dans ces terrains. La teinte verdâtre des schistes ne permettait pas de les confondre avec les schistes houillers. On n'a remarqué ni cran ni faille entre le terrain houiller et le terrain négatif, ni dans le voisinage. Les bancs des deux terrains paraissaient en stratification concordante, et étaient inclinés de 50° au sud (fig. 36).

Nous donnons ci-dessous la coupe des terrains rencontrés.

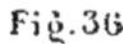

Fig. 36.

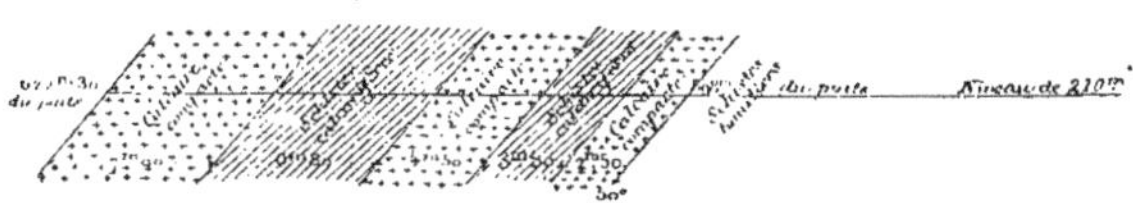

Les schistes calcarifères traversés dans cette bowette sont analogues à ceux qui ont été rencontrés, plus à l'ouest, au sondage Saint-Ruffin, à Monchecourt, et au sondage Legrand, à Gœulzin, dont nous parlerons tout à l'heure. Ils sont cependant plus friables, et leur clivage est irrégulier. La différence qu'ils présentent avec ceux que l'on a trouvés aux fosses de Monchecourt et d'Esquerchin est que, dans ces derniers, la teinte verdâtre était plus vive et alternait avec la teinte lie de vin ou rougeâtre. Les uns et les autres sont, d'ailleurs, nettement négatifs. Après l'abandon définitif de la bowette de l'étage de 210 mètres, on y a établi un serrement, à 80 mètres du puits, afin d'aveugler la venue d'eau qu'elle fournissait.

Au commencement de l'année 1876, on décida l'abandon de la fosse Saint-Auguste; on y suspendit alors l'épuisement, et les niveaux inférieurs d'exploitation furent bientôt noyés. Quelques mois après, on revint sur cette détermination, et on se mit à vider les travaux inondés. L'accrochage de 330 mètres venait d'être rendu accessible, quand un éboulement considérable se produisit et eut pour effet de remplir partiellement le puits. D'autres éboulements partiels étant encore survenus, on se résigna à remblayer le puits jusqu'à la profondeur de 310 mètres. Depuis cette époque, l'exploitation n'y a pas été reprise; le puits a été serrementé et abandonné.

La limite méridionale du bassin houiller a encore été atteinte à la fosse d'Etrœungt, qui a été ouverte par la société de ce nom, en 1838. Son emplacement se trouve à 1,200 mètres à l'ouest de la fosse Sainte-Marie, et

Fosse d'Etrœungt.

à 290 mètres de la limite nord de la concession. Elle a été creusée à 120 mètres au sud d'un sondage entrepris par la même société, et qui avait atteint le terrain houiller à 122 mètres, et deux veinules de charbon à 123 et à 128 mètres. Elle a rencontré le calcaire immédiatement sous le tourtia, à la profondeur de 142 mètres, et n'a pénétré dans le terrain houiller qu'à celle de 190 mètres. Le calcaire présentait une inclinaison de 60° au sud. Une bowette poussée vers le nord, au niveau de 165 mètres, a bien vite atteint le terrain houiller, puis a recoupé plusieurs veines failleuses, que l'on a explorées sans résultat sur une assez grande étendue, au levant et au couchant; un recoupage, entrepris du côté du levant, au sud de la veine la plus méridionale, a également atteint le calcaire, au sud-est du puits; cela indique que la limite des deux terrains s'infléchit vers le sud, du côté de l'est, de manière à venir passer à une assez grande distance au midi de la fosse Sainte-Marie. Les matériaux extraits de la fosse d'Etrœungt ont servi à remblayer le chemin qui y aboutit; on y voit encore aujourd'hui de nombreux échantillons de calcaire; il est d'un bleu pâle veiné de blanc, et assez semblable au calcaire carbonifère de Tournai.

Abandon de la région de Saint-Edouard.

La région de Saint-Edouard doit être considérée comme définitivement abandonnée; elle a donné lieu à une exploitation assez avantageuse aux accrochages les moins profonds; mais, plus bas, les terrains se sont brouillés et sont devenus absolument improductifs; les recherches entreprises dans le but de trouver des régions régulières ont été infructueuses, même à une grande profondeur, et la prudence commande de ne pas les continuer. On doit regretter, toutefois, que la veine Louise ou Auguste n'ait pas été exploitée au-dessous des niveaux de 176 mètres de Sainte-Marie, et de 250 mètres de Saint-Auguste. Cela tient à ce que cette veine n'aurait pu être atteinte au midi de ces deux fosses, à des étages inférieurs, que par des bowettes de grande longueur, dont le creusement aurait coûté fort cher. On a peut-être eu raison, au point de vue du prix de revient, de ne pas entreprendre ces bowettes : il n'en est pas moins vrai qu'on a négligé, de cette manière, d'extraire une certaine quantité de charbon, qu'il ne sera plus possible désormais d'atteindre.

II. — RÉGION DE SAINT-ROCH.

La fosse Saint-Roch a été ouverte, en 1858, dans la partie occidentale de la concession, à plus de 4,000 mètres au sud-ouest de la fosse Sainte-Marie, et à environ 530 mètres de la limite nord. Elle a atteint le terrain houiller à la profondeur de 165 mètres.

Le faisceau qu'elle exploite comprend, du sud au nord, les veines suivantes : *Julienne, Sans nom* ou *Marie, André, Deux sillons, Pyriteuse, Veine à forge, Eugène, Léopold* ou *Casimir, Joseph n° 1, Salmon, Béthune, Joseph n° 2.*

Le tableau ci-dessous en fait connaître la composition moyenne.

Région
de Saint-Roch.
Fosse Saint-Roch.

Veines
qu'on y exploite

COUPES DES VEINES. H. Houille. — T. Faux-toit. M. Faux-mur. S. Schiste. — E. Escaillage.	NATURE		DISTANCE MOYENNE de chaque voine à la suivante. (Normalement à la stratification.)	PROPORTION P. 0/0.			COULEUR des CENDRES.
	DU TOIT.	DU MUR.		MATIÈRES volatiles.	COKE. Carbone.	Cendres.	
Julienne. $H.o.6o$	Schiste.	Schiste.	165^m	18.85	77.28	3.87	Gris bleuâtre.
Sans nom ou Marie. $E.o.1o$ $H.o.4o$	Schiste.	Schiste.	78^m	»	»	»	»
André. $T.o.15$ $H.o.15$ $H.o.5o$	Schiste.	Schiste.	28^m	23.07	66.77	10.16	Rougeâtre.

COUPES DES VEINES. H. Houille. — T. Faux-toit. M. Faux-mur. S. Schiste. — E. Escaillage.	NATURE DU TOIT.	DU MUR.	DISTANCE MOYENNE de chaque veine à la suivante. (Normalement à la stratification.)	PROPORTION P. 0/0. MATIÈRES volatiles.	COKE. Carbono.	Cendres.	COULEUR des CENDRES.
Deux sillons. E.o.20 — H.o.15 / H.o.25	Schiste.	Schiste.	55^m	22.60	71.07	6.33	Rougeâtre.
Pyriteuse. (Passée.) H.o.25	Schiste.	Schiste.	23^m	»	»	»	»
Veine à forge. H.o.50	Schiste.	Schiste.	21^m	»	»	»	»
Eugène. H.o.55	Schiste.	Schiste.	45^m	23.19	73.86	2.95	Rougeâtre.
Léopold ou Casimir. H.o.50	Schiste.	Schiste.	28^m	26.75	70.81	2.44	Gris.
Joseph n.°1. H.o.72	Schiste.	Schiste.	44^m	27.17	69.78	3.05	Rougeâtre.
Salmon. S.o.10 — H.o.15 / H.o.25	Schiste.	Schiste.	10^m	24.02	74.58	1.40	Rougeâtre.

COUPES DES VEINES. H. Houille. — T. Faux-toit. M. Faux-mur. S. Schiste. — E. Escaillage.	NATURE		DISTANCE MOYENNE de chaque veine à la suivante. (Normalement à la stratification.)	PROPORTION P. 0/0.			COULEUR des CENDRES.
	DU TOIT.	DU MUR.		MATIÈRES volatiles.	COKE. Carbone.	Cendres.	
Béthune.	Schiste.	Schiste.	18^m	25.46	68.95	5.59	Blanc.
Joseph n°2.	Schiste.	Schiste.	»	26.00 à 28.00	»	»	Rougeâtre.

Entre Deux sillons et Pyriteuse, on a exploité, à certains endroits, une passée que l'on appelle *Petite veine.*

Toutes ces veines plongent vers le sud et sont en allure renversée. Le puits est tombé un peu au midi de l'affleurement de la veine Julienne, qu'il a traversée presque immédiatement. On remarque, entre cette veine et Sans nom, un intervalle stérile de 165 mètres environ d'épaisseur normale, analogue à celui qui existe, dans la région de Saint-Edouard, entre Louise et la veine n° 7.

Au levant du méridien de la fosse Saint-Roch, le faisceau qu'elle exploite a la direction N. 65° E.; mais si l'on s'éloigne du côté du couchant, on constate que cette direction se rapproche peu à peu de celle de l'est à l'ouest, pour revenir ensuite vers le nord-ouest. Il résulte de cette allure que les veines décrivent, en affleurement, une sorte d'arc de cercle dont le centre est à l'intérieur de la concession d'Aniche, et se rapprochent de cette concession, pour y pénétrer, au couchant et au levant.

Cette circonstance réduit notablement l'étendue du champ d'exploitation de la fosse Saint-Roch, surtout en ce qui concerne les veines septentrionales. Son effet est cependant mitigé par le plongement des veines vers

Allure du faisceau.

le sud. Il en résulte qu'à mesure qu'elles s'enfoncent, elles s'éloignent de plus en plus de la concession d'Aniche; en même temps, on voit des veines venant de cette concession et y ayant leurs affleurements, pénétrer dans celle d'Azincourt.

C'est pour ce motif que la veine Joseph n° 2, par exemple, n'a été atteinte, pour la première fois, qu'au niveau de 295 mètres. La bowette nord de cet étage ne l'aurait même rencontrée qu'au delà de la limite d'Azincourt et d'Aniche; mais les veines s'écartant de la concession d'Aniche lorsqu'on s'avance vers l'ouest, il a été possible de l'atteindre au moyen d'un recoupage partant de Joseph n° 1.

Aux étages inférieurs, l'étendue exploitable de Joseph n° 2 sera plus considérable qu'à celui de 295 mètres, et on trouvera peut-être, entre cette veine et la limite de la concession d'Aniche, d'autres veines exploitables.

Les travaux les plus importants ont été exécutés dans Joseph n° 2, Joseph n° 1, Léopold, Eugène et Julienne. Les chassages des étages de 205, 245 et 295 mètres se sont étendus, au levant jusqu'à 600 mètres, et au couchant jusqu'à 1,300 mètres environ des bowettes; ils ont, en général, été arrêtés à des rétrécissements ou à des crans de peu d'importance, qu'il aurait sans doute été facile de percer.

Actuellement, le puits est approfondi jusqu'au niveau de 480 mètres; on a installé de nouveaux accrochages à 345 et à 395 mètres, et on se propose d'en établir un autre à 470 mètres. Les terrains paraissent toujours bien réglés, et on n'observe aucun indice du retour des veines en plat.

L'inclinaison des veines varie suivant la région où on l'observe. Du côté du levant, elle est en moyenne de 75°; il y a même un endroit, entre les niveaux de 245 et de 295 mètres, où Julienne, après s'être redressée de manière à devenir verticale, vient prendre un plongement au nord en allure normale; mais ce fait est complètement accidentel; l'allure des veines est généralement renversée, et si on les suit vers le couchant, on remarque qu'elles s'aplatissent de manière à ne plus plonger que de 45° au sud; ensuite, elles se redressent de nouveau, et en même temps leur direction se modifie, en les ramenant vers la concession d'Aniche.

On ne remarque pas de grands accidents, failles ou rejets, dans le gisement de Saint-Roch ; les intervalles des veines, normalement à la stratification, changent peu d'un point à un autre ; en revanche, leur composition est assez variable. Elles présentent fréquemment, notamment Léopold et Eugène, des rétrécissements qui les rendent localement inexploitables. Il n'y a de véritable constance dans la composition que dans Joseph n° 2, Joseph n° 1 et Julienne, qui sont certainement les plus belles veines de la concession : et même, Julienne présente encore d'assez nombreux serrages auxquels correspondent des renflements qui atteignent jusqu'à 3ᵐ,50 et 4 mètres de puissance. L'effet de cette irrégularité relative est de rendre les charbons menus et terreux.

Malgré cela, l'avenir de la fosse Saint-Roch paraît assuré pour longtemps, car son champ d'exploitation n'est limité, quant à présent, ni en direction ni en profondeur.

Nous rappellerons qu'au midi de Julienne, on n'a exploré les terrains que sur une étendue d'environ 200 mètres, à l'étage de 205 mètres ; deux passées seulement ont été traversées dans cet intervalle.

A plus de 2,500 mètres au sud-ouest de la fosse Saint-Roch, la société d'Erchin a ouvert, en 1838, la fosse d'Erchin. On l'a arrêtée, en février 1839, à la profondeur de 101ᵐ,50, après l'avoir enfoncée de 13 mètres seulement dans les diéves, et on l'a continuée, la même année, par un sondage de 56 mètres de profondeur, qui a rencontré le tourtia à 144 mètres, puis des schistes houillers et deux passées charbonneuses. Quoique ces résultats n'aient pas été constatés officiellement, on peut en inférer que le terrain houiller s'étend à une grande distance du côté de l'ouest, dans l'étendue de la concession d'Azincourt.

Toutefois, on s'est exagéré un instant l'importance de cet épanouissement houiller, parce que l'on s'était mépris sur les résultats de deux sondages entrepris, l'un à Gœulzin, par la société Legrand (1860), l'autre au sud du clocher de Monchecourt, par la société Mathieu (1861). Ce dernier est connu sous le nom de sondage Saint-Ruffin. On croyait avoir rencontré les schistes houillers, à 150 mètres de profondeur dans le premier, et à

132 mètres dans le second; mais un examen plus attentif des échantillons a permis de constater la teinte verdâtre de ces schistes, qui sont analogues à ceux que l'on a recoupés au midi de la fosse Saint-Auguste, et ne se rapportent certainement pas à la formation houillère. D'ailleurs, la découverte des terrains négatifs à la fosse de Monchecourt et au sondage exécuté, en 1875, au midi de la fosse Saint-Roch, exclut la possibilité de la rencontre du terrain houiller au sondage Saint-Ruffin.

Fosse de Monchecourt. La fosse de Monchecourt, dont nous venons de parler, se trouve à 1,000 mètres environ au sud du sondage de 1875. Elle a été commencée, en 1774, par le marquis de Traisnel, puis abandonnée, en 1777, à la profondeur de 123 mètres. Reprise en 1837 par une société, dite de Monchecourt, on y poussa vers le sud une bowette de 60 mètres de long, et vers le nord une autre de 100 mètres, qui fut terminée par un bure vertical de 35 mètres de hauteur. Des fouilles, exécutées sur l'emplacement de cette fosse, ont mis à jour une grande quantité de blocs de schistes et de grès verts et rouges, et quelques échantillons d'un calcaire noir à cassure rugueuse. Ces terrains sont semblables à ceux que l'on peut recueillir sur l'emplacement des anciennes fosses du Postillon et d'Esquerchin.

Travaux de recherche exécutés au midi des concessions d'Azincourt et d'Aniche. D'autres travaux de reconnaissance, assez nombreux, ont été exécutés, soit à l'intérieur de la concession d'Azincourt, soit au midi de cette concession et de celle d'Aniche; nous ferons connaître les plus importants.

Dans la concession même d'Azincourt, le terrain houiller a été atteint en un assez grand nombre de points.

Un sondage exécuté, en 1838, par la société Carette et Minguet, contre la concession d'Anzin, à 200 mètres environ au sud de la limite d'Aniche, a trouvé les schistes houillers à 122 mètres du sol.

Plus au nord, et dans l'angle nord-est de la concession d'Azincourt, les mêmes schistes ont été atteints, la même année, par un sondage entrepris par la Société d'Hordain-sur-l'Escaut. C'est à peu de distance de ce dernier qu'a été ouverte la fosse d'Hordain ou des Lillois, qui n'a jamais passé le niveau, et dont le matériel a servi à creuser la fosse Sainte-Marie, après la fusion de quatre sociétés rivales qui ont obtenu collectivement la concession d'Azincourt.

Au sud des deux sondages précédents, et près du pavé de Marchiennes, la société d'Hordain-sur-l'Escaut avait déjà trouvé le terrain houiller, par un sondage ouvert en 1837.

De 1855 à 1858, la compagnie d'Azincourt a exécuté six sondages, nommés sondages Saint-Roch, Saint-Michel, Saint-Pierre, Saint-Martin, Saint-Mathieu et Saint-Louis, qui ont tous atteint le terrain houiller aux profondeurs respectives de 144, 148, 145, 174, 149 et 146 mètres. C'est d'après leurs indications qu'a été déterminé l'emplacement de la fosse Saint-Roch, qui date de 1858. Vers la même époque, la compagnie a commencé une autre fosse sur le territoire de Monchecourt. Les travaux ont marché lentement, et on n'a pas tardé à les abandonner définitivement.

Quant aux fosses et sondages qui sont tombés sur les terrains négatifs, on peut en citer un grand nombre.

En 1839, une société Laurent et Bernard a trouvé le calcaire à la profondeur de 126 mètres, par un forage ouvert au nord-ouest du clocher d'Emerchicourt. ·

Au point d'intersection des routes de Bouchain à Marchiennes et à Douai, et à peu de distance d'un ancien sondage de la compagnie d'Aniche, la société d'Hordain a entrepris, en 1839, un forage qui a traversé des grès et schistes verdâtres dévoniens, à la profondeur de 100 mètres; la même société a trouvé les terrains rouges à 86 mètres, à un autre sondage exécuté au sud-est de Bouchain, contre la route de Valenciennes à Cambrai.

De 1835 à 1838, la compagnie d'Aniche a creusé la fosse de Mastaing, entre Aniche et Bouchain. Elle est sortie des morts-terrains à la profondeur de 107 mètres, et on l'a approfondie jusqu'à celle de 143 mètres. Une bowette poussée au sud du puits, au niveau de 137 mètres, a recoupé des schistes rouges. Au nord, on a traversé des grès blanchâtres très durs et inclinés de 60°, étrangers à la formation houillère.

En 1837, la société de Bouchain a ouvert, au nord-ouest de cette ville, et à proximité d'un forage où elle croyait avoir trouvé le terrain houiller, la fosse de Bouchain, qui pénétra de 13 mètres dans des schistes rouges et blancs. On était beaucoup trop au sud pour avoir chance d'atteindre le bassin houiller.

La même société a encore trouvé des schistes et des grès verts, à la profondeur de 122 mètres, à un forage exécuté à peu de distance de la verrerie d'Aniche. Les mêmes terrains avaient été atteints à 133 mètres, un peu auparavant, à proximité du même emplacement, par un forage de la compagnie d'Aniche, appelé sondage de la verrerie Drion.

Citons encore le forage d'Arleux, exécuté en 1838, à 2 kilomètres de Cantin, sur le bord du canal de la Sensée, par la société du Nord et de l'Aisne. Ce sondage est tombé sur le grès rouge.

La fosse de Cantin a été ouverte par la même société, en 1839, près de la route de Douai et à 500 mètres du village; elle a trouvé le terrain dévonien à la profondeur de 165 mètres.

Enfin, nous rappellerons que le sondage de Férin, entrepris, en 1860, par la société d'Azincourt, a atteint le grès rouge, au niveau de 207 mètres. Ce sondage a traversé, au-dessous de la craie, des argiles noirâtres appartenant au gault, que l'on a prises, un instant, pour des schistes houillers, et où l'on a trouvé quelques parcelles de houille.

Nous pourrions encore citer d'autres sondages qui ont donné des résultats moins certains que ceux désignés ci-dessus; mais nous ne voulons pas prolonger cet exposé.

Limite méridionale du terrain houiller dans la région d'Azincourt. Il suffit, d'ailleurs, à faire comprendre comment nous avons tracé la limite du terrain houiller à l'ouest de la fosse d'Etrœungt. Nous l'avons fait passer entre la fosse Saint-Roch et le sondage de 1875, qui nous paraît négatif, en laissant au nord tous les sondages qui ont trouvé le terrain houiller; puis nous l'avons fait remonter vers le nord-ouest, en la maintenant au sud de la fosse d'Erchin, et en la faisant passer entre la fosse de Cantin et la fosse de Roucourt. Ce tracé diminue notablement l'étendue de terrain houiller sur laquelle on comptait, à l'époque où les sondages de Gœulzin et Saint-Ruffin passaient pour positifs; cependant, il ne réduit pas trop la superficie houillère, car, au sud-ouest du sondage de Roucourt, il n'existe aucun travail de recherche ayant démontré la présence du terrain houiller, et, par conséquent, il n'y a aucun motif de croire qu'il se développe, de ce côté, à une grande distance.

Il nous reste à indiquer les relations que peuvent présenter les veines du gisement d'Azincourt, soit entre elles, soit avec celles exploitées dans d'autres concessions.

Il y a d'abord une assimilation à établir entre les veines Louise-Auguste, du faisceau de Saint-Edouard, et Julienne, du faisceau de Saint-Roch. Ces deux veines présentent des caractères communs; elles sont toutes deux séparées par un large intervalle stérile du reste du faisceau; elles se ressemblent dans leur puissance, ainsi que dans l'aspect et la composition de leurs charbons; enfin, on a trouvé à Saint-Auguste, à 15 mètres au nord de la veine Auguste, deux bancs de calcaire subordonné, d'une quarantaine de centimètres d'épaisseur chacun, qui contiennent de nombreux fossiles et forment un horizon géologique que l'on retrouve à la fosse Saint-Roch, au nord de Julienne.

Remarquons encore que la veine Louise-Auguste-Julienne diffère des autres veines d'Azincourt par la proportion de matières volatiles de ses charbons, qui n'est que de 18 à 20 0/0, au lieu de 23 à 28 0/0. Cette différence, ainsi que la distance qui la sépare du reste du faisceau, tend à la faire assimiler à l'une des veines du groupe de Marly et de la Citadelle.

S'il en est ainsi, le faisceau d'Azincourt doit être considéré comme le prolongement de celui de Rœulx, Douchy et Saint-Waast; en conséquence, une recherche entreprise au midi de Julienne a très peu de chance de recouper des veines exploitables, puisqu'on doit se trouver, à Azincourt comme à Douchy, dans la zone la plus méridionale de la partie productive du bassin houiller. Certaines personnes pensent encore que le faisceau de Douchy doit passer au midi d'Azincourt : cette hypothèse nous paraît peu vraisemblable.

En dehors de la continuité qui existe dans la veine Auguste-Louise-Julienne, on ne constate aucune ressemblance entre le reste du faisceau de Saint-Roch et le reste de celui de Saint-Edouard; les couches se modifient et se transforment en passant de l'un à l'autre, et il n'est plus possible de les raccorder. Il est, d'ailleurs, superflu d'établir une assimilation veine par veine; l'essentiel est de suivre l'ensemble des faisceaux dans leur continuité, et c'est ce que nous venons de faire.

De l'ensemble des considérations exposées dans ce chapitre, il résulte que l'avenir de la concession d'Azincourt se trouve tout entier à l'ouest de la fosse Saint-Roch, et vers la fosse d'Erchin. Les recherches au midi ont peu de chance d'aboutir favorablement. De plus, l'existence à peu près certaine d'une large bande stérile au sud de Julienne, et la forte inclinaison de la surface séparative du terrain houiller et du calcaire, inclinaison qui, comme on l'a vu, varie de 50° à 60°, excluent tout espoir d'exploiter la houille sous les terrains négatifs. Nous rappellerons, en finissant, que, nulle part, on n'a constaté l'existence, dans la concession d'Azincourt, d'une faille ou d'une cassure à la limite du bassin houiller. Ce bassin paraît donc complet, dans toute l'étendue où sa limite sud a été explorée.

CHAPITRE XV.

CONCESSION DE L'ESCARPELLE.

Le gisement de la compagnie de l'Escarpelle (pl. IX), que l'on relie, Fosses
en exploitation.
maintenant, d'une manière certaine à celui d'Aniche, est exploité, au voisinage de la limite de cette dernière concession, par trois fosses, disposées
suivant une ligne dirigée à peu près du nord-est au sud-ouest, et qu'on
désigne par les n°ˢ 1 (anciennement fosse Soyez), 5 et 4. A 900 mètres énvi-
ron au nord-ouest de cette ligne, se trouve une quatrième fosse à laquelle on
a attribué le n° 3 (ancienne fosse Dorignies), et dont les veines constituent le
prolongement d'un certain nombre de celles qui sont exploitées aux fosses
du levant ; enfin, la compagnie possède, au voisinage de la station de Leforest, à la limite des départements du Nord et du Pas-de-Calais, une cinquième
fosse portant le n° 2 (ancienne fosse Douay ou de Leforest), par laquelle on
exploite des veines dont on n'a pas encore déterminé avec certitude la
concordance avec celles qui existent dans le reste de la concession ; cette
fosse n° 2 va être doublée par une autre, portant le n° 6, qui est actuellement en fonçage.

Occupons-nous d'abord des travaux les plus voisins de la limite Veines exploitées
aux fosses n°ˢ 1, 5 et 4.
d'Aniche, c'est-à-dire de ceux des fosses n°ˢ 1, 5 et 4.

Les veines exploitées à ces fosses sont nombreuses; elles se succèdent
dans l'ordre suivant, à partir du nord: *N° 4 du nord, N° 3 du nord, N° 2 du
nord, N° 1 du nord, Paul, Grand Amédée, Petit Amédée, Ame, Alma, Léopold, Nouvelle veine, Saint-Charles, Amable-Marc, Eugène, D, C, B, A, N° 28, N° 27, N° 26,*

N° 25, *N*° 24, *N*° 23, *N*° 22, *N*° 21, *N*° 20, *N*° 19, *N*° 18, *N*° 17, *N*° 16, *N*° 15, *N*° 14, *N*° 13, *N*° 12, *N*° 11, *N*° 10, *N*° 9, *N*° 8, *N*° 7, *N*° 6, *N*° 5, *N*° 5ᵇⁱˢ, *Petit n*° 4, *N*° 4, *N*° 3, *N*° 2, *N*° 1, *A, B, C, D, E, F* (*2*° *série*). Dans les étages supérieurs, on a donné à Nouvelle veine les noms d'*Edouard* et de *Clément*.

Le tableau ci-dessous donne la composition moyenne de ce groupe de veines.

COUPES DES VEINES. H. Houille. — T. Faux-toit. M. Faux-mur. S. Schiste. — E. Escaillage.	NATURE		DISTANCE MOYENNE de chaque veine à la suivante. (Normalement à la stratification.)	PROPORTION P. 0/0.			COULEUR des CENDRES.
	DU TOIT.	DU MUR.		MATIÈRES volatiles.	COKE. Carbone.	Cendres.	
N° 4 du nord. 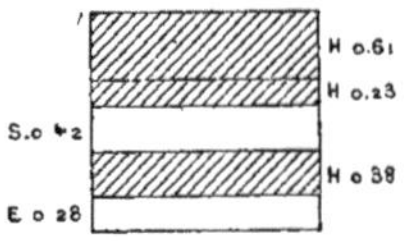	Schiste.	Schiste.	15ᵐ	»	»	»	»
N° 3 du nord. 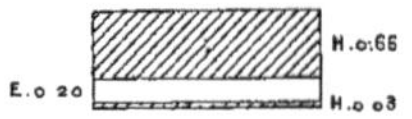	Schiste.	Schiste.	30ᵐ	11.80	83.88	4.32	»
N° 2 du nord. 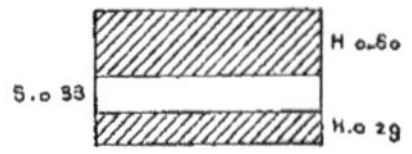	Schiste.	Schiste.	50ᵐ	12.54	77.86	9.60	»
N° 1 du nord. 	Schiste.	Schiste.	15ᵐ	11.98	83.85	4.17	»
Paul. 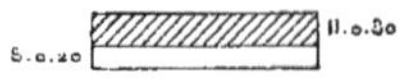	Schiste.	Schiste.	40ᵐ	11.80	84.10	4.10	»
Grand Amédée. 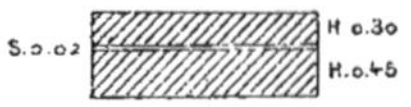	Schiste.	Schiste.	16ᵐ	15.20	82.30	2.50	»

COUPES DES VEINES. H. Houille. — T. Faux-toit. M. Faux-mur. S. Schiste. — E. Escaillage.	NATURE		DISTANCE MOYENNE de chaque veine à la suivante. (Normalement à la stratification.)	PROPORTION P. 0/0.	COKE.		COULEUR des CENDRES.
	DU TOIT.	DU MUR.		MATIÈRES volatiles.	Carbone.	Cendres.	
Petit Amédée. H.0.40	Schiste.	Schiste.	40ᵐ	15.20	82.30	2.50	»
Ame. H.0.30 à 0.35	Schiste.	Schiste.	40ᵐ	»	»	»	»
Alma. H.0.65	Grès.	Schiste.	35ᵐ	16.50	82.00	1.50	»
Léopold. E.0.10 H.0.45 E.0.10	Schiste.	Grès.	60ᵐ	12.98	84.37	2.65	»
Nouvelle veine, Edouard ou Clément. H.0.30 H.0.30	Grès.	Schiste.	40ᵐ	14.03	83.87	2.10	»
St Charles. H.0.00 à 2.00	Schiste.	Grès.	30ᵐ	12.98	84.37	2.65	»
Amable-Marc. E.0.15 H.0.70 S.0.20 H.0.25 S.0.45 H.0.30	Schiste.	Schiste.	50ᵐ	»	»	»	»

| COUPES DES VEINES.
H. Houille. — F. Faux-toit.
M. Faux-mur.
S. Schiste. — E. Escaillage. | NATURE | | DISTANCE MOYENNE de chaque veine à la suivante. (Normalement à la stratification.) | PROPORTION P. 0/0. | | | COULEUR des CENDRES. |
	DU TOIT.	DU MUR.		MATIÈRES volatiles.	COKE. Carbone.	Cendres.	
 Eugène. H.o.5o	Grès.	Schiste.	22ᵐ	12.98	84.37	2.65	»
D. 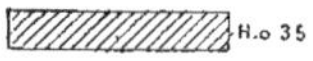 H.o 35	Grès.	Grès.	35ᵐ	»	»	»	»
C. (Pauvrée)	Grès.	Schiste.	20ᵐ	»	»	»	»
B. 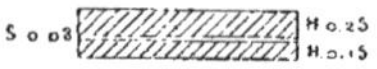 S.o.o3 H.o.25 H.o.15	Schiste.	Schiste.	23ᵐ	»	»	»	»
A. 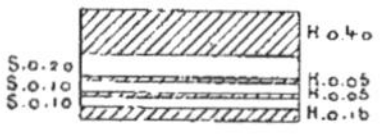 S.o.20 H.o.40 S.o.10 H.o.o5 S.o.10 H.o.o5 H.o.1b	Grès.	Grès.	145ᵐ	»	»	»	»
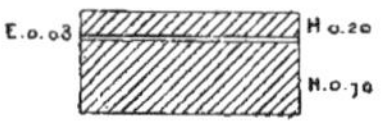 N.º28. E.o.o3 H.o.20 H.o.30	Schiste.	Grès.	50ᵐ	17.90	80.70	1.40	»
 N.º27. H.o.4o	Schiste.	Grès.	60ᵐ	»	»	»	Blanc.

COUPES DES VEINES. H. Houille. — T. Faux-toit. M. Faux-mur. S. Schiste. — E. Escaillage.	NATURE		DISTANCE MOYENNE de chaque veine à la suivante. (Normalement à la stratification.)	PROPORTION P. 0/0.	COKE.		COULEUR des CENDRES.
	DU TOIT.	DU MUR.		MATIÈRES volatiles.	Carbone.	Cendres.	
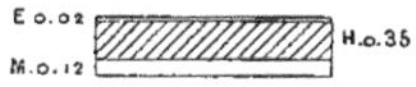 N°26. — E 0.02 / M.0.12 ; H.0.35	Schiste.	Schiste.	15ᵐ	»	»	»	»
N°25. — E.0.02, E.0.02, E.0.10 ; H.0.24, H.0.28, H.0.22, H.0.25 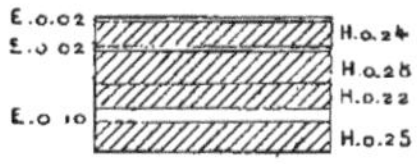	Schiste.	Schiste.	15ᵐ	»	»	»	»
N°24. 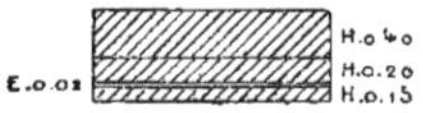 — E.0.02 ; H.0.40, H.0.20, H.0.15	Schiste.	Schiste.	10ᵐ	»	»	»	»
N°23. (Passée) 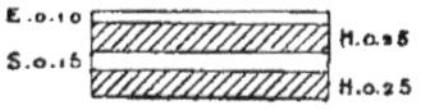 — E.0.10, S.0.15 ; H.0.15, H.0.25	Schiste.	Grès.	15ᵐ	15.30	»	»	»
N°22. (Passée) 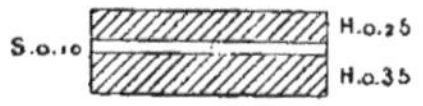 — S.0.10 ; H.0.25, H.0.35	Schiste.	Grès.	25ᵐ	18.26	»	»	»
N°21. 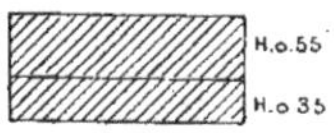 — H.0.55, H.0.35	Grès.	Schiste.	60ᵐ	17.02	»	»	»
N°20.  — E.0.09 ; H.0.40	Schiste.	Schiste.	30ᵐ	»	»	»	»

COUPES DES VEINES. H. Houille. — T. Faux-toit. M. Faux-mur. S. Schiste. — E. Escaillage.	NATURE		DISTANCE MOYENNE de chaque veine à la suivante. (Normalement à la stratification.)	PROPORTION P. 0/0.			COULEUR des CENDRES.
	DU TOIT.	DU MUR.		MATIÈRES volatiles.	COKE Carbone.	COKE Cendres.	
N.º 19. (Passée).	Grès.	Schiste.	33ᵐ	17.76	»	»	»
N.º 18. E.o.15 / H.o.35 / E.o.10	Schiste.	Schiste.	16ᵐ	»	»	»	»
N.º 17. S.o.25 — H.o.35 / S.o.20 — H.o.05 / E.o.20 — H.o.15 / H.o.4c	Schiste.	Schiste.	17ᵐ	19.00	»	»	»
N.º 16. H.o.3o / H.o.3 / E.o.32	Schiste.	Schiste.	41ᵐ	»	»	»	»
N.º 15. S.o.20 — H.o.25 / S.o.25 — H.o.25 / H.o.4o / S.o.30 — H.o.4o	Schiste.	Schiste.	11ᵐ	21.04	74.41	4.55	»
N.º 14. E.o.06 — H.o.03 / E.o.06 — H.o.18 / E.o.05 — H.o.12	Grès.	Grès.	17ᵐ	19.65	76.98	3.37	»
N.º 13. E.o.09 / S.o.15 — H.o.06 / H.o.20	Grès.	Grès.	6ᵐ	»	»	»	»

COUPES DES VEINES. H. Houille. — T. Faux-toit. M. Faux-mur. S. Schiste. — E. Escaillage.	NATURE		DISTANCE MOYENNE de chaque veine à la suivante. (Normalement à la stratification.)	PROPORTION P. 0/0.			COULEUR des CENDRES.
				MATIÈRES	COKE.		
	DU TOIT.	DU MUR.		volatiles.	Carbone.	Cendres.	
N.º 12. S. 0.08 — H. 0.18 E. 0.03 — H. 0.18 H. 0.12	Schiste.	Grès.	85ᵐ	20.96	75.34	3.70	»
N.º 11. H. 0.15 H. 0.09 H. 0.20 H. 0.10 H. 0.11	Schiste.	Grès.	50ᵐ	23.00	69.90	7.10	Rouge.
N.º 10. E. 0.05 — H. 0.35	Schiste.	Schiste.	10ᵐ	»	»	»	»
N.º 9. H. 0.45 E. 0.04 — H. 0.11	Grès.	Schiste.	8ᵐ	25.10	70.40	4.50	»
N.º 8. E. 0.10 — H. 0.37	Schiste.	Schiste.	22ᵐ	»	»	»	»
N.º 7 S. 0.20 — H. 0.25 S. 0.02 — H. 0.05 / H. 0.10	Schiste.	Schiste.	28ᵐ	»	»	»	»
N.º 6. E. 0.03 — H. 0.07 / H. 0.18 E. 0.03 — H. 0.18 / H. 0.24 E. 0.05 — H. 0.19 / H. 0.18	Schiste.	Schiste.	20ᵐ	27.30	67.70	5.00	»

COUPES DES VEINES. H. Houille. — T. Faux-toit. M. Faux-mur. S. Schiste. — E. Escaillage.	NATURE		DISTANCE MOYENNE de chaque veine à la suivante. (Normalement à la stratification.)	PROPORTION P. 0/0.	COKE.		COULEUR des CENDRES.
	DU TOIT.	DU MUR.		MATIÈRES volatiles.	Carbone.	Cendres.	
N°5 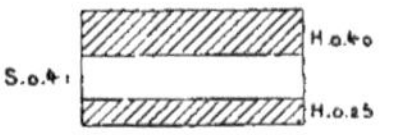	Schiste.	Schiste.	10^m	29.00	65.90	5.10	»
N°5 bis 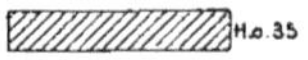	Schiste.	Schiste.	52^m	29.00	65.90	5.10	»
Petit n°4 	Grès.	Schiste.	13^m	»	»	»	»
N°4 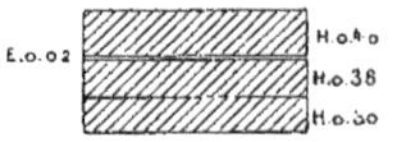	Schiste.	Grès.	25^m	29.50	67.00	3.50	»
N°3 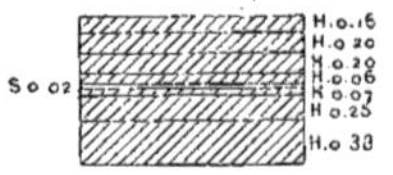	Schiste.	Schiste.	15^m	29.10	64.90	6.00	»
N°2 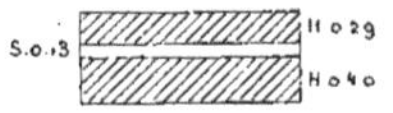	Schiste.	Schiste.	20^m	30.10	64.30	5.60	»
N°1 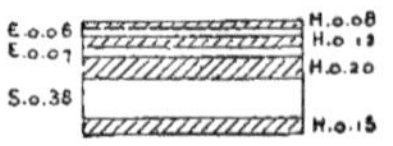	Grès.	Schiste.	15^m	»	»	»	»

COUPES DES VEINES. H. Houille. — T. Faux-toit. M. Faux-mur. S. Schiste. — E. Escaillage.	NATURE		DISTANCE MOYENNE de chaque veine à la suivante. (Normalement à la stratification.)	PROPORTION P. 0/0.			COULEUR des CENDRES.
	DU TOIT.	DU MUR.		MATIÈRES volatiles.	COKE. Carbone.	Cendres.	
A. 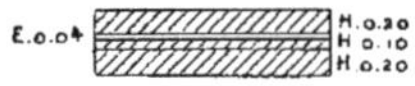	Grès.	Schiste.	12^{m}	29.80	66.20	4.00	»
B. 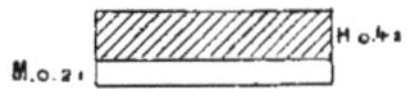	Schiste.	Schiste.	14^{m}	26.09	69.44	4.47	»
C. 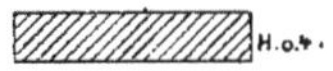	Schiste.	Schiste.	20^{m}	25.08	61.98	12.94	»
D. 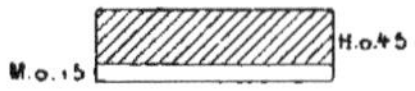	Schiste.	Schiste.	»	24.56	69.50	5.94	»
E.	»	»	»	»	»	»	»
F	»	»	»	»	»	»	»

Chacune des trois fosses exploite, séparément, un certain nombre de
ces veines. Les travaux de la fosse n° 1 s'étendent depuis N° 4 du nord jusqu'à Eugène au sud; les veines D, C, B, A, qui viennent ensuite, sont assez
irrégulières et n'ont même pas encore été explorées. La fosse n° 5 exploite
les veines n°s 28 à 15. Enfin, la partie méridionale du faisceau, depuis le

n° 14, est réservée à la fosse n° 4. Entre les groupes exploités par les fosses n°ˢ 1 et 5, il existe un assez large intervalle à peu près stérile, dans lequel passent les veines D, C, B, A (série du nord).

Fosse n° 1.   La fosse n° 1 a été ouverte, en 1848, à 350 mètres environ de la Scarpe, qui constitue la limite de la concession, et à peu près à égale distance du clocher de Raches et des fortifications de la ville de Douai. Elle a atteint le terrain houiller à la profondeur de 156 mètres, un peu au sud de la veine Saint-Charles ; son accrochage inférieur est actuellement au niveau de 406 mètres ; les veines qu'elle exploite ont une direction générale du sud-est au nord-ouest, qui, toutefois, varie assez notablement à certains endroits. A 120 mètres environ au nord du puits, on trouve une zone de terrains brouillés d'une assez grande épaisseur, au delà de laquelle on n'a exécuté des travaux que dans quelques veines, notamment dans Petit Amédée et Grand Amédée. Du côté du sud, contre cet accident, les couches sont assez plates et ne plongent que de 20° vers le sud-ouest ; mais, à mesure qu'on s'éloigne vers le midi, on voit les terrains se redresser, de telle façon que la veine Eugène, par exemple, a un plongement moyen d'environ 40°.

Au niveau de 406 mètres, on continue la bowette nord, au moyen de la perforation mécanique. Cette galerie, qui sera poursuivie jusqu'à 1,200 ou 1,500 mètres du puits, est destinée à reconnaître la partie septentrionale de la concession, qui est restée jusqu'à présent inexplorée.

La bowette sud du même niveau communique, par un beurtia incliné, avec l'étage de 334 mètres des fosses n°ˢ 5 et 4. C'est dans ce beurtia qu'ont été rencontrées les veines D, C, B, A (série du nord).

Les veines de la fosse n° 1 sont en allure normale et fournissent des charbons secs, demi-gras, renfermant généralement de 12 à 16 0/0 de matières volatiles. Les failles ou rejets y sont peu fréquents, mais on y trouve de nombreux rétrécissements qui les rendent souvent inexploitables, et font que la fosse n° 1 a été, jusqu'à présent, une des moins productives de l'Escarpelle. Cependant, les terrains paraissent se régulariser au nord, ce qui est d'un bon augure pour l'avenir.

La fosse n° 5 est de création récente ; elle ne date que de 1876 ; elle est située à 1,600 mètres au sud-ouest de la précédente, et à environ 750 mètres du cours de la Scarpe. Elle est entrée dans le terrain houiller à la profondeur de 210 mètres, vers l'affleurement de la veine n° 12. Son dernier et principal accrochage est situé au niveau de 334 mètres, qui est commun avec la fosse n° 4. Les veines exploitées sont toujours en allure normale et dirigées vers le nord-ouest. Le faisceau est assez irrégulier à la traversée des bowettes. Au couchant, on n'a encore fait que quelques explorations dans les veines n°ˢ 28 et 21 ; dans cette direction, elles présentent des lignes de plissement qui les redressent, de manière à les rendre parfois presque verticales. En revanche, les terrains se régularisent vers le levant ; de ce côté, les veines présentent des plats réguliers, inclinés de 30° à 35° vers le sud-ouest, dans lesquels l'exploitation est avantageuse.

La fosse n° 5 fournit des charbons assez gras, propres à la fabrication du coke, et renfermant ordinairement de 18 à 21 0/0 de matières volatiles. Les couches exploitées présentent encore des étreintes qui nuisent à leur régularité, mais leur nombre et leur importance sont moindres qu'à la fosse n° 1. Les rejets, assez rares d'ailleurs, ont une amplitude qui ne dépasse pas 15 à 20 mètres, suivant la verticale ; ils ont, en général, pour effet de modifier, soit la direction, soit l'inclinaison des terrains, de sorte que les veines ne sont pas nécessairement déviées parallèlement à elles-mêmes.

A 500 mètres au levant de la fosse n° 5, un accident vient affecter la veine n° 15, ainsi que les veines n°ˢ 14, 13 et 12 ; sa direction est N. 45° O. ; il produit une sorte de bifurcation de la veine n° 15 : le lit de schiste situé au-dessus du sillon du mur prend une épaisseur de 8 à 10 mètres et donne naissance à deux veines distinctes, que l'on appelle *N°ˢ 15* et *15 bis*.

L'ouverture de la fosse n° 4 marque le commencement de la prospérité de la compagnie de l'Escarpelle. Elle n'avait obtenu, précédemment, que des résultats médiocres à ses trois premières fosses (1, 2 et 3) ; au contraire, sa fosse n° 4 lui a permis d'exploiter un groupe de veines d'une richesse et d'une régularité d'allure remarquables.

Commencée en 1865, la fosse n° 4, qui comprend deux puits, a atteint le terrain houiller à la profondeur de 232 mètres, presque à l'affleurement de la veine n° 8. Son creusement a occasionné de grandes difficultés, à cause de l'abondance des eaux; il a fallu renoncer à l'opérer par les moyens ordinaires, et avoir recours au mode de fonçage à niveau plein. C'est ainsi que le procédé Kind-Chaudron fut employé pour la première fois dans le bassin de Valenciennes, après l'avoir été au puits de l'Hôpital, dans la Moselle.

Actuellement, le dernier étage de la fosse n° 4 est situé à 334 mètres. Une galerie creusée à ce niveau, et dirigée N. 70° E., la met en communication directe avec la fosse n° 5, située à une distance de 500 mètres.

Du côté du levant, vers la limite d'Aniche, toutes les veines du faisceau sont en allure normale, très régulières et inclinées de 35° à 40 au sud-ouest. Leur direction générale est toujours du sud-est au nord-ouest; mais, si on s'éloigne vers le couchant, on remarque qu'elles s'infléchissent en forme d'arc de cercle, de manière à prendre la direction est-ouest; après quoi, continuant leur circuit, elles viennent faire un coude brusque, pour se diriger vers le sud, et même vers le sud-est. De cette disposition, il résulte que, dans chaque veine, la branche du couchant, après sa déviation, ne fait plus qu'un angle d'environ 30° avec celle du levant.

En même temps que la direction des veines se modifie vers le couchant, elles se redressent de plus en plus, atteignent la verticale, et même la dépassent, de manière à se renverser sur elles-mêmes. D'après cela, elles donnent en coupe verticale la forme d'un V incliné, ayant ses deux branches plongeant au sud. Les lignes de plissement sont orientées du nord-ouest au sud-est et s'enfoncent dans cette dernière direction.

La coupe verticale de la fosse n° 4 représente l'allure que nous venons de décrire; les bowettes, après avoir recoupé tout le faisceau en plat, y compris la veine D, traversent de nouveau ces veines renversées, mais presque verticales. L'espace compris entre les deux branches de la veine D est resté inexploré jusque dans ces derniers temps; il a un assez grand développement du côté du levant, et on y exécute, en ce moment, un recoupage partant de D, qui a déjà traversé les veines E et F, et que l'on dirige vers les veines supérieures du faisceau.

Les veines renversées, recoupées par les bowettes du midi de la fosse n° 4 au delà de la veine D, ne ressemblent pas toutes à leurs correspondantes en allure normale. Jusqu'à la veine n° 6 en droit, cette ressemblance est complète ; au delà, il n'en est plus de même, et l'assimilation est plus douteuse. Les branches renversées qui paraissent correspondre aux veines n°ˢ 14 et 15 donnent un charbon caractérisé par une teinte bleue très prononcée. Au delà de la veine n° 15 renversée, on exploite un dressant, assimilable peut-être au plat de la veine n° 16, dont le charbon présente la même particularité, et auquel on a donné, pour ce motif, le nom de *Veine bleue*.

Un peu au delà de ce dressant, on a recoupé quelques lits minces de calcaire, intercalés dans la stratification et dépourvus de fossiles.

Les veines de la fosse n° 4 se renflent à leurs lignes de plissement ; en même temps, leur charbon devient plus menu.

Le gisement de cette fosse est peu accidenté ; on n'y voit que des rejets insignifiants. Nous signalerons, notamment, quelques glissements presque horizontaux, qui affectent les branches nord du faisceau, mais dont l'amplitude ne dépasse guère 15 à 20 mètres.

Les charbons de la fosse n° 4 sont gras et ont une teneur en matières volatiles qui varie généralement de 20 à 30 0/0.

Le prolongement du faisceau de la fosse n° 5 est exploité, au couchant, par la fosse n° 3, qui est située à peu de distance de la station de Pont-de-la-Deûle. Elle a été ouverte en 1856 et a atteint le terrain houiller à la profondeur de 213 mètres. Les veines qui y ont été successivement reconnues et exploitées ont reçu les noms suivants, à partir du nord : *Achille, N° 28, N° 27, Virginie, Paul, Laure, Pierre, Eugénie, Lucie, Sainte-Barbe, Alfred, Désirée, Grande veine, Passée du midi, Ernest, Isidore, Gailleteuse, Eloi, Jules*.

Le tableau suivant fait connaître la composition moyenne de ce faisceau.

Entre les veines Laure et Pierre, on a exploité, au niveau de 245 mètres, une passée appelée *Magenta*.

COUPES DES VEINES. H. Houille. — T. Faux-toit. M. Faux-mur. S. Schisto. — E. Escaillage.	NATURE		DISTANCE MOYENNE de chaque veine à la suivante. (Normalement à la stratification.)	PROPORTION P. 0/0.			COULEUR des CENDRES.
	DU TOIT.	DU MUR.		MATIÈRES volatiles.	COKE. Carbone.	Cendres.	
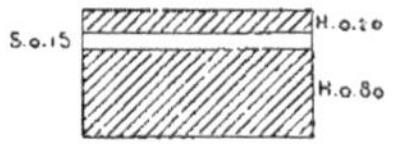 **Achille.** S.o.15 — H.o.10 / H.o.8o	Schiste.	Schiste.	210ᵐ	20.66	75.24	4.10	»
N° 28 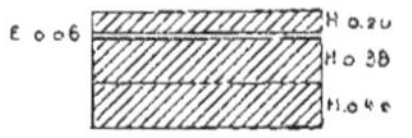 E.o.06 — H.o.2o / H.o.38 / H.o.4e	Schiste.	Schiste.	40ᵐ	»	»	»	»
N° 27 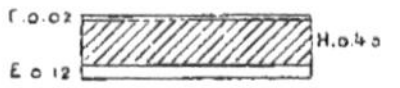 F.o.02 / E.o.12 — H.o.4o	Schiste.	Schiste.	23ᵐ	»	»	»	»
Virginie. 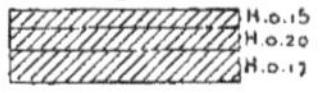 H.o.15 / H.o.20 / H.o.17	Schiste.	Schiste.	4ᵐ	21.60	76.60	1.80	»
Paul. 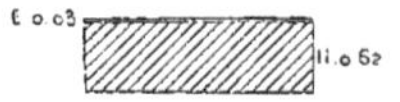 E.o.03 — H.o.62	chiste.	Schiste.	26ᵐ	20.74	78.01	1.25	»
Laure 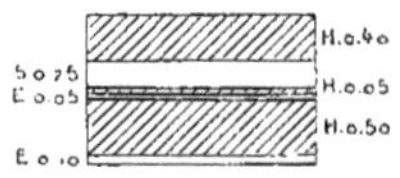 S.o.75 / E.o.05 — H.o.4o / H.o.o5 / H.o.5o — E.o.10	Schiste.	Schiste.	29ᵐ	20.74	76.39	2.87	»
Pierre. 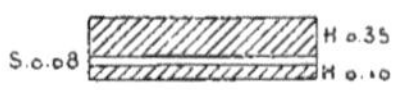 S.o.08 — H.o.35 / H.o.10	Schiste.	Schiste.	16ᵐ	22.34	75.19	2.47	»

COUPES DES VEINES. H. Houille. — T. Faux-toit. M. Faux-mur. S. Schiste. — E. Escaillage.	NATURE		DISTANCE MOYENNE de chaque veine à la suivante. (Normalement à la stratification.)	PROPORTION P. 0/0.			COULEUR des CENDRES.
	DU TOIT.	DU MUR.		MATIÈRES volatiles.	COKE. Carbone.	Cendres.	
Eugénie. 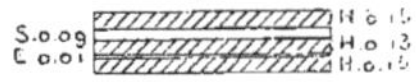	Grès.	Grès.	9ᵐ	21.70	76.70	1.60	»
Lucie. 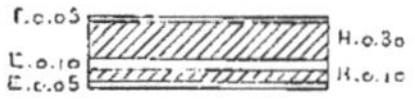	Schiste.	Schiste.	20ᵐ	21.70	76.70	1.60	»
Sᵗᵉ Barbe. 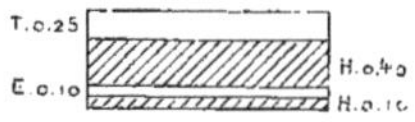	Schiste.	Schiste.	21ᵐ	21.00	76.60	2.40	»
Alfred. 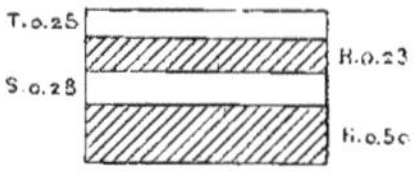	Grès.	Schiste.	25ᵐ	21.20	75.80	3.00	»
Désirée. 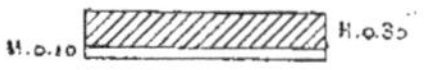	Schiste.	Schiste.	9ᵐ	22.40	74.40	3.20	»
Grande veine. 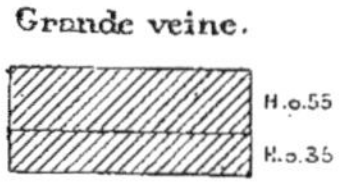	Grès.	Schiste.	20ᵐ	23.00	74.60	2.40	»
Passée du midi. 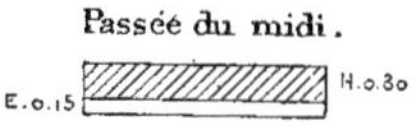	Schiste.	Schiste.	25ᵐ	»	»	»	»

COUPES DES VEINES. H. Houille. — T. Faux-toit. M. Faux-mur. S. Schiste. — E. Escaillage.	NATURE		DISTANCE MOYENNE de chaque veine à la suivante. (Normalement à la stratification.)	PROPORTION P. 0/0.	COKE.		COULEUR des CENDRES.
	DU TOIT.	DU MUR.		MATIÈRES volatiles.	Carbone.	Cendres.	
Ernest. 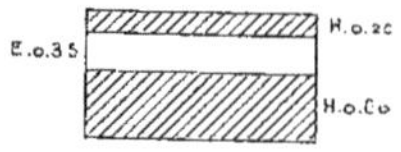	Schiste.	Schiste.	21ᵐ	22.50	76.70	0.80	»
Isidore. 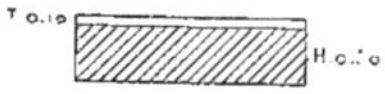	Schiste.	Schiste.	40ᵐ	21.20	75.00	3.80	»
Gailleteuse. 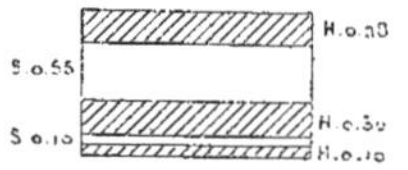	Schiste.	Schiste.	18ᵐ	22.40	73.20	4.40	»
Eloi. 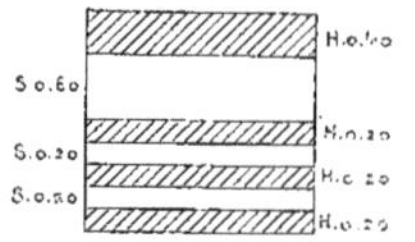	Grès.	Schiste.	50ᵐ	23.00	74.60	2.40	»
Jules. 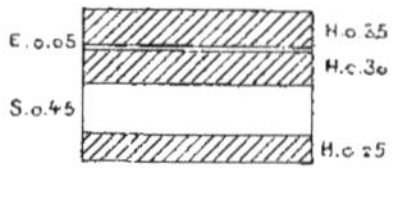	Schiste.	Schiste.	»	23.45	72.25	4.30	»

Ce faisceau fournit des charbons gras, renfermant généralement de 20 à 23 % de matières volatiles. La veine Achille est séparée des autres par un intervalle stérile de plus de 200 mètres, compté normalement à la stratification.

Grand cran de Dorignies. Le puits est tombé, près de l'affleurement de la veine Sainte-Barbe, à peu de distance d'un accident auquel on a donné le nom de grand cran de

Dorignies. Sa direction diffère peu de celle du nord au sud, et il plonge de 15° à 20° vers l'ouest. Il rejette les terrains de 250 mètres environ au sud, suivant l'horizontale, pour un observateur qui se dirige du couchant vers le levant.

A l'origine, la zone de terrain houiller située au-dessous du cran de Dorignies a paru devoir être complètement condamnée, et l'exploitation a été concentrée, du côté du couchant, au-dessus de cet accident. On a été ainsi amené à creuser, au niveau de 345 mètres, une bowette dirigée à peu près de l'est vers l'ouest. Cette galerie, que l'on a appelée bowette du couchant, est venue s'emmancher, en quelque sorte, dans la veine Lucie, dont la voie de fond l'a continuée. Après avoir suivi cette voie sur 80 mètres, on a dirigé, au nord et au sud, des recoupages qui ont traversé la totalité du faisceau dans sa partie régulière. Des recoupages analogues ont été creusés aux autres niveaux d'exploitation.

Quand on part du puits pour s'éloigner du côté du couchant, on trouve les veines en plat, dirigées du sud-est au nord-ouest, et inclinées d'environ 40° vers le sud-ouest; mais, bientôt, elles s'infléchissent, en décrivant une sorte d'arc de cercle, pour se diriger vers le sud, selon l'allure déjà constatée à la fosse n° 4. En même temps, elles se redressent et se rapprochent de plus en plus de la verticale; mais elles ne se renversent pas comme à la fosse n° 4 et restent inclinées vers l'est, de manière à présenter la forme d'un véritable entonnoir, les deux versants de chaque veine ayant des plongements inverses. Toutefois, cet entonnoir n'est pas complet, et il est limité du côté du levant, ainsi qu'en profondeur, par le cran de Dorignies. Il est possible que les veines reprennent, à une plus grande distance au couchant, leur direction normale; mais on n'a trouvé, jusqu'à présent, aucun indice de ce changement d'allure.

La fosse n° 3 a été approfondie jusqu'à 445 mètres. Après avoir traversé le cran de Dorignies, elle est entrée dans des terrains assez irréguliers, mais encore exploitables, contrairement à ce que l'on avait cru d'abord. L'influence de l'accident se fera, du reste, de moins en moins sentir, à mesure que la profondeur des travaux deviendra plus grande.

La bande de terrain houiller située immédiatement au-dessous et au levant du grand accident de Dorignies n'est donc pas tellement irrégulière qu'il ne s'y trouve des parties exploitables. Pour en tirer parti, on a repris la bowette sud de l'étage de 345 mètres, qui était restée abandonnée à 80 mètres du puits. Elle n'a pas tardé à recouper la veine n° 28, au nord de laquelle se trouve Achille, à une assez grande distance; on espère, en continuant la galerie, recouper prochainement les veines Virginie et Paul. La voie de fond de la veine n° 28, située au levant du cran de Dorignies, forme presque le prolongement de la voie de fond de Grande veine, située à l'ouest de cet accident.

La bowette sud de 345 mètres a atteint, à 100 mètres du puits, un banc de calcaire noir, à grains fins et à cassure conchoïde, de 0^m,45 d'épaisseur, plongeant de 35° à 45° au sud-ouest, dans lequel on a trouvé un assez grand nombre de fossiles, notamment le *Productus carbonarius*, le *Spirifer bisulcatus*, etc. Avant d'atteindre ce banc, la galerie en avait traversé plusieurs autres, de 0^m,05 à 0^m,13 d'épaisseur, dépourvus de fossiles; ces derniers étaient assez siliceux et faisaient difficilement effervescence aux acides. On affirme également que plusieurs bancs calcaires ont été recoupés dans l'approfondissement de la fosse n° 3, entre les niveaux de 285 et 345 mètres, ainsi que dans la bowette du couchant de ce dernier niveau.

Les terrains de la fosse n° 3 sont assez réguliers, sauf au voisinage et au-dessous du grand cran. Les accidents qu'on y observe sont peu importants et ne présentent rien de particulier.

La fosse n° 3 n'est encore en communication avec aucune autre; mais on se préoccupe de la relier aux travaux de la fosse n° 5, ce qui se fera, au niveau de 345 mètres, par Grande veine, que l'on recoupera par la bowette sud prolongée. Cette veine est assimilable à la veine n° 21, de la fosse n° 5.

Fosse n° 2.

La fosse n° 2 a été ouverte, en 1851, contre la ligne de chemin de fer de Lille à Douai, au voisinage de la station de Leforest et à peu de distance de la limite des départements du Nord et du Pas-de-Calais. Elle a atteint le terrain houiller à la profondeur de 159 mètres, presque sur l'affleurement d'une veine qui a reçu le nom de Denis. A 660 mètres au nord-est, on vient d'ouvrir une nouvelle fosse, à laquelle on a attribué le n° 6, et qu'on va approfondir jusqu'à 300 mètres.

On a reconnu à la fosse n° 2 deux faisceaux distincts, savoir :   Veines de la fosse n° 2.

1° Un faisceau de veines quart grasses et demi-grasses, renfermant de 10 à 15 °/₀ de matières volatiles, et fournissant des charbons qui s'enflamment bien et sont recherchés pour les foyers domestiques;

2° Un faisceau de veines grasses, donnant de 20 à 22 °/₀ de matières volatiles.

Les veines qui les composent se présentent dans l'ordre suivant, du nord au sud :

1° Faisceau demi-gras : *N° 7 du nord, N° 6 du nord, N° 5 du nord, N° 4 du nord, N° 3 du nord, N° 2 du nord, N° 1 du nord, Henri, Canicule* ou *Louise* ou *Louis, Camarou, Denis.*

2° Faisceau gras : *N° 1, N° 2, N° 3.*

Le tableau suivant fait connaître la composition moyenne de ces faisceaux.

COUPES DES VEINES. H. Houille. — T. Faux-toit. M. Faux-mur. S. Schiste. — E. Escaillage.	NATURE		DISTANCE MOYENNE de chaque veine à la suivante. (Normalement à la stratification.)	PROPORTION P. 0/0.			COULEUR des CENDRES.
				MATIÈRES	COKE.		
	DU TOIT.	DU MUR.		volatiles.	Carbone.	Cendres.	
N° 7 du nord. E.o.o3 H.o.67	Schiste.	Schiste.	20ᵐ	10.09	81.84	8.07	»
N° 6 du nord. T.o.o5 H.o.46 M.o.10	Schiste.	Schiste.	25ᵐ	10.06	83.57	6.37	»

COUPES DES VEINES. H. Houille. — T. Faux-toit. M. Faux-mur. S. Schiste. — E. Escaillage.	NATURE		DISTANCE MOYENNE de chaque veine à la suivante. (Normalement à la stratification.)	PROPORTION P. 0/0.			COULEUR des CENDRES.
	DU TOIT.	DU MUR.		MATIÈRES volatiles.	Carbone.	Cendres.	
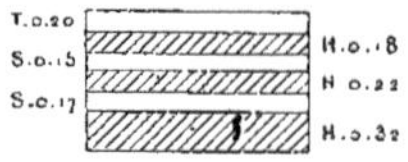 N.º 5 du nord. T.0.20 S.0.15 H.0.18 S.0.17 H.0.22 H.0.32	Schiste.	Schiste.	85ᵐ	»	»	»	»

N.º 4 du nord. 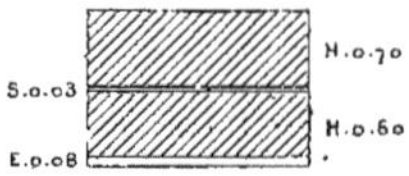
  H.0.70
S.0.03
  H.0.60
E.0.08
	Schsite.	Schiste.	23ᵐ	»	»	»	»

N.º 3 du nord. 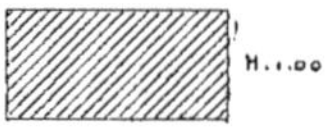 H.1.00	Schiste.	Schiste.	14ᵐ	10.05	86.30	3.65	»
N.º 2 du nord. 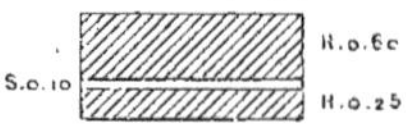 H.0.60 S.0.10 H.0.25	Schiste.	Schiste.	35ᵐ	9.49	88.31	2.20	»
N.º 1 du nord. 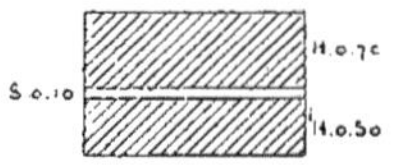 H.0.70 S.0.10 H.0.50	Schiste.	Schiste.	60ᵐ	11.66	83.48	4.86	»
Henri. 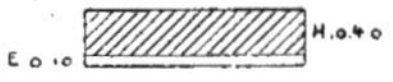 H.0.40 E.0.10	Schiste.	Schiste.	105ᵐ	14.00	80.50	5.50	»
Canicule, Louise ou Louis 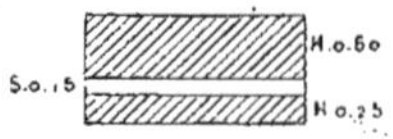 H.0.60 S.0.15 H.0.25	Schiste.	Schiste.	30ᵐ	15.00	82.50	2.50	»

COUPES DES VEINES. H. Houille. — T. Faux-toit. M. Faux-mur. S. Schiste. — E. Escaillage.	NATURE		DISTANCE MOYENNE de chaque veine à la suivante. (Normalement à la stratification.)	PROPORTION P. 0/0.			COULEUR des CENDRES.
	DU TOIT.	DU MUR.		MATIÈRES volatiles.	Carbone.	Cendres.	
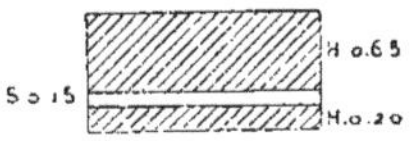 Camarou. — S 0.15 — H 0.65 / H 0.20	Schiste.	Schiste.	20^m	13.02	85.11	1.87	»
Denis. 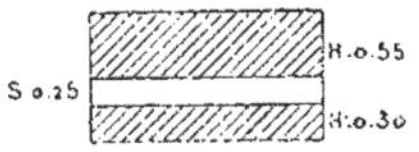 — S 0.25 — H 0.55 / H 0.30	Schiste.	Schiste.	?	14.50	83.35	2.15	»
N° 1 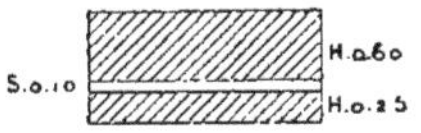 — S 0.10 — H 0.60 / H 0.25	Schiste.	Schiste.	20^m	»	»	»	»
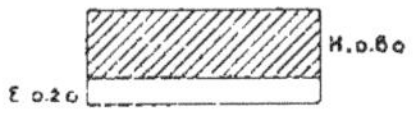 N° 2. — E 0.20 — H 0.60	Schiste.	Schiste.	25^m	21.80	71.00	7.20	»
N° 3. 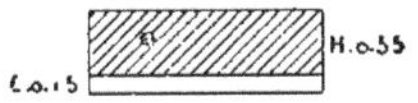 — E 0.15 — H 0.55	Schiste.	Schiste.	»	21.00	71.00	8.00	»

Ces deux faisceaux sont séparés par un grand intervalle stérile, dans lequel on n'a rencontré que des passées, et qui mesure une largeur d'environ 400 mètres, comptée horizontalement. Les veines grasses n'ont jamais été beaucoup exploitées, à cause de leur irrégularité; elles sont dirigées N. 60° O., et plongent d'environ 60° au midi; on a cessé d'y travailler depuis une dizaine d'années.

Quant aux veines de l'autre faisceau, elles présentent une allure

assez compliquée. On y remarque des plissements qui donnent à leurs voies
de fond des contours sinueux ; il en résulte qu'une bowette peut recouper
à plusieurs reprises la même veine ; on croyait, à l'origine, avoir affaire
chaque fois à une nouvelle couche, mais, bientôt, on a reconnu que le nombre
des veines distinctes devait être notablement diminué. Cette allure se
remarque particulièrement dans Veine n° 1 du nord, Henri, Canicule et
Camarou, et présente quelque analogie avec celle des veines demi-grasses
de la compagnie d'Anzin. Ici, les branches qui tiennent lieu de dressants
sont presque droites, mais arrivent rarement au renversement ; quant aux
branches plates, elles sont inclinées de 25° à 45° vers le sud, ou plus
exactement vers le sud-ouest.

Les plats sont généralement orientés N. 60° O., et les droits presque
O.-E. ; les voies de fond présentent donc des angles d'environ 30°. Il est
bien entendu que ces chiffres ne représentent que des moyennes.

Les lignes d'ennoyage plongent vers le couchant ; souvent, elles présentent des crêtes et des queues d'une longueur variant de 5 à 15 mètres,
et disposées de préférence dans le prolongement des droits. Cette circonstance peut avoir occasionné, à la fosse n° 2, la perte de certaines veines,
et c'est peut-être une des raisons qui font que la continuité des veines du
faisceau quart-gras et demi-gras qu'on y exploite n'est pas encore complètement déterminée. Bien qu'on n'y connaisse pas d'accidents importants,
les couches présentent souvent des étreintes et des renflements qui font
varier leur aspect d'un point à un autre ; leur allure étant assez compliquée, on s'explique qu'il existe encore une certaine incertitude sur leurs
relations mutuelles.

Actuellement, il y a lieu de croire que les veines Canicule, Louise et
Louis, que l'on croyait autrefois distinctes, n'en forment en réalité qu'une
seule qui, en raison de ses nombreux plissements, aurait été atteinte en un
assez grand nombre de points. De même, on a exploité du côté du couchant, sous le nom de Veine Y, une veine qui correspond vraisemblablement
à des lambeaux de Camarou ou de Denis, peut-être même de l'une et de
l'autre. Cela étant, il y a lieu de réduire le faisceau septentrional de la fosse

n° 2 à 11 veines, savoir : les 7 veines du nord, Henri, Canicule, Camarou et
Denis.

Le dernier étage de la fosse n° 2 est situé à la profondeur de
340 mètres.

On a reconnu l'existence, à cette fosse, d'un puits naturel analogue à
ceux que l'on connaît en assez grand nombre dans les bassins de Mons et du
centre belge. Ce puits, creusé dans le terrain houiller, renferme un remplissage formé de débris de ce terrain et de terrain
crétacé. On l'a atteint, en premier lieu, dans
la veine n° 1 du nord, à l'étage de 300 mètres,
par la voie de fond de ce niveau ; à 2 mètres
au-dessus de cette voie, on a rencontré au
point A (fig. 37), un mélange de sable fin,
de dièves et de marnes blanches dures, le
tout formant une masse qui occupait la place
du charbon ; en même temps, on a eu une
venue d'eau assez considérable, mais qui s'est
rapidement tarie. La seconde taille de la
même veine a rencontré les dièves et les
marnes au point B : là, les marnes paraissent
avoir été chassées, sous l'influence d'une forte
pression, entre le toit et le mur de la veine,
et il n'a pas été possible de se rendre compte
de l'allure de la surface séparative du rem-
plissage et du terrain naturel. Un peu plus au nord, dans Veine n° 2 du
nord, un montage partant de la voie de fond de l'étage de 340 mètres a
atteint les marnes blanches au point C, à 40 mètres environ de la voie de
fond, c'est-à-dire à peu de distance de l'étage de 300 mètres ; les mêmes
marnes ont été trouvées en D par la voie de fond de Veine n° 2 du
nord, niveau de 300 mètres, à 7 mètres au levant de la bowette. En
ce point, on a constaté que la pénétration des marnes dans le terrain houiller se fait par une cassure nette, la surface de contact ayant une

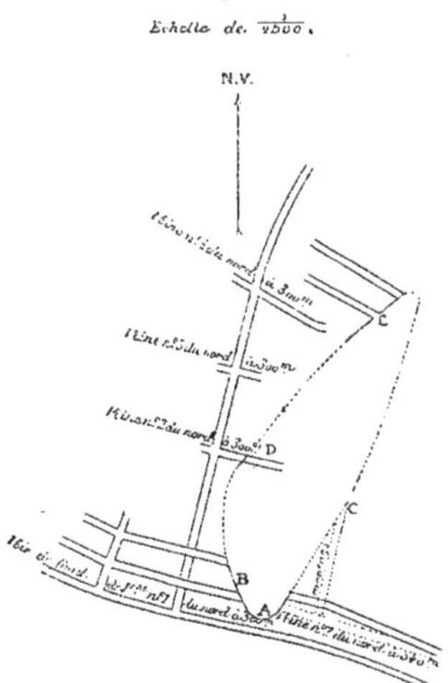

direction N. 40° E., et une inclinaison de 65° vers le sud-est. Enfin, le puits à marnes a encore été atteint, au point E, par les travaux de Veine n° 4 du nord, niveau de 300 mètres. Si on joint les points A, B, C, D, E, qui sont presque situés dans un même plan horizontal, on obtient une courbe à peu près elliptique, qui paraît devoir se fermer complètement, et qui donne une section horizontale du puits naturel. Il y a lieu de croire que le grand axe de l'ellipse qui constitue la section du puits a 100 mètres de long, le petit axe n'ayant qu'une longueur de 30 mètres.

Sondages de la région de l'Escarpelle.

On a exécuté, dans l'intérieur de la concession de l'Escarpelle, des sondages dont le plus grand nombre ont découvert le terrain houiller, et ont servi, soit à obtenir la concession, soit à fixer l'emplacement des puits qui ont ensuite été ouverts. Quelques-uns de ces sondages sont intéressants en ce qu'ils permettent de tracer, avec une certaine exactitude, les limites du bassin sous les morts-terrains, au nord et au sud.

Limite septentrionale du bassin dans cette région.

La limite nord est déterminée assez exactement par le sondage de Montécouvé, dont nous avons déjà parlé, qui a trouvé le terrain houiller à la profondeur de 155 mètres, non loin de l'angle des routes de Douai à Orchies et à Lille, et par le sondage de Moncheaux, qui a atteint le calcaire à 186 mètres. Elle passe un peu au nord du premier, et au sud du second.

Limite méridionale.

Quant à la limite sud du bassin, elle pénètre dans la concession d'Escarpelle, au sortir de celle d'Aniche, suivant la direction générale du sud-est au nord-ouest. Elle va passer un peu au nord du sondage du Moulin d'Auby, entrepris par la compagnie de l'Escarpelle en 1854, et qui a rencontré le calcaire à la profondeur de 157 mètres ; puis elle change brusquement de direction, et prend l'orientation est-ouest, pour se diriger vers la fosse de Courcelles-lès-Lens, qui a successivement traversé le calcaire et le terrain houiller, le premier à la profondeur de 138 mètres, le second à celle de 242 mètres.

Au midi de cette limite, on a ouvert, à diverses époques, un assez grand nombre de puits et de sondages, qui ont atteint les terrains négatifs, calcaire ou schistes et grès dévoniens.

Il ne nous reste plus qu'à indiquer la correspondance des veines exploitées à l'Escarpelle, soit entre elles, soit avec celles de la concession d'Aniche.

Il y a d'abord une liaison étroite entre les faisceaux des fosses n°ˢ 5 et 3. Les veines n°ˢ 28 et 27 sont communes à l'une et à l'autre. La veine n° 24, de la première, correspond certainement à Grande veine, de la seconde; il y a, de même, identité entre N° 15 et Jules.

Mais, en dehors de ces sortes de points de repère, qui présentent un caractère de quasi-certitude, on ne saurait relier, une à une, quant à présent, les veines de la fosse n° 5 à celles de la fosse n° 3. Celles qui sont exploitées à l'une peuvent venir se transformer en passées à l'autre, et inversement; l'essentiel est de savoir que les deux faisceaux sont identiques, et de connaître quelques veines qui se prolongent certainement de l'un dans l'autre.

On peut, de même, relier les exploitations de l'Escarpelle avec celles d'Aniche. Les assimilations suivantes sont probables entre les veines d'Aniche, exploitées aux fosses Bernicourt et Gayant, et celles de l'Escarpelle, exploitées aux fosses n°ˢ 5 et 4.

ANICHE.	ESCARPELLE.
FOSSES BERNICOURT ET GAYANT.	FOSSES N°s 5 ET 4.
Olympe	N° 28.
Cécile.	N° 24.
Noëlie.	N° 21.
Grand Moulin	N° 15.
Petit Moulin.	
La Grève.	N° 14.
Custozza.	N° 13.
Chandeleur	N° 12.
Bernard.	N° 11.
Minangoye.	N° 10.
Dolloye	N° 9.
Passée.	N° 8.
Passée.	N° 7.
Bernicourt.	N° 6.
Wavrechain	N° 5.
De Layens.	N° 5 *bis.*
Le François	Petit n° 4.
Lallier	N° 4.
De Chatenay.	N° 3.
Dejardin.	
N° 1.	N° 2.
N° 2.	
N° 6.	D.

La bande stérile située entre Olympe et Veine du nord, à Aniche, correspond à celle qui existe, à l'Escarpelle, entre Veine n° 28 et Eugène.

Il convient de remarquer, en passant, que certaines veines d'Aniche se rapprochent l'une de l'autre, à leur entrée dans la concession de l'Escarpelle; il y en a même qui viennent se réunir, par suite de la diminution graduelle des intervalles qui les séparent. C'est le cas de Grand Moulin et Petit Moulin, de De Chatenay et Dejardin, de N° 1 et N° 2.

Gisement
de la fosse n° 2. Il est plus difficile de relier à cet ensemble le gisement de la fosse n° 2, qui est tout à fait isolée à une assez grande distance du côté du couchant. A cet égard, on ne peut encore faire que des hypothèses.

Si l'on ne se basait que sur la volatilité des charbons, le faisceau de la fosse n° 2, les veines grasses exceptées, devrait être regardé comme inférieur à celui de la fosse n° 1 ; mais nous avons déjà vu que ce caractère ne peut guère être pris en considération quand il ne s'agit, comme c'est ici le càs, que de différences de 2 à 4 0/0 ; il existe des écarts analogues, et même plus considérables, entre les veines de Gayant et celles des fosses n°s 5 et 4, dont l'identité est cependant parfaitement reconnue. Il y a donc un doute complet sur les situations respectives du faisceau de la fosse n° 1 et du faisceau nord de la fosse n° 2. L'intervalle stérile de 400 mètres compris entre les deux groupes de cette dernière correspond peut-être au passage d'un accident important, se dirigeant du nord-ouest au sud-est, pour aller passer au couchant des travaux actuels des fosses n°s 3 et 4. Cet accident aurait remonté vers le nord-ouest les veines grasses de la fosse n° 3, de manière à les rapprocher du faisceau demi-gras de la fosse n° 2.

Quoi qu'il en soit, il existe, entre les travaux du nord de la fosse n° 1 et la limite septentrionale de la concession, une bande houillère inexplorée de plus de 2,000 mètres de largeur ; il est probable qu'elle est traversée par les petites veines du nord, connues à Marchiennes, à Hasnon, à Bruille et à Château-l'Abbaye, ainsi que par les faisceaux maigres de Vieux-Condé, Odomez, Fresnes, Vicoigne et Thivencelles. Ces faisceaux seront sans doute atteints par la longue bowette entreprise au nord de la fosse n° 1, à l'étage de 406 mètres. Le faisceau de cette dernière fosse correspond à celui des houilles sèches d'Aniche, déjà exploité dans la concession d'Anzin, notamment aux fosses Saint-Mark et Casimir Périer ; puis, lorsqu'on s'avance vers le midi, on arrive aux veines des fosses n°s 5 et 4, correspondant aux veines grasses d'Aniche, lesquelles forment un ensemble qui s'étend jusqu'à proximité de la limite sud-ouest de la concession.

Quant au gisement quart-gras et demi-gras de la fosse n° 2, il forme le prolongement de celui de la fosse n° 1, ou lui est immédiatement inférieur ; enfin, les veines grasses de la fosse n° 2 sont peut-être assimilables à celles de la fosse n° 3, remontées vers le nord-ouest.

La limite sud du terrain houiller, après la déviation qu'elle a subie à hauteur du sondage du Moulin d'Auby, va traverser la limite sud-ouest de la concession de l'Escarpelle, à peu de distance du point où elle est coupée par la limite des départements du Nord et du Pas-de-Calais; elle pénètre alors dans la concession de Courcelles-lès-Lens, vers l'angle nord de laquelle elle détermine un petit triangle houiller, où on exploite des veines très gazeuses, en allure renversée. Il est à remarquer que, dans cette région, la surface de contact du terrain houiller et des terrains anciens est constituée par une faille, relativement peu inclinée, sous laquelle l'exploitation peut être continuée à une assez grande distance au sud, à des profondeurs accessibles.

Avenir
de la concession.

La concession de l'Escarpelle paraît appelée à un grand avenir, car elle n'a été explorée que sur une faible portion de son étendue, et il y reste de la place pour un grand nombre de fosses; en outre, plusieurs de celles qui sont actuellement en activité sont riches, et seront exploitées longtemps encore.

CHAPITRE XVI.

RÉSUMÉ.

Il ne nous reste plus qu'à indiquer, dans ce dernier chapitre, les tracés que suivent, au travers du département du Nord, les différents faisceaux dont nous avons successivement donné la description, et à faire le dénombrement approximatif des veines qui les composent, et constituent la richesse minérale du bassin.

Le long de sa limite septentrionale, on trouve d'abord les veines anthraciteuses situées au-dessous du faisceau de Vieux-Condé, qui ont été exploitées autrefois dans les concessions de Château-l'Abbaye, de Bruille et d'Hasnon; la plus inférieure est assez voisine du calcaire. Nous avons vu qu'elles sont au nombre de quatre : l'une d'elles a été reconnue par la fosse Pont-Péry, les deux suivantes par les fosses de Bruille, et la quatrième par l'un des sondages exécutés au nord-ouest de la fosse Sophie ; il est même possible qu'il y ait lieu de les réduire à trois, si, comme on peut le supposer, les veines de Bruille sont deux parties d'une même veine, rejetée par un accident.

Le gisement constitué par ces trois ou quatre veines est inexploitable, à cause de sa pauvreté, de son irrégularité, de la mauvaise qualité de ses charbons, et de l'abondance des eaux occasionnée par la proximité du calcaire carbonifère. Il est d'ailleurs connu sur un long parcours; c'est lui qui a été rencontré, au nord de la ville de Condé, par la fosse Hurbin, où la houille a été découverte, pour la première fois, dans la concession de

Faisceau
de Vieux-Condé
et veines inférieures
situées
au nord du bassin.

50

Vieux-Condé. A l'ouest, il va passer au sondage du Clair-Cerisier, après quoi il se dirige vers la concession de Vicoigne; puis il pénètre dans la concession d'Hasnon, où on l'a atteint par les fosses des Tertres, des Prés-Barrés et des Bouils; enfin, il va passer successivement à la fosse de Marchiennes et à divers sondages situés au delà, du côté de l'ouest, notamment à Lallaing et à Raches. Il existe probablement aussi au nord de la concession de l'Escarpelle, contre le bord septentrional du bassin houiller.

Immédiatement au-dessus de ce gisement, se trouve celui des houilles maigres de Vieux-Condé. Il n'est séparé du précédent que par un faible intervalle; nous savons, en effet, que la première veine rencontrée au mur de Saint-Pierre, qui termine la série dite de Vieux-Condé, a été trouvée à une distance de 41 mètres seulement, comptée normalement à la stratification, par l'un des sondages voisins de la fosse Sophie.

De Saint-Pierre à Saint-Joseph, le faisceau de Vieux-Condé comprend 15 veines, que l'on suit depuis la fosse Général de Chabaud La Tour jusqu'au couchant de la fosse Bonne-Part. Au delà de cette dernière, elles sont complètement inexploitées jusqu'à Vicoigne, mais on va les atteindre par la fosse La Grange, qui a été placée, dans la concession de Raismes, à proximité de son angle commun avec celles de Fresnes, Escaupont et Saint-Saulve. Il y a, selon toute vraisemblance, identité entre les veines de Vicoigne et celles de Vieux-Condé, et il paraît certain aussi que le faisceau maigre tout entier continue à se développer dans la région, encore inexplorée, située au nord des concessions d'Anzin, Aniche et l'Escarpelle. Il existe, d'après cela, dans le département du Nord, une réserve considérable de charbons maigres.

Faisceau
de Fresnes-midi.

Après le faisceau maigre de Vieux-Condé, vient celui de Fresnes-midi, qui en forme, à proprement parler, la continuation, puisqu'on n'a trouvé, à la fosse Bonne-Part, qu'un intervalle de 32 mètres entre Saint-Joseph, veine supérieure du groupe de Vieux-Condé, et Dure veine, veine inférieure de celui de Fresnes-midi. Ce dernier comprend 16 veines jusqu'à la veine n° 13, la dernière de la concession d'Escaupont. Il convient, en outre, d'y rattacher les veines supérieures à Veine n° 13, qui ont été atteintes par les fosses Pureur et Saint-Pierre, par le sondage du Bosquet d'Aulnes et par celui de l'Usine de Raismes. La veine Charles, qui a été rencontrée par les bowettes nord de la fosse d'Haveluy à une grande distance de Lambrecht, appartient peut-être à ce groupe.

Le faisceau demi-gras, qui vient ensuite, est intact à la fosse Thiers, où il comprend 31 veines, depuis N° 11 du nord jusqu'à Deuxième pouilleuse; il l'est également aux fosses Bleuse-Borne et Saint-Louis; mais, à une plus grande distance à l'ouest, ses veines supérieures vont s'interrompre au cran de retour, et il ne subsiste que les veines inférieures, qui se développent à peu près parallèlement à cet accident, jusqu'à l'intérieur de la concession d'Aniche; dans cette concession, le faisceau demi-gras est exploité par les fosses du groupe d'Aniche, depuis Saint-Louis et la Renaissance jusqu'à Sainte-Marie. Au delà de cette dernière fosse, il s'écarte du cran de retour pour aller passer au nord de la fosse Bernicourt, ainsi qu'à la fosse n° 1, et peut-être à la fosse n° 2 de l'Escarpelle.

Du côté de la fosse Thiers, les veines du faisceau demi-gras succèdent à celles du groupe inférieur, sans en être séparées par un grand espace stérile; mais, à la fosse d'Haveluy, il existe un intervalle de 900 mètres en bowettes et de 480 mètres en travers-bancs, entre la veine Lambrecht, qui est la dernière du groupe demi-gras, et la veine Charles, qui paraît devoir être rattachée à celui des sondages du Bosquet d'Aulnes et de l'Usine de Raismes. On retrouve cette large zone stérile à la fosse Traisnel, où la bowette de l'étage de 214 mètres n'a reconnu aucune veine exploitable, sur un parcours de plus de 1,600 mètres effectué au delà de Veine du nord; il est vraisemblable qu'elle existe encore au delà, dans la direction de l'ouest, ce que l'on pourra reconnaître par la bowette prolongée de l'étage de 406 mètres de la fosse n° 1, de l'Escarpelle.

Entre le faisceau demi-gras et le faisceau gras, on remarque une zone dans laquelle il n'existe que des veines généralement inexploitables. Ainsi, à la fosse Thiers, il y a une distance de plus de 200 mètres entre Meunière, qui se rattache encore au faisceau demi-gras, et 1re veine du sud, qui appartient au faisceau gras ; dans cet intervalle, on n'a trouvé que quelques passées nommées Filonnière, Faitière, Laitière, Chandelle, Baleine, Arpentine, Première et Deuxième pouilleuse. C'est la même zone que vient de traverser la bowette nord du niveau de 308 mètres de la fosse Bernicourt, prolongée au delà de la veine Olympe ; enfin, c'est elle également qui se trouve, aux fosses n°ˢ 1 et 5 de la compagnie de l'Escarpelle, entre les veines n° 28 et Eugène.

Nous savons que, dans une grande partie du bassin, le passage du faisceau gras a été interrompu par le cran de retour, au nord de cet accident ; c'est pourquoi ce faisceau n'existe, dans le département du Nord, que vers la fosse Thiers et à proximité de la limite du Pas-de-Calais. La bowette méridionale de l'étage de 300 mètres de Thiers a reconnu l'existence de 15 veines grasses ; mais l'exploration de ce faisceau n'a pas été complète, car, entre le point où cette galerie a été arrêtée et le prolongement probable du cran de retour, il existe encore une bande de 1,000 mètres environ, dans laquelle aucune recherche n'a été faite. En revanche, le faisceau gras est complètement connu aux fosses de l'Escarpelle et à celles du groupe de Douai de la concession d'Aniche. A l'Escarpelle, il est formé de 36 veines. Il en comprend 33, aux fosses Gayant, Bernicourt et Notre-Dame, depuis Olympe jusqu'à Claire. Au sud de Claire, il existe un certain nombre de veines redressées, qui ne paraissent pas distinctes des précédentes. Au nord d'Olympe, la veine du nord doit déjà être rattachée au faisceau demi-gras.

Si l'on imagine qu'on fasse une coupe verticale du bassin au voisinage de la fosse Thiers, elle rencontrera, au nord du cran de retour, les couches de houille dont la désignation suit :

1° Les 3 ou 4 veines maigres inférieures au faisceau de Vieux-Condé ;

2° Les 15 veines maigres de ce faisceau ;

3° Les 16 veines du faisceau maigre de Fresnes-midi ;

4° Les veines intermédiaires du groupe de la fosse Pureur et des son-

dages du Bosquet d'Aulnes et de l'Usine de Raismes; leur nombre est encore
inconnu ;

5° Les 31 veines du faisceau demi-gras ;

6° Les 15 veines du faisceau gras.

Mais, pour avoir la série complète, il convient de remarquer qu'à la
fosse Thiers le faisceau gras n'est que partiellement exploré, tandis qu'il ne
comprend pas moins de 36 veines dans la concession de l'Escarpelle.

Au total, on peut évaluer à 110 environ le nombre des veines connues
au nord du cran de retour. Seulement, elles n'existent pas toutes dans
tous les méridiens, parce que les plus méridionales d'entre elles, ou, ce qui
revient au même, les plus élevées dans la stratification houillère, viennent
s'interrompre contre ce grand accident, et aussi parce que les faisceaux se
modifient, d'un point à un autre, par l'apparition ou la disparition de
certaines veines. C'est dans la région voisine de la Belgique qu'on en
connaît le plus grand nombre : 90 environ. A l'intérieur de la concession d'Anzin, toute l'exploitation au nord du cran de retour est
concentrée dans le faisceau demi-gras; le faisceau gras n'existe pas dans
cette partie du bassin, et on n'y a pas exploré les veines maigres. A la fosse
Dutemple, par exemple, on ne connaît que 15 veines demi-grasses; leur
nombre n'est plus que de 6 à la fosse d'Haveluy, et de 7 à la fosse Lambrecht; à la première, on exploite, en outre, la veine Charles, du groupe
du Bosquet d'Aulnes. On se trouve dans les mêmes conditions au levant de
la concession d'Aniche, avec un plus grand nombre de veines : il y en
a 15. Si on s'avance encore vers Douai, on abandonne les veines demi-
grasses, et l'exploitation est concentrée dans le faisceau gras, qui est
composé de 36 veines ; toutefois, on exploite en outre, à la fosse n° 1 de
l'Escarpelle, le groupe demi-gras, du moins sa partie méridionale, formée
d'une quinzaine de veines.

On peut résumer comme il suit tout ce qui précède. Le nombre des
veines de toute nature situées au nord de la faille de retour est d'environ 110; mais elles n'existent pas toutes dans tous les méridiens; la

série ne peut être regardée comme complète, ou à peu près, que vers la frontière belge, où elle est presque entièrement connue, et à l'ouest du département du Nord, à partir du milieu de la concession d'Aniche. Mais, de ce côté, le faisceau gras est le seul qui soit exploité en grand. On n'a recoupé qu'une partie du faisceau demi-gras, et on n'a pas encore atteint les faisceaux maigres. La superficie exploitable diminue, d'ailleurs, d'une veine à une autre, à mesure qu'on se rapproche du cran de retour; cet accident les interrompt, en effet, à une distance de leurs affleurements d'autant plus faible qu'on s'avance davantage vers le midi.

Faisceau gras situé au sud du cran de retour.

Si, maintenant, nous nous transportons sur le bord méridional du bassin, nous trouvons d'abord, au contact du terrain houiller stérile, les trois veines des fosses Petit et de Saint-Saulve, de la concession de Marly; elles se dirigent, au couchant, vers les fosses de la Citadelle et Bon-Air, de la concession d'Anzin; c'est peut-être le prolongement de l'une d'elles qui a reçu les noms de Louise, Auguste et Julienne, dans la concession d'Azincourt. Ensuite, viennent les 16 veines grasses du faisceau d'Anzin et Saint-Waast, que l'on suit depuis la fosse du Marais jusqu'à celle de Rœulx, puis les 25 veines du faisceau de Denain, qui ne sont connues qu'aux fosses du groupe de Denain et à celle de Rœulx. Cela fait en tout 44 veines grasses. Elles sont séparées des 110 veines maigres, demi-grasses et grasses, situées au nord, par les grands accidents que nous avons décrits sous les noms de cran de retour et de faille d'Abscon. On ne saurait d'ailleurs, quant à présent, établir une liaison quelconque entre les 110 veines du nord et les 44 veines du sud. Il est possible qu'elles soient complètement distinctes les unes des autres, comme il peut se faire également qu'il y ait identité entre elles, celles du sud constituant le versant méridional d'un certain nombre de celles du nord. La lacune qui existe au milieu du bassin est trop grande pour que l'on puisse se prononcer à cet égard. Il y a lieu, toutefois, d'observer que la volatilité des charbons augmente, d'une manière générale, quand on s'éloigne, soit du bord septentrional, soit du bord méridional, pour se rapprocher du milieu du bassin; seulement, il y a entre les deux côtés cette différence, qu'au nord les dernières veines sont anthraciteuses, tandis qu'au sud elles ont encore environ 20 0/0 de matières volatiles. Nous avons vu que l'on peut expliquer cette disposition en admettant que le marécage houiller s'est déplacé pendant la formation du bassin ; les veines les plus anciennes se sont déposées à sa partie septentrionale seulement, puis ont été recouvertes par d'autres qui se sont étendues peu à peu vers le sud, de manière à venir immédiatement en contact, de ce côté, avec le terrain houiller stérile. Ensuite ont eu lieu les convulsions géologiques qui ont donné au bassin sa forme actuelle en U renversé, et les phénomènes d'érosion qui en ont fait disparaître une partie. On conçoit facilement que celle qui subsiste présente l'allure générale dissymétrique que nous connaissons, les charbons maigres déposés vers la limite nord du bassin faisant défaut sur le bord sud, mais la volatilité des charbons augmentant de chaque côté, à mesure que l'on se rapproche du centre. Sans le cran de retour, on verrait, aux environs de Denain et d'Aniche, certaines veines dessiner leurs deux versants, et présenter une véritable forme en fond de bateau ; mais, nous avons vu que, dans cette région, cette allure n'a été découverte nulle part, et que toutes les fois qu'on a cru l'observer, il ne s'agissait, en réalité, que de plissements locaux, résultant de ce que les poussées subies par la partie méridionale du bassin ont replié les bancs en branches successives, appelées dressants et plateures. A proximité de Courcelles-lès-Lens, le bassin houiller n'est plus complet, et va buter au midi à une faille qui interrompt la continuité des terrains et masque leur allure. Enfin, vers Quiévrechain, on trouve la série d'accidents qui a donné naissance au bassin de Dour. On n'a donc jamais rencontré, jusqu'à présent, d'une manière certaine, les deux versants d'une même veine ; il peut se faire toutefois que, dans l'avenir, les travaux d'exploitation permettent de tracer le passage de ce que l'on peut appeler l'axe du bassin houiller.

Entre les deux grandes régions dont nous venons de parler, se trouve celle que nous avons appelée région d'Abscon ; dans la concession d'Anzin, elle comprend, depuis Grand Ferdinand jusqu'à Casimir, 7 veines grasses

Faisceau de la région d'Abscon.

renfermant environ 24 0/0 de matières volatiles. Elles paraissent assimilables à celles du groupe de Lourches. Il semble qu'au moment où s'est produite la grande ligne de rupture dite cran de retour, qui est venue couper le bassin par le milieu, un bloc de terrain s'est trouvé en retard dans le mouvement d'affaissement relatif de la partie méridionale le long de la faille, et est resté intercalé entre elle et le massif du sud. La région d'Abscon ne peut donc pas être considérée comme apportant à l'exploitation du bassin un nouvel élément de richesse.

Quant à la petite pointe houillère dans laquelle a été creusée la fosse de Quiévrechain, elle présente des veines très volatiles, auxquelles on ne saurait exactement assigner une position dans l'échelle houillère, parce qu'on ne connaît pas suffisamment l'étendue du recouvrement par le terrain dévonien inférieur du bassin de Dinant. Il semble, toutefois, d'après la nature des charbons extraits, que ce gisement doit être contemporain, ou à peu près, de celui des fosses de Denain.

Il est facile d'évaluer la quantité de houille que l'on pourra encore extraire de la partie du bassin comprise dans le département du Nord. La distance moyenne des veines exploitables y semble moindre, à l'inverse de ce qui a lieu dans le Pas-de-Calais, dans les charbons maigres que dans les demi-gras, et dans ces derniers que dans les gras. Si l'on considère l'ensemble des faisceaux exploités, on peut évaluer cette distance à 36 mètres, et comme l'épaisseur moyenne des veines est de $0^m,60$, on voit que, sur 36 mètres de terrain houiller, il existe $0^m,60$ de houille; en d'autres termes, la houille exploitable forme le soixantième du volume de la formation houillère. Admettons que les procédés actuels de l'art des mines permettent d'exploiter, au-dessous des morts-terrains, une planche de 800 mètres de hauteur verticale : le cube de houille qu'elle renfermera correspondra à un dépôt horizontal de $\frac{800\ m}{60}$, ou d'environ 13 mètres de puissance ; mais il convient de réduire ce chiffre, pour tenir compte des parties inexploitables par suite d'étranglements, de failles et de brouillages, des bandes stériles qui existent sur les deux bords du bassin, et de la zone contiguë à sa limite septentrionale, dans laquelle il a moins de 800 mètres d'épaisseur. Si, pour ces divers motifs, nous réduisons des 2/3 l'épaisseur indiquée ci-dessus, il ne restera plus que 4^m,30 de charbon, ce qui, pour une superficie de 52,653 hectares, égale à celle de l'affleurement houiller, donne un volume de plus de 2 milliards 200 millions de mètres cubes, et un poids de plus de 2 milliards 750 millions de tonnes. En en retranchant l'extraction réalisée depuis l'origine, on trouve qu'il reste encore à prendre plus de 2 milliards 600 millions de tonnes, qui fourniraient à la production de 260 années, si l'extraction actuelle venait à être triplée, c'est-à-dire à être portée à 10 millions de tonnes pour le département du Nord. Ce calcul, bien que présentant un caractère hypothétique, n'en est pas moins rassurant pour l'avenir des mines de ce département. Il est regrettable, toutefois, que les charbons provenant de ces mines soient tendres et ne renferment, en général, que 30 à 35 pour 100 de gailleterie, proportion qui se réduit encore quand on les manipule ou qu'on les laisse exposés à l'air.

Nous terminerons en faisant remarquer que le bassin s'étend à une profondeur bien plus grande que 800 mètres. A en juger par sa largeur en affleurement et par les inclinaisons qu'il présente au contact des terrains anciens, sur sa limite septentrionale et sur sa limite méridionale, il paraît probable qu'il s'enfonce, à certains endroits, à plus de 5,000 mètres du sol, distance comptée verticalement. Les travaux de Vieux-Condé, de Fresnes et d'Escaupont ont exploré dans les charbons maigres, de la veine Saint-Pierre à la veine n° 13, une épaisseur de terrains d'environ 660 mètres ; l'exploration, toujours comptée normalement à la stratification, s'est étendue sur une bande de plus de 1,100 mètres dans les charbons demi-gras et gras de Thiers ; on connaît donc complètement, au nord du cran de retour et à proximité de la frontière belge, une épaisseur d'environ 1,800 mètres de terrain houiller. Dans la région des houilles grasses de Denain, les travaux ont porté sur un massif de 1,050 mètres environ de puissance. Enfin, dans les travaux de la compagnie d'Aniche voisins de Douai, on a exploré une zone de 1,800 mètres d'épaisseur en travers-bancs, depuis la veine du nord, qui se rattache au faisceau demi-gras, jusqu'à la veine Claire ; au midi de cette veine, les galeries de Saint-René ont encore traversé environ 560 mètres de terrains redressés, avant d'atteindre le conglomérat de Roucourt. Tous ces chiffres témoignent de l'énorme puissance du terrain houiller du Nord.

ERRATA

Pages:	Lignes:	Au lieu de :	Lisez :
7	19	de compagnics	des compagnies
15	12	*eifilienne*	*eifelienne*
17	3	renversé	incliné
26	23	3, 4 et même 5 0/0 ;	4, 5 0/0, et plus ;
30	15	*Verneuilli*	*Verneuili*
55	4 et 5	régularité	continuité
59	19	4 ou 5 0/0 ;	plus de 5 0/0 ;
65	29	mais le	mais, à une certaine profondeur, le

69   31   Ajoutez : Cette classification n'a d'ailleurs rien d'absolu, et les proportions ci-dessus indiquées ne doivent être regardées que comme des approximations. Il existe, par exemple, des houilles qualifiées maigres qui renferment un peu plus de 12 0/0 de matières volatiles, et d'autres, appelées demi-grasses, qui en contiennent un peu plus de 20 0/0, tandis que certains charbons demi-gras n'atteignent pas la première de ces proportions, et certains charbons gras la seconde.

| 80 | 15 et 16 | cet accident | le cran de retour |
| 80 | 22 | dissiper | dissiper ; |

PAGES:	LIGNES:	AU LIEU DE :	LISEZ :
80	29	Hveluy	Haveluy
84	8	si on	si on y
87	2	varie de	varie ordinairement de
87	3	jusqu'à	vers
98	20	être considérable	être très considérable
105	23	niveau 345	niveau de 345
106	15	altérer la	altérer beaucoup la
130	12	*Dure veine*	*Dure veine* ou *Sulfureuse*
144	24	rapidement vers	rapidement au nord, vers
158	5	situé	située
177	27	es	les
189	7	jusqu'au	jusqu'à peu de distance du
227	12	jusqu'à	vers
240	19	denx	deux
241	11	constitue	constitue la
260	14 et 15	les a explorés	a exploré la formation houillère
277	17	située	située à
291	30	houiller	houiller proprement dit
294	16	identique	analogue
313	9	l'exploitation	aux étages actuels, l'exploitation
349	6	méridien	méridien de
375	23	N. 45° O	N. 45° E
376	11	40	40°
378	5 *(tableau)*	chiste	Schiste
384	2 *(tableau)*	Schsite	Schiste
389	1 *(en marge)*	Correspondan	Correspondance
399	24	tr uve	trouve

———————

NOTA. — Dans les figures représentant des plans, la direction nord-sud est parallèle aux marges latérales, le nord se trouvant en haut de la feuille.

A. Quantin imprimeur
S Benoit 7 à Paris

www.ingramcontent.com/pod-product-compliance
Ingram Content Group UK Ltd.
Pitfield, Milton Keynes, MK11 3LW, UK
UKHW020115130726
13696UKWH00001B/59